物体・画像認識と時系列データ処理入門[第2版]

TensorFlow2/PyTorch対応

NumPy/TensorFlow2(Keras)/PyTorch による実装ディープラーニング

著 チーム・カルポ

ダウンロードサービス付

秀和システム

■サンプルデータについて

本書で紹介したデータは、㈱秀和システムのホームページからダウンロードできます。本書を読み進める
ときや説明に従って操作するときは、サンプルデータをダウンロードして利用されることをお勧めします。

ダウンロードは以下のサイトから行ってください。

㈱秀和システムのホームページ

https://www.shuwasystem.co.jp

サンプルファイルのダウンロードページ

https://www.shuwasystem.co.jp/support/7980html/6354.html

サンプルデータは、「chap02.zip」「chap03.zip」などと章ごとに分けてありますので、それぞれをダウン
ロードして、解凍してお使いください。

ファイルを解凍すると、フォルダーが開きます。そのフォルダーの中には、サンプルファイルが節ごとに
格納されていますので、目的のサンプルファイルをご利用ください。

なお、解凍したファイルは、操作を始める前にバックアップを作成してから利用されることをお勧めします。

▼サンプルデータのフォルダー構造（例）

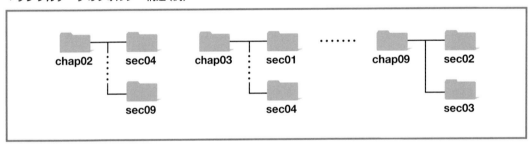

■ 注意

(1) 本書は著者が独自に調査した結果を出版したものです。

(2) 本書は内容について万全を期して作成いたしましたが、万一、ご不審な点や誤り、記載漏れなどお気付きの点があ
りましたら、出版元まで書面にてご連絡ください。

(3) 本書の内容に関して運用した結果の影響については、上記（2）項にかかわらず責任を負いかねます。あらかじめ
ご了承ください。

(4) 本書の全部、または一部について、出版元から文書による許諾を得ずに複製することは禁じられています。

■ 商標

はじめに

　本書は、ディープラーニングについて、その基礎となるパーセプトロンや
ニューラルネットワークの基礎的なことから解説した本です。ディープラーニ
ングには様々な分野がありますが、

　　・画像分類

　　・物体検出

　　・時系列データ処理

　　・自然言語処理

について扱います。

　ディープラーニングへのアプローチの仕方には様々な方法がありますが、プ
ログラミング言語を用いるのが一般的です。本書では、ディープラーニングを
含む機械学習全般の定番、Pythonを使用します。Pythonが定番になっている大
きな理由は、ディープラーニング用のライブラリが豊富に用意されていること
です。これらのライブラリのおかげで、基本的なプログラミングスキルがあれ
ば、容易にディープラーニングを実践することができます。

　数あるディープラーニング用のライブラリのうち、本書では数値計算用として

　　・NumPy

と、ディープラーニング専用の定番である

　　・TensorFlow（Kerasを含む）

　　・PyTorch

の2ライブラリを用います。

　どちらもディープラーニング用ライブラリのシェアを二分する有名なライブ
ラリです。

実は、TensorFlow2にバージョンアップされた際に、大幅な仕様変更が行われ、プログラミングのスタイルがかなりPyTorchに近いものになりました。そうであれば、1冊の書籍でTensorFlowとPyTorchを解説できないかと考えたのが、本書を執筆するに至った動機です。また、TensorFlow2には、TensorFlowのラッパーライブラリKerasが標準で組み込まれましたので、TensorFlow独自のプログラミングに加え、Kerasスタイルのプログラミングについても紹介しました。

　TensorFlow、TensorFlow（Keras）、PyTorchの3ライブラリにはそれぞれ特徴がありますので、同じことをやるにも、当然ながらそれぞれ異なるアルゴリズムを用いてプログラミングすることになります。もちろん、気に入ったライブラリを使っている部分だけを読み進めていただいてもよいのですが、できれば、流す程度でもかまわないので3ライブラリの関連部分を並行して読み進めることをお勧めします。ディープラーニングでは、データの前処理はもちろん、「学習」と呼ばれる最適化処理についても様々な手法が用いられます。これらを3ライブラリで実践してみることで、ディープラーニングの手法の理解に役立つと筆者は考えます。とはいえ、1つのライブラリに絞ってひととおり実践し、残りはいったん読了したあとで実践するスタイルでもよいでしょう。

　開発環境には、定番のAnacondaを使用しています。また、Google Colabのノートブックを利用した開発も紹介しています。すでに利用している人もおられるかと思いますが、まだの方はこの機会にぜひ試してみてください。時間的な制限はありますが、サーバー上のGPUを無料で利用できるのが何より魅力です。

　本書が、Pythonでディープラーニングを実践するための一助となれば幸いです。

2021年2月　チーム・カルポ

■本書の読み方

　本書では、ディープラーニングについて系統立てて解説していますが、必ずしも最初から順番に読まなければならない、ということはありません。各章の表題をご覧のうえ、興味のあるところから読み始めていただいてもかまいません。

　ただし、第2章では開発環境の構築について解説していますので、開発環境を用意しておられない場合は、第2章の前半部分を先にお読みください。

　なお、第2章の2.5節以降ではPythonの基本的なプログラミングについて解説し、また、第3章ではディープラーニングに必要な数学的な事がらについて触れていますので、必要に応じて適宜、ご参照ください。

　以下に各章の内容を紹介します。

第1章　ディープラーニングとは

　「ディープラーニング」とはそもそも何をするものなのかについて、基礎的なことから解説しています。この章を読めば、ディープラーニングと機械学習の違い、ディープラーニングや機械学習の基本的な手法がわかります。

第2章　開発環境のセットアップとPythonの基礎

　本書では、開発環境として「Anaconda」に付属する「Jupiter Notebook」を使用しています。この章では、Anacondaのインストール、Jupyter Notcbookの使い方に加え、Google社が提供する「Google Colab」の利用方法を紹介しています。さらにTensorFlowやKeras、PyTorchのインストール、後半ではPythonの基本的なプログラミングテクニックについて解説しています。

第3章　ディープラーニングの数学的要素

　ディープラーニングに必要な線形代数の基礎（行列の計算）、微分、偏微分について解説しています。第4章以降では数学的なことが出てきますので、「疑問がある場合に参照する」といった使い方でもよいかと思います。

第4章　ニューラルネットワークの可動部（勾配ベースの最適化）

　ディープラーニングの基盤となる「ニューラルネットワーク」について、「単純パーセプトロン」という基本単位から解説しています。ニューロンを活性化させる関数、学習時の誤差の測定方法、誤差の修正方法について、数学的なことから解説しています。後半では、実際にPythonの標準機能のみ、TensorFlowスタイル、Kerasスタイル、PyTorchを使用して単純パーセプトロンによる二値分類を行います。

第5章　ニューラルネットワーク（多層パーセプトロン）

　ニューラルネットワークについて、基本的な考え方から仕組み（フィードフォワードネットワーク、バックプロパゲーション）までを学び、Python、TensorFlow、Keras、PyTorchのそれぞれでニューラルネットワークを構築して、画像認識を行います。ファッションアイテムの画像データのセット「Fashion-MNIST」を題材として使用します。

第6章　画像認識のためのディープラーニング

　ディープラーニングに使われる「畳み込みニューラルネットワーク（CNN）」を用い、画像認識の1つの分野である画像分類について解説しています。後半では、プーリングやドロップアウトなどの手法を取り入れたフル装備のCNNを、TensorFlowスタイル、Kerasスタイル、PyTorchのそれぞれで構築します。

第7章　一般物体認識のためのディープラーニング

　カラー画像を10のカテゴリに分類する「CIFAR-10データセット」を使用して、画像分類について解説します。前半では、Kerasスタイル、TensorFlowスタイル、PyTorchの順でCNNを構築して、カラー画像を学習します。後半では、Kerasの画像加工モジュールを使用して認識精度を高める試みに挑戦します。

第8章　人間と機械のセマンティックギャップをなくす試み

　人間には当然わかっていても、コンピュータにはなかなか処理できないものがありますが、これを「セマンティックギャップ」などと呼んだりします。例として犬と猫の識別があります。人間には、そもそも犬が何であるか、猫が何であるかという概念がありますが、コンピュータにはそうした概念がないので、姿や形が似ている犬と猫の識別は困難を極めます。

　そこで、前半ではフル装備のCNNをKerasスタイルで構築し、犬と猫の画像分類に挑戦します。後半では、学習済みモデル「VGG16」を用いた転移学習をKerasスタイルとPyTorchで行います。PyTorchでは、公式サイトからダウンロードできる「アリとハチ」のデータセットを使用します。

第9章　ジェネレーティブディープラーニング

　ニューラルネットワークの学習に過去の情報を取り入れる「リカレントニューラルネットワーク（RNN）」について解説します。前半では、「雑談対話コーパス」というデータを使用して、会話が成立しているかどうかの識別について、Kerasスタイルで構築した複合型RNNを用いて学習します。

　なお、分析精度を向上させる試みとして、後半ではRNNとCNNによる「アンサンブル学習」を行います。

第10章 OpenCVによる「物体検出」

　一般物体認識の1つの分野である「物体検出」について取り上げます。OpenCVには、人の顔などを検出する学習済みのモデルが搭載されていますので、これを利用して人の顔の検出、人の顔からの瞳の検出を行います。

　「TensorFlow」「PyTorch」については、書籍執筆時点において最新のバージョンを使用しておりますが、アップデートにより本書に記載された内容に影響が生じた場合は、サポートページにて告知いたします。

物体・画像認識と時系列データ処理入門[第2版] <small>TensorFlow2/PyTorch対応</small>

NumPy/TensorFlow2 (Keras)/PyTorchによる実装ディープラーニング

INDEX

1章 ディープラーニングとは

2章　開発環境のセットアップとPythonの基礎

3章　ディープラーニングの数学的要素

4章 ニューラルネットワークの可動部 (勾配ベースの最適化)

5章　ニューラルネットワーク（多層パーセプトロン）

6章　画像認識のためのディープラーニング

7章　一般物体認識のためのディープラーニング

8章　人間と機械のセマンティックギャップをなくす試み

9章　ジェネレーティブディープラーニング

10章　OpenCVによる「物体検出」

# 1章

ディープラーニングとは

1.1 深層学習（ディープラーニング）とは

　人工知能（AI）を実現するための技術として、**機械学習**があります。AIの学習機能を担う技術で、データの予測や分類をはじめ、画像認識や物体認識、音声認識などの分野で活用されています。

1.1.1　機械学習の活用例

　機械学習が活用されている事例として、以下があります。

- スパムメールの検知

　受信したメールがスパムかどうかを識別し、スパムであれば迷惑メールフォルダーに隔離します。

- クレジットカード不正検知

　顧客の1か月のクレジットカード取引履歴から、それらの取引がその顧客によってなされたものかどうかを識別します。

- 株式取引

　現在と過去の株式の値動きから、その株式を買うか、保持するか、それとも売るべきかを判定します。

- 商品レコメンデーション*

　顧客の購買履歴をもとに、その顧客が興味を持って購入しそうな製品を製品在庫目録からピックアップします。Amazonの「おすすめ商品」が有名です。同じような仕組みに、Facebookのユーザー同士のつながりを勧める機能があります。

- 医療診断

　ある患者に表れている病気の徴候を、他の患者から収集したデータと照らし合わせることで、その患者が病気にかかっているかどうかを予測します。医師の判断をサポートするなどの目的で使用されます。

---

*レコメンデーション（recommendation）　顧客の好みを分析して、顧客ごとに適すると思われる情報を提供するサービスのこと。

- **数字認識**
  封筒に記載された手書きの郵便番号の数字を識別し、地域ごとに仕分けます。
- **物体認識**
  写真などのデータから、画像の物体が何であるかを識別します（一般物体認識）。また、大量のデジタル写真から、特定の人物が写っている写真を識別します（特定物体認識）。この技術を活用して、写真を人物ごとのフォルダーに仕分ける機能を搭載したカメラやソフトウェアがあります。
- **囲碁、将棋などのゲームAI**
  Google傘下の企業が開発した人工知能コンピューターソフト「AlphaGo（アルファ碁）」が有名です。
- **自動運転技術**
  自動運転車はレーダーやカメラで周囲の環境を認識して、行き先を指定するだけで自律的に走行します。

　これらは共通して機械学習の技術が使われています。人工知能（AI）とは、「コンピューターを使って、学習・推論・判断など人間の知能の働きを人工的に実現したもの」とされていますが、コンピューターが物事を理解するためには、人間が学習するプロセスと同様に、情報を与えて学習させる必要があります。

　このようにコンピューターに学習させることを総称して**機械学習（マシンラーニング）**と呼び、その中でも、より人間の脳に近い学習を行わせる手法のことを**深層学習（ディープラーニング）**」と呼んでいます。

1.1.2　機械学習とディープラーニングの関係

　コンピューターが物事について学習することをまとめて機械学習と呼ぶので、具体的な手法（アルゴリズム）は多岐にわたります。

■機械学習の主な手法

●回帰
　過去のデータから販売予測など、未知の値を予測します。統計学で古くから用いられている手法です。

●二値分類（2クラス分類）
　「購入する意志がある人」「購入する意志がない人」のように、あるデータを分析して2つのカテゴリ（クラス）に分類します。メールをスパムかそうでないかで分類するのも二値分類にあたります。正確に分類するためには、ある程度の量のデータを学習することが必要です。

・回帰による二値分類

　データの分布をグラフで表したとき、直線を使ってデータを二分できる場合は回帰（線形回帰）によって分類します。

・多項式回帰による二値分類

　曲線でしか分類できない（線形分離不可能な）場合は、回帰式に多項式を用いることで対処します。

・ロジスティック回帰による二値分類

　データによっては、回帰の手法では分類困難なことがあります。メールの分類を考えた場合、スパムと通常メールの境界を定めるのは困難です。このような場合には、「スパムである可能性は70％」というように、確率を使用したロジスティック回帰で分類します。

● マルチクラス分類

　特定のデータを複数のカテゴリに分類します。手書きの数字を読み込ませて、0〜9の10クラスに分類したり、犬の写真を読み込ませて犬種ごとに分類するのがマルチクラス分類にあたります。

● ニューラルネットワーク

　動物の神経細胞を模した「人工ニューロン」を複数つなぎ合わせることで1つのネットワークを形成し、ネットワークの入力側から取り込んだデータをもとに、ネットワークの出口から信号を放出します。信号は「発火（1）」と「非発火（0）」のどちらかに属し、これによって二値分類を行います。

　マルチクラス分類の場合は、ネットワークの出口にクラス（正解ラベルの種類）の数と同数のニューロンを配置し、どのニューロンが発火するかによって分類を行います。

　二値分類の場合、学習が容易なものであれば、1個のニューロンだけで分類できる場合もありますが、画像認識のような複雑なタスクの場合、1個のニューロンで分類することは不可能です。このような場合に、複数のニューロンを連結してネットワークを形成することで、1個のニューロンでは分類できない問題に対処できるようにしたのがニューラルネットワークです。**多層パーセプトロン**とも呼ばれます。そして、ディープラーニングとは深い（ニューロンの連結数の多い）ニューラルネットワークで学習することを意味するのです。

● クラスタリング

　データの類似性をもとにして、各データをグループ分けする手法です。クラス分類と似ていますが、教師データ（データと正解ラベルのセット）がなくても分類できる点が異なります。あくまで類似性をもとにしてグループ分けするのが目的なので、画像の分類のように正確さが求められる分類には向きませんが、商品レコメンデーションのように類似性に基づいて顧客を分類する用途などには適した手法です。

1.2 ディープラーニングって具体的に何をするの？

前節で「ディープラーニングとは深いニューラルネットワークで学習すること」と述べましたが、いったい何をもって「深い（ディープ）」とするのでしょう。そもそも、人工ニューロンというプログラム上の構造物をつないでネットワークにしたのがニューラルネットワークなので、作り方によってはディープなネットワークにできるはずです。

1.2.1 ニューラルネットワークのニューロン

動物の脳は、膨大な演算を瞬時に行う巨大なコンピューターよりもはるかに優れているといわれています。超高速で大量のデータを処理できるコンピューターであっても、小鳥の小さな脳にはかなわないのです。動物の神経回路は、コンピューターのデジタル信号よりも伝送効率で劣るアナログ信号が用いられているにもかかわらずです。

動物の脳は、神経細胞の巨大なネットワークです。神経細胞は**ニューロン**と呼ばれていて、生物学的に表現すると次のような形状をしています。

▼神経細胞

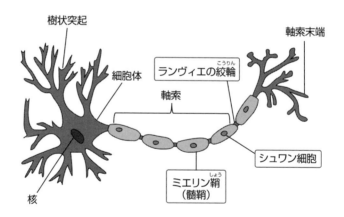

ニューロンの先端部分には、他のニューロンからの信号を受け取る**樹状突起**があり、**シナプス**と呼ばれるニューロン同士の結合部を介して他のニューロンと接続されています。樹状突起から取り込んだ信号は、**軸索**（じくさく）と呼ばれる伝送部を通じて軸索末端に伝達し、そこから先はシナプスによって接続された別のニューロンに伝達されます。

▼ニューロンから発せられる信号の流れ

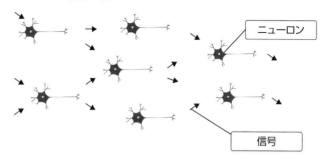

■人工ニューロン

このような神経細胞をコンピューター上で実現するために考案されたのが、**人工ニューロン**です。**単純パーセプトロン**とも呼ばれます。

▼人工ニューロン

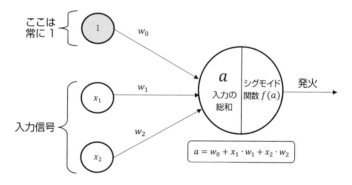

神経細胞のニューロンでは、軸索が信号伝達の重要な役目を担っています。

神経細胞の基本的な機能は、神経細胞へ入力刺激が入ってきた場合に、活動電位を発生させ、他の細胞に情報を伝達することである。ひとつの神経細胞に複数の細胞から入力したり、活動電位がおきる閾値を変化させたりすることにより、情報の修飾が行われる。

（Wikipedia「神経細胞」の「概略」より一部抜粋）

> 軸索は、その細長い構造を維持するために長い細胞骨格を有する。この細胞骨格は、細胞体で合成された物質を軸索の先端まで輸送するためのレールとしても振舞う。また軸索は、細胞内外のイオンの濃度勾配を利用して情報を伝達するが、そのため軸索表面には多くのイオンチャネルが存在する。軸索が細胞体から伸び始める場所は軸索小丘(axon hillock、または軸索起始部、axon initial segment)と呼ばれており、イオンチャネルが高密度で存在する。
>
> (Wikipedia「神経細胞」の「細胞構築」より一部抜粋)

軸索の内部には無数のイオンチャネルが存在し、膜電位（細胞の内外に存在する電位の差）を変化させることで、次のニューロンへ情報を伝達するというわけです。

このときの膜電位の変化が重要で、光や刺激などに反応する感覚細胞や、筋線維に出力する運動神経は、適切に電位を変化させることで神経細胞としての役目を全うします。

一方、このような神経細胞の仕組みを人工的に表現したものが**人工ニューロン**です。ニューロンの樹状突起にあたる部分から信号を入力し、信号として入力された値の総和に対して、「活性化関数」を適用し、ニューロンを**発火**させるかどうかを決定します。発火という現象は、「ニューロンへの入力信号を肯定／否定するもの」と考えられます。例えば、よくチューニングされた人工ニューロンなら、メールのデータを入力して活性化関数に通すと、それがスパムメールであるとされる**閾値**（しきいち）を超えた途端「発火」するという仕掛けです。

ただ、発火するかどうかは、常に「活性化関数の出力」によって決定されるので、元をたどれば、発火するかどうかは活性化関数に入力される値次第、ということになります。ですので、やみくもに発火させず、正しいときにのみ発火させるように、信号の取り込み側には重み、バイアスという調整値が付いています。

次のような流れを作ることで、ニューロンの軸索で行われる膜電位の変化を人工的に再現します。

入力信号 ➡ 重み、バイアス ➡ 活性化関数 ➡ 出力

■学習するということは重み・バイアスを適切な値に更新すること

　ここまでを整理すると、人工ニューロンの動作の決め手は「重み・バイアス」と「活性化関数」ということになります。

　活性化関数は、一定の閾値を超えると発火するもの、発火ではなく「発火の確率」を出力するものなど様々です。一方、重み・バイアスについては、値は決まっていませんので、開発者が適切な値を探さなくてはなりません。

　単体のニューロン（**単純パーセプトロン**）の場合、データを入力する際にバイアス、重みが適用され、これが入力値となります。ただ、バイアスと重みを適切な値に設定しなければ、活性化関数を正しく発火させることができません。

　先にお話ししたように、バイアスと重みの適正な値というものはまったくもって不明ですので、まずはランダムな値を設定し、活性化関数からの出力が発火／非発火なのかを調べ、正解と比較します。もし、正解が発火であるにもかかわらず、出力が非発火であれば、出力が発火になるようにバイアスと重みの値を調整（更新）します。

　「調整」には機械学習のアルゴリズムが使われますが、1回の調整で発火しない場合は、活性化関数の出力が発火するまでさらに調整を続けます。このような調整（更新）の繰り返しのことを**学習**と呼びます。

■ニューロンの発火をつかさどる「ステップ関数」

　「閾値を超えると発火する」とはどういうことなのかを、**ステップ関数**を例に見ていくことにしましょう。ステップ関数は、出力が切り替わる関数です。0を閾値として出力が切り替わるステップ関数を$f(a)$とすると、その動作を次のように表すことができます。

▼ステップ関数の例

$$f(a) = \begin{cases} 0 & (a \leqq 0) \\ 1 & (a > 0) \end{cases} \text{ のとき} \qquad f(a) = \begin{cases} 1 & (a > 0) \\ -1 & (a \leqq 0) \end{cases} \text{ のとき}$$

　この図の左の例では、入力が0以下であれば0を出力し、0より大きければ1を出力します。1を出力することが発火にあたります。動作原理は単純ですが、シンプルな二値分類（データを入力すると「発火」「発火しない」のどちらかに分類すること）のための活性化関数として利用されます。ステップ関数をグラフにすると、次のような階段状のグラフになります。

▼ステップ関数のグラフ

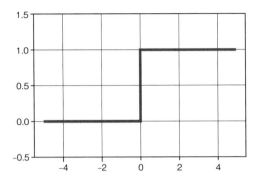

■ニューロンの発火をつかさどる「シグモイド関数」

　二値に分類する例として、前にも出てきたスパムメールの検出を考えてみます。大抵のメールはスパムとそれ以外にうまく仕分けてくれますが、時折、通常のメールがスパムに分類されてしまったという経験はないでしょうか。

　この場合、スパムでもないのに「発火」することは極力、避けなければなりません。これをニューロンで行うとすると、閾値を超えたらいきなり発火するステップ関数は、活性化関数に不向きです。誤分類をなくすためには、もっと柔軟に対処できるように、「スパムである確率は70％」のように確率を用いて判定する方法があります。

　この方法であれば、それほど高い確率でないものはスパムに分類しないようにすることで、誤分類を減らすことができるかもしれません。どのくらいの確率なら発火するのかを決めるのは難しそうですが、ニューロンに学習機能を持たせることで解決できます。つまり、ニューロンに接続されている重みを最適な値にするための学習を行わせるのです。話が少し横にそれましたが、確率を出力する活性化関数に**シグモイド関数**があります。

▼シグモイド関数（ロジスティック関数）

$$f(a) = \frac{1}{1 + \exp(-a)}$$

▼シグモイド関数のグラフ

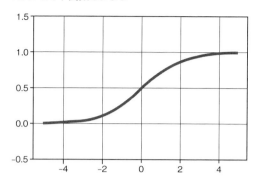

▼シグモイド関数でニューロンを活性化させるイメージ

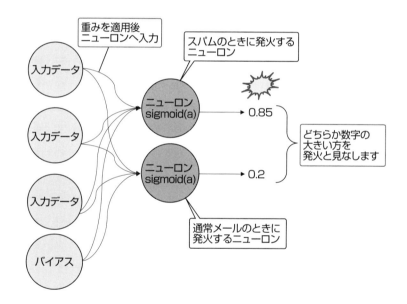

■人工ニューロンをネットワーク状に連結する

　前述のとおり、単体の人工ニューロンを**単純パーセプトロン**と呼ぶことがあります。1個の人工ニューロンが重み付きの値を受け取り、活性化関数を適用して出力するような形態です。

　ただし機械学習では、画像認識をはじめ物体認識や音声認識など、複雑かつ難解な問題を扱います。先にもお話ししましたが、このような場合、単純パーセプトロンでは太刀打ちできません。動物の神経細胞のネットワークのように、単純パーセプトロンをいくつもつなぎ合わせることができれば、複雑な問題にも対処できそうです。そこで考案されたのが、単純パーセプトロンをつないでネットワーク状にした**多層パーセプトロン**（MLP：Multilayer Perceptron）です。

　すべての入力について、層に配置されている複数の人工ニューロンで受け取ります。つまり、隠れ層に配置された人工ニューロンは、入力層からの信号をすべて受け取ります。ニューロンが属する層は3つあり、左から**入力層**、真ん中に隠れるようにして存在している層を**隠れ層**、右端の出力側にある層を**出力層**と呼びます。隠れ層と出力層のニューロンには、リンク元のニューロンからのリンクが伸びています。重みはこのリンクの部分で適用され、他のニューロンからのすべての重み付き信号と合算して入力が行われます。

▼**多層パーセプトロン（ニューラルネットワーク）**

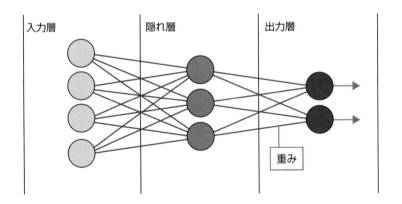

1.2.2 ディープニューラルネットがディープラーニングを実現する

　先のニューラルネットワークは、入力層を除くと2層構造になっています。これにもっと層を追加して、「層を深くしたもの」を総称して**ディープニューラルネットワーク**と呼びます。ただし、これまでのニューロンを配置した層の構造とは異なる、ディープラーニングならではの特殊な機能を持つ層が追加されます。

■畳み込みニューラルネットワーク（CNN）

　画像認識では、識別したい画像をどれだけ正確に認識するかがポイントになってきます。例えば、手書きの数字を認識させる場合、たんに数字の形を学習するのではなく、その数字の「特徴」を検出できなければ、同じ数字でも書き方の癖や線の強弱などのパターンに対応させるのは困難です。

　これを実現するのが、「畳み込み層」を配置した**畳み込みニューラルネットワーク**（CNN：Convolutional Neural Network）です。畳み込み層は、画像の特徴を捉えるための「眼」の役目をします。一種のフィルターのようなものをかけることで、認識率を上げようという試みですが、「数字の2はこうあるべきだ」ということを**畳み込み演算**という処理によって学習します。ただし、人間が数字を認識するプロセスを機械的に行わなければならないので、ここでも重みが使われます。畳み込み演算を行うニューロンに重みを連結することで、学習によって画像の特徴を認識させるようにします。

▼畳み込みニューラルネットワーク

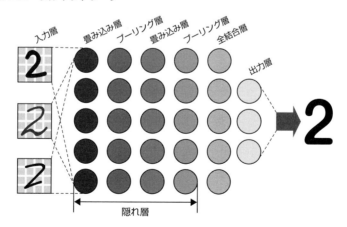

　図には、畳み込み層に加えて、**プーリング層**が配置されています。プーリング層とは、画像のピクセル値のズレや画像全体の歪みなどを検出するための層で、一種の圧縮のような処理を加えることで、画素のズレや画像の歪みの影響を取り除きます。

■リカレントニューラルネットワーク（RNN）

　音声データは、時間の経過と共に記録されていますが、このように時間軸に沿って蓄積されたデータを**時系列データ**と呼びます。ディープラーニングで、時系列データを扱えるように考案されたのが**RNN**（Recurrent Neural Network：**リカレントニューラルネットワーク、再帰型ニューラルネットワーク**）です。リカレント（再帰型）とあるように、ある層からの出力をもう一度、その層の入力側に戻し、次の時刻のデータと共に入力することを繰り返します。このことで、過去と現在のつながりを維持し、時間軸に沿った分析を行おうという試みです。音声認識だけではなく、画像のピクセル値の並びを時系列データとして扱うことで、画像認識にも利用することができます。

▼RNN

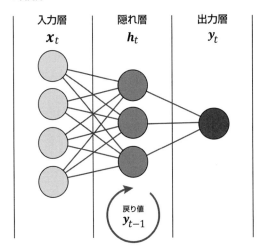

　なお、RNNにはさかのぼれる過去に制限があるという問題があります。これを克服するために**LSTM**（Long Short Term Memory）という仕組みが考案されています。

■ ドロップアウト、正則化

ディープラーニングでは、CNNやRNN、あるいはLSTMを配置したRNNを何層も重ねることで構築したディープニューラルネットワークを用いて学習を行いますが、このほかにも、次のような処理が必要に応じてネットワーク内に埋め込まれます。

● ドロップアウト

学習を繰り返すことで、学習データ（訓練データ）に適合しすぎて（オーバーフィッティング、過剰適合）、他のデータを正確に認識できなくなることがあります。これを防ぐために、特定の層のニューロンのうちの半分（50％）、または4分の1（25％）など、任意の割合でランダムに選び、そのニューロンを無効にして学習するという処理です。

学習を繰り返すたびに異なるニューロンがランダムに無効化されるので、あたかも複数のネットワークで別々に学習させ、予測のときにはネットワークを平均化して合体させる効果があると考えられています。

● 正則化

これもオーバーフィッティングを防ぐための試みです。あるニューロンに接続されている重みをすべて更新する場合、特定の重みだけの更新値が突出して大きいとします。そうした場合に、その重みに対して「ペナルティ」を課すことで、特定の重みだけが「更新されすぎないように」します。このことで、学習データだけに過剰に適合してしまわないようにします。

● データ拡張

画像認識を行う場合、学習データとして用いる画像に回転や反転、拡大などの処理を意図的に加えることで、データを「水増し」して、少ないデータでも効率的に学習できるようにするという試みです。

● 転移学習

すでに大量のデータを学習したディープニューラルネットワークを重みごと利用して、学習しようという試みです。本書で扱う機械学習ライブラリ「Keras」には、「VGG16」をはじめとするいくつかの学習済みモデルが搭載されていて、簡単なコードで自分のネットワークに組み込んで学習させることができます。

1.2.3 ディープラーニングのためのライブラリ

本章の最後に、ディープラーニングのためのライブラリをいくつか紹介します。

●TensorFlow*

世界で最も多く使われているといわれるディープラーニング用のライブラリです。バージョン2（本書ではTensorFlow2とも表記）へのメジャーバージョンアップにより、難解だといわれていた従来のコーディングスタイルが一新され、より直感的なコーディングができるようになりました。

どちらかというと、後述のPyTorchのコーディングスタイルに近いものとなっています。また、バージョンアップに伴い、ラッパーライブラリのKerasがモジュールの一部として統合されたので、TensorFlowをインストールすればそのままKerasが使えるようになりました。

●Keras

TensorFlowは細かな制御が可能で、開発者が独自に様々なことを試せるのですが、「計算グラフ」と呼ばれる、処理の流れをコード化したものを書くことが求められます。これを簡略化して、関数の呼び出しだけでTensorFlowを利用できるようにしたのがKerasです。なお、前述のようにTensorFlowに統合されましたので、TensorFlowがインストールされていれば、Kerasを単体でインストールする必要はありません。

●TFLearn

Kerasと同様、TensorFlowのラッパーライブラリです。関数名やメソッド名、引数の構造がKerasとは異なりますが、アルゴリズムを書くときの手順はほぼ同じなので、Kerasとまったく同じようにプログラムを組むことができます。

●Chainer

Preferred Networks（プリファード・ネットワークス：PFN）社が開発した、日本製のライブラリです。

●PyTorch(パイトーチ)

ディープラーニング用として、TensorFlowと人気を二分するライブラリです。特に学術分野での人気が高いです。読みやすく直感的にコーディングでき、デバッグが容易といった特徴があります。また、画像認識だけでなく、物体検出のような高度な処理を行うAPIが標準搭載されているのが、開発者にとってはうれしいところです。

＊TensorFlowという名前は、テンソルの受け渡しを意味する「flow：流れ」から来ている。

　ほかにもPythonのディープラーニング用ライブラリはいくつかありますが、本書では
TensorFlowを用いたTensorFlowスタイルのプログラミングとKerasスタイルのプログラミ
ング、PyTorchを用いたプログラミングについて解説します。

1.2.4　ディープラーニングの仕組み

　ニューラルネットワークを基盤とするディープラーニング全般では、「**教師あり学習**」とい
う手法をとります。教師とはすなわちデータに対する答え（正解値）のことで、手書き数字の
認識問題に使用するデータでは、手書き数字の「2」の画像に対し、正解（正解ラベルと呼ばれ
る）の「2」がセットで用意されています。他の手書き数字も同様に、手書き数字の画像データ
とその正解ラベルがすべてセットで用意されています。これはMNISTと呼ばれる有名な
ディープラーニング用のデータセットです。また、CIFAR10というデータセットでは10種類
の物体の画像が50,000枚、テスト用の画像が10,000枚用意されていて、もちろん、それぞれの
画像にはそれが何であるかを示す正解ラベルが付いています。

　ニューラルネットワークをはじめとするディープラーニングの目的は、画像など（もちろ
ん音声データや言語データのこともあります）を入力し、それが何であるかを出力できるよう
に重みの学習を行うことです。学習によって重みが適切な値になると、ニューラルネット
ワークへの順方向への伝播で正しい答えが出力されます。

▼**重みの学習が完了した状態のフィードフォワードネットワーク**

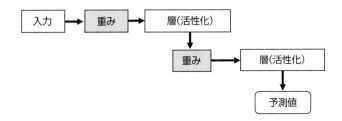

　ここでいうところの「**学習**」とは、最終出力と正解ラベル（教師データ）が異なっていれば、
その差を求めて、差が出ないように直前の重みの値を調整（更新）することです。ただ、重み
の初期値はランダムに決めるので、1回の更新でドンピシャリの答えが出てくることはまず
ありません。そこで、**損失関数**（**誤差関数**、**目的関数**とも呼ばれる）を用意し、真の値（正解ラ
ベル）と出力値の誤差（損失）を測定します。

▼ニューラルネットワークの出力誤差（損失）を測定

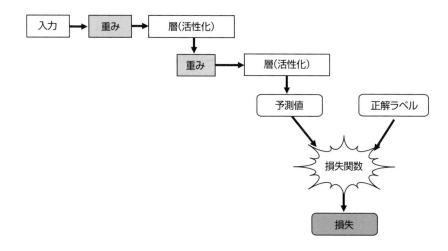

　ディープラーニングにおける基本的な処理は、損失をフィードバックすることで、重みの値を少しずつ更新していくことです。ここで、「重みの値を少しずつ更新」といいましたが、重みを更新する目的は、損失を限りなく小さくすることです。ところが、測定した損失をそのまま使って更新するのは危険です。せっかく最小値に向かって更新が進んでいても、大きな値で更新すると最適解を「飛び越えて」しまいます。そうならないように、損失から求めた更新値に一定の値を掛けて小さくし、その値で重みを更新します。

　このような一連の処理とその原理については、あとの章で詳しく見ていきますが、Kerasや TFLearnには「オプティマイザー」が用意されていて、損失から適切な更新値を割り出し、前方の重みを更新します。このような一連のアルゴリズムを**バックプロパゲーション**（**誤差逆伝播法**）」と呼びます。バックプロパゲーションは、ディープラーニングにおいて最も重要で、中心的な役割を果たすアルゴリズムです。

▼ニューラルネットワークの出力誤差（損失）を測定

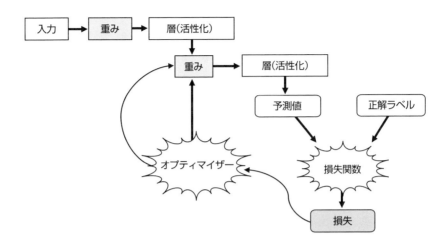

　学習を開始する際は、すべての重みを一斉にランダムな値で初期化します。当然ではありますが、ネットワークからの出力は理想とはほど遠い出力になり、損失も大きくなります。しかし、バックプロパゲーションで重みを更新し、もう一度入力を行ってバックプロパゲーションを実行します。これを繰り返すことで、重みが正しい方向に向かって少しずつ調整されると共に、損失も小さくなっていきます。注目の学習回数ですが、一般的に数千のデータに対して数十回程度といわれています。しかし、状況によっては数百〜数千回に及ぶこともあります。

　重みが適切に更新されると、ニューラルネットワークに入力されたデータは、最終出力から正解のデータを放出するようになります。イヌとネコの写真を何枚も見せて、「これはイヌ」「これはネコ」と根気よくバックプロパゲーションによって教え込むことで、そのネットワークはイヌとネコを高確率で見分けるものへと進化します。

1.2.5 この本で使用するディープラーニング用データセット

本書では、独自に用意したデータセットのほかに、画像認識や物体認識（一般物体認識）のための以下のデータセットを使用します。

●Fashion-MNIST（ファッション記事データベース）

28 × 28 ピクセルのグレースケールの60,000枚の画像。それぞれの画像は10個のファッションアイテムに分類される画像で、それぞれに正解ラベルがセットになっています。ほかに、10,000枚のテスト用画像データと正解ラベルが付属しています。

●CIFAR-10（画像分類）

10のクラスにラベル付けされた、50,000枚の32 × 32ピクセルの訓練用カラー画像と、10,000枚のテスト用画像のデータセットです。

●Dogs vs. Cats

イヌの画像12,500枚、ネコの画像12,500枚、イヌとネコのテスト用の画像が計12,500枚収録されています。本書ではGoogle社のサイトからダウンロードできるサブセット版（訓練用2,000画像、検証用1,000画像）を使用します。正解ラベルは付きませんが、画像ファイルの名前を利用してラベル付けを行います。大判のカラー画像で様々なパターンの写真があり、機械的に見分けるのは一筋縄ではいきません。

●アリとハチのデータセット

PyTorchの転移学習用の教材として、PyTorchのサイトからダウンロードできる「アリとハチ」のデータセットを利用します。イヌとネコの画像と同様に、よく似たアリとハチの画像をディープラーニングによって分類します。

2章

開発環境のセットアップと Pythonの基礎

2.1　Anacondaの導入

　Jupyter Notebook（ジュピター・ノートブック）は、Pythonの統合開発環境（IDE）です。ブラウザー上で動作するWebアプリケーションなので、プログラムの実行結果の表示やグラフの描画などのビジュアル面が充実していて、機械学習のような試行錯誤が必要なプログラムの開発にとても便利です。

2.1.1　Anacondaのダウンロードとインストール

　Jupyter Notebookは単体でインストールすることもできますが、統合パッケージの「Anaconda」としてインストールする方が手軽です。AnacondaにはJupyter Notebookをはじめ、統合開発環境のSpyder（スパイダー）などのツールが用意されています。

　また、仮想環境の構築、ライブラリのインストールや管理が行えるAnaconda Navigatorという便利なツールも同梱されていますので、Anacondaをインストールすれば、開発のための環境が一気に出来上がります。

　Anacondaのダウンロードは、「Anaconda」のサイトのダウンロードページ（https://www.anaconda.com/products/individual）から行います。

▼https://www.anaconda.com/products/individualにアクセス

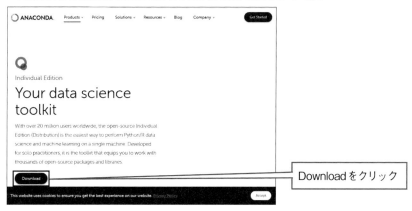

▼ Anacondaのダウンロードページ

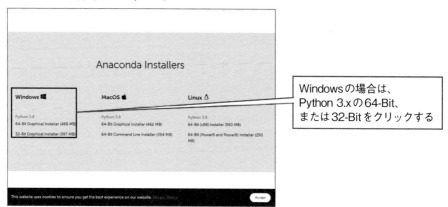

Windowsの場合は、
Python 3.xの64-Bit、
または32-Bitをクリックする

▼ Anacondaのインストーラー

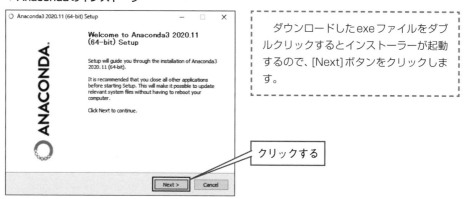

ダウンロードしたexeファイルをダブルクリックするとインストーラーが起動するので、[Next]ボタンをクリックします。

クリックする

使用許諾を確認して [I Agree] をクリック➡使用するユーザーとして [Just Me] または [All Users] のどちらかを選択します。

▼使用するユーザーを洗濯

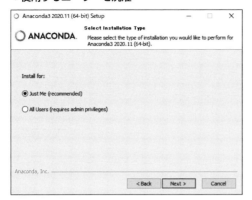

> [Next]ボタンをクリック➡インストール先を確認して[Next]ボタンをクリックします。するとオプションの選択画面が表示されるので、[Register Anaconda as my default Python 3.x]にのみチェックを入れて[Install]ボタンをクリックします。

▼インストールの開始

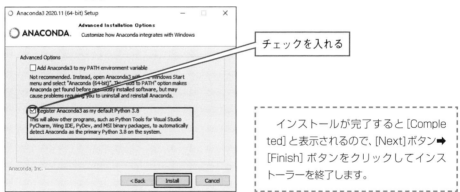

チェックを入れる

> インストールが完了すると[Completed]と表示されるので、[Next]ボタン➡[Finish]ボタンをクリックしてインストーラーを終了します。

---

macOSの場合

macOSの場合は、「Anaconda」のダウンロードページ（https://www.anaconda.com/products/individual）で[MacOS]を選択して[64-Bit Graphical Installer…]をクリックし、ダウンロードを開始します。

ダウンロードされたpkgファイルをダブルクリックするとインストーラーが起動するので、画面の指示に従ってインストールを完了してください。

2.2 仮想環境の構築とライブラリのインストール

Anacondaには、Pythonの開発環境としてJupyter Notebookが含まれています。ただし、デフォルトの実行環境（プラットフォーム）で使うのではなく、独自のプラットフォーム（仮想環境）を構築して、仮想環境上で実行することをお勧めします。というのは、新規に作成する仮想環境にはPython本体と必要最小限のライブラリやツールしか含まれていないので、目的に応じて必要なライブラリのみをインストールし、クリーンな状態で開発が行えるためです。デフォルトの仮想環境にあるような余分なライブラリは含まれないので、アップデートなどのメンテナンスが楽です。

2.2.1 専用の仮想環境を構築する

仮想環境と聞くと、「本体を模した仮の環境」というイメージがあります。ですが、Python本体はもちろん、Jupyter Notebookも、最初から仮想環境上で動作するように設計されています。便宜的に「base」という名前の仮想環境がデフォルトで用意されていますが、先の理由から、この環境は使わず、ディープラーニング専用の仮想環境を用意することにします。

仮想環境の作成は、Anacondaに付属しているAnaconda Navigatorで行います。Windowsの場合は［スタート］メニューの［Anaconda3］のサブメニューにアイコンがあるので、それをクリックすれば起動できます。

❶Anaconda Navigatorが起動したら、画面左側の[Environment]タブをクリックし、画面下の[Create]ボタンをクリックします。
❷[Create new environment]ダイアログが起動するので、[Name]に仮想環境名を入力し、[Python]がチェックされているのを確認した後、[Create]ボタンをクリックします。

▼仮想環境の作成

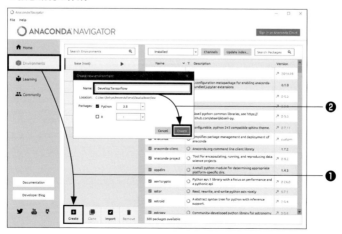

しばらくすると、仮想環境が作成されます。以降は、作成した仮想環境上でAnacondaの
ツール群を動作させることにします。

2.2.2 ライブラリのインストール

作成した仮想環境には、Python本体とその他の必要最小限のライブラリのみがインストール
されています。これから、機械学習ライブラリの「PyTorch（パイトーチ）」をインストール
してみます。

---

❶真ん中のペイン（画面）で作成済みの仮想環境を選択します。
❷画面右側の上部のメニューで[Not installed]を選択します。
❸pytorchにチェックを入れて[Apply]ボタンをクリックします。
　すると、ダイアログが表示されるので、そのままの状態で[Apply]ボタンをクリックします。

◀ PyTorchのインストール

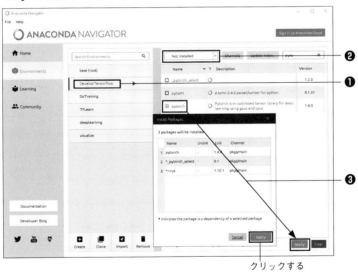

クリックする

本書ではこのほかに、

・TensorFlow（tensorflow）

・PyTorch（pytorch）

・NumPy（numpy）

・Pandas（pandas）

・Scikit-Learn（scikit-learn）

・Matplotlib（matplotlib）

を使用しますので、先のPyTorchと同じ方法でインストールしてください。

2.2.3　ライブラリのアップデート

ライブラリは不定期にアップデートが行われます。アップデートの有無は、Anaconda
Navigatorの［Environments］タブの上部にあるメニューで［updatable］を選択すると確認で
きますので、アップデートしたいライブラリのチェックボックスをクリックし、［Mark for
update］を選択してアップデートを行ってください。

▼ライブラリのアップデート

2.3　Jupyter Notebookの使い方

　　Jupyter Notebookは、Anacondaに同梱されているPythonの統合開発環境です。ソースコードの入力／編集に加え、その場でプログラムを実行し、結果を確認することができます。

　　なお、Jupyter Notebookはブラウザー上で動作するWebアプリなので、起動すると既定のブラウザーが開いて操作画面が表示されます。以降は、ブラウザーに表示された操作画面でプログラムの開発や実行を行います。

2.3.1　Jupyter Notebookを仮想環境にインストールする

　　Jupyter Notebookは、デフォルトの仮想環境には事前にインストールされていますが、独自に仮想環境を構築した場合は、仮想環境ごとにインストールの操作を行う必要があります。

> 　インストールは至って簡単で、Anaconda Navigatorの [Home] 画面の [Applications on] で仮想環境名を選択し、Jupyter Notebookの [Install] ボタンをクリックするだけです。

▼仮想環境にJupyter Notebookをインストールする

> 　しばらくしてインストールが完了すると、[Install] ボタンが [Launch] ボタンに変わるので、さっそくクリックしてみましょう。

▼Jupyter Notebookの起動

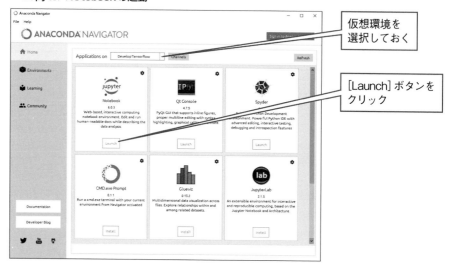

仮想環境を
選択しておく

[Launch] ボタンを
クリック

▼起動直後のJupyter Notebook

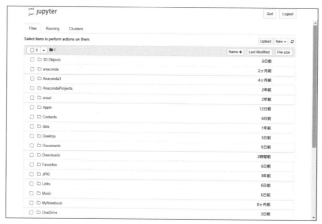

　これで、選択した仮想環境上でJupyter Notebookが起動しましたので、仮想環境にインストールされているライブラリを自由に使うことができます。起動時に表示される画面は、作成したプログラムを管理する画面で、「ホームディレクトリ」として指定されているフォルダーの一覧が表示されています。ここに任意のフォルダーを作成し、ソースファイルを保存します。

2.3.2 ノートブックを作成する

Jupyter Notebookでは、ソースコードをはじめ、プログラムの実行結果など、プログラムに関するすべての情報をノートブック（Notebook）と呼ばれる単位で管理します。ノートブックの画面は、ソースコードを入力する**セル**と呼ばれる部分と、その実行結果を表示する部分とで構成されています。

なお、セルは必要な数だけ用意できるので、いきなり長いプログラムを1つのセルに入力するのではなく、複数のセルにプログラムを小分けにして入力し、それぞれのセルで実行結果を確認しながら作業を進め、最終的に1つのプログラムにする、というやり方で開発を進められるのが特徴です。これは、試行錯誤が必要なディープラーニングにとって、とても便利な仕組みです。

■ ノートブックを保存するためのフォルダーを作成する

まずは、ノートブックを保存するためのフォルダーを作成します。

---
❶画面右上にある[New]ボタンをクリックすると[Folder]という項目が表示されるので、これを選択しましょう。

❷ホームディレクトリの一覧の中に「Untitled Folder」という新規のフォルダーが作成されます。チェックボックスにチェックを入れると[Rename]ボタンが出現するので、これをクリックして任意の名前にします。

▼新規フォルダーの作成とフォルダー名の設定

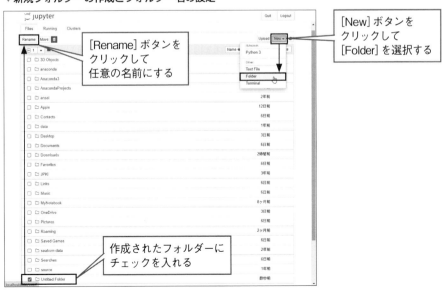

　間違って作成した場合は、作成したフォルダーにチェックを入れて画面上部のゴミ箱のボタンをクリックすると削除できます。

■ノートブックの作成

　ホームディレクトリに作成したフォルダーの名前をクリックすると、フォルダーが開いて内部が表示されます。

> ［New］をクリックして［Python3］を選択しましょう。

▼ノートブックの作成

> すると、新しいノートブックが開きます。
> タイトルが「Untitled」になっていますので、これをクリックし、任意の名前を入力して［Rename］ボタンをクリックします。

▼ノートブックの作成と名前の設定

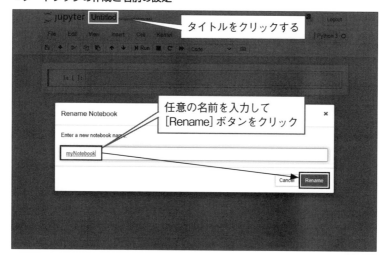

2.3.3 ソースコードを入力して実行する

　Jupyter Notebookのノートブックを開くと、「In [ ]:」と表示されている箇所の右側に入力用の領域（セル）が表示されます。

> 　セルにソースコードを入力し、画面上部のツールバーにある [Run] ボタンをクリックするか、[Shift]+[Enter]キー（Macは[shift]+[return]キー）を押すとプログラムが実行され、セルの下部に、Out [ ]:の表示と共にプログラムの実行結果が表示されます。

▼ソースコードの入力と実行

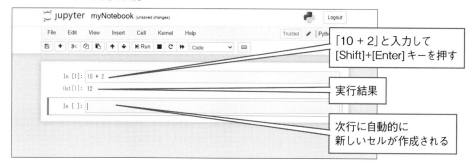

■Jupyter Notebookのコマンド

　セルに入力したソースコードは、実行後であっても何度でも書き直すことができます。ソースコードと実行結果、つまり、画面に表示されている状態をそのまま保存するには、ツールバーのSaveボタン 🖫 をクリックします。

　その他、主に使用する機能を以下にまとめておきます。

・セルの追加
　[Cell] メニューの [Insert Cell Above]（現在のセルの上部に追加）、[Insert Cell Below]（現在のセルの下部に追加）を選択します。
・セルの削除
　削除するセルにカーソルを置いた状態でツールバーの 🔳 ボタンをクリックし、表示されたメニューの中から [delete cells] を選択します。
・メモリのリセット
　プログラムを実行してメモリに読み込まれたデータをすべてリセットする場合は、[Kernel] メニューの [Restart] を選択します。
・メモリのリセットと実行結果の消去
　メモリに読み込まれたデータをすべてリセットし、さらに実行結果も消去する場合は、[Kernel] メニューの [Restart & Clear Output] を選択します。

• すべてのセルのソースコードをまとめて再実行する

すべてのセルのソースコードをまとめて再実行する場合は、［Kernel］メニューの［Restart & Run All］を選択します。

2.3.4 ノートブックを閉じて改めて開く

［ファイル］メニューの［Save and Checkpoint］を選択すると、ソースコード、プログラムの実行結果など、現在の画面に表示されている情報が、ノートブックの編集日時と共にまとめて保存されます。

▼ノートブックの保存

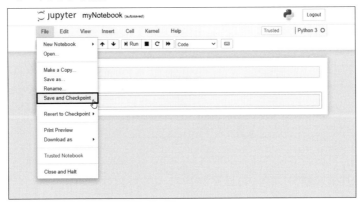

■ノートブックを閉じる

［File］メニューの［Close and Halt］を選択すると、ノートブックが閉じます。

▼ノートブックを閉じる

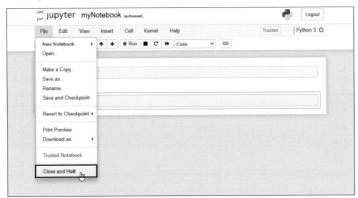

　[Close and Halt] のように「Halt (停止)」となっているのは、ノートブックをシャットダウンすることを意味します。ブラウザーの [閉じる] ボタンを使ってウィンドウを閉じた場合、ノートブックのウィンドウは閉じるものの、ノートブック自体は実行中のまま放置されます。このため、ノートブックを閉じる際は、メニューの [Close and Halt] を選択して閉じることをお勧めします。

■ノートブックを開く

　保存済みのノートブックを開いてみましょう。Jupyter Notebookの「ホームディレクトリ」の一覧からノートブックが保存されているフォルダーを開き、拡張子が「.jpynb」のノートブックファイルをクリックします。

▼ノートブックを開く

2.3.5 Jupyter Notebookのメニューを攻略する

Jupyter Notebookのノートブックは、ソースコードを「セル」で管理し、その実行結果をセルの下方に表示する構造をしているため、これを細かく制御するための便利な機能が多数、用意されています。ここでは、知っていると便利な機能を紹介します。

■[File]メニュー

[File]メニューには、ノートブックの管理を行うための機能がまとめられています。

▼[File]メニュー

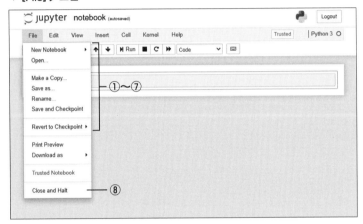

① [New Notebook]

新規のノートブックを作成します。

② [Open]

既存のノートブックを開きます。

③ [Make a Copy]

現在のノートブックをコピーして新規のノートブックを作成します。

④ [Save as...]

名前を付けて保存するコマンドです。

⑤ [Rename...]

現在のノートブック名を変更します。

⑥ [Save and Checkpoint]

ファイルを更新した日時の情報と共にノートブックを保存します。

⑦ [Revert to Checkpoint]

以前に保存したチェックポイント（サブメニューに表示される）の状態に戻します。

⑧ [Close and Halt]

ノートブックを閉じてシャットダウンします。

■ [Edit] メニュー

セルに関する操作を行う機能がまとめられています。

▼ [Edit] メニュー

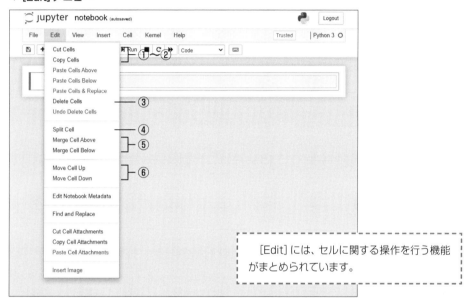

[Edit] には、セルに関する操作を行う機能がまとめられています。

① [Cut Cells]

現在、カーソルが置かれているセルを切り取ります。

② [Copy Cells]

現在、カーソルが置かれているセルの内容をコピーします。

③ [Delete Cells]

現在、カーソルが置かれているセルを削除します。

④ [Split Cell]

現在、カーソルが置かれた位置でセルを2つに分割します。

⑤ [Merge Cell Above]、[Merge Cell Bellow]

現在、カーソルが置かれているセルと、その上方または下方のセルとを結合して1つにまとめます。

⑥ [Move Cell Up]、[Move Cell Down]

現在、カーソルが置かれているセルの位置を、上部または下部のセルの位置と入れ替えます。

■ [View] メニュー

Jupyter Notebookの操作画面やセルの機能の表示／非表示を切り替えるメニューがまとめられています。

▼ [View] メニュー

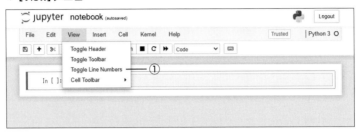

┌─────────────────────────────┐
│　[View] には、機能の表示と非表示を切り
│替えるメニューがまとめられています。
└─────────────────────────────┘

① [Toggle Line Numbers]

セルに行番号を表示します。

■ [Insert] メニュー

現在、カーソルが置かれているセルの上部または下部に、新規のセルを挿入します。

▼ [Insert] メニュー

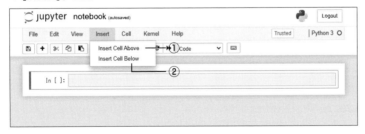

① [Insert Cell Above]

カーソルが置かれているセルの上部に新規のセルを挿入します。

② [Insert Cell Below]

カーソルが置かれているセルの下部に新規のセルを挿入します。

■[Cell] メニュー

セルに入力されたソースコードの実行に関する重要な機能がまとめられています。

▼ [Cell] メニュー

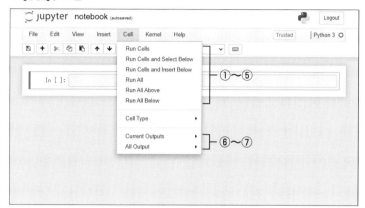

> セルに入力されたソースコードの実行に関する機能がまとめられています。

① [Run Cells]

セルのソースコードを実行します。

② [Run Cells and Select Below]

セルのソースコードを実行し、カーソルを次のセルに移動します。現在のセルの下部にセルがない場合は新規のセルが作成され、カーソルが移動します。

③ [Run Cells and Insert Below]

セルのソースコードを実行し、下部に新しいセルを追加してカーソルをそのセルに移動します。

④ [Run All]

すべてのセルのソースコードを実行します。

⑤ [Run All Above]、[Run All Below]

現在、カーソルが置かれているセルまでのすべてのセル、またはその下部にあるすべてのセルのソースコードを実行します。

⑥ [Current Outputs] ➡ [Clear]

現在、カーソルが置かれているセルの実行結果 (Output) をクリアします。

⑦ [All Output] ➡ [Clear]

すべてのセルの実行結果をクリアします。

■ [Kernel] メニュー

プログラムの実行環境を操作する機能がまとめられています。

▼ [Kernel] メニュー

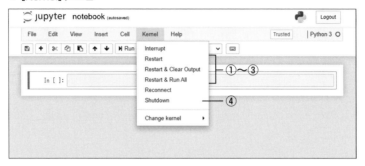

プログラムの実行環境を操作する機能がまとめられています。

① [Restart]

実行中のカーネル (Pythonのシステム、実行環境) を再起動します。

② [Restart & Clear Output]

実行中のカーネルを再起動し、現在表示されている出力 (Output) をすべてクリアします。セルに入力されたプログラムを実行前の状態に戻すだけなので、セルのソースコードは実行されません。

③ [Restart & Run All]

実行中のカーネルを再起動し、すべてのセルのソースコードを実行します。すでに表示されている出力 (Output) はすべて書き換えられます。

④ [Shutdown]

実行中のカーネルをシャットダウンします。

2.4 Google Colabを便利に使おう！

　Google Colaboratory（略称：Google Colab［グーグル・コラボ］）は、教育・研究機関への機械学習の普及を目的としたGoogleの研究プロジェクトです。現在、ブラウザーから Python を記述・実行できるサービスとして、誰でも無料で利用できるColaboratory（略称: Colab［コラボ］）が公開されています。Colabは次の特長を備えています。

・開発環境の構築が不要

　Python本体はもちろん、NumPyやScikit-Learn、TensorFlow、PyTorchをはじめとする機械学習用の最新バージョンのライブラリが多数、すぐに使える状態で用意されています。

・GPU／TPUが無料で利用できる

　開発環境から無料でGPUやTPUを利用できます。

　Colabでは、「**Colabノートブック**」と呼ばれる、Jupyter Notebookライクな環境で開発を行います。Jupyter Notebookと同様にブラウザー上で動作しますので、Colabのサイトにログインすれば、ノートブックの作成、ソースコードの入力、プログラムの実行が行えるようになっています。

　Colabがこれだけ人気を集めたのも、GPU（Tesla K80）が無料で使えることが大きいです。機械学習では大規模なデータを延々と学習することが多く、自前のPCでは学習完了までにまる1日かかることがあります。でも、ColabのGPU環境を使えば、時間短縮が可能です。しかも、無料で使えるので、これを利用しない手はありません。ディープラーニングを高速化するため、Google社が開発したプロセッサ、TPU（Tensor Processing Unit）も使えます。

　Colabの利用可能時間には制限がありますが、通常の使用では問題のない範囲です。

・利用可能なのはノートブックの起動から12時間

　ノートブックを起動してから12時間が経過すると、実行中のランタイムがシャットダウンされます。**ランタイム**とは、ノートブックの実行環境のことで、バックグラウンドでPython仮想マシンが稼働し、メモリやストレージ、CPU／GPU／TPUのいずれかが割り当てられます。Jupyter Notebookの**カーネル**と同じ意味です。

・ノートブックとのセッションが切れると90分後にカーネルがシャットダウン

　ノートブックを開いていたブラウザーを閉じる、またはPCがスリープ状態になるなど、ノートブックとのセッションが切れると、そこから90分後にランタイムがシャットダウンされます。ただし、90分以内にブラウザーでノートブックを開き、セッションを回復すれば、そのまま12時間が経過するまで利用できます。

GPUを使用すれば、12時間という制限はほとんど問題ないかと思います。なお、ノートブックを開いたあとで閉じた場合、セッションは切れますが、カーネルは90分間は実行中のままですので、12時間タイマーはリセットされません。あくまで、一度カーネルが起動されたら、そこから12時間という制限ですので、タイマーをリセットしたい場合は、いったんカーネルをシャットダウンし、再度起動することになります。カーネルのシャットダウン／再起動はノートブックのメニューから簡単に行えます。

Colabノートブックで利用できるストレージ（記憶装置）やメモリの容量は、以下のようになります。

・ストレージはGPUなしやTPU利用の場合は40GB、GPUありの場合は360GB。
・メインメモリは13GB。
・GPUメモリは12GB。

2.4.1 Googleドライブ上のColab専用のフォルダーにノートブックを作成する

Colabノートブックは、Google社が提供しているオンラインストレージサービス＊「Googleドライブ」上に作成／保存されます。Googleドライブは、Googleアカウントを取得すれば無料で15GBまでのディスクスペースを利用することができます。

Colabのトップページ（https://colab.research.google.com/notebooks/intro.ipynb）からノートブックを作成することもできますが、この場合、デフォルトでGoogleドライブ上の「Colab NoteBooks」フォルダー内に作成／保存されます。

ここでは、あとあとの管理のことを考えて、以下の手順でGoogleドライブ上に任意のフォルダーを作成し、これをColabノートブックの保存先として利用できるようにします。

❶ブラウザーを開いて「https://drive.google.com」にアクセスします。
❷アカウントの情報を入力してログインします。

＊ドキュメントファイルや画像、動画などのファイルを、ネット回線を通じてサーバー（クラウド）にアップロードして保存するサービスのこと。Googleドライブは15GBまでを無料で利用でき、さらに容量を増やしたい場合は有料での利用となる。

▼Googleドライブへのログイン

One point

　Googleのアカウントを持っていない場合は、左の画面の［別のアカウントを使用］をクリックして［アカウントを作成］のリンクをクリックすると、アカウントの作成画面に進みますので、必要事項を入力してアカウントを作成してください。

▼ログイン後のGoogleドライブの画面

　ログインすると、上記のような画面が表示されます。例では、すでに使用中の画面なので、作成済みのファイルやフォルダーが表示されています。では、Colabノートブックを保存するための専用フォルダーを作成しましょう。

> ❶画面左上の [新規] ボタン (前図参照) をクリックします。
> ❷メニューがポップアップするので、[フォルダ] を選択します。

▼Google ドライブにフォルダーを作成する

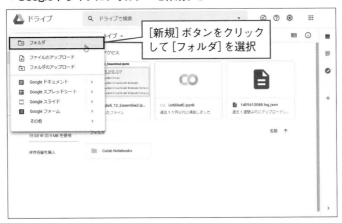

[新規] ボタンをクリック
して [フォルダ] を選択

> ❸フォルダー名を入力して [作成] ボタンをクリックします。

▼フォルダー名の設定

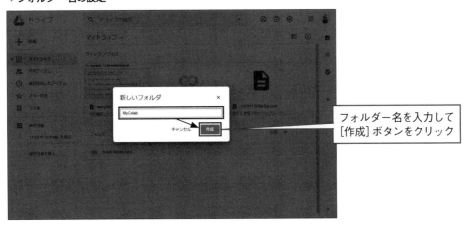

フォルダー名を入力して
[作成] ボタンをクリック

　作成したフォルダーにColabを関連付けます。こうすることで、フォルダー内からColab
ノートブックが作成できるようになります。

■ ノートブックの作成

Colabノートブックを作成します。

❶Googleドライブで［マイドライブ］を選択し、作成済みのフォルダーをダブルクリックします。

▼Colabが関連付けられたフォルダーを開く

［マイドライブ］を選択し、作成済みのフォルダーをダブルクリック

❷画面中央のファイル／フォルダーの表示領域を右クリックして［その他］➡［Google Colaboratory］を選択します。

▼Colabノートブックの作成

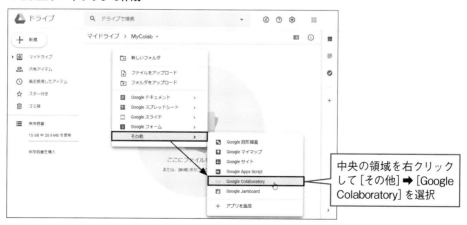

中央の領域を右クリックして［その他］➡［Google Colaboratory］を選択

作成直後のノートブックは、デフォルトで「Untitled0.ipynb」というタイトルなので、タイトル部分をクリックして任意の名前に変更します。

▼任意のタイトルに変更する

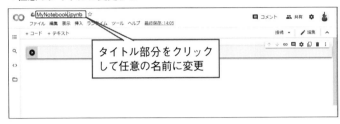

2.4.2 セルにコードを入力して実行する

Colab ノートブックでも、Jupyter Notebook と同様にセル単位でコードを入力し、実行します。

❶セルにソースコードを入力して、セルの左横にある実行ボタンをクリック、または [Ctrl] +[Enter] キーを押します。

▼ソースコードを入力して実行する

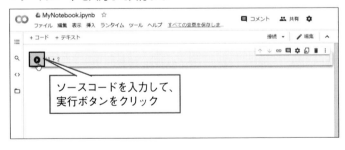

❷セルの下に実行結果が出力されます。続いて新規のセルを追加するには、[＋コード] をクリックします。

▼セルのコードを実行した結果

実行結果が出力される

[+コード]をクリックすると、セルの下に新しいセルが追加される

2.4.3 Colabノートブックの機能

Colabノートブックの機能は、Jupyter Notebookとほぼ同じですが、メニューの構成などが異なりますので、ひととおり確認しておきましょう。

■[ファイル]メニュー

新規のノートブックの作成、保存などの操作が行えます。

なお、Jupyter Notebookの[File]メニューの[Close and Halt]に相当する項目はないので、ノートブックを閉じる操作は、ブラウザーの[閉じる]ボタンで行います。

▼[ファイル]メニュー

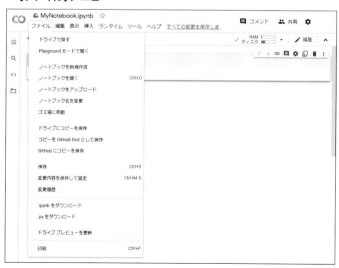

■ [編集] メニュー

[編集] メニューでは、セルのコピー／貼り付け、セル内のコードの検索／置換、出力結果の消去などが行えます。また、[ノートブックの設定]を選択することで、GPU／TPUの設定が行えます。

▼ [編集] メニュー

■ [表示] メニュー

ノートブックのサイズ（MB）などの情報や実行履歴を確認できます。

▼ [表示] メニュー

■ [挿入] メニュー

コードセルやテキスト専用のセル（テキストセル）などの挿入が行えます。

スクラッチコードセルは、セルとして保存する必要のないコードを簡易的に実行するためのセルです。

▼ [挿入] メニュー

■ [ランタイム] メニュー

コードセルの実行や中断などの処理が行えます。

また、ランタイムの再起動やランタイムで使用するアクセラレーター（GPU または TPU）の設定が行えます。

▼ [ランタイム] メニュー

■[ツール]メニュー

ノートブックで使用できるコマンドの表示や、ショートカットキーの一覧表示／キー設定が行えます。また、ノートブックのテーマ（ライトまたはダーク）の設定やソースコードエディターの設定など、全般的な環境設定が行えます。

▼[ツール]メニュー

■GPUを有効にする

GPUまたはTPUの有効化は、[編集]メニューの[ノートブックの設置]、または[ランタイム]の[ランタイムのタイプを変更]を選択すると表示される[ノートブックの設定]ダイアログで行います。

▼[ノートブックの設定]ダイアログ

2.5 Pythonの演算処理

Pythonでは、＋や－などの計算に使う記号を使って、足し算や引き算などの算術演算を行うことができます。Pythonでは、以下の演算子を使うことができます。

▼算術演算子の種類

演算子	機能	使用例	説明
＋（単項プラス演算子）	正の整数	＋a	正の整数を指定する。数字の前に＋を追加しても符号は変わらない。
－（単項マイナス演算子）	符号反転	－a	aの値の符号を反転する。
＋	足し算（加算）	a＋b	aにbを加える。
－	引き算（減算）	a－b	aからbを引く。
＊	掛け算（乗算）	a＊b	aにbを掛ける。
/	割り算（除算）	a / b	aをbで割る。
//	整数の割り算（除算）	a // b	aをbで割った結果から小数を切り捨てる。
％	剰余	a％b	aをbで割った余りを求める。
＊＊	べき乗（指数）	a＊＊b	aのb乗を求める。

2.5.1 変数を使って演算する

アルファベットを使って変数を表すことができます。変数には値を格納できるので、整数値をセットし、これを使って演算してみましょう。Jupyter Notebookのノートブックには、

```
In [ ]:
```

という表示の右隣にソースコードを入力するためのセルがあります。

Colabノートブックの場合は、セルの実行回数を示す［ ］（または［セルを実行］ボタン）の右横にセルがあります。セルにコードを入力して[Ctrl]+[Enter]キーを押すと、プログラムが実行されます。[Shift]+[Enter]キーを押した場合は、プログラムが実行されたあとで新規のセルが下方に追加されます。なお、本書ではJupyter Notebookの表示に沿って、コードセルには In 、出力結果には Out の表記をしています。

▼変数を使用した演算

```
In
a = 10  # 変数aに10を代入
a - 6   # aから6を減算
Out
4
```

In	
a	# aの値を表示する
Out	
10 ————————aの値は変わらない	

　演算結果を、「=」を使って変数に代入することができます。

　「n = 8 / 2」とすればnに「4」が代入されます。次のようにすると、変数に代入されている値そのものを変えることができます。

▼演算結果を変数に代入する

In	
a = 10	#変数aに10を代入
a = a – 6	# a – 6の結果をaに再代入する
print(a)	# aを出力
Out	
4 ————演算結果が再代入されている	

　print()は( )の中の要素を出力する関数ですが、出力の際に **Out** の表示はありません。ですが、本書では出力だとわかるように **Out** と表記しておきます。

2.5.2　Pythonが扱うデータの種類

　プログラミングにおいて値（データ）を扱う場合に、それが「どんな種類の値なのか」がとても重要になってきます。Pythonではデータの種類を**データ型**（またはたんに「**型**」）という枠によって区別し、それぞれのデータ型に対して「プログラミングで行えることを限定」します。

　数値を大きく分けると、整数リテラルと小数（浮動小数点数）リテラルがあり、int型とfloat型がこれに対応します。**リテラル**というのは100や0.01のような「生のデータ」のことを指します。intもfloatも数値なので、足し算や引き算など、算術演算を行う機能が適用されます。

　一方、str型は文字列リテラルを扱うので、文字同士を結合したり切り離したりする文字列操作特有の機能が適用されますが、数値型のように算術演算を行う機能は適用されません。

▼Pythonで扱うデータ型

データの種類	リテラルの種類	組み込みデータ型	値の例
数値	整数リテラル	int型	100
	浮動小数点数リテラル	float型	3.14159
文字列	文字列リテラル	str型	こんにちは、Program
論理値	真偽リテラル	bool型	真を表す「True」と偽を表す「False」の2つの値を扱います。

■ソースコードに説明文を書く

文字列はデータとしてではなく、ソースコード内にメモを残すためにも使われます。「この部分は何のためのものなのか」を書き残しておくためです。「#」を行のはじめに書くことで、その行はメモのための文字列、すなわち**コメント**として扱われるようになります。

▼コメントを書く

```
In
```

```
# ソースコードとは見なされないので、どんなことでも書けます。
```

COLUMN リストの中に要素製造装置を入れる（内包表記）①

リストの中に、1から5までの整数を追加する場合を考えてみましょう。append()メソッドで1つずつ追加するのでは面倒なので、forを使うことにします。

▼forステートメントを使う

```
for num in range(1, 6):
    num_list.append(num)
```

▼出力

```
print(num_list)    # 出力: [1, 2, 3, 4, 5]
```

range()関数の戻り値を使ってリストを作れば、もっと簡単です。

▼rangeオブジェクトをリストに変換する

```
num_list = list(range(1, 6))
print(num_list)    # 出力: [1, 2, 3, 4, 5]
```

さらに簡単に書く方法があります。「リスト内包表記」です。

● リスト内包表記

〈変数〉for〈in以下から取り出した値を代入する変数〉in〈イテレート可能なオブジェクト〉

先ほどのコードをリスト内包表記にすると次のようになります。

▼リスト内包表記で要素を追加する

```
num_list = [num for num in range(1, 6)]
print(num_list)    # 出力: [1, 2, 3, 4, 5]
```

リスト内容表記の先頭の変数は、リストに代入する値のための変数です。forのあとの変数にはforの1回ごとの繰り返しにおいて、in以下のオブジェクトから取り出された値が代入されます。

2.6 Pythonのリスト

複数のデータを1つのまとまりとして扱いたい場合は、**リスト**を使います。リストは、ブラケット演算子[ ]で囲んだ内部にデータをカンマ (,) で区切って書くことで作成できます。

2.6.1 リストを作る

リストの中身を**要素**と呼びます。要素のデータ型は何でもよく、複数の型を混在させてもかまいません。要素はカンマで区切って書きますが、最後の要素のあとにカンマを付ける必要はありません (ただし、付けてもエラーにはなりません)。

●リストを作る

> 変数 = [要素1, 要素2, 要素3, ...]

▼すべての要素がint型のリスト

```
In
number = [1, 2, 3, 4, 5]
print(number)    # 出力
Out
[1, 2, 3, 4, 5]
```

▼str型、int型、float型が混在したリスト

```
In
data = ['身長', 160, '体重', 40.5]
print(data)    # 出力
Out
['身長', 160, '体重', 40.5]
```

リストの要素の並びは追加した順番のまま維持されるので、ブラケット演算子でインデックスを指定して、特定の要素を取り出せます。これを**インデックシング**と呼びます。

インデックスは0から始まりますので、1番目の要素のインデックスは0、2番目の要素は1と続きます。

●リスト要素のインデックシング

> リスト[インデックス]

▼インデックシング

```
In
x = [1, 2, 3, 4, 5]
print(x)        # リストの中身を出力
Out
[1, 2, 3, 4, 5]
```

```
In
len(x)          # リストの長さ（要素の数）を取得
Out
5
```

```
In
x[0]            # 最初の要素にアクセス
Out
1
```

```
In
x[4] = 100      # 5番目の要素を変更する
print(x)
Out
[1, 2, 3, 4, 100]
```

2.7 if文とfor文

if文は、「条件式が真ならブロックのコードを実行する」フロー制御文です。for文は、イテレート可能なオブジェクト（複数の要素を持つリストなどのこと）に対して同じ処理を繰り返します。**イテレート**（iterate）とは、「繰り返し処理する」という意味です。

2.7.1 if文

if文では、条件式が成立した場合に次行以下のコードを実行します。

●**if文**

> if 条件式:
> 　［インデント］条件式がTrueの場合の処理

Pythonでは、インデント（空白文字）が重要な意味を持ちます。インデントを入れることで、そのコードはif文のコードであることを示します。インデントにはタブ文字を使うこともできますが、Pythonでは空白文字（一般的に4文字）を使うことが推奨されています。

データ型のboolはTrueとFalseのどちらかの値をとります。ifの条件式が成立すると、bool型のTrueがプログラムの内部で返されます。そうするとブロック（ifの次行以下）のコードが実行されます。一方、条件式が成立しなければFalseが返されるので、ブロックのコードは実行されません。

▼**if文**

```
In
en= 210
if(en >= 210):
    print('バスに乗れます')    # 空白文字によるインデント
Out
バスに乗れます
```

2.7.2 条件式を作るための「比較演算子」

if文でポイントになるのは条件式です。条件式には次の**比較演算子**を使います。これらの比較演算子は、「式のとおりであればTrue、そうでなければFalse」を返します。

▼ Pythonの比較演算子

比較演算子	内容	例	内容
==	等しい	a == b	aとbの値が等しければTrue、そうでなければFalse。
!=	異なる	a != b	aとbの値が等しくなければTrue、そうでなければFalse。
>	大きい	a > b	aがbの値より大きければTrue、そうでなければFalse。
<	小さい	a < b	aがbの値より小さければTrue、そうでなければFalse。
>=	以上	a >= b	aがbの値以上であればTrue、そうでなければFalse。
<=	以下	a <= b	aがbの値以下であればTrue、そうでなければFalse。
is	同じオブジェクト	a is b	aとbが同じオブジェクトであればTrue、そうでなければFalse。
is not	異なるオブジェクト	a is not b	aとbが異なるオブジェクトであればTrue、そうでなければFalse。
in	要素である	a in b	aがbの要素であればTrue、そうでなければFalse。
not in	要素ではない	a not in b	aがbの要素でなければTrue、そうでなければFalse。

● 「=」と「==」の違い

「=」は代入演算子です。これに対し、イコールを2つつなげた「==」は、左の値と右の値が「等しい」ことを判定するための比較演算子です。

▼ == を使う

```
In
a = 5        # aに5を代入
a == 5       # aの値は5と等しいか
Out
True
```

```
In
a == 10      # aの値は10と等しいか
Out
False
```

2.7.3 if...elseで処理を分ける

else文を追加すると、条件が成立しない場合に別の処理を行うことができます。

● if...else文の書式

```
if 条件式:
［インデント］条件式がTrueの場合の処理
else:
［インデント］条件式がFalseの場合の処理
```

▼if...elseで処理を分ける

In
`m = 300`
`if(m >= 420):`
`    print('往復バスに乗れます')`
`else:`
`    print('片道しかバスに乗れません...')`

Out
片道しかバスに乗れません...

2.7.4　for文

　一定の回数だけ同じ処理を繰り返すには、for文(forループ)を使います。for文は、イテレート可能なオブジェクト(リストなどのプログラムで扱う要素のこと)に対して同じ処理を繰り返します。

　イテレート(iterate)とは、「繰り返し処理する」という意味です。イテレートが可能ということは、そのオブジェクトの中から順に値を取り出せることを意味します。

●for文

> for 変数 in イテレート可能なオブジェクト:
> ［インデント］繰り返す処理

　for文を使ってリストの要素を1つずつ取り出してみます。

▼forで繰り返す

In
`for i in [1, 2, 3]:`
`    print(i)`

Out
1
2
3

2.8 関数

　ソースコードは、上から下に向かって実行されます。このため、ある程度規模の大きなプログラムで行う様々な処理をそのまま書いていったのでは、とても読みづらいプログラムになってしまい、もし、どこかに間違いがあっても修正が容易ではありません。

　そこで、処理ごとにコードをまとめ、名前を付けて呼び出せるようにします。これが**関数**です。処理ごとに関数としてまとめておけば、コード全体もスッキリしますし、メンテナンスも楽です。さらに、何度も同じ処理を行う場合は関数名だけを書いて呼び出せるので、その都度、処理コードを書かずに済むというメリットもあります。

　関数に似た仕組みとしてメソッドがありますが、構造自体はどちらも同じで、書き方のルールもほとんど同じです。Pythonでは、モジュール（ソースファイル）上で直接定義されているものを関数、クラスの内部で定義されたものを**メソッド**と呼んで区別しています。

2.8.1 処理だけを行う関数

　関数を作ることを「**関数の定義**」と呼びます。

●**関数の定義（処理だけを行うタイプ）**

```
def 関数名():
[インデント]処理
```

　関数名の先頭は英字か_でなければならず、英字、数字、_以外の文字は使えないので注意してください。

▼**文字列を出力する関数**

```
In
def hello():                    # hello() 関数の定義
    print('こんにちは')
In
hello()                         # hello を呼び出す
Out
こんにちは                        # 関数からの出力
```

2.8.2　引数を受け取る関数

　print()は、カッコの中に書かれている文字列を画面に出力します。カッコの中に書いて関数に渡す値が**引数**です。関数側では、引数として渡されたデータを**パラメーター**を使って受け取ることができます。

●**関数の定義（引数を受け取るタイプ）**

```
def 関数名(パラメーター):─────────────── コロンをお忘れなく
    ［インデント］処理
```

　パラメーターは変数と同じように英数字で表し、カンマ (,) で区切ることで必要な数だけ設定できます。関数を呼び出すときに( )の中に書いた引数は「書いた順番」でパラメーターの並びに渡されます。

▼**引数を２つ受け取る関数**

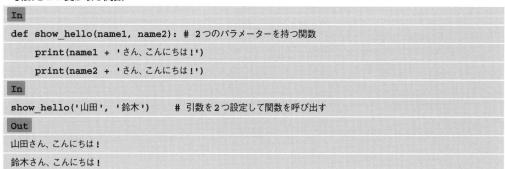

```
In
def show_hello(name1, name2): # ２つのパラメーターを持つ関数
    print(name1 + 'さん、こんにちは！')
    print(name2 + 'さん、こんにちは！')
In
show_hello('山田', '鈴木')     # 引数を２つ設定して関数を呼び出す
Out
山田さん、こんにちは！
鈴木さん、こんにちは！
```

2.8.3　処理結果を返す関数

関数の処理結果を「戻り値」として、呼び出し元に返すことができます。

●関数の定義（処理結果を戻り値として返すタイプ）

```
def 関数名(パラメーター):
　［インデント］処理
　［インデント］return 戻り値
```

関数の処理の最後の「return 戻り値」の部分で、処理した結果を呼び出し元に返します。戻り値には、関数内で使われている変数を設定するのが一般的ですが、

　　return 計算式

のように書いて、計算結果を戻り値として返すこともあります。

▼戻り値を返す関数

```
In
# 2つのパラメーターを持つ関数
def return_hello(name1, name2):
    result = name1+ 'さん、' + name2 + 'さん、こんにちは！'
    return result　 # 処理した文字列を戻り値として返す
In
# 引数を設定して関数を呼び出し、戻り値を変数に代入する
show = return_hello('山田', '鈴木')
# 関数の戻り値を出力
print(show)
Out
山田さん、鈴木さん、こんにちは！
```

2.9 クラス

Pythonは「オブジェクト指向」のプログラミング言語なので、プログラムで扱うすべての
データをオブジェクトとして扱います。オブジェクトは、クラスによって定義され、クラスに
はオブジェクトを操作するためのメソッドが備わっています。

Pythonのint型はintクラス、str型はstrクラスで定義されています。「age = 28」と書くと
コンピューターのメモリ上に28という値を読み込み、「この値はint型である」という制約を
かけます。このような制約をかけるのがクラスです。クラスには、専用のメソッドが定義され
ているので、制約をかけることによってクラスで定義されているメソッドが使えるようにな
ります。

クラスを作るには、その定義が必要です。クラスは次のようにclassキーワードを使って定
義します。

●クラスの定義

```
class クラス名:
[インデント]メソッドなどの定義
```

2.9.1 メソッド

クラスの内部にはメソッドを定義するコードを書きます。メソッドと関数の構造は同じで
すが、クラスの内部で定義されているものをメソッドと呼んで区別します。

●メソッドの定義

```
def メソッド名(self, パラメーター)
    処理...
```

メソッドの決まりとして、第1パラメーターには、呼び出し元で生成されたオブジェクト
(メソッドが属するクラスのインスタンス) を受け取るためのパラメーターを用意します。名
前は何でもよいのですが、慣例として「self」とするのが一般的です。メソッドを実行するとき
は、まずメソッドが属するクラスのオブジェクトの生成 (クラスのインスタンス化) を行い、
そのあとで「オブジェクト.メソッド()」のように書くことで呼び出しを行います。この書き方
は、「オブジェクトに対してメソッドを実行する」ことを示しています。一方、呼び出される側
のメソッドは、呼び出しに使われたオブジェクトをパラメーターで「明示的に」受け取るよう
に決められています。先のselfパラメーターがこれにあたります。

▼メソッドを呼び出すと実行元のオブジェクトの情報がselfに渡される

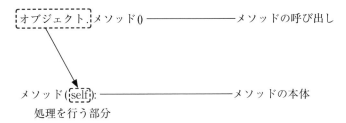

このような仕組みになっているので、パラメーターが不要なメソッドであってもオブジェクトを受け取るパラメーターselfだけは必要です。これを書かないと、どのオブジェクトから呼び出されたのかがわからないのでエラーになります。

2.9.2 オリジナルのクラスを作る

メソッドを1つだけ持つシンプルなクラスを作ります。

▼Testクラスを定義する

```
In

class Test:
    def show(self, val):
        print(self, val)      # selfとvalを出力
```

■オブジェクトを作成する（クラスのインスタンス化）

クラスからオブジェクトを作るには次のように書きます。これを「**クラスのインスタンス化**」と呼びます。**インスタンス**とは、オブジェクトと同じ意味を持つプログラミング用語です。

●クラスのインスタンス化

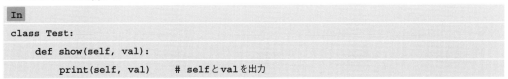

クラス名(引数)と書けば、クラスがインスタンス化されてオブジェクトが生成されます。一方、str型やint型のオブジェクトではこのような書き方はしませんでした。intやstr、float、さらにはリスト、ディクショナリなどの基本的なデータ型の場合は、値を直接書くだけで、内部的な処理によってオブジェクトが生成されるようになっています。

▼明示的にオブジェクトを作成してみる

In
`s = str('Python')   # このようにも書けるが「s = 'Python'」と同じこと`
`print(s)`

Out
`Python`

　　先ほど作成したTestクラスをインスタンス化してshow()メソッドを呼び出してみます。クラスを定義したセルの下のセルに次のように記述します。

▼Testクラスをインスタンス化してメソッドを使ってみる

In
`test = Test()          # Test`クラスをインスタンス化してオブジェクトの参照を代入
`test.show('こんにちは')  # Test`オブジェクトから`show()`メソッドを実行

Out
`<__main__.Test object at 0x000001ACA4D46BE0>` こんにちは

　　show()メソッドには、必須のselfパラメーターとは別にvalパラメーターがあります。

▼メソッド呼び出しにおける引数の受け渡し

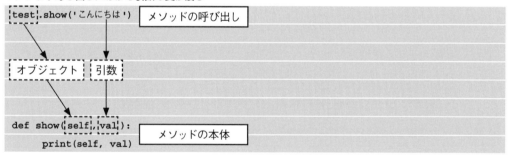

　　show()メソッドでは、これら2つのパラメーターの値を出力します。selfパラメーターの値として、

　　　　`<__main__.Test object at 0x000001ACA4D46BE0>`

のように出力されています。「**0x000001ACA4D46BE0**」の部分がTestクラスのオブジェクトの参照情報（メモリアドレス）です。

2.9.3　オブジェクトの初期化を行う __init__()

　クラス定義において、__init__()というメソッドは特別な意味を持ちます。クラスからオブジェクトが作られた直後、初期化のための処理が必要になることがあります。例えば、回数を数えるカウンター変数の値を0にセットする、必要な情報をファイルから読み込む、などです。「初期化」を意味するinitializeを略したinitの4文字をダブルアンダースコアで囲んだ__init__()というメソッドは、オブジェクトの初期化処理を担当し、オブジェクト作成直後に自動的に呼び出されます。

●__init__()メソッドの書式

```
def __init__(self, パラメーター, ...)
    初期化のための処理
```

2.9.4　インスタンスごとの情報を保持するインスタンス変数

　インスタンス変数とは、インスタンス（オブジェクト）が独自に保持する情報を格納するための変数です。1つのクラスからオブジェクトはいくつでも作れますが、それぞれのインスタンスはそれぞれ独自の情報を保持できます。このようなオブジェクト固有の情報は、インスタンス変数を利用して保持します。

●インスタンス変数の書式

```
self.インスタンス変数名 = 値
```

　このとき、どのインスタンスに属する変数なのかを示すのがselfの役割です。

▼__init__()メソッドでインスタンス変数への代入を行う

`In`

```python
class Test2:
    def __init__(self, val):
        self.val = val


    def show(self):
        print(self.val)        # self.valを出力
```

In
`test2 = Test2('こんにちは')`   # **Test2** クラスをインスタンス化
`test2.show()`   # **Test2** オブジェクトから **show()** メソッドを実行
Out
こんにちは

　パラメーターselfには、呼び出し元、つまりクラスのインスタンス（の参照情報）が渡されてきますので、「self.val」は「インスタンスの参照.val」という意味になり、そのインスタンスが保持しているval変数を指すようになります。

　インスタンス変数は、__init__()メソッドのほかに、クラスに属するメソッドの内部で定義することもできます。

COLUMN リストの中に要素製造装置を入れる（内包表記）②

　リスト内包表記を次のように書くと、変数nに代入されている1が計5回、リスト要素として追加されることになります。

▼リスト内包表記の2つの変数が異なる場合

```
n = 1
num_list = [n for num in range(1, 6)]
print(num_list)      # 出力：[1, 1, 1, 1, 1] ←5つの要素の値はすべて「1」
```

　このため、range()関数が返す1～5の値をリスト要素にするには、内包表記の2つの変数を同じものにしておく必要があります。

3^章 ディープラーニングの数学的要素

3.1 ニューラルネットワークのデータ表現：テンソル

　ニューラルネットワークやディープラーニングの処理には、ベクトルや行列の計算が不可欠です。PythonのNumPy（ナンパイ）は、計算に便利な関数やメソッドを数多く含む、分析処理の定番ともいえるライブラリです。

　NumPyの配列には次元の概念があり、1次元配列でベクトル、2次元で行列を表現でき、3次元で行列を要素に持つ配列……というように、次元を増やすことができます。ただ、これだと少々わかりづらいので、代わりに「**テンソル**」という用語が用いられます。1次元配列は「1階テンソル」、2次元配列は「2階テンソル」という具合です。このときの「階」はすなわち「次元」のことですが、テンソルではこれを**軸**といいます。

　この先、画像データを用いてディープラーニングを行いますが、画像データの場合、ピクセル値が2次元の平面上にびっしりとタテ・ヨコに並んだ2階テンソルが使われます。ただ、扱う画像の数は数枚～数千枚以上と多いので、画像1枚の2階テンソルを要素に持つ3階テンソルにまとめられるのが常です。

　NumPyは、import文を使って組み込み（インポート）を行うことで使えるようになります。NumPyはPythonの標準ではなく、外部のライブラリなので、使用するときはインポートの処理が必要になります。インポートを行えば、ノートブックの以降のセルで有効になるので、以降はインポートの処理は必要ありません。

▼NumPyのインポート

```
import numpy as np
```

　これは「NumPyを読み込んでnpという名前で使えるようにする」ことを意味します。以降は「np.関数名()」のように書けば、NumPyに収録されている関数やメソッドが使えます。NumPy配列の生成は、array()で行います。

3.1.1　NumPyのスカラー（0階テンソル）

　　数値を1つしか格納していないテンソルは、**スカラー**と呼びます。**0階テンソル**や**スカラーテンソル**と呼ばれることもあります。ここでは、「15」という数値を格納した0階テンソルを作成し、その構造とデータ型、軸の数（階数）を調べてみます。

▼0階テンソル（スカラー）を生成

```
In

import numpy as np        # NumPyを読み込んでnpという名前で使えるようにする

In

x = np.array(15)          # 0階テンソルを生成

x

Out

array(15)

In

x.dtype                   # dtype属性でデータ型を調べる

Out

dtype('int32')

In

x.ndim                    # ndim属性で軸の数（階数）を調べる

Out

0
```

3.1.2　NumPyのベクトル（1階テンソル）

　　線形代数では、「要素を縦または横に一列に並べたもの」を**ベクトル**と呼びます。これは、NumPyの1次元配列ですので、**1階テンソル**になります。

▼ベクトル（1階テンソル）を作成して要素を出力する

```
In

import numpy as np        # NumPyのインポート

In

x = np.array([1, 2, 3])   # 1階テンソル

x

Out

array([1, 2, 3])

In

x.ndim                    # ndim属性で軸の数（階数）を調べる

Out

1
```

● ベクトル（1階テンソル）の要素を参照する

> ベクトル名 [インデックス]

▼ベクトルの要素の参照と書き換え

```
x[0]            # 1つ目の要素を参照
```
```
Out
```
```
1
```
```
In
```
```
x[2] = 100     # 3番目の要素を100に変更する
```
```
x
```
```
Out
```
```
array([  1,    2, 100])
```

3.1.3 NumPyの行列（2階テンソル）

NumPyの2次元配列は行列です。行列は、行（row）と列（column）の2つの軸を持つため、2階テンソルです。

▼行列（2階テンソル）の生成

```
In
```
```
import numpy as np       # NumPyのインポート
```
```
In
```
```
# 行列（2階テンソル）
```
```
x = np.array([[10, 15, 20, 25, 30],
              [20, 30, 40, 50, 60],
              [50, 53, 56, 59, 62]])
```
```
x
```
```
Out
```
```
xarray([[10, 15, 20, 25, 30],
       [20, 30, 40, 50, 60],
       [50, 53, 56, 59, 62]])
```
```
In
```
```
x.ndim                  # ndim属性で軸の数（階数）を調べる
```
```
Out
```
```
2
```

1つ目の軸の要素を行、2つ目の軸の要素を列と呼びます。

先の例では、[10, 15, 20, 25, 30]が第1行、[10, 20, 50]が第1列になります。

3.1.4 3階テンソルとより高階数のテンソル

行列を新しい配列に格納すると、3階テンソルになります。視覚的には、行列が立体的に並んだものとしてイメージできます。

▼3階テンソルの生成

```
In
import numpy as np   # NumPyのインポート
In
#  3階テンソル
x = np.array([[[10, 15, 20, 25, 30],
               [20, 30, 40, 50, 60],
               [50, 53, 56, 59, 62]],
              [[10, 15, 20, 25, 30],
               [20, 30, 40, 50, 60],
               [50, 53, 56, 59, 62]],
              [[10, 15, 20, 25, 30],
               [20, 30, 40, 50, 60],
               [50, 53, 56, 59, 62]]])
x
Out
array([[[10, 15, 20, 25, 30],
        [20, 30, 40, 50, 60],
        [50, 53, 56, 59, 62]],

       [[10, 15, 20, 25, 30],
        [20, 30, 40, 50, 60],
        [50, 53, 56, 59, 62]],

       [[10, 15, 20, 25, 30],
        [20, 30, 40, 50, 60],
        [50, 53, 56, 59, 62]]])
In
x.ndim    # ndim属性で軸の数（階数）を調べる
Out
3
```

さらに、3階テンソルに新たな軸を加えると、4階テンソルになります。一般的にディープラーニングで扱うのは0階から4階テンソルまでです。ただし、動画データの処理では5階テンソルを使うことがあります。

3.2 ニューラルネットワークを回す（ベクトルの演算）

NumPyの配列は、すなわちベクトル（1階テンソル）です。ここでは、ベクトルの演算について見ていきましょう。

3.2.1 ベクトルの算術演算

ベクトルx、yの要素数が同じであれば、各要素ごとの算術演算が可能です。

▼ベクトル同士の演算

```
In
import numpy as np      # NumPyのインポート
In
x = np.array([1, 2, 3])
y = np.array([4, 5, 6])
x + y                   # 要素ごとの足し算
Out
array([5, 7, 9])
```

```
In
x - y                   # 要素ごとの引き算
Out
array([-3, -3, -3])
```

```
In
x * y                   # 要素ごとの掛け算
Out
array([ 4, 10, 18])
```

```
In
x / y                   # 要素ごとの割り算
Out
array([0.25, 0.4 , 0.5 ])
```

3.2.2　ベクトルのスカラー演算

　　要素を1つしか持たない0階テンソルはスカラーと呼ばれるのでした。これとは別に、線形代数では、「大きさのみで表され、方向を持たない量」のことを**スカラー**と呼びます。すなわち、0や1、2などの独立した単一の値がスカラーです。0階テンソルのスカラーも、単一の数値のスカラーも、プログラム上では同じように扱えます。

　　さて、Pythonのリストは1次元配列ですが、すべての要素に同じ数を加えたり、あるいは2倍するような場合は、forなどで処理を繰り返す必要があります。これに対し、NumPyの1次元配列（ベクトル）は、ループを使わずに一括処理が行えます。これは、NumPyの**ブロードキャスト**と呼ばれる仕組みによって実現されます。

　　ベクトル、すなわち1階テンソルに対して四則演算子でスカラー演算を行うと、すべての成分（要素）に対して演算が行われます。

▼ベクトル（1階テンソル）を作成して四則演算を行う

```
In
import numpy as np      # NumPyのインポート
```

```
In
# dtypeで型を指定してベクトルを生成
x = np.array([1, 2, 3, 4, 5], dtype = float)
# 0階テンソル（スカラー）を生成
y = np.array(10)
# ベクトルに0階テンソルを加算
print(x + y)
```

```
Out
[11. 12. 13. 14. 15.]
```

```
In
print(x + 10)           # スカラーを加算
```

```
Out
[11. 12. 13. 14. 15.]
```

```
In
print(x - 1)            # 減算
```

```
Out
[0. 1. 2. 3. 4.]
```

```
In
print(x * 10)           # 乗算
```

```
Out
[10. 20. 30. 40. 50.]
```

▼割り算

```
In
print(x / 2)    # 除算
Out
[0.5 1.  1.5 2.  2.5]
```

3.2.3　ベクトル同士の四則演算

　ベクトル同士を四則演算子で演算すると、同じ次元の成分同士の演算が行われます。NumPyの配列で表現するベクトルは1次元配列なので、

　　　array([1., 3., 5.])

は、ベクトルの記法で表すと

　　　(1　3　5)

となります。このように横方向に並んだものを特に**行ベクトル**と呼びます。上記の例だと、成分が3つあるので「3次元行ベクトル」になります。1が「第1成分」、3が「第2成分」、5が「第3成分」です。

　さて、ベクトル同士の演算は、「次元数が同じである」ことが条件です。次元数が異なるベクトル同士を演算すると、どちらかの成分が余ってしまうのでエラーになります。

　ベクトル同士の演算は、次のように行われます。

$$(a_1 \quad a_2 \quad a_3) + (b_1 \quad b_2 \quad b_3) = (a_1 + b_1 \quad a_2 + b_2 \quad a_3 + b_3)$$

　NumPyのブロードキャストの仕組みによって、同じ次元の成分同士が計算されます。

■ベクトル同士の加算と減算

　ベクトル同士の計算は、列ベクトルでも行ベクトルでも計算のやり方は同じですので、ここでは列ベクトルを例にします。

$$\boldsymbol{u} = \begin{pmatrix} u_1 \\ u_2 \\ u_3 \end{pmatrix} = \begin{pmatrix} 1 \\ 5 \\ 9 \end{pmatrix}, \quad \boldsymbol{v} = \begin{pmatrix} v_1 \\ v_2 \\ v_3 \end{pmatrix} = \begin{pmatrix} 1 \\ 0 \\ 3 \end{pmatrix}$$

としたとき、次の「ベクトルの加算」、「ベクトルの減算」、「ベクトルの定数倍」が成り立ちます。

$$\boldsymbol{u} + \boldsymbol{v} = \begin{pmatrix} u_1 + v_1 \\ u_2 + v_2 \\ u_3 + v_3 \end{pmatrix} = \begin{pmatrix} 1 + 1 \\ 5 + 0 \\ 9 + 3 \end{pmatrix} = \begin{pmatrix} 2 \\ 5 \\ 12 \end{pmatrix}$$

$$\boldsymbol{u} - \boldsymbol{v} = \begin{pmatrix} u_1 - v_1 \\ u_2 - v_2 \\ u_3 - v_3 \end{pmatrix} = \begin{pmatrix} 1 - 1 \\ 5 - 0 \\ 9 - 3 \end{pmatrix} = \begin{pmatrix} 0 \\ 5 \\ 6 \end{pmatrix}$$

$$4\boldsymbol{u} = 4 \begin{pmatrix} u_1 \\ u_2 \\ u_3 \end{pmatrix} = 4 \begin{pmatrix} 1 \\ 5 \\ 9 \end{pmatrix} = \begin{pmatrix} 4 \times 1 \\ 4 \times 5 \\ 4 \times 9 \end{pmatrix} = \begin{pmatrix} 4 \\ 20 \\ 36 \end{pmatrix}$$

このように、ベクトル同士の和と差やベクトルの実数倍は、成分ごとに計算することで求められます。

▼ベクトル同士を演算する

```
In
import numpy as np     # NumPyのインポート
```

```
In
vec1 = np.array([10, 20, 30])
vec2 = np.array([40, 50, 60])
```

```
In
print(vec1 + vec2)     # ベクトル同士の足し算
```
```
Out
[50 70 90]
```

```
In
print(vec1 - vec2)     # ベクトル同士の引き算
```
```
Out
[-30 -30 -30]
```

```
In
print(4 * vec1)        # ベクトルの定数倍
```
```
Out
[ 40  80 120]
```

```
In
print(vec1 / vec2)     # ベクトル同士の割り算
```
```
Out
[0.25 0.4  0.5 ]
```

本来、ベクトル同士では割り算は行えませんが、NumPyの配列で表現するベクトルは、次元数が同じであればブロードキャストの仕組みが働いて同じ次元の成分同士の割り算が行われます。

3.2.4 ベクトルのアダマール積を求める

NumPyの配列で表現するベクトルは1階テンソルなので、行、列の概念がありません。足し算や引き算と同様に、同じ次元数のベクトル同士の掛け算をすると、同じ次元の成分同士の掛け算が行われます。これをベクトルの**アダマール積**と呼びます。アダマール積は、ブロードキャストの仕組みによって実現されます。なお、アダマール積は、一般的に⊙の記号で表します。

▼ベクトル同士のアダマール積

$$(a_1 \quad a_2 \quad a_3) \odot (b_1 \quad b_2 \quad b_3) = (a_1 b_1 \quad a_2 b_2 \quad a_3 b_3)$$

▼ベクトル同士のアダマール積を求める

```
In
import numpy as np    # NumPyのインポート
```

```
In
vec1 = np.array([10, 20, 30])
vec2 = np.array([40, 50, 60])
```

```
In
print(vec1 * vec2)      # アダマール積を求める
```

```
Out
[ 400 1000 1800]
```

3.2.5 ベクトルの内積を求める

　ベクトル同士の成分の積の和を**内積**と呼びます。ベクトル**a**と**b**の内積は、真ん中に「・」（ドット）を入れて

$$\boldsymbol{a} \cdot \boldsymbol{b}$$

と表します。2次元ベクトル$\boldsymbol{a} = \begin{pmatrix} 2 \\ 3 \end{pmatrix}$と$\boldsymbol{b} = \begin{pmatrix} 4 \\ 5 \end{pmatrix}$の内積は、

$$\boldsymbol{a} \cdot \boldsymbol{b} = \begin{pmatrix} 2 \\ 3 \end{pmatrix} \cdot \begin{pmatrix} 4 \\ 5 \end{pmatrix} = 2 \cdot 4 + 3 \cdot 5 = 23$$

のように、第1成分同士、第2成分同士を掛けて和を求めます。

　3次元ベクトル$\boldsymbol{a} = \begin{pmatrix} 4 \\ 5 \\ -6 \end{pmatrix}$と$\boldsymbol{b} = \begin{pmatrix} -2 \\ 3 \\ -1 \end{pmatrix}$の内積は、

$$\boldsymbol{a} \cdot \boldsymbol{b} = \begin{pmatrix} 4 \\ 5 \\ -6 \end{pmatrix} \cdot \begin{pmatrix} -2 \\ 3 \\ -1 \end{pmatrix} = 4 \cdot (-2) + 5 \cdot 3 + (-6) \cdot (-1) = 13$$

のように、同じ成分同士を掛けて和を求めます。NumPyの配列（正確にはndarrayオブジェクト）には、ベクトルの内積を求めるdot()関数が用意されています。なお、NumPyのベクトルは1次元配列なので、タテ、ヨコの区別がありません。通常の1次元配列を生成して、2つのベクトルをdot()関数の引数にして実行すると内積が求められます。

▼ベクトルの内積を求める

```
In
import numpy as np     # NumPyのインポート
In
vec1 = np.array([2, 3])
vec2 = np.array([4, 5])
np.dot(vec1, vec2)     # vec1とvec2の内積を求める
Out
23

In
vec3 = np.array([4, 5, -6])
vec4 = np.array([-2, 3, -1])
np.dot(vec3, vec4)     # vec3とvec4の内積を求める
Out
13
```

3.3 ニューラルネットワークを回す（行列の演算）

NumPyの2次元配列で行列を表現できます。行列は、行と列の2つの軸を持つので、2階テンソルです。ここでは線形代数の基本に基づき、行列の演算方法を、ニューラルネットワークで必要になる部分のみをピックアップして見ていきます。行列とは、数の並びのことで、次のようにタテとヨコに数を並べることで表現します。

$$\begin{pmatrix} 1 & 5 \\ 10 & 15 \end{pmatrix} \cdots\cdots\cdots ①$$

$$\begin{pmatrix} 1 & 5 & 7 \\ 8 & 3 & 9 \end{pmatrix} \cdots\cdots\cdots ②$$

$$\begin{pmatrix} 6 & 8 \\ 4 & 2 \\ 7 & 3 \end{pmatrix} \cdots\cdots\cdots ③$$

$$\begin{pmatrix} 8 & 1 & 6 \\ 9 & 7 & 5 \\ 4 & 2 & 3 \end{pmatrix} \cdots\cdots\cdots ④$$

このように( )の中に数を並べると、それが行列になります。ヨコの並びを**行**、縦の並びを**列**と呼び、行、列とも数をいくつ並べてもかまいません。

①は2行2列の行列、②は2行3列の行列、③は3行2列の行列、④は3行3列の行列です。

3.3.1 行列の構造

行列の構造を見ていきます。

●正方行列

タテに並んだ数の個数とヨコに並んだ数の個数が同じとき、特に**正方行列**といいます。①の2行2列、④の3行3列の行列が正方行列です。

●行ベクトルや列ベクトルの形をした行列

一方、数学には数字の組を表す**ベクトル**があります。行列は行、列ともに数をいくつ並べてもかまいませんが、ベクトルは、次のように数字の組が1行、または1列のどちらかだけになります。

$$\begin{pmatrix} 5 & 8 & 2 & 6 \end{pmatrix} \cdots\cdots ⑤$$

$$\begin{pmatrix} 3 \\ 5 \\ 4 \end{pmatrix} \cdots\cdots\cdots ⑥$$

⑤は行ベクトルですが、1行4列の行列と見なすことができます。また、⑥は列ベクトルですが、3行1列の行列と見なすことができます。

● **行列の行と列**

次に行列の中身について見ていきましょう。

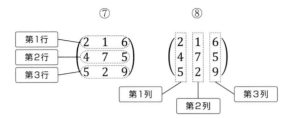

同じ行列を左右に並べてありますが、⑦のように行を数える場合は上から第1行、第2行、第3行となり、⑧のように列を数える場合は左から第1列、第2列、第3列となります。

● **行列の中身は「成分」**

行列に書かれた数字のことを**成分**と呼びます。⑦の1行目の3列目の6は、第1行第3列の成分です。これを

● **成分の表記**

> 6は(1, 3)成分である

のように、(行, 列)の形式で表します。

3.3.2　多次元配列で行列を表現する

NumPyの配列は多次元配列に対応しています。1次元の配列はベクトルで、2次元の配列が行列（matrix）になります。array()の引数としてリストを指定すると、1次元配列つまりベクトルになり、二重構造のリストを指定すると2次元配列つまり行列が作成できます。次は、（3行, 3列）の行列を作成する例です。

▼行列を作成する

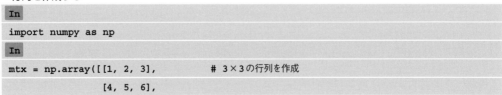

```
import numpy as np
```

```
mtx = np.array([[1, 2, 3],        # 3×3の行列を作成
                [4, 5, 6],
```

```
              [7, 8, 9]],
              dtype = float)
```

```
In
```

```
mtx
```

```
Out
```

```
array([[ 1.,   2.,   3.],   ←3行×3列の行列が作成されている
       [ 4.,   5.,   6.],
       [ 7.,   8.,   9.]])
```

3.3.3 行列のスカラー演算

ベクトルと同じように、行列に対してスカラー演算を行うと、行列のすべての成分に対して演算が行われます。この処理についても「ブロードキャスト」によって実現されます。

▼行列のスカラー演算

```
In
```

```
import numpy as np          # NumPyのインポート
```

```
In
```

```
mtx = np.array([[1, 2, 3],    # (3, 3) の行列を作成
                [4, 5, 6],
                [7, 8, 9]],
                dtype = float)
```

```
In
```

```
print(mtx + 10)              # 足し算
```

```
Out
```

```
[[11. 12. 13.]
 [14. 15. 16.]
 [17. 18. 19.]]
```

```
In
```

```
print(mtx - 10)              # 引き算
```

```
Out
```

```
[[-9. -8. -7.]
 [-6. -5. -4.]
 [-3. -2. -1.]]
```

```
In
```

```
print(mtx * 2)                    # 乗算
```
```
Out
```
```
[[ 2.  4.  6.]
 [ 8. 10. 12.]
 [14. 16. 18.]]
```

```
In
```
```
mtx / 2                           # 除算
```
```
Out
```
```
[[0.5 1.  1.5]
 [2.  2.5 3. ]
 [3.5 4.  4.5]]
```

3.3.4　行列の定数倍

　スカラー演算のうち、行列にある数を掛けることを「**行列の定数倍**」と呼びます。ある数を掛けて行列のすべての成分を○○倍します。次の行列

$$A = \begin{pmatrix} 1 & 2 \\ 3 & 4 \end{pmatrix}$$

を3で定数倍すると、以下のようになります。

$$3A = 3\begin{pmatrix} 1 & 2 \\ 3 & 4 \end{pmatrix} = \begin{pmatrix} 3 \times 1 & 3 \times 2 \\ 3 \times 3 & 3 \times 4 \end{pmatrix} = \begin{pmatrix} 3 & 6 \\ 9 & 12 \end{pmatrix}$$

▼行列の定数倍

```
In
```
```
import numpy as np     # NumPyのインポート
```
```
In
```
```
A = np.array([[1, 2], # (2, 2)の行列を作成
              [3, 4]])
print(3 * A)
```
```
Out
```
```
[[ 3  6]
 [ 9 12]]
```

　また、すべての成分が同一の分母を持つ分数の場合、次のように分母を定数として行列の外に出すと、スッキリと表現できます。

$$\begin{pmatrix} \frac{1}{2} & \frac{2}{2} \\[2mm] \frac{3}{2} & \frac{4}{2} \end{pmatrix} = \frac{1}{2}\begin{pmatrix} 1 & 2 \\ 3 & 4 \end{pmatrix}$$

3.3.5 行列の成分にアクセスする

行列の成分へのアクセスには、リストと同じようにブラケット演算子[ ]を使って

● 行列の成分へのアクセス

> [行開始インデックス : 行終了インデックス , 列開始インデックス : 列終了インデックス]

のように指定します。開始インデックスは0から始まります。終了インデックスは、指定した
インデックスの直前までが参照されるので注意してください。

▼行列の成分へのアクセス

```
In

import numpy as np
```

```
In

mtx = np.array([[1, 2, 3],      # (3, 3) の行列を作成
                [4, 5, 6],      # dtypeを指定しない場合は
                [7, 8, 9]]      # 成分の値に対応した型になる
                )
```

```
In

mtx.dtype                       # データの型を確認
```

```
Out

dtype('int32')
```

```
In

mtx[0]                          # 1行目のすべての成分
```

```
Out

array([1, 2, 3])
```

```
In

mtx[0,]                         # 1行目のすべての成分
```

```
Out

array([1, 2, 3])
```

```
In

mtx[0, :]                       # 1行目のすべての成分
```

```
Out
array([1, 2, 3])
In
mtx[:, 0]                    # 1列目のすべての成分
Out
array([1, 4, 7])
In
mtx[1, 1]                    # 2行、2列の成分
Out
5
In
mtx[0:2, 0:2]                # 1行～2行、1列～2列の部分行列を抽出
Out
array([[1, 2],
       [4, 5]])
```

3.3.6　行列の成分同士の加算・減算をする

行列のすべての成分に対して演算が行われる仕組みが**ブロードキャスト**です。行列に対してスカラー演算を行うと、ブロードキャストの仕組みによってすべての成分に同じ演算が適用されます。このようなブロードキャストの仕組みを使って行列の足し算、引き算が行えます。

行列は、それぞれが区別できるように

$$A = \begin{pmatrix} 1 & 2 \\ 3 & 4 \end{pmatrix} \quad B = \begin{pmatrix} 4 & 3 \\ 2 & 1 \end{pmatrix}$$

と表します。そうすると、AとBの足し算を$A+B$、引き算を$A-B$と表せます。行列同士の足し算と引き算では、「同じ行と列の成分同士を足し算または引き算」します。

先のAとBの足し算をすると

$$A + B = \begin{pmatrix} 1 & 2 \\ 3 & 4 \end{pmatrix} + \begin{pmatrix} 4 & 3 \\ 2 & 1 \end{pmatrix} = \begin{pmatrix} 1+4 & 2+3 \\ 3+2 & 4+1 \end{pmatrix} = \begin{pmatrix} 5 & 5 \\ 5 & 5 \end{pmatrix}$$

となります。一方、引き算$A-B$は、

$$A - B = \begin{pmatrix} 1 & 2 \\ 3 & 4 \end{pmatrix} - \begin{pmatrix} 4 & 3 \\ 2 & 1 \end{pmatrix} = \begin{pmatrix} 1-4 & 2-3 \\ 3-2 & 4-1 \end{pmatrix} = \begin{pmatrix} -3 & -1 \\ 1 & 3 \end{pmatrix}$$

となります。

▼行列の成分同士の足し算、引き算

```
In
import numpy as np
```

```
In
a = np.array([[1, 2],      # (2, 2)の行列を作成
              [3, 4]])
b = np.array([[4, 3],      # (2, 2)の行列を作成
              [2, 1]])
```

```
In
a + b                      #  成分同士の足し算
```

```
Out
array([[5, 5],
       [5, 5]])
```

```
In
a - b                      # 成分同士の引き算
```

```
Out
array([[-3, -1],
       [ 1,  3]])
```

3.3.7 行列のアダマール積

行列のアダマール積は、成分ごとの積です。対応する位置の値を掛け合わせて新しい行列を求めます。

▼アダマール積

$$\begin{pmatrix} a_1 & a_2 \\ a_3 & a_4 \end{pmatrix} \odot \begin{pmatrix} b_1 & b_2 \\ b_3 & b_4 \end{pmatrix} = \begin{pmatrix} a_1 b_1 & a_2 b_2 \\ a_3 b_3 & a_4 b_4 \end{pmatrix}$$

▼行列のアダマール積

```
In
import numpy as np
```

```
In
a = np.array([[2,3],
              [2,3]])
b = np.array([[3,4],
              [5,6]])
```

```
In
a * b   # Pythonの乗算演算子を使用します
```

```
Out
array([[ 6, 12],
       [10, 18]])
```

　NumPyでは、行列とベクトルのアダマール積は、両者の次元がブロードキャストの要件を満たす限り、求めることが可能です。

▼ブロードキャストの要件を満たす場合のアダマール積

$$\begin{pmatrix} a_1 \\ a_2 \end{pmatrix} \odot \begin{pmatrix} b_1 & b_2 \\ b_3 & b_4 \end{pmatrix} = \begin{pmatrix} a_1 b_1 & a_1 b_2 \\ a_2 b_3 & a_2 b_4 \end{pmatrix}$$

　このあと紹介する行列の内積では、(2行, 1列)と(2行, 2列)の計算は不可能です。しかし、アダマール積なら、ブロードキャストの仕組みによって次のように計算が可能です。

```
In
c = np.array([[2],          # タテ（列）ベクトルにする
              [3]])
d = np.array([[3,4],
              [5,6]])
```

```
In
c * d                       # Pythonの乗算演算子を使用します
```

```
Out
array([[ 6,  8],
       [15, 18]])
```

3.3.8 行列の内積を求める

行列の定数倍は、ある数を行列のすべての成分に掛けるので簡単でした。また、アダマール積も同じ成分同士の積なので計算はラクです。しかし、行列の積（内積）は、成分同士をまんべんなく掛け合わせなければならないので少々複雑です。

内積の計算の基本は、「行の順番の数と列の順番の数が同じ成分同士を掛けて足し上げる」ことです。1行目と1列目の成分、2行目と2列目の成分を掛けてその和を求める、という具合です。次の横ベクトルと縦ベクトルの計算は、(1行, 2列)と(2行, 1列)と見なして計算を行う必要があります。この場合は、

$$
\begin{pmatrix} 2 & 3 \end{pmatrix} \begin{pmatrix} 4 \\ 5 \end{pmatrix} = 2 \cdot 4 + 3 \cdot 5 = 23
$$

となり、(1, 3) 行列と (3, 1) 行列の場合は、

$$
\begin{pmatrix} 1 & 2 & 3 \end{pmatrix} \begin{pmatrix} 4 \\ 5 \\ 6 \end{pmatrix} = 1 \cdot 4 + 2 \cdot 5 + 3 \cdot 6 = 32
$$

となります。はじめに言っておくと、左側の行列の列の数と右側の行列の行の数が等しい場合にのみ、内積の計算が可能です。

次に、(1, 2) 行列と (2, 2) 行列の積です。この場合は、

$$
\begin{pmatrix} 1 & 2 \end{pmatrix} \begin{pmatrix} 3 & 4 \\ 5 & 6 \end{pmatrix} = \begin{pmatrix} 1 \cdot 3 + 2 \cdot 5 & 1 \cdot 4 + 2 \cdot 6 \end{pmatrix} = \begin{pmatrix} 13 & 16 \end{pmatrix}
$$

のように、右側の行列を列に分けて計算します。これは、

$$
\begin{pmatrix} 1 & 2 \end{pmatrix} \begin{pmatrix} 3 \\ 5 \end{pmatrix} \text{と} \begin{pmatrix} 1 & 2 \end{pmatrix} \begin{pmatrix} 4 \\ 6 \end{pmatrix} \text{を計算して、結果を} \begin{pmatrix} 13 & 16 \end{pmatrix} \text{のように並べる}
$$

ということです。

次に (2, 2) 行列と (2, 2) 行列の積を計算してみましょう。次のように点線で囲んだ成分で掛け算をするのがポイントです。

$$
\begin{pmatrix} 1 & 2 \\ 3 & 4 \end{pmatrix} \begin{pmatrix} 5 & 6 \\ 7 & 8 \end{pmatrix} = \begin{pmatrix} 1 \cdot 5 + 2 \cdot 7 & 1 \cdot 6 + 2 \cdot 8 \\ 3 \cdot 5 + 4 \cdot 7 & 3 \cdot 6 + 4 \cdot 8 \end{pmatrix} = \begin{pmatrix} 19 & 22 \\ 43 & 50 \end{pmatrix}
$$

この計算では、左側の行列は行に分け、右側の行列は列に分けて、行と列を組み合わせて掛け算をします。分解すると、

$(1 \quad 2)\begin{pmatrix}5\\7\end{pmatrix}$と$(1 \quad 2)\begin{pmatrix}6\\8\end{pmatrix}$を計算して結果を横に並べたあと、

$(3 \quad 4)\begin{pmatrix}5\\7\end{pmatrix}$と$(3 \quad 4)\begin{pmatrix}6\\8\end{pmatrix}$を計算して結果をその下に並べる

ということをやって、$(2, 2)$行列の形にしています。

さらに、$(2, 3)$行列と$(3, 2)$行列の積を計算してみましょう。今度は、右側の$(3, 2)$行列の成分が文字式になっています。赤枠で囲んだ成分で掛け算をするのは先ほどと同じですが、結果の成分が文字式になります。

$$\begin{pmatrix}2 & 3 & 4\\5 & 6 & 7\end{pmatrix}\begin{pmatrix}a & d\\b & e\\c & f\end{pmatrix} = \begin{pmatrix}2a+3b+4c & 2d+3e+4f\\5a+6b+7c & 5d+6e+7f\end{pmatrix}$$

$(3, 3)$行列と$(3, 3)$行列の積もやってみましょう。

$$\begin{pmatrix}2 & 3 & 4\\5 & 6 & 7\\8 & 9 & 10\end{pmatrix}\begin{pmatrix}a & d & g\\b & e & h\\c & f & i\end{pmatrix} = \begin{pmatrix}2a+3b+4c & 2d+3e+4f & 2g+3h+4i\\5a+6b+7c & 5d+6e+7f & 5g+6h+7i\\8a+9b+10c & 8d+9e+10f & 8g+9h+10i\end{pmatrix}$$

このように、行列の積ABは、(n, m)行列と(m, l)行列の積です。左側の行列Aの列の数mと右側の行列Bの行の数mが等しく、mであるのがポイントです。また、(n, m)行列と(m, l)行列の積は(n, l)行列になるという法則があります。

あと、点線で示したように、行列の積ABを求めるときは、Aのi行とBのj列を組み合わせて計算します。

迷いやすいのが、$(n, 1)$行列と$(1, l)$行列の積です。例えば、$(3, 1)$行列と$(1, 3)$行列の積は、

$$\begin{pmatrix}2\\3\\4\end{pmatrix}\begin{pmatrix}a & b & c\end{pmatrix} = \begin{pmatrix}2a & 2b & 2c\\3a & 3b & 3c\\4a & 4b & 4c\end{pmatrix}$$

のようになります。行列の積では、左側の行列を行ごと、右側の行列を列ごとに分けますので、行成分、列成分がそれぞれ1個ずつの成分になり、積としての成分はそれぞれの積になります。

あと、注意点として、行列の積ABにおいて左側の行列Aの列の数と右側の行列Bの行の数が違うときは、積ABを求めることができません。$(3, 2)$行列と$(3, 3)$行列の積の計算は不可能です。

■行列同士の内積を求めてみる

NumPyのdot()メソッドは、引数に指定した行列同士の積を求めます。

▼行列同士の積を求める

```
In
import numpy as np
```
```
In
a = np.array([[1, 2],    # (2, 2)の行列を作成
              [3, 4]])
b = np.array([[5, 6],    # (2, 2)の行列を作成
              [7, 8]])
```
```
In
np.dot(a, b)             # 行列の積を求める
```
```
Out
array([[19, 22],
       [43, 50]])
```

3.3.9 行と列を入れ替えて「転置行列」を作る

行列の行と列を入れ替えたものを**転置行列**と呼びます。行列Aが

$$A = \begin{pmatrix} 1 & 2 & 3 \\ 4 & 5 & 6 \end{pmatrix}$$

のとき、転置行列${}^tA$は

$$^tA = \begin{pmatrix} 1 & 4 \\ 2 & 5 \\ 3 & 6 \end{pmatrix}$$

となります。転置行列はtの記号を使って${}^tA$のように表します。転置行列には、次のような法則があります。

▼転置行列の演算に関する法則

$$^t(\,^tA) = A$$
$$^t(A + B) = {}^tA + {}^tB$$
$$^t(AB) = {}^tB\,{}^tA$$

　3つ目の法則は、行列の積の転置は転置行列の積になることを示していますが、積の順番が入れ替わることに注意が必要です。なお、*A*、*B*は正方行列でなくても、和や積が計算できるのであれば、これらの法則が成り立ちます。

● transpose()で転置行列を求める

　NumPyのtranspose()メソッドで転置行列を求めることができます。

▼転置行列を求める

```
In
import numpy as np
```

```
In
a = np.array([[1, 2, 3],      # (2, 3) の行列を作成
              [4, 5, 6]])
```

```
In
np.transpose(a)               # 転置行列を求める
Out
array([[1, 4],
       [2, 5],
       [3, 6]])
```

```
In
a.T                           # Tで転置行列を求めることも可能
Out
array([[1, 4],
       [2, 5],
       [3, 6]])
```

3.4 微分

　ディープラーニングの基礎部分となるニューラルネットワークでは、ネットワークが出力した予測値と正解値の誤差を「損失関数（または誤差関数）」で求め、関数の値を最小にすることを考えます。このとき、損失関数を微分すると、ある瞬間の損失関数の傾きを知ることができます。そこで、傾きの大きさを小さくする方向に少しずつずらして（少しずつというのがポイントです）、損失関数の最小値を求める手法を**勾配降下法**と呼び、ニューラルネットワークのエンジンに相当する、重要な役割を果たします。

　また、勾配降下法と並ぶ、ニューラルネットワークのもう1つのエンジンの役割をするのが**バックプロパゲーション**（**誤差逆伝播法**）です。バックプロパゲーションは、誤差の傾きを小さくするための値を、出力側から入力側へ逆方向に伝播していく手法です。

　いきなり出てきたので面食らってしまいそうですが、これら2つの手法についてはのちほど詳しく紹介します。ここでは、これらの手法を理解するために必要な数学の微分、偏微分、そして合成関数の微分の知識を整理しておきましょう。といっても、ニューラルネットワークに必要な部分をピンポイントで押さえておけば大丈夫です。

3.4.1 極限（lim）

　微分に入る前に、**極限**について復習しておきましょう。まずは、次の関数$f(x)$を見てみましょう。

$$f(x) = \frac{x^2 - 1}{x - 1}$$

　$f(x)$は$x=1$のとき、$0 \div 0$となってしまい、0で割ることはできないので、その値を決定することができません。しかし、$x \neq 1$であれば$f(x)$の値は定まります。そうすると、xの値を1.1, 1.01, 1.001, …または0.9, 0.99, 0.999, …と1に限りなく近づけることができます。このとき、$f(x)$の値は、2.1, 2.01, 2.001, …または1.9, 1.99, 1.999, …のように、限りなく2に近づいていきます。

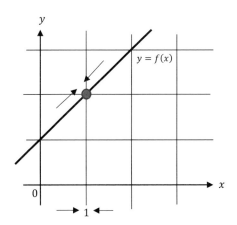

このように、関数の変数xの値をある値aに限りなく近づけるとき、「関数$f(x)$の値がある値αに限りなく近づく」という言い方をし、このことを**収束**と呼びます。これを式にすると、

$$\lim_{x \to a} f(x) = \alpha$$

と表すことができます。このα（アルファ）のことを、関数$f(x)$の$x \to a$としたときの**極限値**と呼びます。以上のことにより、関数$f(x)$の式は、$\lim$という記号を使って次のように計算できます。

$$\lim_{x \to 1} \frac{x^2 - 1}{x - 1} = \lim_{x \to 1} \frac{(x-1)(x+1)}{x-1} = \lim_{x \to 1} (x + 1) = 2$$

3.4.2　微分の基礎

いきなりですが、例として、東京から横浜まで30kmの距離を車で1時間かかったとします。道路がずいぶん混んでいたのでしょう。この場合の平均速度は、

$$速度 = \frac{30(km)}{1(時間)} = 30(km/時間)$$

となります。しかし、この速度で車が常に動いているわけではなく、信号で止まったり、渋滞でノロノロ運転していることもあれば、自動車専用道路などスピードを出せる区間もあるはずです。これはあくまで平均的な速度であって、各区間での発進や停止、加速や減速などの情報がまったく考慮されていません。

この場合、1時間という時間をできる限り小さく、例えば10分で何km進んだのか、あるいは1分、1秒……とどんどん時間を短くすることで、細かい区間の速度（ある瞬間の変化量）を知ることができます。そこで、xを移動距離、tを移動時間、$x(t)$を時間tのときに車がいる位置とすると、速度sを次の式で表すことができます。

$$速度 s = \lim_{\Delta t \to 0} \frac{\Delta x}{\Delta t} = \lim_{\Delta t \to 0} \frac{x(t + \Delta t) - x(t)}{\Delta t} \quad \cdots \cdots ①$$

まず、

$$\lim_{\Delta t \to 0} \frac{\Delta x}{\Delta t}$$

を確認しましょう。Δ（デルタ）の記号は変化量を表します。Δxは「移動距離の変化」、Δtは「移動時間の変化」となります。したがってこの式は、極限を用いて、時間の変化Δtを限りなく0に近づけたときの速度sはどうなるかを示していることになります。

一方、

$$\lim_{\Delta t \to 0} \frac{x(t + \Delta t) - x(t)}{\Delta t}$$

は、Δxを$x(t + \Delta t) - x(t)$に置き換えたものです。$x(t)$は時間tのときの車の位置でしたので、$x(t + \Delta t)$は時間$t + \Delta t$のときの車の位置を表します。

▼$x(t)$と$x(t + \Delta t)$

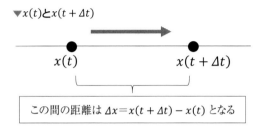

この間の距離は $\Delta x = x(t + \Delta t) - x(t)$ となる

　先の①の式は、微分の計算式です。この式は、Δt（移動時間の変化量）を極限まで0に近づけたときのΔx（移動距離の変化）を求めることを示していますが、すなわち、これが微分するということになります。

　なお、変化量が極めて小さいことを、これまでΔを使って示していましたが、微分の場合はΔの代わりにdを用いて、dtやdxのように表し、

$$\frac{dx(t)}{dt}$$

という式で微分を表します。この式は、分子の$x(t)$を分母のtで微分することを示しています。つまり、tが極めて小さく変化するとき、$x(t)$はどれだけ変化するのかを微分によって求めるための式です。そうすると、先の①の式は微分の式を用いて次のようになります。

$$速度 s = \frac{dx(t)}{dt} = \lim_{\Delta t \to 0} \frac{\Delta x}{\Delta t} = \lim_{\Delta t \to 0} \frac{x(t + \Delta t) - x(t)}{\Delta t}$$

　では、これまでの速度の考え方を関数にして、微分を定義してみましょう。まず、関数$f(x)$上の2つの点、$(a, f(a))$, $(b, f(b))$を通る直線

$$y = \alpha x + \beta$$

を求めます。

▼$(a, f(a))$, $(b, f(b))$を通る直線

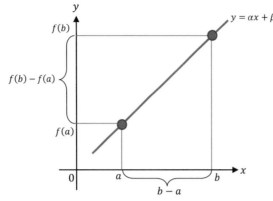

ここで、2点の座標を先の直線の式に代入して、次の連立方程式を得ます。

$$\begin{cases} f(a) = \alpha a + \beta & \cdots\cdots \text{A} \\ f(b) = \alpha b + \beta & \cdots\cdots \text{B} \end{cases}$$

式B–Aより、

$$f(b) - f(a) = \alpha(b - a)$$

となるので、**b–a** ($\neq 0$)で両辺を割ると、

$$\alpha = \frac{f(b) - f(a)}{b - a} \quad \cdots\cdots ②$$

のように、直線の傾きαが求められます。一方、βは、式Aに傾きαの式②を代入すると計算できます。

$$f(a) = \alpha a + \beta$$

$$\beta = f(a) - \alpha a = f(a) - \frac{f(b) - f(a)}{b - a} a$$

さて、②で求めた直線の傾きαは、2点間の「平均の傾き」です。ここで、車の瞬間の速度を考えたときと同様に、関数$f(x)$で点$(a, f(a))$での傾きを求めることを考えてみます。ただ、点$(b, f(b))$を点$(a, f(a))$に一致させると**a–b**=0となり、値を求めることができません。そこで、関数$f(x)$の$(a, f(a))$での傾きを

$$\alpha = \frac{df(a)}{da}$$

とし、極限を用いて次のように定義します。

▼ある地点の瞬間の関数の傾きを求める（微分する）式

$$\frac{df(a)}{da} = \lim_{\Delta h \to 0} \frac{f(a+h) - f(a)}{(a+h) - a}$$

$$= \lim_{\Delta h \to 0} \frac{f(a+h) - f(a)}{h}$$

▼ $y = f(x)$ のグラフ

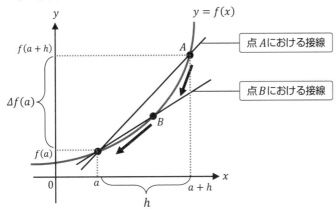

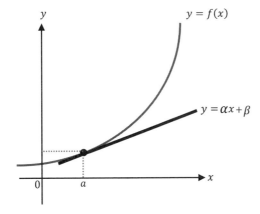

　このように、任意の関数があったとき、ある地点の瞬間の関数の傾きを求めることが「微分する」ということです。

　これで、点 $(a, f(a))$ で $y = f(x)$ に接する直線 $y = \alpha x + \beta$ が求められます。この直線のことを「接線」と呼びます。このときの α を $x=a$ における**微分係数**と呼びます。

▼$y = f(x)$に接する直線$y = \alpha x + \beta$を求める

$$y = \alpha x + \beta$$

⬇

$$\boxed{\beta = f(a) - \frac{f(b)-f(a)}{b-a}a \text{ より}}$$

$$y = \frac{df(a)}{dx}x + \left(f(a) - \frac{df(a)}{dx}a\right)$$

$$= \frac{df(a)}{dx}(x - a) + f(a)$$

この式の定数aは、変数xの1つの値です。このaにどのようなxを代入しても$df(a)/dx$の値が求められるとき、$df(a)/dx$はxの関数と見なせます。この関数を一般化して書くと$df(x)/dx$となり、この関数のことを**導関数**と呼びます。

●導関数の公式

$$\frac{df(x)}{dx} = \lim_{\Delta x \to 0} \frac{\Delta f(x)}{\Delta x} = \lim_{\Delta h \to 0} \frac{f(x+h)-f(x)}{h}$$

なお、関数$f(x)$の微分$df(x)/dx$を簡略化して、$f'(x)$と表記することがあります。この公式は、「xの小さな変化(dx)によって関数$f(x)$の値がどのくらい変化($df(x)$)するか」という、瞬間の変化の割合を表しています。

3.4.3　微分をPythonで実装してみる

では、導関数の式をPythonで実装してみましょう。hに小さな値を代入してコードを組み立ててみます。

▼微分を行う関数

```python
def differential(f, x):
    h = 1e-4                              # hの値を0.0001にする
    return (f(x + h) - f(x - h)) / (2 * h)  # 微分して変化量を返す
```

この関数には、次のパラメーターが設定されています。

f：微分の式の関数$f(x)$を受け取るパラメーター
x：関数$f(x)$のxを受け取るパラメーター

パラメーターfが関数を受け取るようになっているのは、**高階関数**と呼ばれる仕組みを利用するためです。例えば、calc()という関数が別に定義されている場合、関数呼び出しを次のよ

うにカッコなしで書くと、「関数そのもの」が引数(パラメーターに渡す値のこと)として differential()関数の第1パラメーターfに渡されます。第2引数の1は、第2パラメーターxに数値として渡されます。

　　differential(calc, 1)

ところでhは「小さな変化」のことなので、10e−50(0.00…1の0が50個)くらいにしておいた方が適切かもしれませんが、「丸め誤差」の問題を考慮する必要があります。丸め誤差とは、小数の小さな範囲の値を四捨五入したり切り捨てることによって、計算結果に生じる誤差のことです。Pythonの場合、浮動小数点数を表すfloat型(32ビット)の変数に10e−50を代入すると、次のように0.0と表示されます。

```
import numpy as np
print(np.float32(1e-50))   # 出力：0.0
```

このように、小数点以下50桁は正しく表現されないので、計算上問題になります。そこで、1つの解決策としてhの値に10^{-4}(1e−4)を割り当てるとよい結果になることが知られています。

それから、differential()関数では、

　　(f(x + h) − f(x − h)) / (2 * h)

としています。(x + h) とxの差分を求めるのであれば、

　　(f(x + h) − f(x)) / h

とするべきです。ですが、これだと計算上の誤差が生じます。次の図のように、真の微分はxの位置での関数の傾き(接線)に対応しますが、今回のプログラムで行っている微分は(x + h)とxの間の傾きに対応します(近似による接線)。このため、真の微分とプログラム上での微分の値は、厳密には一致しません。この差異は、hの値を無限に0に近づけることができないために生じる差異です。

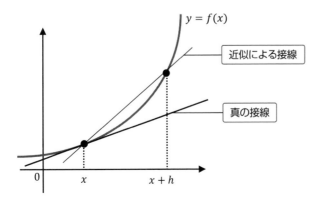

111

この差異を減らす試みが、$(x+h)$と$(x-h)$を用いた計算です。この計算によって関数$f(x)$の差分を求めることで、誤差を減らすことができます。このように、xを中心にして前後の差分を計算することを**中心差分**と呼びます。これに対し、$(x+h)$とxの差分は**前方差分**です。

数式の展開によって「解析的に微分を求める」場合は、差異を事実上0にすることで、誤差が含まれない真の値を求めることができます。

例えば、$y=x^2$は、解析的に$dy/dx = 2x$の微分として解けます。$x=2$であればyの微分は4と計算でき、誤差を含まない真の微分として求めることができます。しかし、今回は「変化量」に対する微分なので、中心差分によって微分を求めることになります。このように、ごく小さな差分によって微分を求めることを**数値微分**と呼びます。

■数値微分で関数を微分してみる

数値微分を行うdifferential()関数を作りましたので、これを使って次の関数を微分してみることにします。

$$y = 0.01x^2 + 0.1x$$

これをPythonの関数にして、数値微分した結果のグラフを描画してみます。

▼数値微分を実行して結果をグラフにする

```
%matplotlib inline
import numpy as np                        # numpyのインポート
import matplotlib.pyplot as plt           # matplotlib.pyplotをpltとして使用する


def differential(f, x):
    '''
    数値微分を行う高階関数
    ----------
    f  : 関数オブジェクト
        数値微分に用いる関数
    x  : int
        f(x)のxの値
    '''
    h = 1e-4                              # hの値を0.0001にする
    return (f(x+h) - f(x-h)) / (2 * h)   # 数値微分して変化量を戻り値として返す


def function(x):
    '''
    数値微分で使用する関数
```

```
    ----------
    x : f(x)のxの値
    '''
    return 0.01 * x ** 2 + 0.1*x


def draw_line(f, x):
    '''
    数値微分の値を傾きとする直線をプロットするラムダ式を生成する関数
    differential()を実行する
    ----------
    f : 関数オブジェクト
        数値微分に用いる関数を取得
    x : int
        f(x)のxの値


    戻り値
    ----------
    lambdaオブジェクト
        数値微分の値を傾きとする直線をプロットするためのラムダ式
    '''
    dff = differential(f, x)      # ①differential()で数値微分を行い、変化量を取得
    print(dff)                     # 変化量(直線の傾き)を出力
    y = f(x) - dff * x             # ②f(x)のy値と変化量から求めたy値との差
    return lambda n: dff*n + y    # ③引数をnで受け取るラムダ式
                                   # 「変化量 × x軸の値(n) + f(x)との誤差」
                                   # f(x)との誤差を加えることで接線にする
```

　　draw_line()関数が数値微分を行いますが、戻り値が微分の値ではなく、ラムダ式になっています。draw_line()関数では、数値微分に使う関数と$f(x)$のxの値をパラメーターf、xで受け取ります。この2つを引数にしてコメント①の

　　　dff = differential(f, x)

を実行し、differential()関数を呼び出して数値微分の結果を取得します。結果を出力したあと②の

　　　y = f(x) − dff * x

を使って、関数$y = 0.01x^2 + 0.1x$で求めたyの値と、数値微分の値(直線の傾き)から求めたyとの差を求めます。

③のreturnで戻り値として次のラムダ式、

    lambda n: dff * n + y

を返します。ラムダ式は、名前のない関数（無名関数）をオブジェクトとしてやり取りするための仕組みです。lambdaがラムダ式を宣言するためのキーワードで、n:のnがパラメーターです。このパラメーターの値を使ってdff * n + yの計算を行い、結果を返します。

このようにラムダ式にしたのは、$f(x) = 0.01x^2 + 0.1x$で、例えば$x=5$として局所的な値を求めるだけでなく、前後の値も求めることでグラフの直線を描画できるようにするためです。

プログラムの実行部は、次のようになります。

▼**数値微分の実行部分**

```
x = np.arange(0.0, 20.0, 0.1)    # 0.0から20.0まで0.1刻みの等差数列を生成
y = function(x)                  # 関数f(x)に配列xを代入し、
                                 # 0.0から20.0までのy値のリストを取得


plt.xlabel("x")                  # x軸のラベルを設定
plt.ylabel("f(x)")               # y軸のラベルを設定


tf = draw_line(function, 5)      # ④x=5で数値微分の値を傾きにするラムダ式を取得
y2 = tf(x)                       # ⑤取得したラムダ式で0.0から20.0までの
                                 # 0.1刻みのyの値を取得


plt.plot(x, y)                   # f(x)をプロット
plt.plot(x, y2)                  # 数値微分の値を傾きとする直線をプロット
plt.show()                       # グラフを描画
```

④では、

    tf = draw_line(function, 5)

でfunction()関数とxの値の5を引数としてdraw_line()関数を呼び出します。関数の微分を$x=5$のときで計算してみます。ここで戻り値として③のラムダ式が返され、変数tfに代入されます。このラムダ式を実行するのが⑤の

    y2 = tf(x)

です。引数にしたxは実行部の冒頭で生成した配列で、0.0から20.0までの0.1刻みの値が格納されています。結果として、y2には次のような配列が代入されます。

▼ x=5としたときのtf(x)の戻り値

[-0.25	-0.23	-0.21	-0.19	-0.17	-0.15	-0.13	-0.11	-0.09	-0.07	-0.05	-0.03
-0.01	0.01	0.03	0.05	0.07	0.09	0.11	0.13	0.15	0.17	0.19	0.21
0.23	0.25	0.27	0.29	0.31	0.33	0.35	0.37	0.39	0.41	0.43	0.45
……途中省略……											
3.35	3.37	3.39	3.41	3.43	3.45	3.47	3.49	3.51	3.53	3.55	3.57
3.59	3.61	3.63	3.65	3.67	3.69	3.71	3.73]				

　　ラムダ式は、引数として配列などのイテレート（反復処理）可能なオブジェクトを渡すと、すべての要素を反復処理するという便利な機能を持っています。0.0から20.0までの0.1刻みのすべての値に対してlambda n: dff＊n＋yを実行します。この結果、

　　plt.plot(x, y2)

でプロットすると、次のようなグラフになります。

▼ $f(x) = 0.01x^2 + 0.1x$をx=5として、数値微分の値を傾きとして表したグラフ

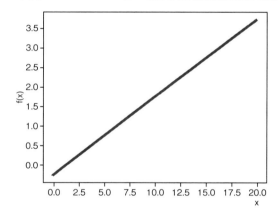

■プログラムの実行結果

プログラムでは、$f(x) = 0.01x^2 + 0.1x$を$x=5$としました。実行すると、次の$f(x) = 0.01x^2 + 0.1x$と、数値微分の値を傾きにしたグラフが描画されます。

▼描画されたグラフ

0.1999999999990898

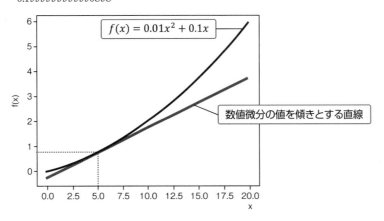

なお、グラフの上部には0.1999999999990898と出力されています。$x=5$としたときの数値微分の値です。ここで計算された数値微分の値は、xに対する$f(x)$の変化量の値で、関数の傾きに対応します。

一方、$f(x) = 0.01x^2 + 0.1x$の解析的な解は、次のようになります。

$$\frac{df(x)}{dx} = 0.02x + 0.1$$

したがって、$x=5$なら真の微分の値は0.2です。先の数値微分の値と完全には一致しませんが、その誤差は非常に小さいものなので、ほぼ同じ値と見なせます。

$$f(x) = 0.01x^2 + 0.1x$$

の式で、$x=5$にすると$f(x)=0.75$です。ここが数値微分の値を傾きとする直線との接点です。
draw_line()関数で

y = f(x)−dff＊x

を使って求めた$y = 0.01x^2 + 0.1x$と、数値微分の変化量から求めたy値との差をプロットのときに加味することで、接点を作り出すようにしています。

3.4.4　微分の公式

微分は、「関数の一瞬の変化の割合（傾き）を示すもの」でした。ただ、微分を計算するのに極限を計算するのはとても面倒です。そこで、実際の計算では公式を用いて微分した式を求めます。

●n次式の微分公式

$$\frac{d}{dx}x^n = nx^{n-1} \qquad \cdots\cdots\cdots \text{(A)}$$

微分するときの性質として、ある関数$f(x)$と$g(x)$があるとすると、次のような微分が成り立ちます。

●関数$f(x)$と$g(x)$があるときの微分

$$\frac{d}{dx}\big(f(x) + g(x)\big) = \frac{d}{dx}f(x) + \frac{d}{dx}g(x) \quad \cdots\cdots\cdots \text{(B)}$$

ある定数aがあったとすると、次のような微分が成り立ちます。

●定数aがあるときの微分

$$\frac{d}{dx}\big(af(x)\big) = a\frac{d}{dx}f(x) \qquad \cdots\cdots\cdots \text{(C)}$$

さらに、xに関係のない定数aの微分は0になります。

●xに関係のない定数aの微分

$$\frac{d}{dx}a = 0 \qquad \cdots\cdots\cdots \text{(D)}$$

以下は、微分の例です。

● 微分の例

①$\dfrac{d}{dx}5 = 0$ ………(D)の式を使用

②$\dfrac{d}{dx}(a^3 + yb^2 + 2) = 0$ ………(D)の式を使用

③$\dfrac{d}{dx}x^2 = 2x$ ………(A)の式を使用

④$\dfrac{d}{dx}x^4 = 4x^{4-1} = 4x^3$ ………(A)の式を使用

⑤$\dfrac{d}{dx}x = 1x^{1-1} = 1x^0 = 1$ ………(A)の式を使用

⑥$\dfrac{d}{dx}2x^5 = 2\dfrac{d}{dx}x^5 = 2 \times 5x^{5-1} = 10x^4$ ………(A)と(C)の式を使用

⑦$\dfrac{d}{dx}(2x^3 + 3x^2 + 2) = 2\dfrac{d}{dx}x^3 + 3\dfrac{d}{dx}x^2 + \dfrac{d}{dx}2$ ………(B)と(C)の式を使用

$\qquad\qquad\qquad = 2 \times 3x^{3-1} + 3 \times 2x^{2-1} + 0$ ………(A)の式を使用

$\qquad\qquad\qquad = 6x^2 + 6x$

⑧$\dfrac{d}{dx}(x^5 + x^6) = \dfrac{d}{dx}x^5 + \dfrac{d}{dx}x^6 = 5x^{5-1} + 6x^{6-1} = 5x^4 + 6x^5$ ……(A)と(B)の式を使用

　上記の例では、微分の記号が入った数式の変形が行われています。ニューラルネットワークでは、微分の記号が入った数式の変形がよく出てきますので、ここで補足しておきましょう。

　①の場合、$f(x)$にxが含まれていないので、微分は0です。

$$\frac{d}{dx}5 = 0$$

　②の場合は、関数$f(x)$が

$$f(x) = a^3 + yb^2 + 2$$

であり、これもxが含まれていないので、

$$\frac{d}{dx}f(x) = \frac{d}{dx}(a^3 + yb^2 + 2) = 0$$

となります。

③④⑤については、(A) の式をそのまま使っていますので、特に問題はないでしょう。

⑥はどうでしょう。微分の記号d/dxは、右側だけに作用します。$2x^5$のように、数字がx^nの前に掛けてある場合は、その部分を微分記号の左側に出すことができます。これは、式 (C) で示したパターンです。

$$\frac{d}{dx}2x^5 = 2\frac{d}{dx}x^5 = 2 \times 5x^{5-1} = 10x^4$$

また、微分に関係がない部分（xの関数ではない部分）は、文字式であっても左側に出すことができます。

⑦の場合は、

$$f(x) = 2x^3 + 3x^2 + 2$$

のように、$f(x)$がxを含む複数の項で成り立っています。このような場合は、微分の計算を各項に別々に分けて行えます。

$$\frac{d}{dx}f(x) = \frac{d}{dx}(2x^3 + 3x^2 + 2)$$

$$= 2\frac{d}{dx}x^3 + 3\frac{d}{dx}x^2 + \frac{d}{dx}2 \quad \cdots\cdots\cdots (C)の式を使用して、各項の定数を$$
$$\qquad\qquad\qquad\qquad\qquad\qquad 微分記号の左側に出す$$

$$= (2 \times 3x^{3-1}) + (3 \times 2x^{2-1}) + 0$$

$$= 6x^2 + 6x$$

⑧は、

$$\frac{d}{dx}(x^5 + x^6)$$

ですので、(B) の式を使って

$$\frac{d}{dx}(x^5 + x^6) = \frac{d}{dx}x^5 + \frac{d}{dx}x^6$$

としたあと、(A) の式より

$$\frac{d}{dx}x^5 + \frac{d}{dx}x^6 = 5x^{5-1} + 6x^{6-1} = 5x^4 + 6x^5$$

となりました。

3.4.5 変数が２つ以上の場合の微分（偏微分）

微分に用いる関数が入れ子になっている、いわゆる「合成関数の微分」というものがあります。これには、このあとで紹介する**チェーンルール**（**連鎖律**）と呼ばれる公式を使うことで微分することができますが、次のように関数が入れ子になっている場合は、②の式を①の式に代入することで微分が行えます。

●**入れ子になった関数**

$$f(x) = \{g(x)\}^2 \qquad \cdots\cdots ①$$
$$g(x) = ax + b \qquad \cdots\cdots ②$$

②の式を①の式に代入して$f(x) = (ax + b)^2$として展開することで微分を計算できます。

$$f(x) = (ax + b)^2 = a^2x^2 + 2abx + b^2$$
$$\frac{d}{dx}f(x) = 2a^2x + 2ab \qquad\qquad \boxed{\frac{d}{dx}x^n = nx^{n-1} \text{より}}$$

もう１つの例として、

$$f(x) = ax^2 + bx + c$$

をxについて微分する場合は、

$$\frac{d}{dx}f(x) = 2ax + b$$

となります。関数の式には、x以外にa、b、cの３個の変数がありますが、関数$f(x)$はあくまでxについての関数なので、このように計算できます。つまり、ここではx以外の変数を定数と見なして微分したことになります。

さて、これまでは変数がxの１つのみの場合の微分でした。ここで例として、

●**変数が２つある関数**

$$g(x_1, x_2) = x_1^2 + x_2^3$$

のように、変数が２つある関数について考えてみます。まず考えるのは、「関数にはx_1、x_2の２つの変数がある」ということです。

このため、「どの変数に対しての微分か」を考えます。つまり、x_1とx_2の２つある変数のうち、どちらの変数に対しての微分かということを決めるのです。

　もし、x_1 に対する微分であれば、x_1 以外の変数（ここでは x_2）を定数と見なして微分します。このように、多変数関数において、微分する変数だけに注目し、他の変数はすべて定数として扱うことにして微分することを**偏微分**といいます。

　では、先の関数 g を x_1 に対して偏微分してみます（「g を x_1 で偏微分する」という言い方をすることもあります）。x_2 は定数と見なすので、仮に $x_2 = 1$ としましょう。そうすると関数 g は、x_1 だけの関数になります。

$$g(x_1, x_2) = x_1^2 + 1^3$$

　定数を微分するとすべて0になりますので、g を x_1 で偏微分すると、微分の公式を当てはめることで次のようになります。

$$\frac{\partial}{\partial x_1} g(x_1, x_2) = 2x_1$$

　偏微分のときは微分演算子の d が ∂ に変わりますが、「分母に書かれた変数で分子に書かれたものを微分する」という意味は同じです。今度は、g を x_2 で偏微分してみましょう。この場合、x_1 を定数と見なすので、ここでも $x_1 = 1$ としましょう。そうすると関数 g は、x_2 だけの関数になります。

$$g(x_1, x_2) = 1^2 + x_2^3$$

　x_1 で偏微分したときと同じように、g を x_2 で偏微分すると、微分の公式を当てはめることで次のようになります。

$$\frac{\partial}{\partial x_2} g(x_1, x_2) = 3x_2^2$$

　このように、微分したい変数にだけ注目し、ほかの変数をすべて定数として扱うことで、その変数での関数の傾きを知ることができます。ここでは変数が2つの場合を扱っていますが、変数がどれだけ増えたとしても同じ考え方を適用できます。

　ここでもう1つ、

$$f(x, y) = 3x^2 + 2xy + 2y^2$$

について、x と y それぞれで偏微分してみましょう。

　まず、f を x で偏微分すると、———— y は定数と見なして微分します

$$\frac{\partial}{\partial x_1} f(x_1, x_2) = 6x + \boxed{2y}$$ ———— $\frac{d}{dx} x = 1x^{1-1} = 1x^0 = 1$ の式より $2xy$ の x は1

次に、fをyで偏微分すると、——— $\boxed{x \text{は定数と見なして微分します}}$

$$\frac{\partial}{\partial x_1} f(x_1, x_2) = \boxed{2x} + 4y \text{ ——— } \boxed{\frac{d}{dx}x = 1x^{1-1} = 1x^0 = 1 \text{の式より} 2xy \text{の} y \text{は} 1}$$

となります。

最後にもう1つだけ例を見て終わりにしましょう。

$$f(w_0, w_1) = w_0^2 + 2w_0w_1 + 3$$

ニューラルネットワークやディープラーニングにはwの記号がよく出てくるので使ってみました。さて、これまでと異なるのは式の最後が、文字を含まない数だけの項（定数項といいます）になっていることです。もちろん定数項ですので、偏微分のときも定数と見なせます。まず、fをw_0で偏微分すると、微分の公式より、

$$\frac{\partial}{\partial w_0} f(w_0, w_1) = 2w_0 + 2w_1 \text{ ——————— } \boxed{w_0 \text{だけを変数と見なして微分します}}$$

次に、fをw_1で偏微分すると、

$$\frac{\partial}{\partial w_1} f(w_0, w_1) = 2w_0 \text{ ——————— } \boxed{w_1 \text{だけを変数と見なして微分します}}$$

となります。

3.4.6　合成関数の微分

前項の冒頭で、微分に用いる関数が入れ子になっている「合成関数の微分」について少しだけ触れました。次のように関数が入れ子になっている場合は、②の式を①の式に代入することで微分が行えるのでした。

▼入れ子になった関数

$$f(x) = \{g(x)\}^2 \cdots\cdots ①$$
$$g(x) = ax + b \cdots\cdots ②$$

②の式を①の式に代入して$f(x) = (ax+b)^2$として展開することで微分を計算できます。

$$f(x) = (ax+b)^2 = a^2x^2 + 2abx + b^2$$
$$\frac{d}{dx}f(x) = 2a^2x + 2ab$$

　この例では難なく展開できましたが、式が複雑で展開するのが困難な場合もあります。このような場合に便利なのが、合成関数の微分に関する公式です。2つの関数$f(x)$、$g(x)$の合成関数$f(g(x))$をxで微分する場合、

$$y = f(x)$$
$$u = g(x)$$

と置くと、次の式を使って段階的に微分することができます。

● **合成関数（1変数）** $y = f(x)$, $u = g(x)$ **の場合の微分法**

$$\frac{dy}{dx} = \frac{dy}{du} \cdot \frac{du}{dx}$$

　この式は、別名「**合成関数のチェーンルール（連鎖律）**」と呼ばれています。この式を先の①と②の式に適用してみます。dy/duの部分は「fをgで微分する」ということなので、微分の公式から次のようになります。

$$\frac{dy}{du} = \frac{df}{dg}$$
$$= \frac{d}{dg} g^2 = 2g$$

　さらに、du/dxの部分は「gをxで微分する」ということなので、次のようになります。

$$\frac{du}{dx} = \frac{dg}{dx}$$
$$= \frac{d}{dx}(ax + b) = a$$

　これでdy/duとdu/dxの部分がわかりましたので、チェーンルールの公式に当てはめると、次のようにdy/dxの微分を計算することができます。

$$\frac{dy}{dx} = \frac{dy}{du} \cdot \frac{du}{dx} = 2ga = 2(ax + b)a = 2a^2 x + 2ab$$

もう1つ例として、次の関数

$$f(x) = (3x - 4)^{50}$$

をxで微分する場合を考えてみましょう。このとき、$u = (3x - 4)$と置くと、チェーンルールを使って、

$$\frac{df(x)}{dx} = \frac{df(x)}{du} \cdot \frac{du}{dx}$$

のように表せます。$f(x) = u^{50}$なので、次のように計算できます。

$$\frac{df(x)}{dx} = \frac{du^{50}}{du} \cdot \frac{d(3x - 4)}{dx} = 50u^{50-1} \cdot 3x^{1-1} = 50u^{49} \cdot 3 = 150(3x - 4)^{49}$$

■合成関数のチェーンルールの拡張

合成関数のチェーンルールは、3つあるいはそれ以上のレベルで入れ子になった合成関数にも拡張することができます。例えば、次のような場合です。

$$f(x) = f[g\{h(x)\}]$$

この場合は、次の式を使います。

●$f(x) = f[g\{h(x)\}]$の場合の式

$$\frac{df}{dx} = \frac{df}{dg} \cdot \frac{dg}{dh} \cdot \frac{dh}{dx}$$

このように、チェーンルールを使えば、複数個の任意の式を挟み込んで計算することができます。

合成関数の微分法には多変数版がありますので、紹介しておきましょう。

●合成関数（多変数）$z = f(x, y)$の微分法

$$\frac{\partial z}{\partial x} = \frac{\partial z}{\partial u} \cdot \frac{\partial u}{\partial x} + \frac{\partial z}{\partial v} \cdot \frac{\partial v}{\partial x}$$

$$\frac{\partial z}{\partial y} = \frac{\partial z}{\partial u} \cdot \frac{\partial u}{\partial y} + \frac{\partial z}{\partial v} \cdot \frac{\partial v}{\partial y}$$

■積の微分法

最後に積の微分法について見ておきましょう。

●積の微分法

$$\frac{d}{dx}\{f(x)g(x)\} = \frac{df(x)}{dx}g(x) + f(x)\frac{dg(x)}{dx}$$

例として、

$$y = xe^x$$

を x で微分することを考えてみます。このとき、

$$f(x) = x, \ g(x) = e^x$$

と置くと、

$$y = f(x)g(x)$$

と表すことができるので、

$$\begin{aligned}
\frac{dy}{dx} &= \frac{df(x)}{dx}g(x) + f(x)\frac{dg(x)}{dx} \\
&= 1 \cdot e^x + x \cdot e^x \\
&= (1 + x)e^x
\end{aligned}$$

のように計算することができます。

●初等関数の微分の公式

初等関数のうち、べき関数、指数関数、対数関数の微分については、次の公式があります。

	元の関数	左の関数を x で微分したもの
べき関数	x^a	ax^{a-1}
指数関数	$e^x, \exp(x)$	$e^x, \exp(x)$
	a^x	$a^x\log_e a$
対数関数	$\log_e x \ (x > 0)$	$\dfrac{1}{x}$

NOTE

4 章

ニューラルネットワークの可動部（勾配ベースの最適化）

4.1 ロジスティック回帰を実装した単純パーセプトロンで二値分類を行う

　この本の1章で「単純パーセプトロン」について少し紹介しました。神経細胞をコンピューター上で実現するために考案されたのが単純パーセプトロンです。次の図は、電流となった信号が導線を流れてきて回路の先へ出力されるイメージを表したものです。

　x_1とx_2は入力信号、w_1とw_2は重みを表し、図の右側にある大きな○が単純パーセプトロンです。

▼単純パーセプトロンの構造

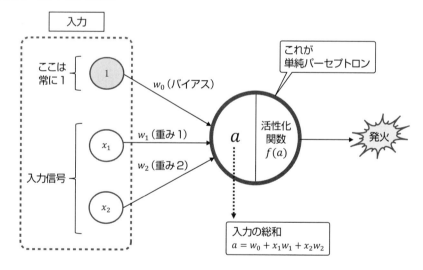

4.1.1　活性化関数による「発火」の仕組み

　図では、入力側に〇で囲まれた1、x_1、x_2があり、それぞれからパーセプトロンに向かって矢印が伸びています。矢印の途中には、入力値に適応するための**重み**w_0、w_1、w_2があります。これは、入力の総和

$$a = w_0 + w_1 x_1 + w_2 x_2$$

が活性化関数に入力されることを示しています。

　なお、x_1にもx_2にもリンクされていない重みw_0は**バイアス**と呼ばれるもので、「発火をしやすくする」一種の調整値です。どの入力にもリンクされないので、入力側には便宜上、1を置いてあります。

　さて、パーセプトロンの信号は「流す(1)」と「流さない(0)」の二値の値ですので、「信号を流さない」を0、「信号を流す」を1として、後者が「発火」した状態だとしましょう。発火させる役目を持つのが「活性化関数」です。活性化関数は、関数の出力がある閾値(しきいち)を超えると発火します。ただ、活性化関数の出力に対する閾値は0.5などの値にあらかじめ決まっているので、関数に入力される値が適切でないと正しく発火することはありません。

　ただし、これでは抽象的すぎてわかりづらいので、実際に数値を置いて考えてみましょう。デジタル回路で、0か1の信号の入出力を制御するものに、**論理ゲート**と呼ばれる

- ・ANDゲート(論理積)
- ・ORゲート(論理和)
- ・NOTゲート(論理否定)

の3つがあり、これらの組み合わせによって、あらゆる入出力のパターンを実現しています。この中のANDゲートは、入力がどちらも1であれば1を出力するというもので、表にすると次のような出力を行います。

▼ANDゲートの入出力

入力		出力
x_1	x_2	
0	0	0
0	1	0
1	0	0
1	1	1

　例として、x_1の値が1、x_2の値が0であるとしましょう。このときは0を出力しなければなりません。ところが、この2つの値の和「1+0=1」を活性化関数に入力すると1が出力されてしまいます。いま活性化関数として使っているのは、**ステップ関数**と呼ばれるものです。この関数は、入力が0.5の閾値以上だと即座に1を出力します。

▼ステップ関数

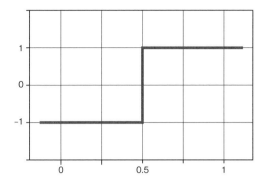

式にすると、次のような感じです、

▼ステップ関数

$$f_w(x) \begin{cases} 1 & (w \cdot x \geq 0.5) \\ -1 & (w \cdot x < 0.5) \end{cases}$$

$f_w(x)$は、wというパラメーターを持っていて、なおかつxという変数の関数であることを示しています。wはw_0、w_1、w_2のベクトル、xはx_1、x_2のベクトルです。

先ほど、x_1、x_2の値を活性化関数に入力すると「1+0＝1」で1が出力されてしまうといいましたが、これはとても重要な「重み、バイアス」を無視しています。そこで、w_0を0.2、w_1を0.4、w_2を0.1と置いて計算してみましょう。すると、

$$a = \underset{w_0}{\underline{0.2}} + \underset{x_1}{\boxed{1}} \cdot \underset{w_1}{\underline{0.4}} + \underset{x_2}{\boxed{0}} \cdot \underset{w_2}{\underline{0.1}} = 0.6$$

となり、閾値の0.5以上ですので活性化関数は1を出力してしまいます。

では、w_0を0.05、w_2を0.7に変えて計算してみましょう。

$$a = \underset{w_0}{\underline{0.05}} + 1 \cdot \underset{w_1}{\underline{0.4}} + 0 \cdot \underset{w_2}{\underline{0.7}} = 0.45$$

となり、閾値の0.5より小さい値なので活性化関数は0を出力します。しかし、これはAND演算の一部です。

▼ ANDゲートの入出力

入力		出力
x_1	x_2	
0	0	0
0	1	0
1	0	0
1	1	1

ここを計算しただけ

他の3パターンの演算についても正しい値を出力する必要があります。では、x_1が0、x_2が1のとき、先ほど求めたw_0、w_1、w_2を使って計算してみましょう。

$$a = \underset{w_0}{0.05} + \underset{w_1}{\underset{x_1}{0} \cdot 0.4} + \underset{w_2}{\underset{x_2}{1} \cdot 0.7} = 0.75$$

結果、閾値の0.5以上になり、活性化関数は1を出力してしまうので、バイアス、重みを適切な値に更新する必要があります。さらに、0と0、1と1の組み合わせもありますので、4つの組み合わせのすべてについて正しく出力するように、バイアスと重みを調整（更新）するという面倒な作業が続きます。

このように、機械学習におけるパーセプトロンやニューラルネットワーク、さらにはディープラーニングに至るまで、

「正解を出力できるように、重みとバイアスの値を適切なものにする」

ことが究極の目的です。パーセプトロンが適切に発火してくれれば、程度の差こそあれ、動物の神経細胞を模倣し、物体を見分けたりすることができそうです。この例は単純なAND演算なので、適正値を探すのはそれほど困難ではないでしょう。ですが、重みとバイアスの初期値をいくつにすればよいのかは、皆目見当もつきません。そこで、一般的な手法として、まずはすべての重みとバイアスにランダムでなおかつ適度に小さな値を割り当て、いったん活性化関数を通して出力を行います。このあと、出力結果と正解値を比較し、双方が同じであれば何もせず、もし異なっているのであれば、出力地と正解値との誤差を求めます。そうして、このあとで紹介するある手法を使って、最終出力の誤差が出ないように、バイアスと重みの値を更新するのです。これをディープラーニングの世界では**学習**と呼びます。

4.1.2 シグモイド関数

前項の単純パーセプトロンは、「線形分離可能」なデータを、ステップ関数を活性化関数として二値分類を行うケースを想定していました。実は、論理ゲートの基本的な3つのゲートについては、バイアスと重みがなくても、プログラムをうまく作ればステップ関数による二値分類（0と1）が可能です。しかし、これは論理ゲートのような単純な事例に限ったことであり、ある対象に対して「肯定（1）／否定（0）」を行うような場合は、バイアスと重みは必要不可欠です。

ここで、二値分類の1つの事例として、「スパムメールの分類」について考えてみましょう。スパムメールフィルターでは、「スパムメール」と「通常メール（スパムではないメール）」のどちらかに分類します。ですが、すべてのスパムメールを抜き出すことには限界があり、フィルターをすり抜けて通常メールに分類されてしまったり、逆に通常メールがスパムメールに分類されてしまうことがあります。このように、機械学習による予測にはある程度の間違いが含まれがちなので、その対策が必要です。

そこで、迷惑メールであるかそうでないかの二値ではなく、「迷惑メールである確率が80％、通常メールである確率が20％」というように考えることにします。そうすれば、確信が持てない場合は迷惑メールに分類しないことで、誤判定する可能性を小さくできるかもしれません。

学習を行った際に、スパムメールである確率が80％と出たとしましょう。しかし、正解はスパムメールなので100％、確率は1です。そこで、確率の1から0.8を引いて、誤差を0.2とします。これはステップ関数ではできないことです。なぜなら、ステップ関数は閾値を超えるといきなり1を出力するからです。これでは誤差の測りようがありません。

■シグモイド関数（ロジスティック関数）

確率を出力する活性化関数に**シグモイド関数**（**ロジスティック関数**）があります。まずは、次の式を見てみましょう。

▼重みベクトルwを使ってxに対する出力値を求める

$$f_w(x) = {}^t\!w\,x$$

この関数は、「重みベクトルwを使って未知のデータxに対する出力値を求める」というものです。この考え方に基づいて分類結果を出力する活性化関数$f_w(x)$を用意するのですが、今回、出力してほしいのは予測の信頼度です。信頼度ですので、確率で表すことになりますが、そうすると、関数の出力値は0から1までの範囲であることが必要です。そこで、出力値を0から1に押し込めてしまう次の関数$f_w(x)$を用意します。パラメーターとしてのバイアス、重みをベクトルwで表すと、関数の形は次のようになります。

▼シグモイド関数（ロジスティック関数）

$$f_w(x) = \frac{1}{1 + \exp(-{}^t\!wx)}$$

この関数を「シグモイド関数」または「ロジスティック関数」と呼びます。${}^t\!w$はパラメーターのベクトルを転置した行ベクトル、xはx_nのベクトルです。wを転置したことでxとの内積の計算が行えるようになります。$\exp(-{}^t\!wx)$は「指数関数」で、$\exp(x)$はe^xのことを表します。$\exp(-{}^t\!wx)$という書き方をしているのは、$e^{-{}^t\!wx}$だと指数部分が小さくなって見づらいからです。指数関数とは、指数部を変数にした関数のことで、次のように表されます。

▼指数関数

$$y = a^x$$

aを指数の**底**と呼び、底aは0より大きくて1ではない数（$0<a<1$, $1<a$）とします。指数関数のグラフを描くと、$a>1$のときは単調に増加するグラフになり、$0<a<1$のときは単調に減少するグラフになります。関数の出力は常に正の数です。

＊ベクトルや行列の転置はw^tやw^Tのように表すことが多いのですが、本書では添え字を多用するため、右上ではなく${}^t\!w$のように左上に表記しますのでご了承ください。

exp(x)で求めるe^xのeは「ネイピア数」と呼ばれる数学定数です。具体的には2.7182…という値を持ち、eを底とする指数関数「e^x」は何度微分しても、あるいは何度積分しても同じ形のまま残り続けることから、ある現象を解き明かすための「解」やその方程式の多くにeが含まれます。

▼**指数関数のグラフ**

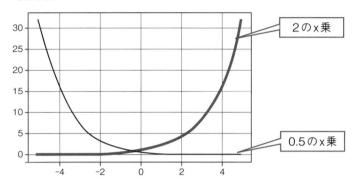

■シグモイド関数の実装

NumPyにはネイピア数を底とした指数関数exp()がありますので、シグモイド関数の実装は簡単です。

▼**シグモイド関数の実装**

```
def sigmoid(x):
    return 1 / (1 + np.exp(-x))
```

np.exp(−x)が数式のexp($-{}^t\!wx$)に対応します。sigmoid()のパラメーターxには、${}^t\!wx$の結果を配列として渡すようにしますが、注意したいのは「1 + np.exp(−x)」で1を足す部分です。パラメーターのxは配列なので、np.exp(−x)も配列になるため、スカラー（単一の数値）と配列との足し算になります。配列と行（横）ベクトルは構造が同じなので、スカラーとベクトルの足し算の法則で次のように計算する必要があります。

▼**${}^t\!wx$=(1　2　3)の場合**

$$1 + {}^t\!wx = 1 + (1\ \ 2\ \ 3) = (1+1\ \ 1+2\ \ 1+3) = (2\ \ 3\ \ 4)$$

　幸いなことに、NumPyには**ブロードキャスト**という機能が搭載されていますので、

　　スカラー + 配列（ベクトル）

と書けば、上記の法則に従ってスカラーとすべての要素との間で計算が行われます。次は、シグモイド関数からの出力をグラフにするプログラムです。

▼シグモイド関数のグラフを描く

```python
# グラフのインライン表示
%matplotlib inline
# ライブラリのインポート
import numpy as np
import matplotlib.pyplot as plt


def sigmoid(x):                    # シグモイド関数
    return 1 / (1 + np.exp(-x))


# -5.0から5.0までを0.01刻みにした等差数列
x = np.arange(-5.0, 5.0, 0.01)
y = sigmoid(x)                     # 等差数列を引数にしてシグモイド関数を実行
plt.plot(x,                        # 等差数列をx軸に設定
         y)                        # シグモイド関数の結果をy軸にしてグラフを描く
plt.grid(True)                     # グリッドを表示
plt.show()
```

▼シグモイド関数のグラフ

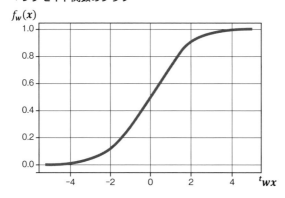

　$^t\!wx$の値を変化させると、$f_w(x)$の値は0から1に向かって滑らかに上昇していきます。また、$^t\!wx = 0$では$f_w(x)=0.5$になるので、$0<f_w(x)<1$と表せます。

4.1.3 シグモイド関数を活性化関数にしてパラメーターを最適化する

これまでスパムメールの分類を例にしてきましたが、題材をシンプルにするために、ここでもう一度論理ゲートのANDゲートの計算に戻りましょう。ANDゲートは、x_1とx_2が共に1のときだけ1を出力し、それ以外は0を出力するというものでした。未知のx_1、x_2に対して1である確率は次のように表すことができます。

$$P(t = 1|\boldsymbol{x}) = f_{\boldsymbol{w}}(\boldsymbol{x})$$

条件付き確率の式です。Pは確率を表し、縦棒の|は条件を表します。上記の$P(t = 1|\boldsymbol{x})$は「$\boldsymbol{x}$が与えられたとき、t=1になる確率」を表します。そうすると、

$$f_{\boldsymbol{w}}(\boldsymbol{x}) = 0.8$$

であれば、1である確率は80%であり、

$$f_{\boldsymbol{w}}(\boldsymbol{x}) = 0.2$$

であれば、1である確率は20%、逆に0である確率は80%ということになります。ここで、0.5を境目すなわち閾値（しきいち）として、0.5以上を1、0.5より小さい場合を0に分類するようにした場合、分類結果tの値を次のように表せます。

▼分類結果 t

$$t = \begin{cases} 1 & (f_{\boldsymbol{w}}(\boldsymbol{x}) \geq 0.5) \\ 0 & (f_{\boldsymbol{w}}(\boldsymbol{x}) < 0.5) \end{cases}$$

シグモイド関数のグラフを見ると、閾値の0.5は、$f_{\boldsymbol{w}}(\boldsymbol{x})$=0.5のところなので、このとき${}^t\boldsymbol{wx}$=0であることがわかります。そうすると、$f_{\boldsymbol{w}}(\boldsymbol{x}) \geq 0.5$は${}^t\boldsymbol{wx} \geq 0$であるのと同じなので、シグモイド関数のグラフの$f_{\boldsymbol{w}}(\boldsymbol{x})$の右半分のエリアが1、左半分のエリアが0に分類される範囲になります。

▼AND演算におけるシグモイド関数のグラフ

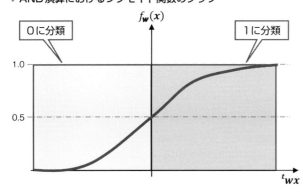

そうすると、先の分類結果の式を次のように書き換えることができます。

▼分類結果の式を0を、閾値にして書き換える

$$
t = \begin{cases} 1 & (\,^t\boldsymbol{w}\boldsymbol{x} \geq 0) \\ 0 & (\,^t\boldsymbol{w}\boldsymbol{x} < 0) \end{cases}
$$

ベクトル$\boldsymbol{w}$と$\boldsymbol{x}$は、次のような構造をしています。

$$
\boldsymbol{w} = \begin{pmatrix} w_0 \\ w_1 \\ w_2 \end{pmatrix} \quad \boxed{\text{バイアス}}
$$

$$
\boldsymbol{x} = \begin{pmatrix} 1 \\ x_1 \\ x_2 \end{pmatrix} \quad \boxed{\text{バイアスに対応する} x_0}
$$

$\boldsymbol{w}$を転置して、

$$
{}^t\boldsymbol{w}\boldsymbol{x} = w_0 \cdot 1 + w_1 x_1 + w_2 x_2
$$

のように計算できます。

■最尤推定法と尤度関数

ここで、n個の訓練データ$\{(\boldsymbol{x}_i,\ \boldsymbol{t}_i)\}_{i=1}^n$が与えられたとして、データから得られる確率を考えてみましょう。正解データの$t_i=1$と$t_i=0$は、確率の記号Pを使って次のように場合分けできます。

$t_i=1$の場合　　$P(x_i)$

$t_i=0$の場合　　$1-P(x_i)$

これを数学の考え方に基づいてまとめると、次のように1つの式で表すことができます。

▼正解データ$t_i=1$と$t_i=0$の確率

$$
P_i = P(x_i)^{t_i}\{1 - P(x_i)\}^{1-t_i}
$$

この式は、任意のベクトル$\boldsymbol{x}$について$x^0=1$、$x^1=\boldsymbol{x}$が成り立つことを利用していますので、$t_i=1$と$t_i=0$のそれぞれの場合で計算すると、次のようになります。

●$t_i=1$の場合

$$P_i = P(x_i)^1\{1 - P(x_i)\}^0 = P(x_i)$$

●$t_i=0$の場合

$$P_i = P(x_i)^0\{1 - P(x_i)\}^1 = 1 - P(x_i)$$

以上をまとめて一般化した式で表すと、次のようになります。

●式413-1　尤度関数

$$L(w) = \prod_{i=1}^{n} P(t_i = 1|\boldsymbol{x_i})^{t_i} P(t_i = 0|\boldsymbol{x_i})^{1-t_i}$$

$\prod$（パイ）は総乗の記号で、Σの掛け算バージョンです。先ほどと同じように$t_i=1$の場合について計算すると、次のようになります。

$$P(t_i = 1|\boldsymbol{x_i})^1 P(t_i = 0|\boldsymbol{x_i})^{1-1}$$
$$= P(t_i = 1|\boldsymbol{x_i})^1 P(t_i = 0|\boldsymbol{x_i})^0$$
$$= P(t_i = 1|\boldsymbol{x_i})$$

$t_i=0$の場合の計算についても次のようになります。どのような数でも0乗すると1になることを利用しています。

$$P(t_i = 1|\boldsymbol{x_i})^0 P(t_i = 0|\boldsymbol{x_i})^{1-0}$$
$$= P(t_i = 1|\boldsymbol{x_i})^0 P(t_i = 0|\boldsymbol{x_i})^1$$
$$= P(t_i = 0|\boldsymbol{x_i})$$

一般化した式で表された$L(w)$関数が、パラメーターwを求めるための誤差関数です。関数の出力が最大になるようにw（重み・バイアス）を調整できれば、うまく学習できていることになります。このように、確率が最大になるようにパラメーターの値を決定する手法のことを**最尤推定法**と呼びます。関数$L(w)$は**尤度関数**です。関数名のLは英語のLikelihood（尤度）の頭文字をとったものです。

一方、関数が最大・最小となる状態を求める問題のことを**最適化問題**と呼びます。ただ、関数の最大化は、符号を反転すると最小化に置き換えることができるので、一般的に関数を「最適化する」という場合は、関数を最小化するパラメーターを求めることを指します。

■対数尤度関数を微分しやすいように、両端に対数をとる

関数の最大または最小を求める最適化問題では、「微分」を使うのが常套手段です。例えば、

「関数$f(x) = x^2$の最小値を求めよ」

という問題では、$f'(x) = 2x$であることから$x=0$となるので、最小値$f(0)=0$が求められます。このように、関数の最大・最小を考える場合、まずはパラメーターを偏微分して勾配を求めることになります。なので、尤度関数の最大化を考える場合も、尤度関数を各パラメーターで偏微分します。ですが、尤度関数を微分してパラメーターwを求める場合、尤度関数は掛け算の連続なので、確率の掛け算はどんどん値が小さくなり、プログラミング上、精度が問題になります。さらに、掛け算は足し算に比べて計算が大変です。そこで、尤度関数の両辺に対数をとることにします。対数をとると、あとあとの計算で、掛け算（総乗）が足し算（総和）になって計算がラクになります。

●**式413-2　尤度関数の両辺に対数をとる**

$$
\log L(\boldsymbol{w}) = \log \prod_{i=1}^{n} P(\, t_i = 1 | \boldsymbol{x}_i \,)^{\, t_i} \, P(\, t_i = 0 | \boldsymbol{x}_i \,)^{\, 1-t_i}
$$

対数は単調増加の関数なので、$x_1 < x_2$なら$f(x_1) < f(x_2)$となります。$L(w_1) < L(w_2)$なら$\log L(w_1) < \log L(w_2)$になります。$L(w)$を最大にする$w$と$\log L(w)$を最大にする$w$は変わりません。つまり、$\log L(w)$を最大にする$w$を求めれば、その$w$は$L(w)$を最大にすることになります。このように対数をとった尤度関数を**対数尤度関数**と呼びます。

■対数尤度関数を変形してクロスエントロピー誤差関数にする

シグモイド関数を活性化関数にした場合、出力と正解値との誤差は、対数尤度関数を誤差関数として調べます。さらに、これをパラメーターで偏微分して、最大化するパラメーターを探すことになります。そこで、式413-2の対数尤度関数を次のように変形しておくことにします。

$$\log L(\boldsymbol{w}) = \log \prod_{i=1}^{n} P(\,t_i = 1|\boldsymbol{x}_i)^{\,t_i}\,P(\,t_i = 0|\boldsymbol{x}_i)^{\,1-t_i}$$

$$= \sum_{i=1}^{n} (\log P(\,t_i = 1|\boldsymbol{x}_i)^{\,t_i} + \log P(\,t_i = 0|\boldsymbol{x}_i)^{\,1-t_i})$$

対数関数の性質：$\log(ab) = \log a + \log b$

$$= \sum_{i=1}^{n} (\,t_i \log P(\,t_i = 1|\boldsymbol{x}_i) + (1 - t_i) \log P(\,t_i = 0|\boldsymbol{x}_i))$$

対数関数の性質：$\log a^b = b \log a$

$$= \sum_{i=1}^{n} (\,t_i \log P(\,t_i = 1|\boldsymbol{x}_i) + (1 - t_i) \log(1 - P(\,t_i = 1|\boldsymbol{x}_i)))$$

$P(\,t_i = 0|\boldsymbol{x}_i) = 1 - P(\,t_i = 1|\boldsymbol{x}_i)$

$$= \sum_{i=1}^{n} (\,t_i \log f_{\boldsymbol{w}}(\boldsymbol{x}_i) + (1 - t_i) \log(1 - f_{\boldsymbol{w}}(\boldsymbol{x}_i)))$$

$P(t = 1|\boldsymbol{x}) = f_{\boldsymbol{w}}(\boldsymbol{x})$

4行目は、t=1とt=0の2つしかないので、

$$P(\,t_i = 0|\boldsymbol{x}_i) + P(\,t_i = 1|\boldsymbol{x}_i) = 1$$

であることから、このような形になっています。確率を全部足し合わせると1になるからです。結果、対数尤度関数は次のようになりました。

●式413-3　変形後の対数尤度関数

$$\log L(\boldsymbol{w}) = \sum_{i=1}^{n} (\,t_i \log f_{\boldsymbol{w}}(\boldsymbol{x}_i) + (1 - t_i) \log(1 - f_{\boldsymbol{w}}(\boldsymbol{x}_i)))$$

パラメーター$\boldsymbol{w}$は、この対数尤度関数が「最大」になるように求めればよいことになります。一方、一般の最適化問題として、誤差を「最小」にすることを考えた場合、先の式413-3に-1を掛けたものが最小化問題を解くための関数になります。これを**クロスエントロピー誤差関数**（交差エントロピー誤差関数）と呼び、クロスエントロピー誤差を$E(\boldsymbol{w})$とした場合、式413-3の符号を入れ替えた次の式で表されます。

●式413-4　クロスエントロピー誤差関数

$$E(\boldsymbol{w}) = -\sum_{i=1}^{n} (t_i \log f_{\boldsymbol{w}}(\boldsymbol{x_i}) + (1 - t_i) \log(1 - f_{\boldsymbol{w}}(\boldsymbol{x_i})))$$

ここで求める誤差は「最適な状態からどのくらい誤差があるのか」を表していることになります。

■対数尤度関数の微分

いろいろと説明してきましたが、活性化関数がシグモイド関数の場合、最小化バージョンの対数尤度関数を誤差関数（損失関数）として使うことになるので、対数尤度関数をそれぞれのパラメーターw_jで偏微分していきます。まずは、$\log L(\boldsymbol{w})$をw_jで微分します。

●$\log L(\boldsymbol{w})$をパラメーターw_jで偏微分

$$\frac{\partial \log L(\boldsymbol{w})}{\partial w_j} = \frac{\partial}{\partial w_j} \sum_{i=1}^{n} (t_i \log f_{\boldsymbol{w}}(\boldsymbol{x_i}) + (1 - t_i) \log(1 - f_{\boldsymbol{w}}(\boldsymbol{x_i})))$$

ここで、式を簡単にするために、$\log L(\boldsymbol{w})$と$f_{\boldsymbol{w}}$を次のように置き換えましょう。

$u = \log L(\boldsymbol{w})$

$v = f_{\boldsymbol{w}}(\boldsymbol{x})$

そうすると、合成関数の微分法を使って

●式413-5　$u{=}\log L(\boldsymbol{w})$をパラメーター$w_j$で偏微分

$$\frac{\partial u}{\partial w_j} = \frac{\partial u}{\partial v} \cdot \frac{\partial v}{\partial w_j}$$

と表せます。

まず$\partial u/\partial v$から計算していきます。

$$\frac{\partial u}{\partial v} = \frac{\partial}{\partial v} \sum_{i=1}^{n} (t_i \underbrace{\log (v))}_{(1)} + (1 - t_i) \underbrace{\log(1 - v))}_{(2)}$$

(1)の$\log(v)$の微分は初等関数の微分の公式（3.4.6参照）から$1/v$、(2)の$\log(1-v)$については、合成関数の微分法を使って次のように計算します。

$s=1-v$、$t=\log(s)$とします。

$$\frac{dt}{dv} = \frac{dt}{ds} \cdot \frac{ds}{dv}$$

$$\boxed{\log x = \frac{1}{x}}$$

$$= \frac{1}{s} \frac{d}{dv}(1-v)$$

$$= \frac{1}{s} \cdot (-1)$$

$$= -\frac{1}{1-v} \quad \boxed{s = 1-v}$$

(1)と(2)が求められましたので、$\partial u/\partial v$は次のようになります。

● **式413-6** $\partial u/\partial v$**を展開して整理する**

$$\frac{\partial u}{\partial v} = \sum_{i=1}^{n}\left(t_i \frac{1}{v} + (1-t_i)\cdot\left(-\frac{1}{1-v}\right)\right)$$

$$= \sum_{i=1}^{n}\left(\frac{t_i}{v} - \frac{1-t_i}{1-v}\right)$$

$\partial v/\partial w_j$を計算します。$v = f_{w(x)}$でしたので、シグモイド関数に置き換えて

$$\frac{\partial v}{\partial w_j} = \frac{\partial}{\partial w_j} \frac{1}{1+\exp(-{}^t\boldsymbol{wx})}$$

とします。

ここで、$v = f_{\boldsymbol{w}}(x)$に加えて、

$$z = {}^t\boldsymbol{wx}$$

と置き、次のように合成関数の微分法を使います。

$$\frac{\partial v}{\partial w_j} = \frac{\partial v}{\partial z} \cdot \frac{\partial z}{\partial w_j}$$

vの$f_{\boldsymbol{w}(x)}$がシグモイド関数なので、vをzで偏微分するところは、シグモイド関数の微分になります。

$$\frac{\partial v}{\partial z} = v(1-v) \quad \boxed{\text{シグモイド関数の微分} \quad y' = y(1-y)}$$

zをw_jで偏微分すると、次のようになります。

● **式413-7** zをw_jで偏微分する

$$
\begin{aligned}
\frac{\partial z}{\partial w_j} &= \frac{\partial}{\partial w_j} \, {}^t\!\boldsymbol{w}\boldsymbol{x} \\
&= \frac{\partial}{\partial w_j}(w_0 x_0 + w_1 x_1 + \cdots + w_n x_n) \\
&= x_j
\end{aligned}
$$

最後に、$\partial v/\partial z$と$\partial z/\partial w_j$の積を求めます。

● **式413-8** $\partial v/\partial w_j$の結果

$$
\begin{aligned}
\frac{\partial v}{\partial w_j} &= \frac{\partial v}{\partial z} \cdot \frac{\partial z}{\partial w_j} \\
&= v(1-v) \cdot x_j
\end{aligned}
$$

$u = \log L(\boldsymbol{w})$をパラメーター$w_j$で偏微分する式413-5に、式413-6と式413-8の結果を代入して、展開、約分して整理します。

$$
\begin{aligned}
\frac{\partial u}{\partial w_j} &= \frac{\partial u}{\partial v}\frac{\partial v}{\partial w_j} \\
&= \sum_{i=1}^{n}\left(\frac{t_i}{v} - \frac{1-t_i}{1-v}\right) \cdot v(1-v) \cdot x_{j(i)} \\
&= \sum_{i=1}^{n}\{t_i(1-v) - (1-t_i)v\} x_{j(i)} \\
&= \sum_{i=1}^{n}(t_i - t_i v - v + t_i v) x_{j(i)} \\
&= \sum_{i=1}^{n}(t_i - v) x_{j(i)}
\end{aligned}
$$

vを$f_{\boldsymbol{w}(x_i)}$に戻します。

● **式413-9** $u = \log L(w)$をパラメーターw_jで微分した結果

$$
\frac{\partial u}{\partial w_j} = \sum_{i=1}^{n}\left(t_i - f_{\boldsymbol{w}(x_i)}\right) x_{j(i)}
$$

一方、u（対数尤度関数）をクロスエントロピー誤差関数$E(w)$に置き換えた場合は、微分の結果は次のようになります。

●**式413-10** $u = E(w)$（クロスエントロピー誤差関数）をパラメーターw_jで微分した結果

$$\frac{\partial E(w)}{\partial w_j} = -\sum_{i=1}^{n} \left(t_i - f_w(x_i) \right) x_{j(i)}$$

COLUMN シグモイド関数の微分

シグモイド関数は、次のように微分できます。まず、シグモイド関数

$$y = \frac{1}{1 + \exp(-x)}$$

の分母の部分を次のように関数式にします。

$$f(x) = 1 + \exp(-x)$$

これをシグモイド関数の式に当てはめます。

$$\left(\frac{1}{f(x)} \right)' = -\frac{f'(x)}{\{f(x)\}^2}$$

$f(x)$の微分は$f(x)' = -\exp(-x)$ですので、次のように計算できます。

$$y' = \left(\frac{1}{1 + \exp(-x)} \right)' = -\frac{-\exp(-x)}{(1 + \exp(-x))^2} = \frac{\exp(-x)}{(1 + \exp(-x))^2}$$

これを次のように変形します。

$$y' = \left(\frac{1}{1 + \exp(-x)} \right) \cdot \left(\frac{1 + \exp(-x) - 1}{1 + \exp(-x)} \right)$$

$$y' = \left(\frac{1}{1 + \exp(-x)} \right) \cdot \left(1 - \frac{1}{1 + \exp(-x)} \right)$$

$\frac{1}{1+\exp(-x)}$はyそのものでしたので、yで書き換えると、次のようになります。

$$y' = y(1 - y)$$

■パラメーターの更新式の導出

最尤推定法は、尤度関数を最大化することが目的なので、式413-10からパラメーターの更新式を導きます。ただ、

「wで偏微分して0になる値」

を求めなければならないのですが、解析的にこれを求めるのは困難です。そこで、反復学習により、「パラメーターを逐次的に更新する」という手法をとります。最小化のときは微分した結果の符号と逆方向に動かしますが、最大化のときは微分した結果の符号と同じ方向に動かすので、次のようになります。

● 式413-11　式413-10からパラメーターの更新式を導く

$$
w_j := w_j + \eta \sum_{i=1}^{n} \left(t_i - f_{\boldsymbol{w}}(\boldsymbol{x_i}) \right) x_{j(i)}
$$

先ほど、反復学習によりパラメーターを逐次的に更新する、と述べましたが、これには3章でも少し触れた**勾配降下法**という手法を用います。次は、勾配降下法によるパラメーターの更新式です。

● 式413-12　勾配降下法によるパラメーターの更新式

$$
w_j := w_j - \eta \frac{\partial E(\boldsymbol{w}, \boldsymbol{b})}{\partial \boldsymbol{w}}
$$

$$
b_j := b_j - \eta \frac{\partial E(\boldsymbol{w}, b)}{\partial b}
$$

η（イータ）は、**学習率**と呼ばれるもので、パラメーターの更新率を調整します。勾配降下法によるパラメーターの更新式の導出は、このあとの項で紹介します。さて、式413-11について、勾配降下法の更新式と形を合わせるために符号を入れ替えると、次のようになります。

● パラメーターの更新式の符号を入れ替える

$$
w_j := w_j - \left\{ -\eta \sum_{i=1}^{n} \left(t_i - f_{\boldsymbol{w}}(\boldsymbol{x_i}) \right) x_{j(i)} \right\}
$$

●式413-13　クロスエントロピー誤差を最小化するためのパラメーターの更新式

$$w_j := w_j - \eta \sum_{i=1}^{n} (f_w(\boldsymbol{x_i}) - t_i) x_{j(i)}$$

シグマの中の符号が入れ替わっていることに注意してください。ここで求められる誤差は、「最適な状態からどのくらい乖離しているのか」を表しています。式413-13を重み、バイアスについて整理すると、次のようになります。

●式413-14　クロスエントロピー誤差を最小化するための勾配降下法による更新式

$$w_j := w_j - \eta \sum_{i=1}^{n} (f_w(\boldsymbol{x_i}) - t_i) x_{j(i)}$$
$$b_j := w_j - \eta \sum_{i=1}^{n} (f_w(\boldsymbol{x_i}) - t_i)$$

4.1.4　勾配降下法の考え方

損失関数を最小化するための勾配降下法について見ていきましょう。勾配降下というくらいですから、最小値を見つけるために下り坂を進むことを示唆しています。まずは、簡単な例として、次のような2次関数$g(x) = (x-1)^2$で考えてみましょう。グラフからわかるように、関数の最小値は$x=1$のときで、この場合$g(x) = 0$です。

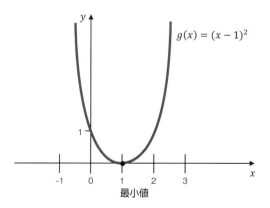

勾配降下法を行うためには初期値が必要です。そこで、点の位置を適当に決めて、少しずつ動かして最小値に近づけることを考えてみましょう。まずは、グラフの2次関数$g(x) = (x-1)^2$を微分します。$g(x)$を展開すると

$$(x-1)^2 = x^2 - 2x + 1$$

なので、次のように微分できます。

$$\frac{d}{dx}g(x) = 2x^{2-1}-2\cdot x^{1-1} = 2x-2$$

これで、傾きが正なら左に、傾きが負なら右に移動すると、最小値に近づきます。$x=-1$から
スタートした場合は負の傾きです。$g(x)$の値を小さくするには下方向に移動すればよいので、
xを右に移動する、つまりxを大きくします。

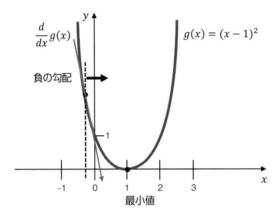

点の位置を反対側の$x=3$に変え、ここから左方向に向かってスタートしてみましょう。今
度は、点の位置の傾きが正なので、$g(x)$の値を小さくするには、xを左に移動する、つまりxを
減らします。

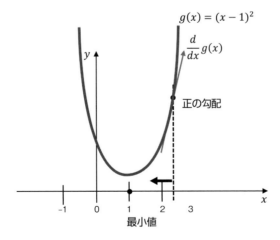

こうやってxの値を減らすことを繰り返し、最小値に達したと思えるくらいになるまで、同
じように続けます。

■学習率の設定

　しかし、このやり方には改善すべき問題点があります。それは、「最小値を飛び越えないようにする」ことです。もしも、xを移動したことにより最小値を飛び越えてしまった場合、最小値をまたいで行ったり来たりすることが永久に続いたり、あるいは最小値からどんどん離れていく、つまり発散した状態になります。そこで、xの値を「少しずつ更新する」ことを考えます。

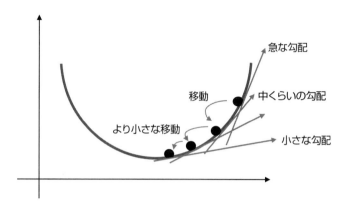

　このように導関数$\frac{d}{dx}g(x)$の符号と逆の方向に点の位置を「少しずつ移動」していけば、だんだんと最小値に近づいていきます。ここで、その移動するときの係数を$\eta>0$と書くことにすると，次のように記述できます。

$$x_{i+1} = x_i - \eta\frac{d}{dx}g(x_i)$$

　これは、新しいxを1つ前のxを使って定義していることを示すので、$A := B$（AをBによって定義する）という書き方を使って次のように表せます。

●式414-1　勾配降下法による更新式

$$x := x - \eta\frac{d}{dx}g(x)$$

　$dg(x)/dx$は、$g(x)$のxについての微分、xに対する$g(x)$の変化の度合い（ある瞬間の変化の量）を表します。この式で表される微分は、「xの小さな変化によって関数$g(x)$の値がどのくらい変化するか」ということを意味します。勾配降下法では、微分によって得られた式（導関数）の符号とは逆の方向にxを動かすことで、最小値（$f(x)$を最小にする方向）へ向かわせるようにします。それが上記の式です。:=の記号は、左辺のxを右辺の式で更新することを示します。

　ここでのポイントは、η（イータ）で表される**学習率**と呼ばれる正の定数です。0.1や0.01などの適当な小さめの値を使うことが多いのですが、当然のこととして、学習率の大小によって最小値に達するまでの移動（更新）回数が変わってきます。このことを「収束の速さが変わる」といいますが、いずれにしても、この方法なら最小値に近づくほど傾きが小さくなることが期待できるので、最小値を飛び越してしまう心配も少なくなります。この操作を続けて、最終的に点があまり動かなくなったら「収束した」として、その点を最小値とすることができます。

■勾配降下法の更新式

　勾配降下法による更新式（式414-1）がわかりましたので、この式を使って損失関数$E(w)$を最小にすることを考えましょう。$E(w)$には$f_w(x_i)$が含まれていて、その$f_w(x_i)$は、重みw_j、バイアスb_jの2つのパラメーターを持つ2次関数です。変数が2つありますので、次のような偏微分の式になります。

●**式414-2　勾配降下法によるパラメーターの更新式（式413-12と同じ）**

$$w_j := w_j - \eta \frac{\partial E(\boldsymbol{w}, \boldsymbol{b})}{\partial \boldsymbol{w}}$$

$$b_j := b_j - \eta \frac{\partial E(\boldsymbol{w}, \boldsymbol{b})}{\partial b}$$

　これが、前項の「クロスエントロピー誤差を最小化するための勾配降下法による更新式（式413-14）」のもとになっていた式413-12です。この式は、勾配法における1回の更新式ですので、学習率ηを適用して、w_jとb_jを1ステップごとに少しずつ更新し、誤差が最小になったと判断できたところで処理を終えるようにします。

4.1.5　単純パーセプトロンで論理ゲートを実現する

　クロスエントロピー誤差を最小化する勾配降下法による学習方法がわかりましたので、パーセプトロンを用いた論理ゲートをプログラムで実装してみましょう。ここでは、Pythonの標準機能のみでプログラミングしてみることにします。

■Pythonの標準仕様でAND、NAND、ORゲートを実装する

　まずは、Pythonの標準仕様のみでAND、NAND、ORゲートをプログラミングしてみます。学習率を0.1、学習する回数を50回に設定します。

▼**単純パーセプトロンで二値分類を行う**

```python
import numpy as np                    # NumPyをインポート


def create_matrix(x):
    '''データx1、x2にバイアスに対応するx0(=1)を加えた行列を作成
    ------------------------
    Parameters:
        x(ndarray): x1、x2を格納した2階テンソル
    '''
    x0 = np.ones([x.shape[0], 1]) # バイアスに対応する1の項(x0)を生成
                                  # 形状は(4, 1)の2階テンソル
    return np.hstack([x0, x])     # x0の(4, 1)の2階テンソルにx1,x2の2階テンソルを
                                  # 水平方向に連結して(4, 3)の2階テンソルを返す


def sigmoid(X, parameter):
    '''シグモイド関数
    ------------------------
    Parameters:
        X(ndarray): x0、x1、x2を格納した2階テンソル
        parameter(ndarray): バイアス、w1、w2を格納した1階テンソル
    Returns:
        シグモイド関数適用後のX
    '''
    return 1 / (1 + np.exp(-np.dot(X, parameter)))


def logistic_regression(X, t):
    '''二値分類を行う単純パーセプトロン
    ------------------------
    Parameters:
        X(ndarray): x0、x1、x2が格納された2階テンソル
        t(ndarray): 正解ラベルが格納された1階テンソル
    '''
    LNR = 1e-1                  # 学習率を0.1に設定
    loop = 50                   # 学習回数
    count = 1                   # 学習回数をカウントする変数
    parameter = np.random.rand(3) # バイアス,w1,w2を0〜1の一様乱数で初期化
```

$$f_w(x) = \frac{1}{1 + \exp(- {}^t\boldsymbol{wx})}$$

```
for i in range(loop):              # 学習をloop回繰り返す
    # バイアス,w1,w2を勾配降下法で更新
    parameter = parameter - LNR * np.dot(
        sigmoid(X,parameter) - t, X)
    # 最初の1回と以降10回ごとにパラメーターの値を出力
    if (count == 1 or count % 10 == 0):
        print('{}回: parameter = {}'.format(count, parameter))
    count += 1                     # カウンター変数の値を1増やす

    return parameter               # 学習後のバイアス、w1、w2を返す
```

$$w_j := w_j - \eta \sum_{i=1}^{n} (f_w(x_i) - t_i)\, x_{j(i)}$$

$$b_j := w_j - \eta \sum_{i=1}^{n} (f_w(x_i) - t_i)$$

最初に**ANDゲート**を学習してみましょう。学習が済んだら、学習した重みとバイアスを使ってシグモイド関数の出力が正しいかどうかを確認します。

▼**ANDゲートの学習を行う**

```
# ANDゲート
# x1、x2の4セットを行列x(ndarray)に代入
x =np.array([[0, 0], [0, 1], [1, 0], [1, 1]])
# 正解ラベルをtに代入
t = np.array([0, 0, 0, 1])
# xにバイアス対応の1の項を追加した2階テンソルを作成
X = create_matrix(x)
# バイアス、重みの値を学習する
parameter = logistic_regression(X, t)
```

▼**出力**

```
1回: parameter = [0.21618727 0.85328819 0.30634232]
10回: parameter = [-0.80146188  0.64185404  0.20238228]
20回: parameter = [-1.27572186  0.74969011  0.40163277]
30回: parameter = [-1.58866786  0.91747872  0.6380066 ]
40回: parameter = [-1.85077521  1.08363824  0.85764571]
50回: parameter = [-2.08651031  1.23860431  1.05484869]
```

▼**学習した重み・バイアスを使ってANDゲートの出力を表示してみる**

```
# sigmoid()の戻り値が0.5以上であれば1、そうでなければ0を返す
(sigmoid(create_matrix(np.array([[0, 0], [0, 1], [1, 0], [1, 1]])),
        parameter    # 学習後のバイアスと重み
) >= 0.5).astype(np.int)
```

▼**出力**

```
array([0, 0, 0, 1])    ←正しく出力されている
```

ANDゲートの出力が正しいことが確認できます。次に**NANDゲート**を試してみましょう。NANDはNot ANDを意味し、x_1とx_2の両方が1のときだけ0を出力し、それ以外は1を出力します。

▼NANDゲートの入出力

入力		出力
x_1	x_2	
0	0	1
0	1	1
1	0	1
1	1	0

これまでに入力したセルの次のセルに、以下のように入力してプログラムを実行します。

▼NANDゲートの学習を行う

```
# NANDゲート
# x1、x2の4セットを行列x(ndarray)に代入
x =np.array([[0, 0], [0, 1], [1, 0], [1, 1]])
# 正解ラベルをtに代入
t = np.array([1, 1, 1, 0])
# xにバイアス対応の1の項を追加した2階テンソルを作成
X = create_matrix(x)
# バイアス、重みの値を学習する
parameter = logistic_regression(X, t)
```

▼出力

```
1回: parameter = [0.26967246 0.49521791 0.82502796]
10回: parameter = [0.49151619 0.09873724 0.37065311]
20回: parameter = [ 0.81684735 -0.22645882 -0.00903672]
30回: parameter = [ 1.1382736  -0.48914811 -0.31519654]
40回: parameter = [ 1.43413399 -0.71410138 -0.57442527]
50回: parameter = [ 1.70360676 -0.91226096 -0.79959118]
```

▼学習した重み・バイアスを使ってNANDゲートの出力を表示してみる

```
# sigmoid()の戻り値が0.5以上であれば1、そうでなければ0を返す
(sigmoid(create_matrix(np.array([[0, 0], [0, 1], [1, 0], [1, 1]])),
        parameter   # 学習後のバイアスと重み
) >= 0.5).astype(np.int)
```

▼出力

```
array([1, 1, 1, 0])   ←正しく出力されている
```

　　　　　最後に**ORゲート**を試してみましょう。ORゲートは、入力信号の少なくとも1つが1であれば、1を出力する論理回路です。

▼ORゲートの入出力

入力		出力
x_1	x_2	
0	0	0
0	1	1
1	0	1
1	1	1

　　　　　これまでに入力したセルの次のセルに、以下のように入力してプログラムを実行します。

▼ORゲートの学習を行う

```
# ORゲート
# x1、x2の4セットを行列x(ndarray)に代入
x =np.array([[0, 0], [0, 1], [1, 0], [1, 1]])
# 正解ラベルをtに代入
t = np.array([0, 1, 1, 1])
# xにバイアス対応の1の項を追加した2階テンソルを作成
X = create_matrix(x)
# バイアス、重みの値を学習する
parameter = logistic_regression(X, t)
```

▼出力

```
1回: parameter = [0.65133856 0.94685687 0.76949455]
10回: parameter = [0.46660808 1.1651788  1.00984638]
20回: parameter = [0.27639911 1.38620315 1.25161325]
30回: parameter = [0.10576948 1.58988468 1.47281465]
40回: parameter = [-0.04618058  1.77918952  1.67694853]
50回: parameter = [-0.18179364  1.95603861  1.8663688 ]
```

▼学習した重み・バイアスを使ってORゲートを出力してみる

```
# sigmoid()の戻り値が0.5以上であれば1、そうでなければ0を返す
(sigmoid(create_matrix(np.array([[0, 0], [0, 1], [1, 0], [1, 1]])),
        parameter   # 学習後のバイアスと重み
) >= 0.5).astype(np.int)
```

▼出力

```
array([0, 1, 1, 1])   ←正しく出力されている
```

4.2 XORゲートを多層パーセプトロンで実現する

　前節では、基本的な論理ゲートとして、ANDゲート、NANDゲート、ORゲートについて見てきました。これらの論理ゲートとは別に、特殊な論理ゲートとして**XORゲート**（**排他的論理和**）があります。

▼XOR演算

x_1	x_2	y
0	0	0
1	0	1
0	1	1
1	1	0

　「**排他的**」というのは「自分以外を拒否する」ことを意味するので、x_1、x_2のどちらかが1のときだけ1を出力します。このようなXORゲートをパーセプトロンで実現したいのですが、これまでのような単純パーセプトロンではなく、パーセプトロンを多層構造にした「多層パーセプトロン」でないと実現することが困難です。

4.2.1 多層パーセプトロンによるXORゲートの実現

　なぜ、単純パーセプトロンでXORゲートの実現が難しいのか、ANDゲートとORゲートを見ながらご説明しましょう。

　次の図は、(0, 0)、(1, 0)、(0, 1)、(1, 1)を(x_1, x_2)としてグラフ上にプロットし、1本の直線を引くことにより、ANDゲートを表したものです。

▼ANDゲート（論理積）

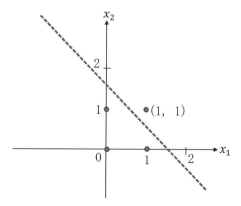

　直線で分けられた上側の領域は1を出力し、下側の領域は0を出力します。$(x_1,x_2)=(1,1)$のときのみ1、$(0,0)$、$(1,0)$、$(0,1)$はすべて0に分類されます。

　次にORゲートです。$(x_1,x_2)=(0,0)$のときだけ0を出力し、$(0,1)$、$(1,0)$、$(1,1)$のときは1を出力します。

▼ORゲート（論理和）

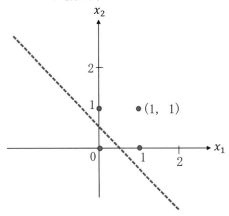

　あと、NANDゲートがありますが、ANDゲートと逆の演算を行いますので、直線の引き方はANDゲートと同じで、上側の領域は0、下側の領域は1に分類されます。

　このように、AND、OR、NANDの各ゲートは、グラフ上にプロットしたデータを直線で2つの結果に分類することができます。これを「**線形分離可能な二値分類**」と呼びます。

■XORゲートの実現には、線形分離不可能な二値分類が必要

一方、XORゲートで(0, 1)と(1,0)の点のみを分けるには、1本の線ではなく、少なくとも2本の直線が必要になります。

▼XORゲート

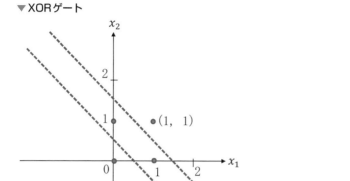

あるいは、(0, 1)と(1,0)の点のみを分けるように曲線を使うしかありません。このように、1本の直線では分類できないものを**線形分離不可能**であるといいます。

この場合、1つの方法として、最初にNANDゲートで(1, 0)、(0, 1)、(0, 0)のときに1を出力、(1, 1)で0を出力するようにし、次にORゲートで(1, 0)、(0, 1)、(1, 1)のときに1を出力、(0, 0)で0を出力するようにします。NANDで(1, 1)が除外（0を出力）され、ORで(0, 0)が除外されますので、最後に双方の結果をANDゲートに通せば(1, 0)、(0, 1)のときだけ1が出力され、XORゲートの結果が得られます。

▼NANDとORの結果に対してAND演算する

x_1	x_2	NAND	OR	NANDとORに対してAND
0	0	1	0	0
1	0	1	1	1
0	1	1	1	1
1	1	0	1	0

■多層パーセプトロンの構造

NANDゲート、ORゲート、ANDゲートは、それぞれ単純パーセプトロンで実現できます。また、NANDゲートとORゲートの結果をANDゲートに通すことで、XORゲートを実現できます。この一連の処理を図で表すと次のようになります。

▼多層パーセプトロンでXOR演算を表現する

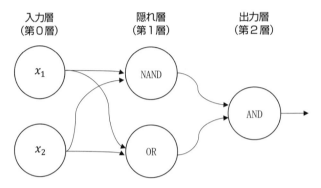

このように層を重ねたパーセプトロンを**多層パーセプトロン**と呼びます。図では第0層、第1層、第2層で構成されています。処理の流れは次のようになります。

①第0層の2つのユニット（ニューロン）が第1層のニューロンへ信号を送る。
②第1層の2つのニューロンが第2層のニューロンへ信号を送る。
③第2層のニューロンがXORを出力する。

パーセプトロンは、単層では実現できない処理であっても、「層を重ねる」という手段を用いることで実現を可能にします。もちろん、NANDゲートで否定論理積の演算、ORゲートで論理和の演算をそれぞれ行い、ゲートとしての正しい値を出力させたのち、ANDゲートのニューロンで論理積の計算を行えば、わざわざ学習を行わなくても一発でXORゲートの出力を得ることができます。しかし、これは各ゲートの正解値がわかっているから可能なのであって、通常はこのようなわけにはいきません。なので、単純パーセプトロンのときと同じようにバイアスと重みを設定し、勾配降下法による学習を繰り返すことでXORゲートを実現することにします。そうした場合、多層パーセプトロンの構造は次のようになります。

▼作成する多層パーセプトロンの構造

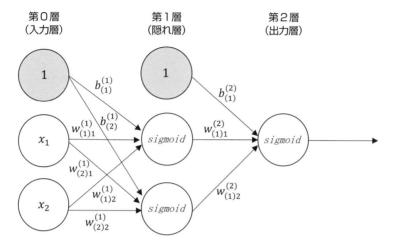

　図では3層構造に見えますが、一般的に重みがリンクしていない入力層はカウントされないので2層になります。中間に位置する層は外部から閉じている（見えない）ことから**隠れ層**と呼ばれます。隠れ層のニューロンの数はいくつでもかまいませんが、先の図の流れを汲んで2個としました。一方、出力層は二値分類なのでクラスの数は1つです。したがって出力層のニューロンは1個になります。

　あと、バイアスと重みに添え字を付けましたので、ここで意味を説明しておきます。

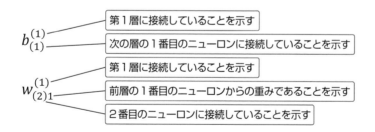

　右上の数字は、バイアス・重みが接続している層の番号を示します。

　右下の最初のカッコ付きの数字はバイアス・重みのリンク先のニューロン番号を示し、2番目の数字はリンク元のニューロン番号を示します。$w_{(2)1}^{(1)}$の場合は、リンク先が第1層の2番目のニューロンで、リンク元が前の層の1番目のニューロンであることになります。

4.2.2 TensorFlowスタイルによるXORゲートの実装

　　最初に、TensorFlowでXOR演算を実装してみます。XOR演算は、x_1、x_2のどちらかが1のときだけ1を出力するので、0と1の組み合わせと正解ラベルをそれぞれ4パターンずつ用意します。

▼訓練データと正解ラベルの用意

```
セル1

import numpy as np

'''
1. 訓練データと正解ラベル
'''
train = np.array([[0, 0],      # 0と1の組み合わせの行列(4データ,2列)
                  [0, 1],
                  [1, 0],
                  [1, 1]])
label = np.array([[0],         # 正解ラベル(4データ,1列)
                  [1],
                  [1],
                  [0]])
```

　　ニューラルネットワーク(多層パーセプトロン)のモデルの定義は、TensorFlowスタイルの場合、tensorflow.keras.Modelクラスを継承したサブクラスを作成し、初期化メソッド__init()__でレイヤー(層)を定義するのがスタンダードな書き方です。

▼TensorFlowスタイルによるモデル(多層パーセプトロン)の定義

```
セル2

'''
2. モデルの定義
'''
import tensorflow as tf


class MLP(tf.keras.Model):
    '''多層パーセプトロン


    Attributes:
        l1(Dense): 隠れ層
        l2(Dense): 出力層
    '''
```

```python
    def __init__(self, input_dim, hidden_dim, output_dim):
        '''モデルの初期化を行う


        Parameters:
            input_dim: 入力する1データあたりの値の形状
            hidden_dim(int): 隠れ層のニューロン数
            output_dim(int): 出力層のニューロン数
        '''
        super(MLP, self).__init__()    # スーパークラスの__init__()を実行
        # 隠れ層
        self.l1 = tf.keras.layers.Dense(
            units=hidden_dim,          # ニューロンのサイズ
            input_dim=input_dim,       # 入力データの形状
            activation='sigmoid')      # 活性化関数はシグモイド
        # 出力層
        self.l2 = tf.keras.layers.Dense(
            units=output_dim,          # ニューロンのサイズ
            activation='sigmoid')      # 活性化関数はシグモイド


    @tf.function
    def call(self, x, training=None):
        '''モデルのインスタンスからコールバックされる関数


        MLPの順伝播処理を行う


        Parameters:
            x(ndarray(float32)): 訓練データ、または検証データ
            training(bool): 訓練True、検証False
        Returns(float32): 出力層からの出力値
        '''
        h = self.l1(x) # 隠れ層の出力
        y = self.l2(h) # 出力層の出力
        return y

# 入力層2ニューロン、隠れ層2ニューロン、出力層1ニューロンのモデルを生成
model = MLP(2, 2, 1)
```

　　モデルを定義するMLPクラスには、モデルの初期化を行う__init()__と、モデルの順伝播処理を行うcall()メソッドが定義されています。順に見ていきましょう。

■隠れ層（第1層）の作成

　入力層は、データ（訓練データ）そのものなので、第1層の隠れ層からプログラミングしていきます。レイヤー（層）の配置は、tf.keras.layers.Dense()で行います。Dense()は、入力側のデータの形状を内部的に推論しますが、隠れ層については、入力層と直結するので、入力側のデータの形状をinput_dimオプションで指定しています。

　層のニューロン数、すなわち出力するデータの形状はunitsオプションで指定し、activationオプションで活性化関数の種類を指定します。隠れ層としてユニット数を2、活性化関数をシグモイド関数にする場合は、

　　　　Dense(units=2, input_dim=2, activation='sigmoid')

のように指定しますが、unitsオプションを1番目の引数として指定する場合は、

　　　　Dense(2, input_dim=2, activation='sigmoid'))

のようにニューロンの数（または形状）を示す整数値だけを書いてもOKです。

●tf.keras.layers.Dense()

　tf.keras.layers.Denseクラスのコンストラクターです。

書式	tf.keras.layers.Dense(　　units, 　　activation=None, 　　use_bias=True, 　　kernel_initializer='glorot_uniform', 　　bias_initializer='zeros', 　　kernel_regularizer=None, 　　bias_regularizer=None, 　　activity_regularizer=None, 　　kernel_constraint=None, 　　bias_constraint=None) ※input_dimオプションは公式のドキュメントに記載されていないため、割愛しています。	
引数	units	ユニットが出力する次元で、ここで指定した次元がユニットの数になります。正の整数で指定。
	activation	使用するアクティベーション機能（活性化関数）を指定します。シグモイド関数の場合は、 activation='sigmoid' となります。何も指定しない場合は、アクティベーションは適用されません。
	use_bias	バイアスを使用するかどうかを指定します。デフォルトはTrue（使用する）。
	kernel_initializer	重み行列の初期化方法を指定します。デフォルトは'glorot_uniform'（Glorotの一様分布）。ノード（ユニット）の数nに対して、平均を0、標準偏差を1とした正規分布からランダムに値を抽出します。
	bias_initializer	バイアスの初期化方法を指定します。デフォルトは'zeros'で、この場合、バイアスの値が0で初期化されます。

引数	kernel_regularizer	重み行列に適用する正則化関数。デフォルトは None（なし）。
	bias_regularizer	バイアスに適用される正則化関数。デフォルトは None（なし）。
	activity_regularizer	レイヤー（層）の出力に適用する正則化関数。デフォルトは None（なし）。
	kernel_constraint	重み行列に適用する制約関数。デフォルトは None（なし）。
	bias_constraint	バイアスに適用する制約関数。デフォルトは None（なし）。

■バイアス、重みの初期化方法

　バイアス、重みの初期値の設定方法としては、以下の方法が設定できます。デフォルトの glorot_uniform（Glorot の一様分布）でうまく学習が進まない場合に試してみると、活性化関数適用後の値が適度に散らばるかどうかといった状況にもよりますが、よい結果が得られることがあります。

●RandomNormal

　正規分布からランダムに値を抽出します。

書式	tf.keras.initializers.RandomNormal(mean=0.0, stddev=0.05, seed=None)	
引数	mean	分布の平均を指定します。
	stddev	分布の標準偏差を指定します。
	seed	乱数生成に使用するシード（種）で、整数を指定します。シード値を設定することで、常に同じ値が抽出されるようになります。

▼設定例

```
initializer = tf.keras.initializers.RandomNormal(mean=0., stddev=1.)
layer = tf.keras.layers.Dense(3, kernel_initializer=initializer)
```

●RandomUniform

　一様分布からランダムに値を抽出します。

書式	tf.keras.initializers.RandomUniform(　　minval=－0.05, maxval=0.05, seed=None)	
引数	minval	乱数を発生する範囲の下限を指定します。
	maxval	乱数を発生する範囲の上限を指定します。
	seed	乱数生成に使用するシード（種）を指定します。

▼設定例

```
initializer = tf.keras.initializers.RandomUniform(minval=0., maxval=1.)
layer = tf.keras.layers.Dense(3, kernel_initializer=initializer)
```

● TruncatedNormal

切断正規分布に従って初期化します。正規分布からランダムに抽出しますが、平均より標準偏差のぶん以上離れた値は切り捨てられます。ニューラルネットワークの重みの初期化方法として推奨されています。

書式	tf.keras.initializers.TruncatedNormal(mean=0.0, stddev=0.05, seed=None)	
引数	mean	分布の平均を指定します。
	stddev	分布の標準偏差を指定します。
	seed	乱数生成に使用するシード (種) を指定します。

▼設定例

```
initializer = tf.keras.initializers.TruncatedNormal(mean=0., stddev=1.)
layer = tf.keras.layers.Dense(3, kernel_initializer=initializer)
```

● VarianceScaling

重みのサイズ (shape) に合わせてスケーリングした初期化を行います。

```
distribution="normal"
```

とした場合、平均を0、標準偏差を sqrt(scale / n) とした切断正規分布が使われます。

このときのnは、

```
mode="fan_in"    のとき、入力側のユニットの数。
```
```
mode="fan_out"   のとき、出力側のユニット数、つまり対象の層のユニット数。
```
```
mode="fan_avg"   のとき、入力側ユニット数と出力ユニット数の平均。
```

が使われます。

書式	tf.keras.initializers.VarianceScaling(scale=1.0, mode='fan_in', distribution='truncated_normal', seed=None)	
引数	scale	スケーリング値 (正の実数)。
	mode	'fan_in'、'fan_out'、'fan_avg' のいずれかを指定。デフォルトは 'fan_in'。
	distribution	使用するランダムな分布として、「truncated_normal」、「untruncated_normal」、「uniform」のいずれかを指定。デフォルトは「truncated_normal」。
	seed	乱数生成に使用するシード (種) を指定します。

▼設定例

```
initializer = tf.keras.initializers.VarianceScaling(
    scale=0.1, mode='fan_in', distribution='uniform')
layer = tf.keras.layers.Dense(3, kernel_initializer=initializer)
```

● GlorotNormal

Glorotの正規分布からランダムに値を抽出します。

書式	tf.keras.initializers.GlorotNormal(seed=None)	
引数	seed	乱数生成に使用するシード（種）を指定します。

▼設定例

```
initializer = tf.keras.initializers.GlorotNormal(seed=123)
layer = tf.keras.layers.Dense(3, kernel_initializer=initializer)
```

▼隠れ層（ニューロン数＝2）

```
self.l1 = tf.keras.layers.Dense(
    units=hidden_dim,      # ニューロンのサイズ
    input_dim=input_dim,   # 入力データの形状
    activation='sigmoid')  # 活性化関数はシグモイド
```

Dence()で生成したレイヤーをインスタンス変数self.l1に代入しています。ここでは、

$$out^{(1)} = sigmoid\left(X^{(1)}W^{(1)} + b^{(1)}\right)$$

の計算が行われます。

$sigmoid()$は、$X^{(1)}W^{(1)} + b^{(1)}$の結果にシグモイド関数を適用することを示しています。重みWは$(2, 2)$の行列になります。重み行列の列がこの層のニューロンにリンクしますので、列の数がニューロンの数に相　当し、Wの列数の2が隠れ層のニューロンの数になります。

シグモイド関数の引数に指定した$X^{(1)}W^{(1)} + b^{(1)}$の計算は次のようになります。

▼$out^{(1)} = sigmoid\left(X^{(1)}W^{(1)} + b^{(1)}\right)$ の $X^{(1)}W^{(1)} + b^{(1)}$の計算

$$
\begin{pmatrix}
x_{(1)1}^{(0)} & x_{(2)1}^{(0)} \\
x_{(1)2}^{(0)} & x_{(2)2}^{(0)} \\
x_{(1)3}^{(0)} & x_{(2)3}^{(0)} \\
x_{(1)4}^{(0)} & x_{(2)4}^{(0)}
\end{pmatrix}
\begin{pmatrix}
w_{(1)1}^{(1)} & w_{(2)1}^{(1)} \\
w_{(1)2}^{(1)} & w_{(2)2}^{(1)}
\end{pmatrix}
+
\begin{pmatrix}
b_{(1)}^{(1)} & b_{(2)}^{(1)}
\end{pmatrix}
=
\begin{pmatrix}
out_{(1)1}^{(1)} & out_{(2)1}^{(1)} \\
out_{(1)2}^{(1)} & out_{(2)2}^{(1)} \\
out_{(1)3}^{(1)} & out_{(2)3}^{(1)} \\
out_{(1)4}^{(1)} & out_{(2)4}^{(1)}
\end{pmatrix}
\Rightarrow
\begin{pmatrix}
sig\left(out_{(1)1}^{(1)}\right) & sig\left(out_{(2)1}^{(1)}\right) \\
sig\left(out_{(1)2}^{(1)}\right) & sig\left(out_{(2)2}^{(1)}\right) \\
sig\left(out_{(1)3}^{(1)}\right) & sig\left(out_{(2)3}^{(1)}\right) \\
sig\left(out_{(1)4}^{(1)}\right) & sig\left(out_{(2)4}^{(1)}\right)
\end{pmatrix}
$$

入力層の
ニューロン数＝2

隠れ層の
ニューロン数＝2

※sigは$sigmoid$の略

$x_{(1)1}^{(0)}$の右上の添字(0)は第0層（入力層）を示していて、右下のカッコ付きの添字(1)はデータx_1であることを示し、カッコなしの1は1番目のデータであることを示します。

重み$w_{(1)1}^{(1)}$の右上の添字(1)は第1層を示し、右下の(1)はリンク先が第1ニューロン、右下の1はリンク元が1番目のデータであることを示しています。

バイアス$b_{(1)}^{(1)}$の右上の添字(1)は第1層を示し、右下の(1)はリンク先が第1ニューロンであることを示しています。また、$out_{(1)1}^{(1)}$の右下のカッコ付きの添字(1)は、第1ニューロンの出力であることを示し、カッコなしの1は1番目のデータからの値（この場合$x_{(1)1}^{(0)}$から伝播されたものになる）であることを示します。

第1層の重みは1〜2のニューロンごとに前層のx_1とx_2からのリンクに接続する重みとして2つずつ用意されています。これがWの行列が(2行, 2列)になっている理由です。ちなみに、行列$A(n, m)$と$B(m, l)$の積は、Aの列数とBの行数が等しくmである場合のみ定義されており、このときの積の結果は(n, l)の行列になるので、XWの結果は

（Xの行数, Wの列数）= (4, 2)

の行列になります。

■出力層（第2層）の作成（データフローグラフ）

二値分類におけるクラスの数は1なので、出力層のニューロン数も1になります。

▼出力層（ニューロン数＝1）

```
# 出力層
self.l2 = tf.keras.layers.Dense(
    units=output_dim,      # ニューロンのサイズ
    activation='sigmoid')  # 活性化関数はシグモイド
```

出力層のシグモイド関数の引数に指定した$(XW+b)$の計算は次のようになります。

▼出力層の$out^{(2)} = sigmoid(XW + b)$の$(XW + b)$の計算

$$\begin{pmatrix} sig\left(out_{(1)1}^{(1)}\right) & sig\left(out_{(2)1}^{(1)}\right) \\ sig\left(out_{(1)2}^{(1)}\right) & sig\left(out_{(2)2}^{(1)}\right) \\ sig\left(out_{(1)3}^{(1)}\right) & sig\left(out_{(2)3}^{(1)}\right) \\ sig\left(out_{(1)4}^{(1)}\right) & sig\left(out_{(2)4}^{(1)}\right) \end{pmatrix} \begin{pmatrix} w_{(1)1}^{(2)} \\ w_{(1)2}^{(2)} \end{pmatrix} + \left(b_{(1)}^{(2)}\right) = \begin{pmatrix} out_{(1)1}^{(2)} \\ out_{(1)2}^{(2)} \\ out_{(1)3}^{(2)} \\ out_{(1)4}^{(2)} \end{pmatrix} \Rightarrow \begin{pmatrix} sig\left(out_{(1)1}^{(2)}\right) \\ sig\left(out_{(1)2}^{(2)}\right) \\ sig\left(out_{(1)3}^{(2)}\right) \\ sig\left(out_{(1)4}^{(2)}\right) \end{pmatrix}$$

隠れ層のニューロン数＝2　　　出力層のニューロン数＝1

※sigは$sigmoid$の略

■順伝播処理を行うcall()メソッド

MLPクラスで定義したもう1つのメソッドcall()は、クラスのインスタンスからデフォルトで呼び出されるコールバックメソッドです。Pythonの__call()__メソッドは、インスタンスから直接、呼び出される仕組みを持つ特殊なメソッドで、

model = MLP()

model(data)

のように関数の呼び出し式のように書くと、MLPクラスの__call()__が呼ばれます。なお、tf.keras.Modelクラスでは、__call()__メソッドがcall()というエイリアス名で登録されているので、call()メソッドをオーバーライド（上書き）して利用する決まりになっています。

オーバーライドしたcall()では、パラメーターで取得したデータをモデルに入力し、最終出力を戻り値として返す処理を行います。つまり、多層パーセプトロンの順伝播（フィードフォワード）の出力を返すわけですが、これについては学習を行う際と、学習済みのモデルを評価する際の両方で使用することになります。

▼オーバーライドしたcall()メソッド

```
@tf.function
def call(self, x, training=None):
    '''モデルのインスタンスからコールバックされる関数

    MLPの順伝播処理を行う

    Parameters:
        x(ndarray(float32)): 訓練データ、または検証データ
        training(bool): 訓練True、検証False
    Returns(float32): 出力層からの出力値
    '''
    h = self.l1(x)  # 隠れ層の出力
    y = self.l2(h)  # 出力層の出力
    return y
```

●デコレーターの付与による計算処理の高速化

call()メソッドの定義コードの上部に

@tf.function

という記述があります。これは、計算処理を高速化するための「デコレーター」です。Python

のデコレーターは、既存の関数に新たな処理を加えたいときに用いるものであることから、TensorFlow2では、計算処理を高速化するためのデコレーターとして「@tf.function」が新たに追加されています。

以前のTensorFlow (TensorFlow1.x) では、モデルのレイヤーにおける計算手順を事前に「計算グラフ」として構築しておき、計算の際に値を「流し込む」スタイル(「Define-and-Run」と呼びます)でしたが、TensorFlow2からは、計算を行いながら計算グラフを内部的に構築するスタイル(Define-by-Run)がデフォルトとなりました。

ただ、call()のように何度も呼ばれるメソッドは、実行のたびに計算グラフを構築していたのでは非効率です。そこで、実行ごとに計算グラフを構築するのではなく、「はじめに計算グラフを構築(生成)してから計算を実行し、以降は、構築された計算グラフ(のオブジェクト)で計算する」という仕組みを組み込むためのデコレーター「@tf.function」が用意されました。内部で計算グラフを構築するメソッドや関数で使用すると、高速化が期待できます。

あと、メソッドや関数の内部で、計算グラフを構築する別のメソッドや関数を呼び出す場合、これらのメソッドや関数はどうするのかという問題がありますが、この場合はデコレーターの設定は必要ありません。デコレーターが設定されているメソッドや関数においては、内部で呼ばれる関数やメソッドにもデコレーターの効果が反映されるためです。

●モデルの生成

モデルの定義が済んだら、インスタンス化してモデルのオブジェクトを生成します。

▼モデルの生成

```
# 入力層2ニューロン、隠れ層2ニューロン、出力層1ニューロンのモデルを生成
model = MLP(2, 2, 1)
```

■BinaryCrossentropyオブジェクトとSGDオブジェクトの生成

勾配降下アルゴリズムによるパラメーターの更新(バックプロパゲーション)に関する処理に必要な、

・tf.keras.losses.BinaryCrossentropy
  (バイナリデータに特化したクロスエントロピー誤差を測定する)
・tf.keras.optimizers.SGD
  (勾配降下アルゴリズムを使用するオプティマイザー)

の2つのオブジェクトを生成します。

▼クロスエントロピー誤差を求める関数の定義

```
セル3
'''
3. 損失関数とオプティマイザーの生成
'''
# バイナリ用のクロスエントロピー誤差のオブジェクトを生成
loss_fn = tf.keras.losses.BinaryCrossentropy()
# 勾配降下アルゴリズムを使用するオプティマイザーを生成
optimizer = tf.keras.optimizers.SGD(learning_rate=0.5)
```

tf.keras.losses.BinaryCrossentropy クラスは、

$$E(w) = - \sum_{i=1}^{n} \left\{ t_i \log f_w(x_i) + (1 - t_i)\log(1 - f_w(x_i)) \right\}$$

におけるクロスエントロピー誤差 $E(w)$ を求めるオブジェクトを生成しますが、内部的にバイナリデータ用に最適化されています。

一方、tf.keras.optimizers.SGDは、勾配降下法によるパラメーターの最適化処理を行う「オプティマイザー」です。SGDの学習率はデフォルトで0.1ですが、今回は学習に使用するデータ数が4と極端に少ないので、学習率をセットするlearning_rateオプションの値を0.5に設定して、学習速度を上げる（パラメーターの更新値を大きくする）ようにしました。

■バックプロパゲーションを実施するtrain_step()関数の定義

勾配降下アルゴリズムによるパラメーターの更新（バックプロパゲーション）を行う関数train_step()を定義します。この関数では、tf.GradientTapeオブジェクトによる自動微分により出力誤差の勾配を計算し、バックプロパゲーションによるパラメーターの更新処理を行います。パラメーターの更新処理を行うオプティマイザーには、勾配降下アルゴリズムによる更新式をそのまま実装したSGDクラスを使用します。

TensorFlowスタイルでは、パラメーターの更新処理を次の手順で行います。

①勾配計算のための操作となる

　・順伝播による出力値の取得
　・出力値と正解ラベルとの誤差（損失）の取得

をtf.GradientTapeオブジェクトに記録します。

②tf.GradientTapeオブジェクトに記録された操作を使用して、tf.GradientTape.gradient()メソッドで誤差の勾配を求めます。メソッド呼び出し時の引数として、

・順伝播後に取得した誤差
・更新可能なパラメーターのリスト

を指定します。

③オプティマイザーのスーパークラスtf.keras.optimizers.Optimizerのapply_gradients()メソッドで勾配降下法の更新式を適用してバイアス、重みを更新します。メソッド呼び出し時の引数として、取得済みの勾配と更新可能なパラメーターのリスト(勾配, パラメーター)を指定しますが、イテレート(反復)処理となるため、

```
optimizer.apply_gradients(
        zip(grads, # 取得済みの勾配
            model.trainable_variables # 更新可能なバイアス、重みのリスト
        ))
```

のようにzip(grads, model.trainable_variables)を引数にします。

● tf.GradientTape()

GradientTapeクラスのコンストラクターです。

書式	tf.GradientTape(persistent=False, watch_accessed_variables=True)	
引数	persistent	永続的な勾配計算を記録する仕組みを作成するかどうか。デフォルトのFalseは、GradientTapeオブジェクトからgradient()メソッドを最大で1回呼び出せることを意味します。
	watch_accessed_variables	GradientTapeオブジェクトがアクティブな間にアクセスされる(トレーニング可能な)変数を自動的に取得するかどうかを制御するブール値。デフォルトはTrue(自動的に取得)。

● tf.GradientTape.gradient()

GradientTapeオブジェクトに記録された操作を使用して勾配を計算します。

書式	tf.GradientTape.gradient(target, sources, output_gradients=None, unconnected_gradients=tf.UnconnectedGradients.NONE)	
引数	target	勾配の値のリスト。
	sources	更新可能なパラメーター(バイアス、重み)のリスト。
戻り値	勾配計算によって求められた値のリスト。要素数はソースとなるデータの数と同じ。	

●tf.keras.optimizers.Optimizer.apply_gradients()

更新可能なパラメーターに勾配を適用して値を更新します。

書式	apply_gradients(　　grads_and_vars, 　　name=None, experimental_aggregate_gradients=True)	
引数	grads_and_vars	(勾配, パラメーター) のリスト。通常は、 　zip(勾配, パラメーター) のように指定します。
	name	操作に付ける名前。デフォルトでは、オプティマイザーのコンストラクターに渡される名前が設定されます。
	experimental_aggregate_ gradients	勾配を合計するかどうか。Falseの場合はユーザー側で勾配を集計することになるので、通常はデフォルトのTrueを使用します。

▼バックプロパゲーションを実行する関数の定義

```
セル4

'''
4. 勾配降下アルゴリズムによるパラメーターの更新処理
'''
@tf.function
def train_step(x, t):
    '''バックプロパゲーションによるパラメーター更新を行う

    Parameters: x(ndarray(float32)):訓練データ
                t(ndarray(float32)):正解ラベル

    Returns:
      MLPの出力と正解ラベルのクロスエントロピー誤差
    '''
    # 自動微分による勾配計算のための操作を記録するブロック
    with tf.GradientTape() as tape:
        predictions = model(x)            # モデルに入力して順伝播の出力値を取得
        pred_loss = loss_fn(t, predictions) # 出力値と正解ラベルの誤差を取得

    # tapeに記録された操作を使用して誤差の勾配を計算
    gradients = tape.gradient(
        pred_loss,                        # 現在の誤差
        model.trainable_variables)        # 更新可能なバイアス、重みのリストを取得

    # 勾配降下法の更新式を適用してバイアス、重みを更新
    optimizer.apply_gradients(
```

```
        zip(gradients, # 取得済みの勾配
            model.trainable_variables # 更新可能なバイアス、重みのリスト
        ))
    return pred_loss
```

●デコレーター付与による学習速度の高速化

call() メソッドと同様、train_step()関数の定義コードの上部にも

@tf.function

を付けました。このことにより、計算のための計算グラフは、はじめの1回だけ構築され、以降は、構築された計算グラフを用いて計算が行われるようになります。特に、train_step()の計算処理は複雑で、かつ学習回数に応じて繰り返し実行されるので、高速化が期待できます。

■学習を行う

とはいえ、今回のXORゲートに関するデータ数は4です。多層パーセプトロンの学習には数千〜数万規模のデータが使われることが多いので、それらに比べるとデータ数が極端に少ないです。今回は、常にすべてのデータを使って1回の学習を終えるようにします。

これに対応して、学習回数（エポック数）は4000に設定します。

▼バックプロパゲーションによるパラメーターの更新

セル5

```
'''
5. モデルを使用して学習する
'''
# エポック数
epochs = 4000


# 学習を行う
for epoch in range(epochs):
    # 1エポックごとの損失を保持する変数
    epoch_loss = 0.

    # データをモデルに入力し、バイアス、重みを更新して誤差を取得
    loss = train_step(train, label)
    epoch_loss += loss.numpy()

    # 1000エポックごとに結果を出力
```

```
    if (epoch + 1) % 1000 == 0:
        print('epoch({}) loss: {:.4f}'.format(epoch+1, epoch_loss))


# モデルの構造を出力
model.summary()
```

▼出力

```
epoch(1000) loss: 0.0594

epoch(2000) loss: 0.0151

epoch(3000) loss: 0.0085

epoch(4000) loss: 0.0058

Model: "mlp"
```

Layer (type)	Output Shape	Param #
dense (Dense)	multiple	6
dense_1 (Dense)	multiple	3

```
Total params: 9

Trainable params: 9

Non-trainable params: 0
```

　学習後に多層パーセプトロンの構造をmodel.summary()で出力しました。隠れ層のパラメーター数が6（バイアス2、重み4）、出力層のパラメーター数が3（バイアス1、重み2）であることが確認できます。では、学習済みのモデルにXORゲートのデータを入力し、出力を確認してみましょう。

▼**学習済みのモデルに入力して出力を確認する**

```
セル6
'''
6. モデルを評価する
'''
# 学習済みのMLPの出力
print(model(train))


# 学習した重み・バイアスを使ってXORゲートの出力を表示
# MLPの出力が0.5以上であれば1、そうでなければ0を返す
print(tf.cast(((model(train)) >= 0.5), tf.int32))
```

▼出力

```
tf.Tensor(
[[0.00607084]
 [0.991839  ]
 [0.99434316]
 [0.00520874]], shape=(4, 1), dtype=float32)
tf.Tensor(
[[0]
 [1]
 [1]
 [0]],
 shape=(4, 1), dtype=int32)
```

正しく出力されている

4.2.3　KerasスタイルによるXORゲートの実装

Kerasスタイルでは、model.add()で層の追加ができるので、多層パーセプトロンの作成は簡単です。

▼訓練データ、正解ラベルの用意

セル1

```
import numpy as np

# XORゲートの入力値　0と1の組み合わせの行列(4, 2)
X = np.array([[0, 0], [0, 1], [1, 0], [1, 1]])
# XORゲートの出力　正解ラベルの行列(4, 1)
T = np.array([[0], [1], [1], [0]])
```

■モデルの作成

Kerasスタイルでは、Sequential()コンストラクターで層のもとになるSequentialオブジェクトを生成し、Sequentialクラスのadd()メソッドで層を形成するためのDenseオブジェクトを追加するのが一般的なやり方です。今回は、2個のDenseオブジェクトを配置し、それぞれ隠れ層と出力層とします。モデルの作成が済めば、誤差（損失）関数としてbinary_crossentropyを指定し、確率的勾配降下法（SGD、後述）による最適化の手法を指定してcompile()メソッドを実行すれば完了です。

● tf.keras.Model.compile()

モデルを構築します。

書式	tf.keras.Model.compile(　　optimizer='rmsprop', loss=None 　　[, metrics=None, loss_weights=None, 　　weighted_metrics=None, run_eagerly=None])	
設定が必須の 引数	optimizer	オプティマイザー名、またはオプティマイザーのインスタンスを指定します。
	loss	目的関数（損失関数）の名前、またはインスタンスを指定します。

レイヤーを配置するDense()コンストラクターは、入力データのサイズ指定は必須ではありませんが、ここではコンパイル直後にsummary()メソッドでモデルの構造を出力するので、

model.add(Dense(input_dim=2, units=2, activation='sigmoid'))

のようにinput_dimオプションで入力データのサイズを指定しています。第1層となるレイヤーで入力データのサイズを指定しないとモデルの構造が決まらないため、コンパイル後にsummary()メソッドを実行してもエラーになってしまうのです。

　一方、TensorFlowスタイルでは損失関数loss()と勾配降下アルゴリズムによるパラメーターの更新を行うtrain_step()を定義しましたが、Kerasスタイルでは、

model.compile(optimizer=SGD(lr=0.5), loss='binary_crossentropy')

のように、オプティマイザーと損失関数を指定してコンパイルを行うだけで済みます。
　コンパイルによって、勾配計算のための操作が設定され、バイアス、重みの初期化、パラメーターの更新処理まで設定されたモデルが構築されます。

▼モデルの作成

```
セル2
'''
2. モデルの作成
'''
from tensorflow.keras.models import Sequential
from tensorflow.keras.layers import Dense
from tensorflow.keras.optimizers import SGD


model = Sequential()        # Sequentialオブジェクトの生成


# 隠れ層
model.add(
    Dense(input_dim=2, # 入力する1データあたりの値の形状
          units=2,      # ユニット数は2個
```

```
                 activation='sigmoid'))  # 活性化関数はシグモイド


# 出力層
model.add(
    Dense(units=1,                      # ユニット数は1個
          activation='sigmoid'))  # 活性化関数はシグモイド


# モデルのコンパイル
model.compile(
    optimizer=SGD(lr=0.5),              # 最適化に勾配降下法を使用
    loss='binary_crossentropy')  # クロスエントロピー誤差関数はバイナリ専用


# モデルのサマリを表示
model.summary()
```

▼出力

Layer (type)	Output Shape	Param #
dense_1 (Dense)	(None, 2)	6
dense_2 (Dense)	(None, 1)	3

Total params: 9
Trainable params: 9
Non-trainable params: 0

　モデルのサマリでは、隠れ層のバイアス2個と重み4個で計6個、出力層ではバイアス1個、重み2個の計3個と表示されています。

■モデルの学習

　Sequentialクラスのfit()メソッドを使って、作成したモデルの学習を行います。引数の指定方法については、ソースコード中のコメントもご覧ください。ミニバッチの数はデータの数と同じ4にしています。

　学習の際は、データからランダムに抽出したデータセット（ミニバッチ）を用いて学習を行うのが常套手段です。ミニバッチに分割したデータで重みの更新を行う方が、効率の面でも精度の面でも有効だとされているのですが、今回のデータは4セットと極端に少ないので、fit()メソッドのbatch_sizeオプションを4に設定して、常にすべてのデータを使って1回の学習を終えるようにしました。

●tf.keras.Model.fit()

モデルを使用して学習を行います。

書式	fit(　　x=None, y=None, 　　batch_size=None, 　　epochs=1, 　　verbose=1, 　　callbacks=None, 　　validation_split=0.0, 　　validation_data=None, 　　shuffle=True, 　　class_weight=None, sample_weight=None, 　　initial_epoch=0, steps_per_epoch=None, 　　validation_steps=None, validation_batch_size=None, 　　validation_freq=1, max_queue_size=10)	
引数	x	入力データを指定します。
	y	ターゲットデータ（正解ラベル）を指定します。
	batch_size	整数またはNone。ミニバッチのサイズを指定します。指定しない場合、デフォルトで32になります。
	epochs	学習する回数を整数値で指定します。
	verbose	進捗状況についての表示の設定を行います。 0：進捗状況を出力しません。 1：プログレスバー付きの進捗状況を出力します。 2：学習回数と損失、精度のみを出力します。
	callbacks	学習中にコールバックされるメソッドをリスト形式で指定します。
	validation_split	訓練データのうち、検証用に使用するデータの割合を0〜1の間で指定します。検証データは、訓練データの最後尾のデータから抽出されます。
	validation_data	検証用のデータを使用する場合、(x_val, y_val)のようにNumpy配列、またはテンソルのタプルとして指定します。
	shuffle	各エポックの前に訓練データをシャッフルするかどうかを指定します。デフォルトはTrue（シャッフルする）。
	class_weight	クラスに重みを適用する場合に使用します。
	sample_weight	訓練データに重みを適用する場合に使用します。
	initial_epoch	学習を開始する際のエポックのカウントを整数値で指定します。以前の学習に引き続いて学習を再開する場合に使用します。
	steps_per_epoch	1エポックあたりのステップ数を指定します。デフォルトのNoneの場合、データセットのサンプル数をミニバッチのサイズで割った値が設定されます。
	validation_steps	検証時のステップ数を指定します。validation_batch_sizeでミニバッチの数を指定した場合は、検証データの数をミニバッチのサイズで割った値を指定します。 validation_batch_size=None（デフォルト）の場合、検証時のステップ数は1です。

引数	validation_batch_size	検証を行う際のミニバッチの数を指定します。デフォルトのNoneの場合、検証データのデータ数が設定され、検証のためのステップは1回で終了します。
	validation_freq	検証を実行する頻度を指定します。 validation_freq=2 とした場合は、2エポックごとに検証が実施されます。デフォルトは、 validation_freq=1 で、1エポックごとに検証が実施されます。
	max_queue_size	データをキャッシュするサイズ。デフォルトで10バッチぶんキャッシュします。データの読み込みがボトルネックになっているケースでは、メモリを節約する目的でデフォルト値より低く設定することがあります。
戻り値	Historyオブジェクト	エポックごとの損失、精度、および検証時の損失と精度が記録されています。 history.history['loss']：損失 history.history['accuracy']：精度 history.history['val_loss']：検証時の損失 history.history['val_accuracy']：検証時の精度

▼モデルの学習

セル3
```
'''
3. モデルの学習
'''
history = model.fit(
    train,        # 訓練データ
    label,        # 正解ラベル
    epochs=4000,  # 学習回数
    batch_size=4, # ミニバッチの数
    verbose=2)    # プログレスバーなしで学習の進捗状況を出力
```

▼出力
省略

■学習結果の確認

では、学習したバイアスと重みを使って予測をしてみましょう。訓練データの損失は、fit()の戻り値を利用して、

history.history['loss']

で取得できます。

一方、学習済みモデルで予測を行う場合は、次のpredict()メソッドを使います。

●tf.keras.Model.predict()

学習済みのモデルを使用して予測を行います。

書式	predict(	
	x, y, batch_size=None, verbose=0, steps=None, callbacks=None, max_queue_size=10)	
引数	x	入力データを指定します。
	y	ターゲットデータ（正解ラベル）を指定します。
	batch_size	整数またはNone。バッチあたりのサンプル数を指定します。指定しない場合、デフォルトで32になります。
	verbose	進捗状況についての表示の設定を行います。 0：進捗状況を出力しません。 1：プログレスバー付きの進捗状況を出力します。
	steps	ステップ数の合計を指定します。デフォルトのNoneでは、入力データのセットが使い果たされるまでのステップ数が設定されます。
	callbacks	予測中にコールバックされるメソッドをリスト形式で指定します。
	max_queue_size	データをキャッシュするサイズ。デフォルトで10バッチぶんキャッシュします。データの読み込みがボトルネックになっているケースでは、メモリを節約する目的でデフォルト値より低く設定することがあります。

▼学習結果の確認

```
セル4
'''
4. 学習結果の確認
'''
# 最終エポックの損失を表示
print('loss:', history.history['loss'][-1])
# 学習済みのMLPの出力
pred = model.predict(train, batch_size=4)
print(pred)
# MLPの出力が0.5以上であれば1、そうでなければ0を返す
print((pred >= 0.5).astype(np.int))
```

▼出力

```
loss: 0.007215709425508976
[[0.00591295]
 [0.99353653]
 [0.99352384]
 [0.0098906 ]]
[[0]
 [1]
```

```
[1]
[0]]
```

4.2.4 PyTorchによるXORゲートの実装

最後に、PyTorchでXORゲートを実装します。

▼インポートと訓練データ、正解ラベルの用意

セル1

```
'''
1. 訓練データと正解ラベルの用意
'''
import numpy as np
import torch

# XORゲートの入力値　0と1の組み合わせの行列(4, 2)
train = np.array([[0, 0], [0, 1], [1, 0], [1, 1]])
# XORゲートの出力　正解ラベルの行列(4, 1)
label = np.array([[0], [1], [1], [0]])

# モデルに入力できるようにTensorオブジェクトに変換
train_x = torch.Tensor(train)
train_y = torch.Tensor(label)
```

PyTorchのモデルは、入力データがtorch.Tensorオブジェクトであることが必要です。このため、NumPyの配列（テンソル）をtorch.Tensor()関数でtorch.Tensor型のテンソルに変換しています。

■モデルの定義

PyTorchの書き方はTensorFlowスタイルのものとよく似ています。というより、TensorFlow2がPyTorchの書き方にかなり寄せてきた印象があります。

PyTorchでのモデル定義は、大きく分けて、

・torch.nn.Moduleクラスを継承したサブクラスを作成してモデルを定義する
・torch.nn.Sequentialクラスを生成してモデルを定義する

というやり方があります。サブクラスを作成するのはTensorFlowスタイルに通じる方法で、Sequentialクラスを生成するのはKerasスタイルに通じる方法です。

　ここでは、1つ目の「torch.nn.Moduleクラスを継承したサブクラスを作成してモデルを定義する」方法でモデルを定義することにします。

▼モデルの定義

```
セル2
'''
2. モデルの定義
'''
import torch.nn as nn

class MLP(nn.Module):
    '''多層パーセプトロン

    Attributes:
      l1(Linear) : 隠れ層
      l2(Linear) : 出力層
      a1(Sigmoid): 隠れ層の活性化関数
      a2(Sigmoid): 出力層の活性化関数
    '''
    def __init__(self, input_dim, hidden_dim, output_dim):
        '''モデルの初期化を行う

        Parameters:
          hidden_dim(int): 隠れ層のユニット数
          output_dim(int): 出力層のユニット数

        '''
        # スーパークラスの__init__()を実行
        super().__init__()
        # 隠れ層、活性化関数はシグモイド
        self.fc1 = nn.Linear(input_dim,      # 入力するデータのサイズ
                             hidden_dim)      # 隠れ層のニューロン数

        # 出力層、活性化関数はシグモイド
        self.fc2 = nn.Linear(hidden_dim,     # 入力するデータのサイズ
                                             # (=前層のニューロン数)
                             output_dim)      # 出力層のニューロン数

    def forward(self, x):
```

```
        '''MLPの順伝播処理を行う


        Parameters:
            x(ndarray(float32)):訓練データ、または検証データ


        Returns(float32):
            出力層からの出力値
        '''
        # レイヤー、活性化関数に前ユニットからの出力を入力する
        x = self.fc1(x)
        x = torch.sigmoid(x)
        x = self.fc2(x)
        x = torch.sigmoid(x)
        return x


# 使用可能なデバイス(CPUまたはGPU)を取得する
device = torch.device('cuda' if torch.cuda.is_available() else 'cpu')
# モデルオブジェクトを生成し、使用可能なデバイスを設定する
model = MLP(2, 2, 1).to(device)


model  # モデルの構造を出力
```

▼出力

```
MLP(
  (fc1): Linear(in_features=2, out_features=2, bias=True)
  (fc2): Linear(in_features=2, out_features=1, bias=True)
)
```

　PyTorchでは、レイヤーの配置をtorch.nn.Linear()で行います。入力するデータのサイズ、出力データのサイズ(=ニューロン数)の指定が必須です。Linear()はレイヤーの配置のみに特化していますので、活性化関数などのレイヤーに付随するものについては別途で設定することになります。

　なお、インポート文については、PyTorchの公式ドキュメントで使われている

　　　import torch.nn as nn

として、torch.nn.Linearにnn.Linearでアクセスできるようにしました。

●torch.nn.Linear()

レイヤーを配置する torch.nn.Linear のコンストラクターです。

書式	torch.nn.Linear(in_features, out_features, bias = True)	
引数	in_features	各入力サンプルのサイズを指定します。
	out_features	各出力サンプルのサイズを指定します。レイヤーのニューロン数です。
	bias	False に設定するとバイアスを学習しません。デフォルトは True（バイアスも学習する）。

TensorFlow の tf.keras.Model クラスでは、インスタンスから呼び出し可能なメソッド名が call() でしたが、PyTorch の torch.nn.Module クラスでは forward() となります。したがって、順伝播のための処理は、forward() メソッドをオーバーライドして記述します。

▼forward()メソッドをオーバーライドする力

```
def forward(self, x):
    x = self.fc1(x)
    x = torch.sigmoid(x)
    x = self.fc2(x)
    x = torch.sigmoid(x)
    return x
```

順伝播処理の中でシグモイド関数による活性化を行うようにしています。

シグモイド関数はレイヤーを配置する際にオブジェクト化して配置しておくこともできますが、PyTorch の公式ドキュメントでは順伝播処理に含める書き方になっているので、それに従っています。

●torch.sigmoid()

シグモイド関数を適用する関数です。引数に計算対象の torch.Tensor オブジェクトを指定します。

■ モデルの生成

MLPクラスをインスタンス化します。

▼モデルの生成

```
セル3
'''
3. モデルの生成
'''
# 使用可能なデバイス（CPUまたはGPU）を取得する
device = torch.device('cuda' if torch.cuda.is_available() else 'cpu')
# モデルオブジェクトを生成し、使用可能なデバイスを設定する
model = MLP(2, 2, 1).to(device)

model # モデルの構造を出力
```

▼出力

```
MLP(
  (fc1): Linear(in_features=2, out_features=2, bias=True)
  (fc2): Linear(in_features=2, out_features=1, bias=True)
)
```

現在、Google ColaboratoryのようにGPUを使用できるWebサービスが人気で、手軽にGPUを使える機会があります。

PyTorchでは、プログラムをCPUに対応させるのか、それともGPUに対応させるのかをプログラム内で指定します。特に、GPUを使用する場合はプログラム内での指定が必須になります。ただ、環境が変わるたびにプログラムを書き換えるのは面倒です。そこで、CPUにもGPUにも対応できるように、

device = torch.device('cuda' if torch.cuda.is_available() else 'cpu')

というコードがよく使われます。if文における

> 条件がTrueのときに返す値 **if** 条件式 **else** 条件がFalseのときに返す値

の書き方を使って、

torch.cudaが利用可能であれば'cuda'、そうでなければ'cpu'

を引数にして、torch.deviceオブジェクトを生成します。

上記のコードで、使用可能なデバイスが取得できますので、デバイスを指定したいtorch.Tensorなどのオブジェクトに対して

model = MLP(2, 2, 1).to(device)

のようにto()メソッドで使用可能なデバイスの割り当てを行えば、設定完了です。

上記の場合は、モデルで使用されるパラメーター（torch.Tensorオブジェクト）の操作に対して使用可能なデバイスが設定されます。CPUしか使わない場合は少々面倒にも思えますが、将来的にGPUを使うことも考慮した措置です。

● torch.device()

torch.Tensor（PyTorchでテンソルを表現するオブジェクト）が割り当てられるデバイスを表すオブジェクトを生成します。

書式	torch.device(type)	
引数	type	デバイスのタイプを指定します。 CPUの場合は、 　torch.device('cpu') GPUの場合は、 　torch.device('cuda') のように、'cpu'または'cuda'を指定します。

● torch.cuda.is_available()

GPUを使用する仕組みであるtorch.cudaが利用可能かどうかを示すブール値を返します。

■ 損失関数とオプティマイザーの生成

バイナリ用のクロスエントロピー誤差のオブジェクトは、PyTorchの場合、torch.nn.BCELoss()で生成します。

一方、基本的な勾配降下法を使用するオプティマイザーは、torch.optim.SGD()で生成します。第1引数に、モデルで使用されるバイアスや重みなどのパラメーターを、

model.parameters()

で取得して設定することが必要なので注意してください。

学習率はlrオプションで指定します。

▼損失関数とオプティマイザーの生成

```
セル4
'''
4. 損失関数とオプティマイザーの生成
'''
import torch.optim
# バイナリ用のクロスエントロピー誤差のオブジェクトを生成
criterion = nn.BCELoss()
# 勾配降下アルゴリズムを使用するオプティマイザーを生成
optimizer = torch.optim.SGD(model.parameters(), lr=0.5)
```

■勾配降下アルゴリズムによるパラメーターの更新処理

勾配降下法によるパラメーターの更新処理は、TensorFlowと同様にtrain_step()関数にまとめることにします。なお、PyTorchでは、モデルへの入力を行う場合は、モデルを訓練（学習）モードと推論（評価）モードに切り替えてから使います。

```
model.train()    # モデルを訓練（学習）モードにする
model.eval()     # モデルを推論（評価）モードにする
```

訓練モードにした場合は、モデルに定義されたすべての処理が実行されます。一方、推論モードにした場合は、ドロップアウトや正則化などの訓練に特化した処理は除外されるようになります。

モードの切り替えは、TensorFlowでは順伝播を行うメソッド側で行いますが、PyTorchでは上記の設定だけで行うようになっています。

パラメーター更新の手順は、

①モデルを訓練モードにする
②モデルからの出力を取得
③出力値と正解値との誤差から損失を取得
④オプティマイザーが保持している勾配の値をゼロでリセットする
⑤バックプロパゲーションのための勾配を計算する
⑥勾配降下法の更新式を適用してパラメーターを更新する

となります。

④の「勾配の値をゼロでリセットする」処理が入っているのは、オプティマイザーには勾配が累積するので、⑤以下の処理の前にリセットする必要があるためです。

▼ train_step() 関数の定義

セル5

```
def train_step (x, t):
    model.train()                     # モデルを訓練（学習）モードにする
    outputs = model(x)                # モデルの出力を取得
    loss = criterion(outputs, t)      # 出力と正解ラベルの誤差から損失を取得
    optimizer.zero_grad()             # 勾配を0で初期化（累積してしまうため）
    loss. backward()                  # 逆伝播の処理（自動微分による勾配計算）
    optimizer.step()                  # 勾配降下法の更新式を適用してバイアス、重みを更新
return loss
```

■学習を行う

　学習を行う手順は、TensorFlowのときとほぼ同じです。異なるのは、訓練データにデバイスを割り当てるための

　　　　train_x, train_y = train_x.to(device), train_y.to(device)

という処理と、「loss = train_step(train_x, train_y)」で取得した損失を次のようにitem() メソッドで数値化する箇所です。

　　　　epoch_loss += loss.item()

▼ モデルの学習

セル6

```
# エポック数
epochs = 4000


# 学習を行う
for epoch in range(epochs):
    epoch_loss = 0.                 # 1エポックごとの損失を保持する変数
    # torch.Tensorオブジェクトにデバイスを割り当てる
    train_x, train_y = train_x.to(device), train_y.to(device)
    # データをモデルに入力し、バイアス、重みを更新して誤差を取得
    loss = train_step(train_x, train_y)
    epoch_loss += loss.item()
    # 1000エポックごとに結果を出力
    if (epoch + 1) % 1000 == 0:
        print('epoch({}) loss: {:.4f}'.format(epoch+1, epoch_loss))
```

▼出力

```
epoch(1000) loss: 0.6931
epoch(2000) loss: 0.6794
epoch(3000) loss: 0.0531
epoch(4000) loss: 0.0145
```

■学習結果の確認

　TensorFlowのときと同じ手順で、学習済みのモデルで予測してみます。ここで、注意点が1つあります。モデルからの出力に閾値の0.5を適用してFalseなら0、Trueなら1を出力する場面では、モデルが出力するtorch.TensorオブジェクトをNumPy配列に変換します。ただし、NumPyは必ずCPU上のメモリを使うため、

- torch.TensorがGPUを使っている場合はto('cpu')でデバイスをCPUに変更する
- torch.Tensor.detach()を使って、デバイスを変更したtorch.Tensorを取得する
- numpy()でNumPy配列へ変換する

という手順が必要になります。これは、実装コードの中にありますので参照してください。

▼学習済みのモデルの予測結果を確認する

セル7

```
# 学習済みのMLPの出力
outputs = model(train_x)
print(outputs)
# デバイスがCPUに設定されたTensorを取得し、これをNumPy配列に変換
# 出力値を閾値0.5で0と1に分類する
preds = (outputs.to('cpu').detach().numpy().copy() > 0.5
        ).astype(np.int32)
print(preds)
```

▼出力

```
tensor([[0.0139],
        [0.9805],
        [0.9879],
        [0.0119]], grad_fn=<SigmoidBackward>)
[[0]
 [1]
 [1]
 [0]]
```

章

ニューラルネットワーク（多層パーセプトロン）

5.1 フィードフォワードニューラルネットワーク（FFNN）

　多層パーセプトロンは、ニューラルネットワークの1つの形態なので、構造的には同じものです。ただ、ニューラルネットワークには、「畳み込みニューラルネットワーク（CNN）」や「リカレントニューラルネットワーク（RNN）」など、用途や目的に応じて進化した発展形があります。ここでは、3層構造のニューラルネットワークを例に、入力信号にどのように重みが適用されて活性化されるのか、そして最終的な出力はどのようなものになるのか、その過程を追ってみることにします。

5.1.1　ニューラルネットワークにおける順方向への伝播

　ニューラルネットワークに入力された信号には、バイアス、重みが適用され、順送りに次の層へ伝達されていき、最後は出力層の信号となって放出されます。このような、ニューラルネットワークの入力➡出力の流れのことを**順伝播**（forward propagation）と呼び、順伝播の処理のみを行うネットワークを特に**フィードフォワードニューラルネットワーク**（略称：**FFNN**）と呼びます。ここでは、次のような3層構造のFFNNを例にして、信号の流れを見ていくことにしましょう。

▼3層のフィードフォワードネットワーク（FFNN）

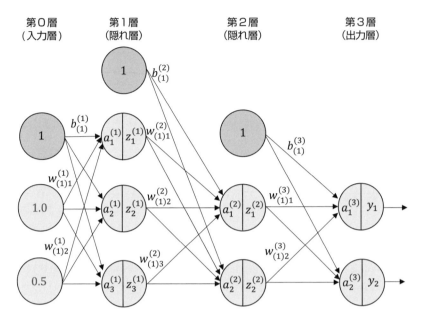

　入力層は、読み込みを行うデータそのものです。たんに信号を出力するだけなので、この部分は層としてカウントせず、第0層となります。第1層と第2層が「隠れ層」です。中間の層はネットワーク内部に閉じたもの、言い換えると第1層と第2層は「表に出ることがない」ことから、このような呼び方をします。第1層、第2層、第3層（出力層）はそれぞれ、重みが適用された信号とバイアスの総和が入力される全結合層（FC層：Fully connected layer）なので「層」としてカウントします。したがって、このFFNNは3層構造となります。

　図には重みを表す添え字付きの文字などが細かく書き込まれていますが、第1層と第2層は、重み付き信号の総和にシグモイド関数を適用して出力し、出力層は恒等関数（入力値をそのまま出力する関数）を適用して出力するだけなので、処理自体はシンプルです。

　添え字について確認しておきましょう。

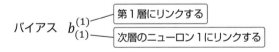

　上付きの(1)は、第1層にリンクするバイアスであることを示し、下付きの(1)はニューロン番号1のニューロンにリンクするバイアスであることを示します。

$$w^{(1)}_{(1)1}$$

第1層にリンクする

リンク元のニューロン番号

リンク先のニューロン番号

重み

上付きの(1)は、第1層にリンクする重みであることを示しています。下付きの最初の数字(1)は、リンク先がニューロン番号1のニューロンであることを示し、2番目の数字1はリンク元が前層のニューロン1であることを示します。$w^{(2)}_{(3)2}$の場合は、第2層にリンクする重みで、リンク先はニューロン3、リンク元は（第1層の）ニューロン2であることを示します。このように、重みの下付き数字の最初のカッコが付いたものはリンク先、2番目のカッコなしの数字はリンク元のニューロン番号になります。

■FFNNに必要な関数群を実装する

では、このFFNNをプログラムで実装するために、シグモイド関数、恒等関数、各層の重みとバイアスを初期化する処理をPythonの関数として定義します。

▼シグモイド関数、恒等関数、各層の重みとバイアスを初期化する関数の作成

```
セル1
import numpy as np


def sigmoid(x):
    '''シグモイド関数

    Parameters:
      x(array): レイヤーへの入力値
    '''
    return 1 / (1 + np.exp(-x))


def identity_function(x):
    '''恒等関数

    Parameters:
      x(array): レイヤーへの入力値
    '''
    return x


def init_param1():
    '''重みとバイアスの初期化を行う
```

```
    '''

    parameters = {}
    # 入力層→第1層
    # 第1層のニューロン数＝3
    parameters['W1'] = np.array([[0.1, 0.3, 0.5],
                                 [0.2, 0.4, 0.6]])
    # 第1層のバイアス
    parameters['b1'] = np.array([0.1, 0.2, 0.3])


    # 第1層→第2層
    # 第2層のニューロン数＝2
    parameters['W2'] = np.array([[0.1, 0.4],
                                 [0.2, 0.5],
                                 [0.3, 0.6]])
    # 第2層のバイアス
    parameters['b2'] = np.array([0.1, 0.2])


    # 第2層→出力層
    # 出力層のニューロン数＝2
    parameters['W3'] = np.array([[0.1, 0.3],
                                 [0.2, 0.4]])
    # 出力層のバイアス
    parameters['b3'] = np.array([0.1, 0.2])


    return parameters
```

　ディクショナリ型のオブジェクトparametersを作成し、各層の重みとバイアスを次の形式
で登録しています。init_paraml()は、作成したディクショナリ型オブジェクトparametersを戻
り値として返すので、戻り値に対してparameters['W1']のように書けば、W1キーの値である
[[0.1, 0.3, 0.5], [0.2, 0.4, 0.6]]が取り出せます。

●ディクショナリオブジェクトの要素

キー：値

■入力層→第1層

まず、第1層から出力層までの重みとバイアスを初期化し、入力層からの出力を作ります。

▼重みとバイアスを初期化して行列とベクトルに格納

セル2

```
param = init_param1()
W1, W2, W3 = parameters['W1'], parameters['W2'], parameters['W3']
b1, b2, b3 = parameters['b1'], parameters['b2'], parameters['b3']
```

▼入力層の信号

セル3

```
x = np.array([1.0, 0.5])
print(x)    # [1.   0.5]
```

次は入力層の出力x、第1層にリンクされている重み$W^{(1)}$、バイアス$b^{(1)}$のそれぞれの値です。縦ベクトルの左上の添字tは、ベクトルを転置することを示しています。縦ベクトルを転置すると横ベクトルになります。

$$x = {}^t\!\begin{pmatrix} 1.0 \\ 0.5 \end{pmatrix} = (1.0 \quad 0.5), \quad b^{(1)} = {}^t\!\begin{pmatrix} 0.1 \\ 0.2 \\ 0.3 \end{pmatrix} = (0.1 \quad 0.2 \quad 0.3)$$

$$W^{(1)} = \begin{pmatrix} 0.1 & 0.3 & 0.5 \\ 0.2 & 0.4 & 0.6 \end{pmatrix}$$

入力信号とバイアスは、本来、縦ベクトルでなくてはなりません。しかし、NumPyの配列を使って表現されるベクトルには縦、横の概念がなく、内積を求めるような場合は相手方の行列の形状に合わせて、縦ベクトルまたは横ベクトルとして扱われます。なので、プログラミングする際は1次元の配列（1階テンソル）として定義しています。

それでは、入力層からの出力$a^{(1)}$に重みを適用してバイアスとの和を求め、これを第1層の3個のニューロンへの入力信号とし、シグモイド関数を適用して第1層の出力とするところまでを実装しましょう。

▼第1層の処理

セル4

```
a1 = np.dot(x, W1) + b1     # 入力層からの重み付き信号
print(a1)                   # [0.3 0.7 1.1]
z1 = sigmoid(a1)            # シグモイド関数を適用して出力する
print(z1)                   # [0.57444252 0.66818777 0.75026011]
```

第1層の入力信号は次のように計算されます。

$$\boldsymbol{a}^{(1)} = \boldsymbol{x}\boldsymbol{W}^{(1)} + \boldsymbol{b}^{(1)}$$

$$= \underbrace{(1.0 \quad 0.5)}_{\boxed{\boldsymbol{x} = (x_1 \quad x_2)}} \underbrace{\begin{pmatrix} 0.1 & 0.3 & 0.5 \\ 0.2 & 0.4 & 0.6 \end{pmatrix}}_{\boxed{\boldsymbol{W}^{(1)} = \begin{pmatrix} w_{(1)1}^{(1)} & w_{(2)1}^{(1)} & w_{(3)1}^{(1)} \\ w_{(1)2}^{(1)} & w_{(2)2}^{(1)} & w_{(3)2}^{(1)} \end{pmatrix}}} + \underbrace{(0.1 \quad 0.2 \quad 0.3)}_{\boxed{\boldsymbol{b}^{(1)} = \left(b_{(1)}^{(1)} \quad b_{(2)}^{(1)} \quad b_{(3)}^{(1)} \right)}}$$

$$= \underbrace{(0.3 \quad 0.7 \quad 1.1)}_{\boxed{\boldsymbol{a}^{(1)} = \left(a_1^{(1)} \quad a_2^{(1)} \quad a_3^{(1)} \right)}}$$

$\boldsymbol{a}^{(1)}$には$a_1^{(1)}$、$a_2^{(1)}$、$a_3^{(1)}$の3個の成分があります。つまり、第1層のニューロン数は3です。これは、$\boldsymbol{W}^{(1)}$の列数が3であるためです。一方、$\boldsymbol{W}^{(1)}$の行は前層の出力信号の数に、次のように対応します。

$$\mathbf{w}_{(1)}^{(1)} = \begin{pmatrix} w_{(1)1}^{(1)} \\ w_{(1)2}^{(1)} \end{pmatrix} \quad \cdots \cdots 入力層からの信号 x_1、x_2 に対応する1つ目の重みベクトル$$

$$\mathbf{w}_{(2)}^{(1)} = \begin{pmatrix} w_{(2)1}^{(1)} \\ w_{(2)2}^{(1)} \end{pmatrix} \quad \cdots \cdots 入力層からの信号 x_1、x_2 に対応する2つ目の重みベクトル$$

$$\mathbf{w}_{(3)}^{(1)} = \begin{pmatrix} w_{(3)1}^{(1)} \\ w_{(3)2}^{(1)} \end{pmatrix} \quad \cdots \cdots 入力層からの信号 x_1、x_2 に対応する3つ目の重みベクトル$$

$$\boldsymbol{W}^{(1)} = {}^t\!\begin{pmatrix} \mathbf{w}_{(1)}^{(1)} \\ \mathbf{w}_{(2)}^{(1)} \\ \mathbf{w}_{(3)}^{(1)} \end{pmatrix} = \left(\mathbf{w}_{(1)}^{(1)} \ \mathbf{w}_{(2)}^{(1)} \ \mathbf{w}_{(3)}^{(1)} \right) \blacktriangleright \begin{pmatrix} w_{(1)1}^{(1)} & w_{(2)1}^{(1)} & w_{(3)1}^{(1)} \\ w_{(1)2}^{(1)} & w_{(2)2}^{(1)} & w_{(3)2}^{(1)} \end{pmatrix}$$

第1層のニューロン数＝3

重みベクトルを3個用意し、これを行列$\boldsymbol{W}^{(1)}$にまとめました。$\boldsymbol{W}^{(1)}$の第1列がニューロン$a_1^{(1)}$、第2列がニューロン$a_2^{(1)}$、第3列がニューロン$a_3^{(1)}$への重みです。重要なのは、「$\boldsymbol{W}^{(1)}$の列の数が第1層のニューロンの数になる」ということです。

重み行列の列数で、リンク先の層のニューロンの数が決まります。このあと、入力層からの信号との積$xW^{(1)}$を

$$
\begin{aligned}
a_1^{(1)} &= x_1 w_{(1)1}^{(1)} + x_2 w_{(1)2}^{(1)} + b_{(1)}^{(1)} \\
a_2^{(1)} &= x_1 w_{(2)1}^{(1)} + x_2 w_{(2)2}^{(1)} + b_{(2)}^{(1)} \\
a_3^{(1)} &= x_1 w_{(3)1}^{(1)} + x_2 w_{(3)2}^{(1)} + b_{(3)}^{(1)}
\end{aligned}
$$

ソースコード
```
a1=np.dot(x, W1) + b1
```

のように計算し、$a_1^{(1)}$に$b_{(1)}^{(1)}$、$a_2^{(1)}$に$b_{(2)}^{(1)}$、$a_3^{(1)}$に$b_{(3)}^{(1)}$のバイアスがそれぞれ加算されます。

▼第1層への入力と出力

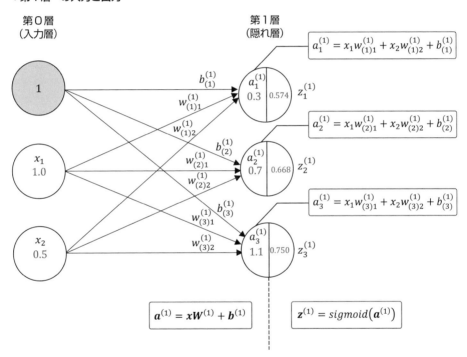

第1層の活性化関数はシグモイド関数ですので、入力に対してシグモイド関数が適用され、これが第1層からの出力信号となります。

$$
\begin{aligned}
\boldsymbol{z}^{(1)} &= sigmoid\big(\boldsymbol{a}^{(1)}\big) \\
&= sigmoid(0.3 \quad 0.7 \quad 1.1) \\
&= (0.574 \quad 0.668 \quad 0.750)
\end{aligned}
$$

ソースコード
```
z1=sigmoid(a1)
```

■第1層→第2層

次に中間の第2層です。この層への出力信号、重み、バイアスは次のようになっています。

$$\boldsymbol{z}^{(1)} = (0.574 \quad 0.668 \quad 0.750), \quad \boldsymbol{b}^{(2)} = (0.1 \quad 0.2)$$

$$\boldsymbol{W}^{(2)} = \begin{pmatrix} 0.1 & 0.4 \\ 0.2 & 0.5 \\ 0.3 & 0.6 \end{pmatrix}$$

$\boldsymbol{W}^{(2)}$の構造は、次のようになっています。

$$\mathbf{w}_{(1)}^{(2)} = \begin{pmatrix} w_{(1)1}^{(2)} \\ w_{(1)2}^{(2)} \\ w_{(1)3}^{(2)} \end{pmatrix} \cdots \cdots 第1層からの信号 z_1^{(1)}、z_2^{(1)}、z_3^{(1)} に対応する1つ目の重みベクトル$$

$$\mathbf{w}_{(2)}^{(2)} = \begin{pmatrix} w_{(2)1}^{(2)} \\ w_{(2)2}^{(2)} \\ w_{(2)3}^{(2)} \end{pmatrix} \cdots \cdots 第1層からの信号 z_1^{(1)}、z_2^{(1)}、z_3^{(1)} に対応する2つ目の重みベクトル$$

$$\boldsymbol{W}^{(2)} = {}^{t}\begin{pmatrix} \mathbf{w}_{(1)}^{(2)} \\ \mathbf{w}_{(2)}^{(2)} \end{pmatrix} = \begin{pmatrix} \mathbf{w}_{(1)}^{(2)} & \mathbf{w}_{(2)}^{(2)} \end{pmatrix} = \begin{pmatrix} w_{(1)1}^{(2)} & w_{(2)1}^{(2)} \\ w_{(1)2}^{(2)} & w_{(2)2}^{(2)} \\ w_{(1)3}^{(2)} & w_{(2)3}^{(2)} \end{pmatrix}$$

第2層のニューロン数＝2

第1層からの出力$\boldsymbol{z}^{(1)}$に重み$\boldsymbol{W}^{(2)}$を適用してバイアス$\boldsymbol{b}^{(2)}$の値を加算し、これを第2層の2個のニューロンへの入力信号$\boldsymbol{a}^{(2)}\big(a_1^{(2)}, \quad a_2^{(2)}\big)$とします。

$$\boldsymbol{a}^{(2)} = \boldsymbol{z}^{(1)} \cdot \boldsymbol{W}^{(2)} + \boldsymbol{b}^{(2)}$$

$$= (0.574 \quad 0.668 \quad 0.750)\begin{pmatrix} 0.1 & 0.4 \\ 0.2 & 0.5 \\ 0.3 & 0.6 \end{pmatrix} + (0.1 \quad 0.2)$$

$$\boldsymbol{z}^{(1)} = \big(z_1^{(1)} \; z_2^{(1)} \; z_3^{(1)}\big)$$

$$\boldsymbol{W}^{(2)} = \begin{pmatrix} w_{(1)1}^{(2)} & w_{(2)1}^{(2)} \\ w_{(1)2}^{(2)} & w_{(2)2}^{(2)} \\ w_{(1)3}^{(2)} & w_{(2)3}^{(2)} \end{pmatrix}$$

$$\boldsymbol{b}^{(2)} = \big(b_{(1)}^{(2)} \; b_{(2)}^{(2)}\big)$$

$$= (0.516 \quad 1.214)$$

$$\boldsymbol{a}^{(2)} = \big(a_1^{(2)} \; a_2^{(2)}\big)$$

隠れ層の活性化関数もシグモイド関数です。$\boldsymbol{a}^{(2)}$に対してシグモイド関数が適用され、これが出力信号となります。

$$\boldsymbol{z}^{(2)} = sigmoid\big(\boldsymbol{a}^{(2)}\big)$$
$$= sigmoid(0.516 \quad 1.214)$$
$$= (0.626 \quad 0.771)$$

▼隠れ層への入力と出力

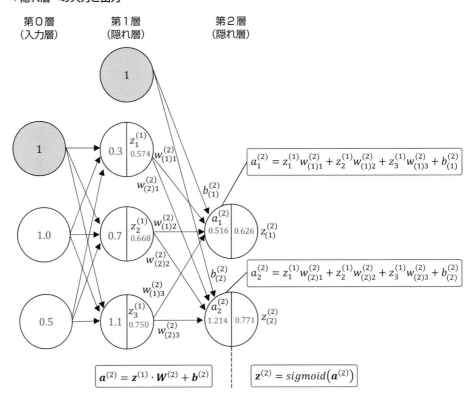

第2層の実装は、次のようになります。

▼第2層の処理

セル5

```
a2 = np.dot(z1, W2) + b2       # 第1層からの重み付き信号
print(a2)                      # [0.51615984 1.21402696]
z2 = sigmoid(a2)               # シグモイド関数を適用して出力する
print(z2)                      # [0.62624937 0.7710107 ]
```

■第2層→出力層

第3層の出力層への出力信号、重み、バイアスの行列は次のようになっています。

$$z^{(2)} = (0.626 \quad 0.771), \quad b^{(3)} = (0.1 \quad 0.2)$$

$$W^{(3)} = \begin{pmatrix} 0.1 & 0.3 \\ 0.2 & 0.4 \end{pmatrix}$$

$W^{(3)}$の構造です。

$$w_{(1)}^{(3)} = \begin{pmatrix} w_{(1)1}^{(3)} \\ w_{(1)2}^{(3)} \end{pmatrix} \quad \cdots \cdot 第2層からの信号z_1^{(2)}、z_2^{(2)}に対応する1つ目の重みベクトル$$

$$w_{(2)}^{(3)} = \begin{pmatrix} w_{(2)1}^{(3)} \\ w_{(2)2}^{(3)} \end{pmatrix} \quad \cdots \cdot 第2層からの信号z_1^{(2)}、z_2^{(2)}に対応する2つ目の重みベクトル$$

$$W^{(3)} = {}^t\begin{pmatrix} \mathbf{w}_{(1)}^{(3)} \\ \mathbf{w}_{(2)}^{(3)} \end{pmatrix} = \begin{pmatrix} \mathbf{w}_{(1)}^{(3)} & \mathbf{w}_{(2)}^{(3)} \end{pmatrix} = \begin{pmatrix} w_{(1)1}^{(3)} & w_{(2)1}^{(3)} \\ w_{(1)2}^{(3)} & w_{(2)2}^{(3)} \end{pmatrix}$$

出力層のニューロンの数＝2

第2層からの出力$z^{(2)}$に重み$W^{(3)}$を適用してバイアス$b^{(3)}$の値を加算し、これを第3層の2個のニューロンへの入力信号$a^{(3)}$とします。

$$a^{(3)} = z^{(2)} \cdot W^{(3)} + b^{(3)}$$

$$= (0.626 \quad 0.771) \cdot \begin{pmatrix} 0.1 & 0.3 \\ 0.2 & 0.4 \end{pmatrix} + (0.1 \quad 0.2)$$

$$z^{(2)} = \begin{pmatrix} z_1^{(2)} & z_2^{(2)} \end{pmatrix}$$

$$W^{(3)} = \begin{pmatrix} w_{(1)1}^{(3)} & w_{(2)1}^{(3)} \\ w_{(1)2}^{(3)} & w_{(2)2}^{(3)} \end{pmatrix}$$

$$b^{(3)} = \begin{pmatrix} b_{(1)}^{(3)} & b_{(2)}^{(3)} \end{pmatrix}$$

$$= (0.316 \quad 0.696)$$

$$a^{(3)} = \begin{pmatrix} a_1^{(3)} & a_2^{(3)} \end{pmatrix}$$

隠れ層の活性化関数は恒等関数ですので、入力がそのまま出力信号となります。

$$y = identity\_function\left(a^{(3)}\right)$$

$$= identity\_function\,(0.316 \quad 0.696)$$

$$= (0.316 \quad 0.696)$$

▼出力層への入力と出力

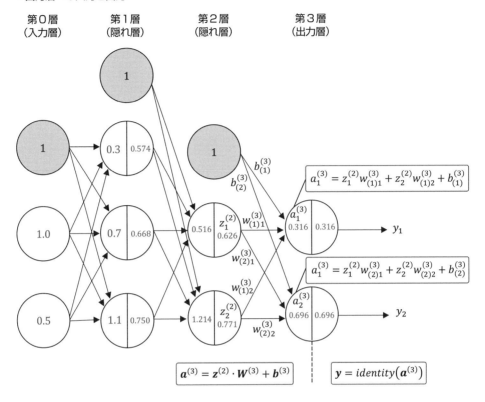

■第3層

第3層の実装は、次のようになります。

▼第3層の実装

```
セル6
# 第3層
a3 = np.dot(z2, W3) + b3      # 第2層からの重み付き信号
print(a3)                      # [0.31682708 0.69627909]
y = identity_function(a3)      # 高等関数を適用して出力する
print(y)                       # [0.31682708 0.69627909]
```

　FFNNの最終的な出力は、0.316、0.696となりました。図を見ながら式を追っていくと、順伝播の流れがわかるかと思います。次節では、最終出力と目標値との誤差を測定し、直前の重みとバイアスを修正する逆方向の伝播について取り上げます。

5.2 バックプロパゲーションを利用した重みの更新

前節ではニューラルネットワークの順方向への伝播処理を見てきましたが、ここではその逆、最終出力から入力方向への伝播処理について見ていきます。これは、各層の重みやバイアスを更新するための重要な処理で、「誤差逆伝播法（バックプロパゲーション）」という手法が用いられます。

5.2.1 誤差が逆方向に伝播される流れを見る

XORゲートを実現する手段として、勾配降下法によるパラメーターの最適化を行いました。これは、入力層と出力層だけで構成される単純パーセプトロンにおいて、勾配降下法でパラメーター（重み）を更新（学習）することで、未知のデータについても適切に分類できるようにしたわけですが、これは1つの層にのみパラメーターが存在することを前提にしていました。

▼単純パーセプトロンにおける重みの更新

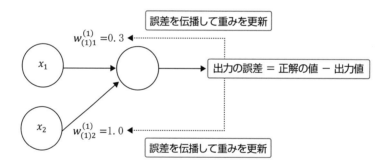

一方、多層パーセプトロン（ニューラルネットワーク）では、隠れ層や出力層にそれぞれ重みとバイアスが存在します。したがって、最終の出力と正解値との誤差の勾配が最小になるように出力層の重み、バイアスを更新するだけでなく、その直前の層にも「誤差を最小にする情報」を伝播して、その層の重み、バイアスを更新することになります。つまり、出力層から直前の層に向かって（逆方向に）情報を伝播し、重み、バイアスを更新するということです。このように、誤差を入力方向に向かって伝播することを**誤差逆伝播（バックプロパゲーション）**と呼びます。

ここでは、重みの更新はひとまず置いて、「誤差がどのように逆伝播されるのか」について見ていくことにします。

▼2層ニューラルネットワークの誤差逆伝播を考える

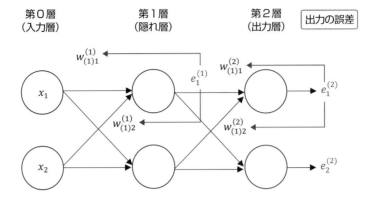

　出力層のニューロン1からの出力誤差$e_1^{(2)}$を$w_{(1)1}^{(2)}$と$w_{(1)2}^{(2)}$に分配して、隠れ層の出力誤差としての$e_1^{(1)}$を求め、続いて$e_1^{(2)}$を$w_{(1)1}^{(1)}$と$w_{(1)2}^{(1)}$に分配します。ただし、出力層の出力誤差$e_1^{(2)}$、$e_2^{(2)}$は問題ないのですが、隠れ層には正解ラベルがないので、誤差を求めることができません。そこで、上の図の出力層の1番目のニューロンに注目しましょう。このニューロンには隠れ層の2個のニューロンからのリンクが張られていて、それぞれのリンク上に$w_{(1)1}^{(2)}$と$w_{(1)2}^{(2)}$があるので、出力誤差$e_1^{(2)}$は、$w_{(1)1}^{(2)}$と$w_{(1)2}^{(2)}$に分配します。続いて、出力誤差$e_2^{(2)}$を$w_{(2)1}^{(2)}$と$w_{(2)2}^{(2)}$に分配します。ここまでは特に問題はありません。

▼2層ニューラルネットワークの誤差逆伝播を考える

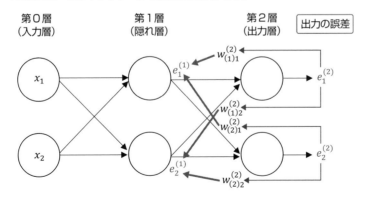

　しかし、問題はここから先です。前述のように隠れ層の出力に対する正解値というものは存在しません。そこで、隠れ層のニューロン1の出力誤差$e_1^{(1)}$に注目してみましょう。$e_1^{(1)}$は重み$w_{(1)1}^{(2)}$と$w_{(2)1}^{(2)}$に分配された状態ですが、それぞれの重みは出力層の2個のニューロンにリンクされています。

　ということは、隠れ層のニューロン1の出力誤差$e_1^{(1)}$は、$w_{(1)1}^{(2)}$と$w_{(2)1}^{(2)}$に分配された誤差を結合したものということになります。一方、隠れ層のニューロン2の出力誤差$e_2^{(1)}$は、$w_{(1)2}^{(2)}$と$w_{(2)2}^{(2)}$に分配された誤差を結合したものです。そうすると、隠れ層の誤差$e_1^{(1)}$と$e_2^{(1)}$を次の式で表せます。

▼隠れ層の誤差$e_1^{(1)}$を求める式

$$e_1^{(1)} = e_1^{(2)} \cdot \frac{w_{(1)1}^{(2)}}{w_{(1)1}^{(2)} + w_{(1)2}^{(2)}} + e_2^{(2)} \cdot \frac{w_{(2)1}^{(2)}}{w_{(2)1}^{(2)} + w_{(2)2}^{(2)}}$$

▼隠れ層の誤差$e_2^{(1)}$を求める式

$$e_2^{(1)} = e_2^{(2)} \cdot \frac{w_{(1)2}^{(2)}}{w_{(1)1}^{(2)} + w_{(1)2}^{(2)}} + e_2^{(2)} \cdot \frac{w_{(2)2}^{(2)}}{w_{(2)1}^{(2)} + w_{(2)2}^{(2)}}$$

　これらの式は、$e_1^{(2)}$、$e_2^{(2)}$を「それぞれのニューロンにリンクされている重みの大きさに応じてそれらの重みに対して分配する」ことを示しています。最終出力の誤差を$e_1^{(2)} = 0.8$、$e_2^{(2)} = 0.5$として、実際に$e_1^{(1)}$と$e_2^{(1)}$を求めてみましょう。

▼出力層から隠れ層への誤差逆伝播

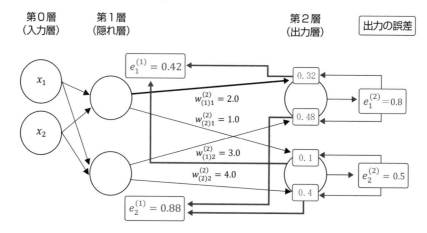

　出力層のニューロン1には0.8の誤差があり、このニューロンには重み2.0と3.0のリンクが来ているので、重みの大きさで誤差を分配すると0.32と0.48になります。一方、隠れ層のニューロン1の誤差$e_1^{(1)}$は、リンク先から逆伝播される誤差の合計なので、0.32と0.1を足した0.42になります。さらに誤差逆伝播の作業を進めましょう。

▼隠れ層から第1層への誤差逆伝播

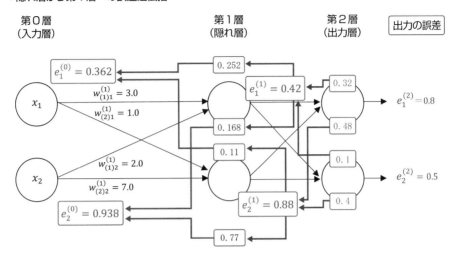

入力層に伝播する誤差$e_1^{(0)}$、$e_1^{(0)}$までを計算してみました。実際には、この誤差を用いて隠れ層にリンクされている重みの値を更新することになります。

5.2.2 行列の掛け算で誤差逆伝播を一発で計算する

前項の誤差逆伝播の作業は手計算で行いましたが、行列を使うことで面倒な計算を簡略化できます。まず、最終的な出力層で生じる誤差をベクトル$e^{(2)}$として表します。

$$e^{(2)} = \begin{pmatrix} e_1^{(2)} \\ e_2^{(2)} \end{pmatrix}$$

次に隠れ層の誤差を分配する式を行列にします。

$$S^{(2)} = \begin{pmatrix} \dfrac{w_{(1)1}^{(2)}}{w_{(1)1}^{(2)} + w_{(1)2}^{(2)}} & \dfrac{w_{(2)1}^{(2)}}{w_{(2)1}^{(2)} + w_{(2)2}^{(2)}} \\ \dfrac{w_{(1)2}^{(2)}}{w_{(1)1}^{(2)} + w_{(1)2}^{(2)}} & \dfrac{w_{(2)2}^{(2)}}{w_{(2)1}^{(2)} + w_{(2)2}^{(2)}} \end{pmatrix}$$

$e_1^{(1)}$を求める成分

$e_2^{(1)}$を求める成分

$S^{(2)} \cdot e^{(2)}$の積を計算することで、隠れ層の誤差$e_1^{(1)}$と$e_2^{(1)}$のベクトル$e^{(1)}$が求められます。

$$e^{(1)} = \begin{pmatrix} \dfrac{w_{(1)1}^{(2)}}{w_{(1)1}^{(2)} + w_{(1)2}^{(2)}} & \dfrac{w_{(2)1}^{(2)}}{w_{(2)1}^{(2)} + w_{(2)2}^{(2)}} \\[2.5em] \dfrac{w_{(1)2}^{(2)}}{w_{(1)1}^{(2)} + w_{(1)2}^{(2)}} & \dfrac{w_{(2)2}^{(2)}}{w_{(2)1}^{(2)} + w_{(2)2}^{(2)}} \end{pmatrix} \cdot \begin{pmatrix} e_1^{(2)} \\[0.8em] e_2^{(2)} \end{pmatrix}$$

実際にプログラムで試してみましょう。

▼隠れ層の誤差$e_1^{(1)}$と$e_2^{(1)}$を求める

セル1

```python
import numpy as np
```

セル2

```python
e2_1 = 0.8
e2_2 = 0.5


w2_11 = 2.0
w2_21 = 1.0
w2_12 = 3.0
w2_22 = 4.0


# 最終出力の誤差
e3 = np.array([e2_1, e2_2])

# 出力層の重みに分配する誤差
e2 = np.array([[w2_11/(w2_11 + w2_12), w2_21/(w2_21 + w2_22)],
               [w2_12/(w2_11 + w2_12), w2_22/(w2_21 + w2_22)]])

print(np.dot(e2, e3)) # 出力:[0.42 0.88]
```

■一種の正規化因子である行列式の分母を消してしまう

　誤差のベクトルと重みの行列の積を求めることで、隠れ層の誤差を求めることができました。しかし、行列には誤差を分配する計算式が埋め込まれているので、これを何とかしたいところです。そこで、重みの大きさで誤差を分配する計算式の分母を取り払ってしまうことにします。それぞれの分母は、ニューロンに接続されているリンクに対する重みの割合を求めるためのもので、一種の正規化因子です。重みが大きいほど、より多くの誤差が分配されればよいので、正規化因子としての分母をすべて消してしまうのです。

▼隠れ層の重みだけで隠れ層の誤差を求める

$$E^{(1)} = \begin{pmatrix} w_{(1)1}^{(2)} & w_{(2)1}^{(2)} \\ w_{(1)2}^{(2)} & w_{(2)2}^{(2)} \end{pmatrix} \cdot \begin{pmatrix} e_1^{(2)} \\ e_2^{(2)} \end{pmatrix}$$

実際にどうなるのか、プログラムで試してみましょう。

▼正規化因子を取り除いた状態で、隠れ層の誤差$e_1^{(1)}$と$e_2^{(1)}$を求める

セル3

```
W2 = np.array([[w2_11, w2_21],    # 重みだけを成分にする
               [w2_12, w2_22]])
print(np.dot(W2, e3))             # 出力：[2.1 4.4]
```

$e_1^{(1)}$と$e_2^{(1)}$は、それぞれ2.1と4.4となりました。分母を消さないで計算したときは0.42と0.88でしたので、値が異なりますが、$e_1^{(1)}$と$e_2^{(1)}$の割合としては同じです。正規化因子を排除したので不安になりますが、正規化因子を適用するかどうかの違いなので、正規化因子を適用した行列とほぼ同じように機能します。もし、大きすぎる誤差や小さすぎる誤差が逆伝播されたとしても、次回の反復学習の際に修正されます。

さて、誤差逆伝播を行う行列式が簡単な形になりました。ここで、出力層に入力される「重み付きの和」を求めるときの重み行列を見てみましょう。

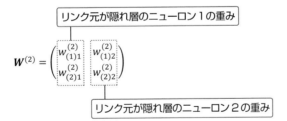

この行列の成分を対角線に沿って反転した「転置行列」が、隠れ層の誤差を求めるときに使用した行列です。

$$^tW^{(2)} = \begin{pmatrix} w_{(1)1}^{(2)} & w_{(2)1}^{(2)} \\ w_{(1)2}^{(2)} & w_{(2)2}^{(2)} \end{pmatrix}$$

以上のことから、誤差逆伝播は「重み付きの和」の計算に使用した重み行列の転置行列と誤差との積を求めることで実現できます。

●**誤差を逆伝播する式**

$$E^{(l-1)} = {}^t W^{(l)} \cdot e^{(l)}$$

　上付き文字の(l)は層番号を表します。${}^t W^{(l)} \cdot e^{(l)}$の計算を行うことで、直前の層の誤差 $E^{(l-1)}$ が求められます。ただし、この式は「出力の誤差を直前の層に伝播する」ためだけの式です。

　今回は、誤差の逆伝播について注目したわけですが、ニューラルネットワークでは、最終出力の誤差をなくすために、出力の誤差を使って入力側の重みを更新し、最終出力の誤差がなくなるように「学習」を行うことになります。これについては、次項で詳しく見ていくことにします。

5.2.3　バックプロパゲーション（誤差逆伝播法）

　前項では「誤差そのものの逆伝播」について見てきましたが、ここからが本題です。ニューラルネットワークを用いた学習では、各層の出力値の誤差に基づいて重みを「正しい値」に修正していくことで、最終出力と正解データとの誤差がなくなるように学習を行います。

　ただし、各層のニューロンは内部に活性化関数を持ち、関数を適用した値を出力値としますので、2乗和誤差やクロスエントロピー誤差を活性化関数の種類に応じて使い分けなければなりません。また、誤差を最小化するためには、勾配降下法による更新式を用いて徐々に誤差を小さくすることが求められます。

　多層パーセプトロン（ニューラルネットワーク）における勾配降下法の更新式は次のようになります。Lが任意の層番号、jは重みのリンク先のニューロンの番号、iはリンク元のニューロンの番号です。

●**多層パーセプトロンにおける勾配降下法の更新式**

$$w_{(j)i}^{(L)} := w_{(j)i}^{(L)} - \eta \frac{\partial E}{\partial w_{(j)i}^{(L)}}$$

　一般化のため添え字がアルファベットになっていますが、$w_{(j)i}^{(L)}$はL層のニューロンjにリンクする重み、リンク元は1つ前の層のニューロンiということになります。Eは誤差を求める誤差関数（損失関数）で、2乗和誤差（または平均2乗誤差）関数やクロスエントロピー誤差関数などです。重みに関する誤差関数の勾配が最小になるように、出力層から逆順に各層の重みを更新していくわけですが、これを定義したのが**バックプロパゲーション（誤差逆伝播法）**という手法です。

■出力層の重みを更新する（2乗和誤差の場合）

　第L層（出力層）の$u_j^{(L)}$番目のニューロンにリンクしている重み$w_{(j)i}^{(L)}$の更新について考えてみましょう。

▼多層パーセプトロン

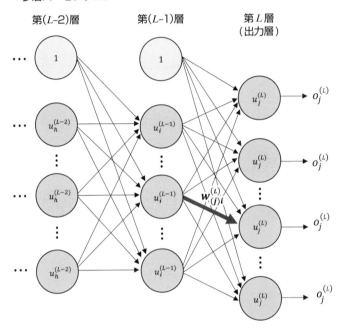

　$w_{(j)i}^{(L)}$の勾配降下法による更新式は、

$$w_{(j)i}^{(L)} := w_{(j)i}^{(L)} - \eta \frac{\partial E}{\partial w_{(j)i}^{(L)}}$$

ですので、$\partial E / \partial w_{(j)i}^{(L)}$について解く場合、$E$は$o_j^{(L)}$の関数、$o_j^{(L)}$は$u_j^{(L)}$の関数、$u_j^{(L)}$は$w_{(j)i}^{(L)}$の関数と見なせます。さらに、$w_{(j)i}^{(L)}$はニューロン$u_j^{(L)}$にのみリンクしているので、それ以外のニューロンとは無関係です。この場合、次の合成関数の微分公式、

● 合成関数の微分公式

$$\frac{df}{dx} = \frac{df}{dg}\frac{dg}{dx}$$

から、誤差関数Eを重み$w_{(j)i}^{(L)}$で偏微分する式は次のようになります。

▼重み$w_{(j)i}^{(L)}$で誤差関数Eを偏微分する式

$$\frac{\partial E}{\partial w_{(j)i}^{(L)}} = \frac{\partial E}{\partial o_j^{(L)}} \frac{\partial o_j^{(L)}}{\partial u_j^{(L)}} \frac{\partial u_j^{(L)}}{\partial w_{(j)i}^{(L)}}$$

$\partial E/\partial w_{(j)i}^{(L)}$は、出力層の重みに関する誤差関数$E$の勾配を表すので、これを最小化するのが今回の目的です。

●第1項$\left(\frac{\partial E}{\partial o_j^{(L)}}\right)$

この式は、出力層のj番目のニューロンからの出力値$o_j^{(L)}$で誤差関数Eを偏微分することを示しています。ここで誤差関数Eを、誤差の2乗和を$1/2$する関数として考えることにします。

●2乗和誤差の1/2を求める関数

$$E = \frac{1}{2}\sum_{j=1}^{n}(y_j - t_j)^2$$

y_jは出力層のj番目のニューロンの出力値で、t_jはそれに対応する正解値ですので、「理想の出力値と実際の出力値の差の平方和の$1/2$」です。出力層をL層として、y_jをニューロンの出力値$o_j^{(L)}$と置くと、2乗和誤差を$1/2$するEは、$o_1^{(L)},\cdots,o_j^{(L)},\cdots,o_n^{(L)}$の関数として次のように表せます。

●出力層のニューロンの出力値$o_j^{(L)}$の2乗和誤差の1/2を求める関数

$$E = \frac{1}{2}\sum_{j=1}^{n}\left(o_j^{(L)} - t_j\right)^2$$

誤差関数に2乗和誤差を用いるケースとしては回帰問題があり、この場合は活性化関数として、入力値をそのまま出力する恒等関数$f(x) = x$が用いられます。そうすると、$o_j^{(L)}$で偏微分する場合、$o_j^{(L)}$以外の変数はすべて定数と見なせるので、$o_j^{(L)}$以外の2乗誤差はすべて無視することができます。

$$\frac{\partial E}{\partial o_j^{(L)}} = \frac{\partial \frac{1}{2}\sum_{j=1}^{n}\left(o_j^{(L)} - t_j\right)^2}{\partial o_j^{(L)}}$$

$$= \frac{\partial \frac{1}{2}\left(o_j^{(L)} - t_j\right)^2}{\partial o_j^{(L)}} \boxed{o_j^{(L)} \text{ にのみ着目する}}$$

$$= \frac{\partial \frac{1}{2}\left\{\left(o_j^{(L)}\right)^2 - 2o_j^{(L)}t_j + \left(t_j\right)^2\right\}}{\partial o_j^{(L)}}$$

$$= o_j^{(L)} - t_j \qquad \cdots \cdots Ⓐ$$

▼$o_j^{(L)}$で2乗和誤差関数Eを偏微分すると枠の部分が消える

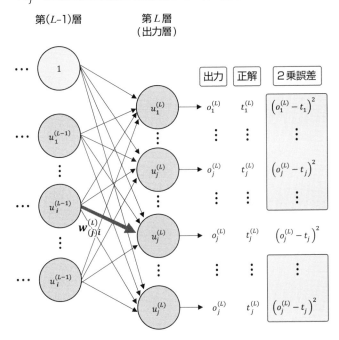

別の視点で$\partial E/\partial o_j^{(L)}$を考えてみます。$o_j^{(L)}$は活性化関数の出力なので、活性化関数を$f(x)$とすると、次の式で表せます。

$$o_j^{(L)} = f\left(u_j^{(L)}\right)$$

ここで、L層のj番目のニューロンの入力を$u_j^{(L)}$として、$u_j^{(L)}$で誤差関数Eを偏微分した$\partial E/\partial u_j^{(L)}$を$\delta_j^{(L)}$（$\delta$は「デルタ」）と置き、次のように定義します。

$$\delta_j^{(L)} = \frac{\partial E}{\partial u_j^{(L)}} = \frac{\partial E}{\partial o_j^{(L)}} \boxed{\frac{\partial o_j^{(L)}}{\partial u_j^{(L)}}} = f'\left(u_j^{(L)}\right) \frac{\partial E}{\partial o_j^{(L)}} \quad \cdots \cdots \text{ⓓ}$$

恒等関数 $f(x) = x$ は、$f'(x) = 1$ なので、

$$\delta_j^{(L)} = f'\left(u_j^{(L)}\right) \frac{\partial E}{\partial o_j^{(L)}} = 1 \cdot \boxed{\frac{\partial E}{\partial o_k^{(L)}} \sum_{j=1}^{\tilde{n}} \left(o_j^{(L)} - t_j\right)^2} = \boxed{o_j^{(L)} - t_j}$$

先の式ⓐ参照

となります。

● **第2項** $\left(\frac{\partial o_j^{(L)}}{\partial u_j^{(L)}}\right)$

$o_j^{(L)}$ は出力層の j 番目のニューロンからの出力で、$u_j^{(L)}$ の関数 $f\left(u_j^{(L)}\right)$、つまり活性化関数の微分です。活性化関数には、恒等関数やシグモイド関数などがありますが、以降は、活性化関数を $f(x)$、その導関数を $f'(x)$ のように一般化して表現することにします。

$$o_j^{(L)} = f\left(u_j^{(L)}\right)$$

$$\therefore \frac{\partial o_j^{(L)}}{\partial u_j^{(L)}} = \frac{\partial f\left(u_j^{(L)}\right)}{\partial u_j^{(L)}} = f'\left(u_j^{(L)}\right) \quad \cdots \cdots \text{ⓑ}$$

● **第3項** $\left(\frac{\partial u_j^{(L)}}{\partial w_{(j)i}^{(L)}}\right)$

$u_j^{(L)}$ は出力層の1つ手前の L–1 層の各ニューロンからの出力に重みを掛けて合計したものなので、次のようになります。

$$u_j^{(L)} = w_{(j)0}^{(L)} + w_{(j)1}^{(L)} o_1^{(L-1)} + w_{(j)2}^{(L)} o_2^{(L-1)} + \cdots + w_{(j)i}^{(L)} o_i^{(L-1)}$$

$$\therefore \frac{\partial u_j^{(L)}}{\partial w_{(j)i}^{(L)}} = o_i^{(L-1)} \qquad\qquad \cdots \cdots \text{ⓒ}$$

■出力層の重みの更新
（シグモイド関数を用いるときのクロスエントロピー誤差関数の場合）

誤差関数を2乗和誤差の1/2としてきましたが、今度はクロスエントロピー誤差にした場合を見てみましょう。

● クロスエントロピー誤差関数（式413-4より）

$$E_{cross} = -\sum_{j=1}^{n} \left(t_j \log o_j^{(L)} + (1 - t_j) \log(1 - o_j^{(L)}) \right)$$

クロスエントロピー誤差関数が用いられるのは、活性化関数にシグモイド関数が使われているケースが考えられます。シグモイド関数

$$f(x) = \frac{1}{1 + \exp(-x)}$$

の微分は、$f'(x) = f(x)(1 - f(x))$でしたので、これを先ほどの①の式

$$\delta_j^{(L)} = f'\left(u_j^{(L)}\right) \frac{\partial E}{\partial o_j^{(L)}}$$

に当てはめます。$o_j^{(L)} = f\left(u_j^{(L)}\right)$として考えると、

$$\delta_j^{(L)} = f'\left(u_j^{(L)}\right) \frac{\partial E_{cross}}{\partial o_j^{(L)}} = f\left(u_j^{(L)}\right)(1 - f\left(u_j^{(L)}\right)) \left\{ -\frac{t_j - o_j^{(L)}}{o_j^{(L)}\left(1 - o_j^{(L)}\right)} \right\} = o_j^{(L)} - t_j$$

下記参照

となり、2乗誤差のときと同じ結果になりました。

なお、クロスエントロピー誤差関数のΣを除いた計算式の

$$-\left(t_j \log o_j^{(L)} + (1 - t_j) \log\left(1 - o_j^{(L)}\right) \right)$$

の部分は、

$$(\log x)' = \frac{1}{x} \qquad \left\{ \log(1 - x) \right\}' = -\frac{1}{(1-x)}$$

のように微分できるので、

$$\frac{\partial E_{cross}}{\partial o_j^{(L)}} = -\frac{t_j - o_j^{(L)}}{o_j^{(L)}\left(1 - o_j^{(L)}\right)}$$

としました。

■出力層の重みの更新
（ソフトマックス関数を用いるときのクロスエントロピー誤差関数の場合）

マルチクラス分類で使用される活性化関数に「ソフトマックス関数」があります。ここでは、t番目の正解ラベルを$t^{(t)}$とし、t番目に相当する出力を$o^{(t)}$として考えるので、ニューロンへの入力値は$u_i^{(t)}$のように表すことにします。cは分類先のクラスを表す変数です。

● ソフトマックス関数

$$softmax\left(u_i^{(t)}\right) = \frac{\exp\left(u_i^{(t)}\right)}{\sum_{c=1}^n \exp\left(u_c^{(t)}\right)}$$

ソフトマックス関数は、分類先の各クラスに対して確率を出力しますので、出力層のすべてのニューロンの出力を合計すると1になるという特徴があります。このことから、出力層の活性化関数に用いることで、ニューラルネットワークの出力が、あたかもあるクラスに属する確率を表しているものとして学習させることができます。

ソフトマックス関数を用いる場合のクロスエントロピー誤差関数は、次のようになります。クロスエントロピー誤差関数をE、t番目の正解ラベルを$t^{(t)}$、t番目の出力を$o^{(t)}$としています。cは分類先のクラスを表す変数です。

● ソフトマックス関数を用いる場合のクロスエントロピー誤差関数

$$E = -\sum_{t=1}^n t_c^{(t)} \log o_c^{(t)}$$

ここで、Eを入力ベクトル$\boldsymbol{u}^{(t)}$で微分することを考えましょう。連鎖律の公式（合成関数の微分）を使って次の式を作ります。分類先の各クラスについての偏微分の総和が出てくるのがポイントです。

$$\frac{\partial E}{\partial u_i^{(t)}} = \frac{\partial E}{\partial E^{(t)}} \cdot \left(\sum_{c=1}^n \frac{\partial E^{(t)}}{\partial o_c^{(t)}} \cdot \frac{\partial o_c^{(t)}}{\partial u_i^{(t)}}\right)$$

Eを$E^{(t)}$で微分します。

$$\frac{\partial E}{\partial E^{(t)}} = \frac{\partial\left(E^{(1)} + E^{(2)} + \cdots + E^{(t)} + \cdots\right)}{\partial E^{(t)}} = 1$$

そうすると、先の式は次のようになります。

$$\frac{\partial E}{\partial u_i^{(t)}} = \sum_{c=1}^{n} \frac{\partial E^{(t)}}{\partial o_c^{(t)}} \cdot \frac{\partial o_c^{(t)}}{\partial u_i^{(t)}} \quad \cdots\cdots①$$

ここで$\partial o_c^{(t)}/\partial u_i^{(t)}$に注目します。

$$o^{(t)} = softmax\left(u_i^{(t)}\right)$$

は、すなわち

$$o_c^{(t)} = \frac{\exp\left(u_i^{(t)}\right)}{\sum_{i=1}^{n} \exp\left(u_c^{(t)}\right)}$$

なので、$c = i$ が成り立つときと成り立たないときで、微分の結果が異なってきます。

● **$c=i$の場合**

まず、$c = i$のときのソフトマックス関数の偏微分を行います。$o_1^{(t)}$を$u_1^{(t)}$で偏微分してみましょう。

$$\frac{\partial o_1^{(t)}}{\partial u_1^{(t)}} = \frac{\partial}{\partial u_1^{(t)}} \boxed{\frac{\exp\left(u_1^{(t)}\right)}{v}} \quad \text{← } \boxed{\text{ソフトマックス関数の分母を}v\text{としています}} \quad \cdots\cdots②$$

ここでポイントとなるのが、vも$u_1^{(t)}$の関数であるということです。ここは、次の分数関数の微分公式

▼ **分数関数の微分公式**

$$\left\{\frac{g(x)}{f(x)}\right\}' = \frac{g'(x)f(x) - g(x)f'(x)}{f(x)^2}$$

を使って、$f(x)$と$g(x)$のところを

$$f(u) = v = \exp\left(u_1^{(t)}\right) + \exp\left(u_2^{(t)}\right) + \exp\left(u_3^{(t)}\right) \quad \text{← ソフトマックス関数の分母として}$$

$$g(u) = \exp\left(u_1^{(t)}\right) \quad \text{← ソフトマックス関数の分子として}$$

とします。さらに、偏微分して、$f'(u)$と$g'(u)$を求めます。

$$f'(u) = \frac{\partial}{\partial u_1^{(t)}} f(u) = \exp\left(u_1^{(t)}\right)$$

$$g'(u) = \frac{\partial}{\partial u_1^{(t)}} g(u) = \exp\left(u_1^{(t)}\right)$$

そうすると、分数関数の微分公式から②の式を次のように微分できます。

$$\frac{\partial o_1^{(t)}}{\partial u_1^{(t)}} = \left\{\frac{g(u)}{f(u)}\right\}' = \frac{\overbrace{\exp\left(u_1^{(t)}\right)}^{g'(u)=\exp\left(u_1^{(t)}\right)} v - \overbrace{\exp\left(u_1^{(t)}\right)}^{g(u)=\exp\left(u_1^{(t)}\right)} \overbrace{\exp\left(u_1^{(t)}\right)}^{f'(u)=\exp\left(u_1^{(t)}\right)}}{v^2}$$

$$= \frac{\exp\left(u_1^{(t)}\right)}{v}\left(\frac{v - \exp\left(u_1^{(t)}\right)}{v}\right)$$

$$= \frac{\exp\left(u_1^{(t)}\right)}{v}\left(\frac{v}{v} - \frac{\exp\left(u_1^{(t)}\right)}{v}\right)$$

ここで、

$$o_1^{(t)} = \frac{\exp\left(u_1^{(t)}\right)}{v}$$

であるという事実に着目し、先の式の結果を次のように書き換えます。

$$\frac{\partial o_1^{(t)}}{\partial u_1^{(t)}} = o_1^{(t)}\left(1 - o_1^{(t)}\right) \quad \cdots\cdots ③$$

シグモイド関数の微分と同じ形になりました。

● $c \neq i$ の場合

次に、$c \neq i$ の場合として、$o_1^{(t)}$を$u_2^{(t)}$で偏微分してみましょう。

$$\frac{\partial o_1^{(t)}}{\partial u_2^{(t)}} = \frac{\partial}{\partial u_2^{(t)}} \frac{\exp\left(u_1^{(t)}\right)}{v} \quad \cdots\cdots ④$$

ここでも、次の式

$$f(u) = v = \exp\left(u_1^{(t)}\right) + \exp\left(u_2^{(t)}\right) + \exp\left(u_3^{(t)}\right)$$

$$g(u) = \exp\left(u_1^{(t)}\right)$$

を使って、分数関数の微分公式の公式を使います。ここで、偏微分して、$f'(u)$ と $g'(u)$ を求めておきます。

$$f'(u) = \frac{\partial}{\partial u_2^{(t)}} f(u) = \exp\left(\partial u_2^{(t)}\right)$$

$$g'(u) = \frac{\partial}{\partial u_2^{(t)}} \exp\left(u_1^{(t)}\right) = 0$$

したがって④の式は次のようになります。

$$\frac{\partial o_1^{(t)}}{\partial u_2^{(t)}} = \frac{g'(u)f(u) - g(u)f'(u)}{f(u)^2} \quad \cdots\cdots\cdots \text{分数関数の微分公式}$$

$$= \frac{-\exp\left(u_1^{(t)}\right)\exp\left(u_2^{(t)}\right)}{v^2}$$

$$= -\frac{\exp\left(u_1^{(t)}\right)}{v} \cdot \frac{\exp\left(u_2^{(t)}\right)}{v}$$

ここで、

$$o_1^{(t)} = \frac{\exp\left(u_1^{(t)}\right)}{v}$$

$$o_2^{(t)} = \frac{\exp\left(u_2^{(t)}\right)}{v}$$

であることを使うと、次の式が得られます。

$$\frac{\partial o_1^{(t)}}{\partial u_2^{(t)}} = -o_1^{(t)} o_2^{(t)} \quad \cdots\cdots ⑤$$

これまでの③の式と⑤の式をまとめると、次のようになります。

$$\frac{\partial o_c^{(t)}}{\partial u_i^{(t)}} = \begin{cases} o_c\left(1 - o_c^{(t)}\right) & (c = i) \quad \cdots\cdots ③ より \\ -o_c^{(t)} o_i & (c \neq i) \quad \cdots\cdots ⑤ より \end{cases}$$

では、①の式

$$\frac{\partial E}{\partial u_i^{(t)}} = \sum_{c=1}^{n} \frac{\partial E^{(t)}}{\partial o_c^{(t)}} \cdot \frac{\partial o_c^{(t)}}{\partial u_i^{(t)}}$$

に戻って計算していきますが、その前に $\partial E^{(t)}/\partial o_c^{(t)}$ を解いておきましょう。この部分は正解 $(c = i)$ のときだけ1になり、それ以外 $(c \neq i)$ は0になります。

$$\frac{\partial E^{(t)}}{\partial o_c^{(t)}} = -\sum_{i=1}^{n} \frac{\partial t_i^{(t)} \log o_i^{(t)}}{\partial o_c^{(t)}}$$

> ソフトマックス関数を用いる場合のクロスエントロピー誤差
> $$E = -\sum_{t=1}^{n} t_c^{(t)} \log o_c^{(t)}$$

$$= -\frac{t_c^{(t)}}{o_c^{(t)}} \quad \cdots \cdots ⑥$$

これまでのことをまとめて計算します。

$$\sum_{c=1}^{n} \frac{\partial E^{(t)}}{\partial o_c} \cdot \frac{\partial o_c}{\partial u_i^{(t)}} = \boxed{\frac{\partial E^{(t)}}{\partial o_i} \cdot \frac{\partial o_i}{\partial u_i^{(t)}}} + \boxed{\sum_{c \neq i} \frac{\partial E^{(t)}}{\partial o_c} \cdot \frac{\partial o_c}{\partial u_i^{(t)}}}$$

> $c = i$ の場合 ／ $c \neq i$ の場合
> $\dfrac{\partial E^{(t)}}{\partial o_c} \cdot \dfrac{\partial o_c}{\partial u_i^{(t)}}$ を $c = i$ が成立する項と $c \neq i$ が成立する項に分けます

③から ／ ⑤から

$$= -\frac{t_i^{(t)}}{o_i^{(t)}} o_i^{(t)}\left(1 - o_i^{(t)}\right) - \sum_{c \neq i} \frac{t_c^{(t)}}{o_c^{(t)}} \cdot \left(-o_c^{(t)} o_i^{(t)}\right)$$

> $\dfrac{\partial E^{(t)}}{\partial o_c} = -\dfrac{t_c^{(t)}}{o_c^{(t)}} \quad \cdots \cdots ⑥$

$$= -t_i^{(t)}\left(1 - o_i^{(t)}\right) + \sum_{c \neq i} t_c^{(t)} o_i^{(t)}$$

$$= -t_i^{(t)} + o_i^{(t)} \sum_{c \neq i} t_c^{(t)}$$

$$= o_i^{(t)} - t_i^{(t)}$$

　ソフトマックス関数に関しても、2乗和誤差関数、シグモイド関数と同じ結果になりました。どの関数を用いても、誤差の勾配は同じように求められることがわかりました。

● **出力層の重みの更新式の導出**

　重み$w_{(j)i}^{(L)}$で誤差関数Eを偏微分した結果をまとめると、次のようになります。

Ⓐより ／ Ⓑより ／ Ⓒより

$$\frac{\partial E}{\partial w_{(j)i}^{(L)}} = \frac{\partial E}{\partial o_j^{(L)}} \frac{\partial o_j^{(L)}}{\partial u_j^{(L)}} \frac{\partial u_j^{(L)}}{\partial w_{(j)i}^{(L)}} = \boxed{\left(o_j^{(L)} - t_j\right)} \boxed{f'\left(u_j^{(L)}\right)} \boxed{o_i^{(L-1)}}$$

　これを勾配降下法の式に当てはめると、出力層の重み$w_{(j)i}^{(L)}$の更新式は次のようになります。

● **出力層の重み$w_{(j)i}^{(L)}$の更新式**

$$w_{(j)i}^{(L)} := w_{(j)i}^{(L)} - \eta\left(\left(o_j^{(L)} - t_j\right) f'\left(u_j^{(L)}\right) o_i^{(L-1)}\right)$$

バイアスの場合は、

$$\frac{\partial u_j^{(L)}}{\partial b_{(j)}^{(L)}} = o_i^{(L-1)} \quad \blacktriangleright \quad \frac{\partial u_j^{(L)}}{\partial b_{(j)}^{(L)}} = 1$$

となるので、バイアス$b_{(j)}^{(L)}$は次の式で更新できます。

● **出力層のバイアス$b_{(j)}^{(L)}$の更新式**

$$b_{(j)}^{(L)} := b_{(j)}^{(L)} - \eta \left(\left(o_j^{(L)} - t_j \right) f' \left(u_j^{(L)} \right) \right)$$

■出力層から1つ手前の層の重みを更新する

出力層の1つ手前のL-1層のi番目のニューロン$u_i^{(L-1)}$にリンクしている重み$w_{(i)h}^{(L-1)}$の更新を考えます。

▼多層パーセプトロンのニューロン$u_i^{(L-1)}$にリンクしている重み$w_{(i)h}^{(L-1)}$の更新

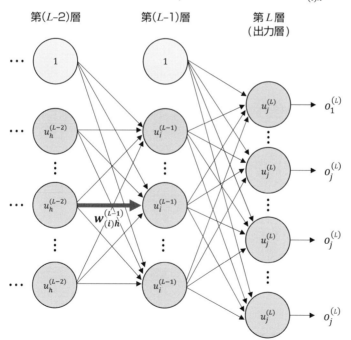

$w_{(i)h}^{(L-1)}$の勾配降下法による更新式は、

$$w_{(i)h}^{(L-1)} := w_{(i)h}^{(L-1)} - \eta \frac{\partial E}{\partial w_{(i)h}^{(L-1)}}$$

ですので、$\partial E / \partial w_{(i)h}^{(L-1)}$について解く場合、$E$は$o_i^{(L-1)}$の関数、$o_i^{(L-1)}$は$u_i^{(L-1)}$の関数、$u_i^{(L-1)}$は$w_{(i)h}^{(L-1)}$の関数と見なせます。$w_{(i)h}^{(L-1)}$はニューロン$u_i^{(L-1)}$にのみリンクしているので、それ以外のニューロンには無関係です。この場合も合成関数の微分公式、

●合成関数の微分公式

$$\frac{df}{dx} = \frac{df}{dg}\frac{dg}{dx}$$

から、誤差関数Eを重み$w_{(i)h}^{(L-1)}$で偏微分する式は次のようになります。

●誤差関数Eを重み$w_{(i)h}^{(L-1)}$で偏微分する

$$\frac{\partial E}{\partial w_{(i)h}^{(L-1)}} = \frac{\partial E}{\partial o_i^{(L-1)}} \frac{\partial o_i^{(L-1)}}{\partial u_i^{(L-1)}} \frac{\partial u_i^{(L-1)}}{\partial w_{(i)h}^{(L-1)}} \quad \cdots\cdots ①$$

●中間層の誤差関数Eを重み$w_{(i)h}^{(L-1)}$で偏微分した結果

$$\frac{\partial E}{w_{(i)h}^{(L-1)}} = \frac{\partial E}{\partial o_i^{(L-1)}} \frac{\partial o_i^{(L-1)}}{\partial u_i^{(L-1)}} \frac{\partial u_i^{(L-1)}}{\partial w_{(i)h}^{(L-1)}}$$

$$= \left[\left(o_j^{(L)} - t_j \right) \left(f'\left(u_j^{(L)}\right) \right) w_{(j)i}^{(L)} \right] f'\left(u_i^{(L-1)}\right) o_h^{(L-2)}$$

展開式①の第1項から順に見ていきましょう。

●①の第1項 $\left(\frac{\partial E}{\partial o_i^{(L-1)}} \right)$

第$(L-1)$層のi番目のニューロンからの出力値$o_i^{(L-1)}$で誤差関数Eを偏微分します。ここでの出力値$o_i^{(L-1)}$は、出力層（第L層）のすべてのニューロンにリンクしています。したがって、多変数関数の合成関数の微分の公式、

●多変数関数の合成関数の微分の公式

$$\frac{df}{dx} = \frac{df}{dg}\frac{dg}{dh}\frac{dh}{dx}$$

を使って、次のように展開します。

●①の第1項 $\frac{\partial E}{o_i^{(L-1)}}$ の展開

$$\frac{\partial E}{\partial o_i^{(L-1)}} = \sum_{j=1}^{n} \frac{\partial E}{\partial o_j^{(L)}} \frac{\partial o_j^{(L)}}{\partial u_j^{(L)}} \frac{\partial u_j^{(L)}}{\partial o_i^{(L-1)}} \quad \cdots \cdots \text{②}$$

この式を解きます。

●①の第1項を偏微分する

$$\frac{\partial E}{\partial o_i^{(L-1)}} = \sum_{j=1}^{n} \boxed{\frac{\partial E}{\partial o_j^{(L)}}} \boxed{\frac{\partial o_j^{(L)}}{\partial u_j^{(L)}}} \boxed{\frac{\partial u_j^{(L)}}{\partial o_i^{(L-1)}}} = \left(o_j^{(L)} - t_j \right) \left(f'\left(u_j^{(L)} \right) \right) w_{(j)i}^{(L)}$$

Ⓐより ／ Ⓑより ／ 下記③より

●①の第2項 $\left(\frac{\partial o_i^{(L-1)}}{\partial u_i^{(L-1)}} \right)$

$\partial o_i^{(L-1)}$ は第 $(L-1)$ 層の i 番目のニューロンからの出力で、$u_i^{(L-1)}$ の関数 $f\left(u_i^{(L-1)} \right)$、活性化関数の微分です。層の番号が1つずれるだけで、出力層のときと同じになります。

▼①の第2項

$$o_i^{(L-1)} = f\left(u_i^{(L-1)} \right)$$

$$\therefore \frac{\partial o_i^{(L-1)}}{\partial u_i^{(L-1)}} = \frac{\partial f\left(\partial u_i^{(L-1)} \right)}{\partial u_i^{(L-1)}} = f'\left(u_i^{(L-1)} \right)$$

●①の第3項 $\left(\frac{\partial u_i^{(L-1)}}{\partial w_{(i)h}^{(L-1)}} \right)$

層の番号が1つずれるだけで、出力層のときと同じ形になります。

▼①の第3項

$$u_i^{(L-1)} = w_{(i)0}^{(L-1)} + w_{(i)1}^{(L-1)} o_1^{(L-2)} + w_{(i)2}^{(L-1)} o_2^{(L-2)} + \cdots + w_{(i)n}^{(L-1)} o_n^{(L-2)}$$

$$\therefore \frac{\partial u_i^{(L-1)}}{\partial w_{(i)h}^{(L-1)}} = o_h^{(L-2)}$$

・②のΣの中の第3項 $\left(\dfrac{\partial u_j^{(L)}}{\partial o_i^{(L-1)}} \right)$

$u_j^{(L)}$は第$(L\text{-}1)$層の各ニューロンの出力に重みを掛けて合計したものなので、次のようになります。

▼②のΣの中の第3項

$$u_j^{(L)} = w_{(j)0}^{(L)} + w_{(j)1}^{(L)} o_1^{(L-1)} + w_{(j)2}^{(L)} o_2^{(L-1)} + \cdots + w_{(j)i}^{(L)} o_i^{(L-1)}$$

$$\therefore \frac{\partial u_j^{(L)}}{\partial o_i^{(L-1)}} = w_{(j)i}^{(L)} \qquad\qquad \cdots\cdots ③$$

■ 重みの更新式を一般化する

これまで、ある第○層の○番目のニューロンからの出力は、$u_k^{(l)}$のように表してきました。ここで、$u_k^{(l)}$で誤差関数Eを偏微分したものを$\delta_k^{(l)}$（δは「デルタ」）と置くことにします。

● δの定義

$$\delta_k^{(l)} = \frac{\partial E}{\partial u_k^{(l)}}$$

このδを、すべての層のバイアスを除くニューロンで使うことにします。そうすると、出力層をLとしたときの重み$w_{(i)j}^{(L)}$の勾配降下法による更新式、

$$w_{(j)i}^{(L)} := w_{(j)i}^{(L)} - \eta \frac{\partial E}{\partial w_{(j)i}^{(L)}}$$

の$\partial E / \partial w_{(j)i}^{(L)}$について

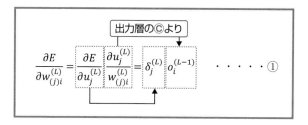

となります。これを用いると、勾配降下法での出力層の重みの更新式は、

● 勾配降下法による重みの更新式

$$w_{(j)i}^{(L)} := w_{(j)i}^{(L)} - \eta \delta_j^{(L)} o_i^{(L-1)}$$

のようにシンプルに表せます。このときの $\delta_j^{(L)}$ を展開すると次のようになります。

▼ 出力層の $\delta_j^{(L)}$ の展開

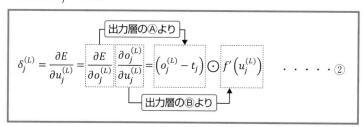

　誤差関数 E を2乗和誤差としてもクロスエントロピー誤差関数としても、同じ結果になります。次に、出力層以外の任意の第 l 層について見ていきましょう。次の図は、第 l 層の i 番目のニューロン $u_i^{(l)}$ を示したものです。

▼**任意の*l*層について考える**

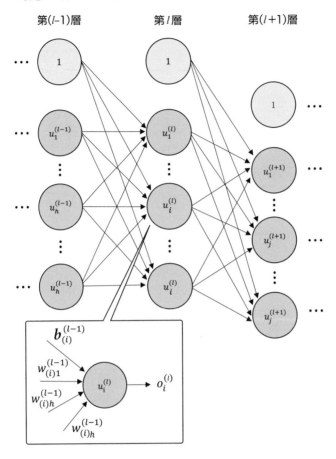

図で示した第*l*層の*i*番目のニューロン$u_i^{(l)}$への入力は、

$$u_i^{(l)} = w_{(i)0}^{(l)} + w_{(i)1}^{(l)} o_1^{(l-1)} + w_{(i)2}^{(l)} o_2^{(l-1)} + \cdots + w_{(i)h}^{(l)} o_h^{(l-1)}$$

となり、出力は

$$o_i^{(l)} = f\left(u_i^{(l)}\right)$$

です。一方、第*l*層の勾配降下法での重み更新式は次のようになります。

$$w_{(i)h}^{(l)} := w_{(i)h}^{(l)} - \eta \frac{\partial E}{w_{(i)h}^{(l)}}$$

この式の $\partial E / w_{(i)h}^{(l)}$ は、

$$\frac{\partial E}{w_{(i)h}^{(l)}} = \frac{\partial E}{\partial u_i^{(l)}} \frac{\partial u_i^{(l)}}{\partial w_{(i)h}^{(l)}} = \delta_i^{(l)} o_h^{(l-1)} \quad \cdots\cdots ①の式より$$

と表せるので、出力層以外の重み更新式は次のようになります。

●出力層以外の重みの更新式

$$w_{(i)h}^{(l)} := w_{(i)h}^{(l)} - \eta \delta_i^{(l)} o_h^{(l-1)}$$

$\delta_i^{(l)}$ は、出力層の重み $w_{(i)j}^{(L)}$ の更新式、

$$w_{(j)i}^{(L)} := w_{(j)i}^{(L)} - \eta \left(\left(o_j^{(L)} - t_j \right) f'\left(u_j^{(L)} \right) o_i^{(L-1)} \right)$$

の $\left(o_j^{(L)} - t_j \right) f'\left(u_j^{(L)} \right)$ の部分に相当しますが、$\delta_i^{(l)}$ を展開すると、出力層のときとは異なるものになります。

$$\delta_i^{(l)} = \frac{\partial E}{\partial u_i^{(l)}} = \frac{\partial E}{\partial o_i^{(l)}} \frac{\partial o_i^{(l)}}{\partial u_i^{(l)}}$$

のところは同じですが、中間層のニューロンからの出力値 $o_i^{(l)}$ に対する正解値は存在しないので、出力層のときのⒶすなわち

$$\frac{\partial E}{\partial o_j^{(L)}} = o_j^{(L)} - t_j$$

を当てはめることができません。

そこで、次層の出力値 $u_j^{(l+1)}$ を用いて次のようにします。

$$\frac{\partial E}{\partial o_i^{(l)}} = \sum_{j=1}^{n} \frac{\partial E}{\partial u_j^{(l+1)}} \frac{\partial u_j^{(l+1)}}{\partial o_i^{(l)}}$$

$$= \sum_{j=1}^{n} \delta_j^{(l+1)} w_{(j)i}^{(l+1)} \quad \boxed{③より}$$

これを $\delta_j^{(l)}$ の展開式に当てはめます。

●**出力層以外の$\delta_i^{(l)}$の展開式への当てはめ（⊙はアダマール積を示す）**

$$\delta_i^{(l)} = \frac{\partial E}{\partial o_i^{(l)}} \frac{\partial o_i^{(l)}}{\partial u_i^{(l)}}$$

$$= \left(\sum_{j=1}^{n} \delta_j^{(l+1)} w_{(j)i}^{(l+1)} \right) \odot f' \left(u_i^{(l)} \right) \quad \cdots \cdots ③$$

　　出力層の$\delta_i^{(l)}$の中身は、出力層とそれ以外の層で異なるので、ここで場合分けをしておきます。

●**$\delta_i^{(l)}$の定義を場合分けする（⊙はアダマール積を示す）**

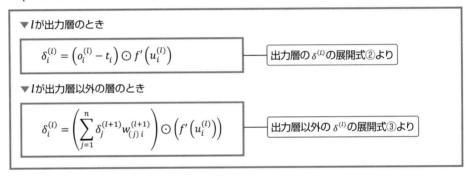

▼ lが出力層のとき

$$\delta_i^{(l)} = \left(o_i^{(l)} - t_i \right) \odot f' \left(u_i^{(l)} \right)$$

出力層の $\delta^{(l)}$ の展開式②より

▼ lが出力層以外の層のとき

$$\delta_i^{(l)} = \left(\sum_{j=1}^{n} \delta_j^{(l+1)} w_{(j)i}^{(l+1)} \right) \odot \left(f' \left(u_i^{(l)} \right) \right)$$

出力層以外の $\delta^{(l)}$ の展開式③より

　　f'は、一般化した活性化関数fの導関数ですので、活性化関数をシグモイド関数にした場合は、$f'(x) = (1 - f(x))f(x)$になり、上記の式の$f' \left(u_i^{(l)} \right)$のところが次のようになります。

●**$\delta_i^{(l)}$の定義を場合分けする（シグモイド関数の場合）**

▼ lが出力層のとき

$$\delta_i^{(l)} = \left(o_i^{(l)} - t_i \right) \odot \left(1 - f \left(u_i^{(l)} \right) \right) \odot f \left(u_i^{(l)} \right)$$

▼ lが出力層以外の層のとき

$$\delta_i^{(l)} = \left(\sum_{j=1}^{n} \delta_j^{(l+1)} w_{(j)i}^{(l+1)} \right) \odot \left(1 - f \left(u_i^{(l)} \right) \right) \odot f \left(u_i^{(l)} \right)$$

5.3 ニューラルネットワークの作成

　これから作成するニューラルネットワークは、入力層に隠れ層、出力層を連結した2層構造の多層パーセプトロンです。全体の処理として、順方向への伝播と、バックプロパゲーションによる誤差逆伝播を利用して重みの更新を行います。もちろん、TensorFlowやKeras、PyTorchで作成できますが、まずはPythonの基本機能とNumPyのみで、手作り感満載のニューラルネットワークを作成してみることにしましょう。そうすることで、これまで延々と続いた面倒な数式が、よりよく理解できるかと思います。

5.3.1 作成するニューラルネットワークの構造

　入力層に隠れ層と出力層を連結した2層構造のニューラルネットワークを作成します。入力層を含めると3層になりますが、重みがリンクされているのは隠れ層と出力層だけなので、2層のネットワークとして考えます。汎用的に使えるように、各層のニューロンの数は定めないでおき、実際にモデルを生成するときに設定できるようにしたいと思います。

▼作成する2層ニューラルネットワークの全体像

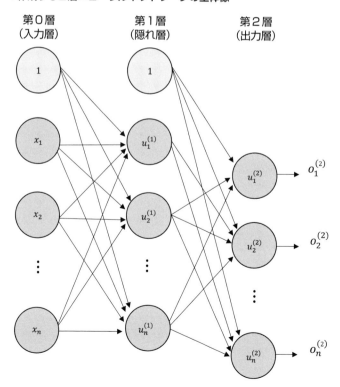

　　ニューラルネットワークは、neuralNetworkクラスとして実装し、ネットワークの初期化、重みとバイアスの初期化、活性化関数、ニューラルネットワークの学習、学習結果を用いたテストデータの評価を行うメソッドをそれぞれ定義します。

- __init__()
  入力層、隠れ層、出力層それぞれのニューロンの数、学習率を設定し、ニューラルネットワークの初期化処理を行います。
- weight_initializer()メソッド
  隠れ層と出力層の重み、バイアスの初期値を設定します。
- sigmoid()メソッド
  シグモイド関数を実装します。
- softmax()メソッド
  ソフトマックス関数を実装します。
- train()メソッド
  訓練データを読み込んで順伝播を行い、最終出力と正解ラベルの誤差をバックプロパゲーションにより逆伝播し、重み、バイアスを更新します。
- evaluate()メソッド
  更新された重み、バイアスを用いてテストデータを評価します。

　　これらのメソッドを定義したneuralNetworkクラスの構造は、次のようになります。

▼neuralNetworkクラスの構造

```
class neuralNetwork:

    def __init__(self):
        # 実装コード

    def weight_initializer(self):
        # 実装コード

    def sigmoid(self):
        # 実装コード

    def softmax(self, x):
        # 実装コード

    def train(self):
        # 実装コード

    def evaluate(self):
        # 実装コード
```

5.3.2 初期化メソッド__init__()、weight_initializer()、sigmoid()、softmax()の作成

Pythonでは、前後にダブルアンダースコアが付いた__init__()という名前のメソッドをクラス内部で定義すると、クラスをインスタンス化する際に自動で呼び出されるようになります。そこで、neuralNetworkクラスの__init__()では、ニューラルネットワークの初期化に必要な次の処理を行うことにします。

● __init__()で行う処理
・入力層、隠れ層、出力層のニューロン数、学習率をインスタンス変数に代入
・weight_initializer()を実行する

weight_initializer()は、重みとバイアスの初期値を設定します。本来は__init__()にまとめてもよいのですが、コードの量が多いので、weight_initializer()として定義し、__init__()から呼び出すようにしました。

● weight_initializer()で行う処理
・隠れ層の重みとバイアスの初期値を設定
・出力層の重みとバイアスの初期値を設定

活性化関数にはシグモイド関数とソフトマックス関数を使うことにします。

● sigmid()で行う処理
隠れ層の入力信号を受け取り、シグモイド関数を適用し、これを戻り値として返します。

● softmax()で行う処理
出力層の入力信号を受け取り、ソフトマックス関数を適用して戻り値として返します。ソフトマックス関数は、マルチクラス分類に適した関数です（詳細はこのあと解説します）。

それでは、neuralNetworkクラスを作成して、__init__()、weight_initializer()、sigmid()、softmax()を次のように定義します。

▼neuralNetworkクラスの作成と__init__()、weight_initializer()、sigmid()、softmax()の定義

セル1

```python
import numpy as np


class neuralNetwork:
    '''ニューラルネットワークを生成する

    Attributes:
        input(int): 入力層のニューロン数
        fc1(int): 隠れ層のニューロン数
        fc2(int): 出力層のニューロン数
        lr(float): 学習率
        w1(array): 隠れ層のバイアス、重み行列
        w2(array): 出力層のバイアス、重み行列
    '''

    def __init__(self, input_dim, hidden_dim, output_dim, learning_rate):
        '''ニューラルネットワークの初期化を行う

        Parameters:
            input_dim(int) : 入力層のニューロン数
            hidden_dim(int): 隠れ層のニューロン数
            output_dim(int): 出力層のニューロン数
            learning_rate(float): 学習率

        '''
        # 入力層、隠れ層、出力層のニューロン数をインスタンス変数に代入
        self.input = input_dim      # 入力層のニューロン数
        self.fc1 = hidden_dim       # 隠れ層のニューロン数
        self.fc2 = output_dim       # 出力層のニューロン数
        self.lr = learning_rate     # 学習率
        self.weight_initializer()   # weight_initializer()を呼ぶ

    def weight_initializer(self):
        '''重みとバイアスの初期化を行う

        '''
        # 隠れ層の重みとバイアスを初期化
        self.w1 = np.random.normal(
            0.0,                     # 平均は0
```

```
                pow(self.input, -0.5),  # 標準偏差は入力層のニューロン数をもとに計算
                (self.fc1,               # 行数は隠れ層のニューロン数
                 self.input + 1)         # 列数は入力層のニューロン数 + 1
                )


        # 出力層の重みとバイアスを初期化
        self.w2 = np.random.normal(
                0.0,                     # 平均は0
                pow(self.fc1, -0.5),     # 標準偏差は隠れ層のニューロン数をもとに計算
                (self.fc2,               # 行数は出力層のニューロン数
                 self.fc1 + 1)           # 列数は隠れ層のニューロン数 + 1
                )

    def sigmoid(self, x):
        '''シグモイド関数

        Parameters:
          x(array): 関数を適用するデータ
        '''
        return 1 / (1 + np.exp(-x))

    def softmax(self, x):
        '''ソフトマックス関数

        Parameters:
          x(array): 関数を適用するデータ
        '''
        c = np.max(x)
        exp_x = np.exp(x - c)  # オーバーフロー対策
        sum_exp_x = np.sum(exp_x)
        y = exp_x / sum_exp_x
        return y
```

入力層、隠れ層、出力層のニューロンの数は、それぞれ次のインスタンス変数に格納されます。

```
self.input  # 入力層のニューロン数
self.fc1    # 隠れ層のニューロン数
self.fc2    # 出力層のニューロン数
```

　これらを利用して、weight_initializer()では隠れ層と出力層の重み、バイアスをNumPyの random.normal()で生成するようにします。random.normal()は、

numpy.random.normal(平均, 標準偏差, (行数, 列数))

のように第3引数で(行数, 列数)を指定すると、正規分布するデータからランダムにサンプリングした値を、指定されたサイズの行列に格納して返してきます。

▼隠れ層の重みとバイアスの初期値を生成

```
self.w1 = np.random.normal(
        0.0,                        # 平均は0
        pow(self.inneurons, -0.5),  # 標準偏差は入力層のニューロン数をもとに計算
        (self.fc1,                  # 行数は隠れ層のニューロン数
         self.input + 1)            # 列数は入力層のニューロン数 + 1
        )
```

　ランダムに生成された値は、

・行数 = 隠れ層のニューロン数
・列数 = 入力層のニューロン数 + 1

の行列として返されますので、隠れ層の重み行列の形は次のようになります。

▼self.w1 の中身

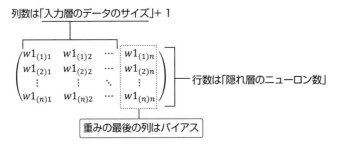

　同じ要領で、出力層の重みとバイアスの行列を作成します。

▼出力層の重みとバイアスの初期値を生成

```
self.w2 = np.random.normal(
    0.0,                    # 平均は0
    pow(self.fc1, -0.5),    # 標準偏差は隠れ層のニューロン数をもとに計算
    (self.fc2,              # 行数は出力層のニューロン数
     self.fc1 + 1)          # 列数は隠れ層のニューロン数 + 1
    )
```

出力層の重み行列の形は次のようになります。

▼self.w2の中身

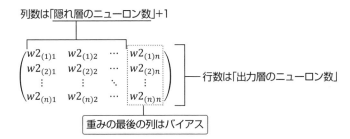

順伝播とバックプロパゲーションの処理はこれから定義しますが、この段階で次のように記述すれば、neuralNetworkオブジェクトを生成することができます。

▼neuralNetworkオブジェクトの生成

```
input_neurons = 10      # 入力層のデータのサイズ
hidden_neurons = 10     # 隠れ層のニューロンの数
output_neurons = 10     # 出力層のニューロンの数
learning_rate = 0.1     # 学習率

# neuralNetworkオブジェクトの生成
n = neuralNetwork(input_neurons,
                  hidden_neurons,
                  output_neurons,
                  learning_rate)
```

このように書くと、入力層と隠れ層と出力層のそれぞれに10個ずつのニューロンが用意され、隠れ層と出力層の重み行列が生成されます。

■重みの初期値について考える

　単純パーセプトロンのところでは、重みの初期値についてはあまり深く考えずに、ランダムな値を用いることで対応していました。ここで、あらためてバイアスを含む、重みの初期値について考えたいと思います。重みの初期値はランダム、かつ一様に設定することが必要ですが、あまりにも大きな値を設定してしまうと、ネットワークの飽和を招いてしまことがあります。これがどういうことなのか、シグモイド関数を例に見ていくことにしましょう。活性化関数として使用するシグモイド関数は、次のような曲線を描く関数です。

▼シグモイド関数のグラフ

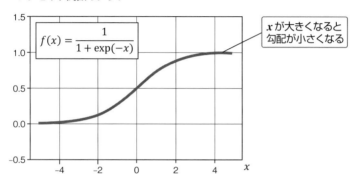

　入力値が大きい部分では、活性化関数が平坦になりますが、このように平坦になるのは好ましくありません。重みの更新には、「誤差の傾き」が利用されるためです。傾きが小さくなるほど学習能力が低下し、傾きが平坦になると学習がほとんど行われなくなります。これを「**ネットワークの飽和**」と呼びます。シグモイド関数が1に近い値を出力してばかりいると、誤差の傾きが小さくなり、うまく学習することができません。そのため、重みの値を大きくしすぎてはいけないのです。では、一体どのくらいの値が適切かというと、–1.0～+1.0の範囲から0を除く値をランダム、かつ一様に選択するのがよいとされています。

　あと、当然ではありますが、同じ層のすべての重みに対して同じ値を使ってはいけません。バックプロパゲーションで誤差を逆伝播するときに、誤差が等しく分割されてしまうからです。もちろん、たとえ1つの重みであっても0はダメです。0の重みは入力信号を消してしまうので、活性化関数は何も出力しません。重みの更新も出力信号に依存するので、学習がまったく行われないことになります。

　NumPyのrandom.randn()関数は、引数に何も指定しないと、平均が0、標準偏差が1の標準正規分布に従う乱数を生成します。

▼標準正規分布のグラフ

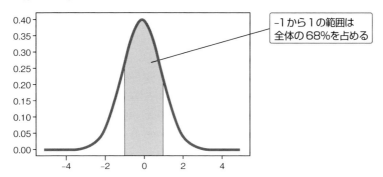

−1から1の範囲は
全体の68%を占める

標準正規分布では、−1から1の範囲に全体の約68%、−2から2の範囲に全体の95%のデータが含まれます。random.randn()関数で乱数を生成すると、−1から1の範囲の値は68%の確率で生成されることになります。−2から2までに範囲を広げると、この範囲の値は95%の確率で生成されます。

このように、random.randn()関数を使うことで、−1から1までの「小さな値」を標準正規分布の68%の範囲から抽出できますが、これまでの研究によって、重みの初期値は、−1から1までの範囲とは別に、これから説明する範囲からランダムに選ぶとよい結果が得られるとされています。

例えば、リンク元のニューロンの数が3個の場合、重みの初期値は

$$-\frac{1}{\sqrt{3}} \sim \frac{1}{\sqrt{3}}$$

の範囲、およそ−0.577〜+0.577の範囲から選びます。50個のリンクを持っていたら、重みの範囲は

$$-\frac{1}{\sqrt{50}} \sim \frac{1}{\sqrt{50}}$$

となるので、−0.141から+0.141の範囲から選ぶのです。重みは、何個のニューロンからリンクが伸びているかを調べ、これの平方根の逆数をとってプラスマイナスした範囲です。

あるニューロンに対して、そのリンク元のニューロンの数が多いほど、多くの信号が入力されるので、リンクが多ければ、そのぶん重みの範囲を小さくすることで、活性化関数を飽和させないようにするという考えです。

　実際にこの方法で重みの初期値を設定すると、学習効果がアップすることが確認できました。プログラムでは、

　np.random.normal(0.0, pow(inneurons, –0.5), 〜)　※inneuronsはニューロンの数

として、平均が0、ニューロン数の平方根の逆数を標準偏差とした正規分布からランダムにサンプリングするようにしています。

　平均=0,　標準偏差= (入力層のニューロン数)$^{-0.5}$

の正規分布なので、ニューロンの数を3個とすると、

$$-\frac{1}{\sqrt{3}} \sim \frac{1}{\sqrt{3}}$$

の範囲からデータが抽出されます。標準偏差の計算は、ニューロンに接続されたリンクの数の平方根の逆数を求めるためのものなので、べき乗を求めるpow()関数で

　pow(inneurons, –0.5)

のようにして取得できます。

5.3.3　入力層の処理

　ニューラルネットワーク（のモデル）を用いて学習を行うのが、train()メソッドです。ニューラルネットワークへの入力から、隠れ層、出力層への順伝播、さらにはバックプロパゲーションによる重みの更新までを行います。処理が多いので、まずはメソッドの宣言部を書くことから始めましょう。このメソッドには、訓練データを受け取るためのパラメーターと、正解ラベルを受け取るためのパラメーターを用意します。正解ラベルとは、正解値として誤差を算出するために利用するデータのことです。このあと、ニューラルネットワークで10個のファッションカテゴリの白黒画像の画像認識を行いますが、コートの画像であれば、正解としての4の値が正解ラベルになります。

▼Fashion-MNIST（ファッション記事データベース）のラベル

ラベル	説明	ラベル	説明
0	Tシャツ / トップス	5	サンダル
1	ズボン	6	シャツ
2	プルオーバー	7	スニーカー
3	ドレス	8	バッグ
4	コート	9	アンクルブーツ

train()メソッドを実行する際は、訓練データと正解ラベルをそれぞれNumPyの配列として渡すようにするので、それぞれの引数を受け取るためのパラメーターinputs_list、targets_listを用意します。

▼ニューラルネットワークの学習を行うtrain()メソッドの宣言部

```
def train(self,
          train_x,    # 訓練データの配列
          train_y     # 正解ラベルの配列
          ):
```

入力層の処理としては、訓練データをニューラルネットワークに入力できるように、行列への変換を行います。inputs_listに格納されている訓練データの配列を2次元配列（2階テンソル）に変換し、（データサイズ＝行，1列）の行列にします。形としては縦ベクトルですが、NumPyのベクトル（1次元配列）には縦ベクトル、横ベクトルの概念がないので、これと区別するために2次元化することで縦ベクトルを表現しています。

行列の生成は、NumPyのarray()関数で行います。第1引数には訓練データの末尾にバイアスのための「1」を追加したNumPy配列を指定し、第2引数でndmin=2を指定して2階テンソルにします。こうして生成した2階テンソルを最後に転置して（データサイズ＝行，1列）の行列にします。

▼訓練データの行列を作る

```
inputs = np.array(np.append(train_x, [1]),   # バイアスのための「1」を追加
                  ndmin=2).T                  # 2次元化して転置する
```

▼1次元の配列を（データサイズ＝行，1列）の行列（2次元配列）に変換

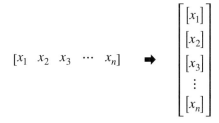

$$[x_1 \quad x_2 \quad x_3 \quad \cdots \quad x_n] \quad \Rightarrow \quad \begin{bmatrix} [x_1] \\ [x_2] \\ [x_3] \\ \vdots \\ [x_n] \end{bmatrix}$$

バイアスのための「1」が必要なので、訓練データの配列の末尾にappend()関数で「1」を追加する処理をarray()の第1引数にしています。追加する1は、[1]のように配列にしてから追加することに注意してください。転置して1列の行列にするための措置です。では、この処理をtrain()の冒頭に書き込みましょう。

▼入力層の処理

```
def train(self, train_x, train_y):

    ## [入力層]

    # 入力値の配列にバイアス項を追加して入力層から出力する

    inputs = np.array(

        np.append(train_x, [1]),    # 配列の末尾にバイアスのための「1」を追加

        ndmin=2                     # 2次元化

        ).T                         # 転置して1列の行列にする
```

▼入力データの行列末尾にバイアスのための [1] を追加する

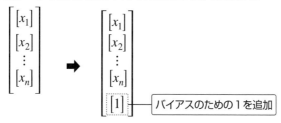

5.3.4 隠れ層の処理

次に隠れ層の処理を作ります。入力層からの出力信号に重みを適用し、バイアスの値を加えて隠れ層の入力とします。

▼入力層の出力に重み、バイアスを適用して隠れ層に入力する

```
hidden_inputs = np.dot(self.w1, inputs)
```

これにより、次のようにバイアスを含む重みと入力の行列の内積が計算され、隠れ層への入力信号として（入力データのサイズ+1行，1列）の行列が作成されます。重み$w_{(i)h}$のカッコ付きの添え字は隠れ層のニューロン番号、右横の添字は入力層のデータの番号を示します。

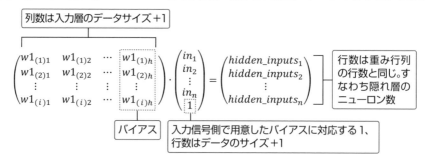

続いて入力信号の行列に活性化関数（シグモイド関数）を適用し、隠れ層の出力信号とします。

▼入力信号に活性化関数を適用

```
hidden_outputs = self.sigmoid(hidden_inputs)
```

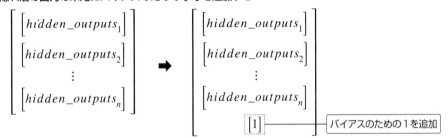

隠れ層の処理の最後に、出力行列の末尾の成分として、バイアスに対応するための1を追加します。処理としては、append()関数の第1引数に隠れ層の出力行列hidden_outputs、第2引数に2次元化した[[1]]、第3引数に行の追加を行う「axis=0」を指定します。では、ここまでの処理をまとめておきましょう。

▼隠れ層の出力の末尾にバイアスのための [1] を追加する

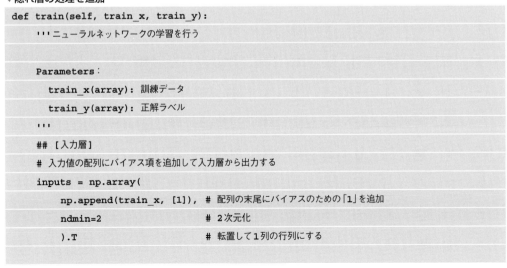

▼隠れ層の処理を追加

```
def train(self, train_x, train_y):
    '''ニューラルネットワークの学習を行う

    Parameters：
      train_x(array)：訓練データ
      train_y(array)：正解ラベル
    '''
    ## ［入力層］
    # 入力値の配列にバイアス項を追加して入力層から出力する
    inputs = np.array(
        np.append(train_x, [1]),   # 配列の末尾にバイアスのための「1」を追加
        ndmin=2                    # 2次元化
        ).T                        # 転置して1列の行列にする
```

```
## ［隠れ層］
# 入力層の出力に重み、バイアスを適用して隠れ層に入力する
hidden_inputs = np.dot(
    self.w1,          # 隠れ層の重み
    inputs            # 入力層の出力
    )

# シグモイド関数を適用して隠れ層から出力
hidden_outputs = self.sigmoid(hidden_inputs)

# 隠れ層の出力行列の末尾にバイアスのための「1」を追加
hidden_outputs = np.append(
    hidden_outputs,   # 隠れ層の出力行列
    [[1]],            # 2次元形式でバイアス値を追加
    axis=0            # 行を指定 (列は1)
    )
```

5.3.5 出力層の処理

出力層の最初の処理は、隠れ層からの出力に重みとバイアスを適用して入力信号を作ることです。

▼出力層の入力信号を作る

```
final_inputs = np.dot(self.w2,          # 隠れ層の重みとバイアス
                      hidden_outputs)   # 隠れ層の出力
```

隠れ層と入力層の間の重みにはバイアスも含まれていますので、これと隠れ層からの出力との積を出力層への入力信号とします。

　　▼出力層にリンクされている重みの行列と隠れ層の出力の積
　　（重みの1つ目の添え字はリンク先の出力層のニューロン番号、2つ目はリンク元の隠れ層のニューロン番号を示す）

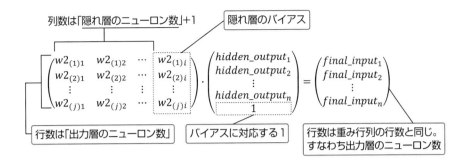

このようにして求めた積が出力層の入力信号となります。入力信号の個数イコール出力層のニューロン数です。最後に活性化関数を適用して出力層から出力します。ここでは、マルチクラス分類と相性のよい**ソフトマックス関数**を使うことにします。

▼活性化関数を適用して出力層から出力する

$$softmax \begin{pmatrix} final\_input_1 \\ final\_input_2 \\ \vdots \\ final\_input_n \end{pmatrix} = \begin{pmatrix} final\_output_1 \\ final\_output_2 \\ \vdots \\ final\_output_n \end{pmatrix}$$ 行数＝出力層のニューロン数

■ソフトマックス関数

前節でも少し触れましたが、ソフトマックス関数は主にマルチクラス分類に用いられる関数で、各クラスの確率として、0から1.0の間の実数を出力します。出力した確率の総和は1になります。例えば、3つのクラスがあり、1つ目が0.26、2つ目が0.714、3つ目が0.026だったとします。この場合、1つ目のクラスが正解である確率は26%、2つ目のクラスは71.4%、3つ目のクラスは2.6%である、というように確率的な解釈ができます。

ソフトマックス関数を一般化した式で書くと、次のようになります。

▼ソフトマックス関数

$$y_k = \frac{\exp(a_k)}{\sum_{i=1}^{n} \exp(a_i)}$$

$\exp(x)$は、e^xを表す指数関数です。eは、2.7182…のネイピア数です。この式は、出力層のニューロンが全部でn個あるとして、k番目の出力y_kを求めることを示しています。ソフトマックス関数の分子は入力信号a_kの指数関数、分母はすべての入力信号の指数関数の和になります。ソフトマックス関数をそのまま素直に実装すると次のようになります。

▼ソフトマックス関数の定義

```
def softmax(self, x):
    exp_x = np.exp(x)
    sum_exp_x = np.sum(exp_x)
    y = exp_x / sum_exp_x
    return y
```

　ソフトマックス関数の実装では、指数関数の計算を行うことになりますが、その際に指数関数の値が大きな値になります。例えば、e^{100} は数字が40個以上も並ぶかなり大きな値になります。e^{1000} になると、コンピューターのオーバーフローの問題で無限大を表すinfが返ってきます。そういうことがあるので、大きな値同士で割り算を行うと結果が不安定になってしまうことがあります。

　そこで、ソフトマックスの指数関数の計算を行う際は、何らかの定数を足したり引いたりしても結果は変わらないという特性を活かして、オーバーフロー対策を行うのが一般的です。具体的には、入力信号の中で最大の値を取得し、これを用いて

$$exp\_x = np.exp(x - 最大値)$$

のように引き算をすることで、正しく計算できるようになります。これを取り入れた改良版のソフトマックス関数は次のようになります。

▼ソフトマックス関数の定義（改良版）

```
def softmax(self, x):
    '''ソフトマックス関数

    Parameters:
      x(array): 関数を適用するデータ
    '''
    c = np.max(x)
    exp_x = np.exp(x - c) # オーバーフロー対策
    sum_exp_x = np.sum(exp_x)
    y = exp_x / sum_exp_x
    return y
```

▼ソフトマックス関数を適用して出力層から出力する

```
final_outputs = self.softmax(final_inputs)
```

5.3.6　ニューラルネットワークの順伝播部を完成させる

　　ここまでで、ニューラルネットワークの順伝播の処理は完成です。出力層の処理を含めて、これまでのコードをまとめておきましょう。

▼ neuralNetwork クラス

`セル1`

```python
import numpy as np


class neuralNetwork:
    '''ニューラルネットワークを生成する


    Attributes:
        input(int): 入力層のニューロン数
        fc1(int): 隠れ層のニューロン数
        fc2(int): 出力層のニューロン数
        lr(float): 学習率
        w1(array): 隠れ層のバイアス、重み行列
        w2(array): 出力層のバイアス、重み行列
    '''


    def __init__(self, input_dim, hidden_dim, output_dim, learning_rate):
        '''ニューラルネットワークの初期化を行う


        Parameters:
            input_dim(int) : 入力層のニューロン数
            hidden_dim(int): 隠れ層のニューロン数
            output_dim(int): 出力層のニューロン数
            learning_rate(float): 学習率


        '''
        # 入力層、隠れ層、出力層のニューロン数をインスタンス変数に代入
        self.input = input_dim        # 入力層のニューロン数
        self.fc1 = hidden_dim         # 隠れ層のニューロン数
        self.fc2 = output_dim         # 出力層のニューロン数
        self.lr = learning_rate       # 学習率
        self.weight_initializer() # weight_initializer() を呼ぶ


    def weight_initializer(self):
        '''重みとバイアスの初期化を行う
```

```python
        '''
        # 隠れ層の重みとバイアスを初期化
        self.w1 = np.random.normal(
            0.0,                        # 平均は0
            pow(self.input, -0.5),      # 標準偏差は入力層のデータサイズをもとに計算
            (self.fc1,                  # 行数は隠れ層のニューロン数
             self.input + 1)            # 列数は入力層のデータサイズ + 1
            )

        # 出力層の重みとバイアスを初期化
        self.w2 = np.random.normal(
            0.0,                        # 平均は0
            pow(self.fc1, -0.5),        # 標準偏差は隠れ層のニューロン数をもとに計算
            (self.fc2,                  # 行数は出力層のニューロン数
             self.fc1 + 1)              # 列数は隠れ層のニューロン数 + 1
            )

    def sigmoid(self, x):
        '''シグモイド関数

        Parameters:
          x(array): 関数を適用するデータ
        '''
        return 1 / (1 + np.exp(-x))

    def softmax(self, x):
        '''ソフトマックス関数

        Parameters:
          x(array): 関数を適用するデータ
        '''
        c = np.max(x)
        exp_x = np.exp(x - c) # オーバーフロー対策
        sum_exp_x = np.sum(exp_x)
        y = exp_x / sum_exp_x
        return y

    def train(self, train_x, train_y):
        '''ニューラルネットワークの学習を行う
```

```python
    Parameters：
        train_x(array)：訓練データ
        train_y(array)：正解ラベル
    '''
    ## ［入力層］
    # 入力値の配列にバイアス項を追加して入力層から出力する
    inputs = np.array(
        np.append(train_x, [1]),  # 配列の末尾にバイアスのための「1」を追加
        ndmin=2                   # 2次元化
        ).T                       # 転置して1列の行列にする


    ## ［隠れ層］
    # 入力層の出力に重み、バイアスを適用して隠れ層に入力する
    hidden_inputs = np.dot(
        self.w1,                  # 隠れ層の重み
        inputs                    # 入力層の出力
        )


    # シグモイド関数を適用して隠れ層から出力
    hidden_outputs = self.sigmoid(hidden_inputs)


    # 隠れ層の出力行列の末尾にバイアスのための「1」を追加
    hidden_outputs = np.append(
        hidden_outputs,           # 隠れ層の出力行列
        [[1]],                    # 2次元形式でバイアス値を追加
        axis=0                    # 行を指定 (列は1)
        )


    ## ［出力層］
    # 出力層への入力信号を作る
    final_inputs = np.dot(
        self.w2,                  # 隠れ層と出力層の間の重み
        hidden_outputs            # 隠れ層の出力
        )

    # ソフトマックス関数を適用して出力層から出力する
    final_outputs = self.softmax(final_inputs)


    print(final_outputs)         # 一時的に追加するコード、実験終了後に削除
    print(sum(final_outputs))    # 一時的に追加するコード、実験終了後に削除
```

　　FFNN（フィードフォワードニューラルネットワーク）として順伝播の処理は完成していますので、適当なデータを入力して、出力層からどのように出力されるか確認してみることにしましょう。train() メソッドの処理コードの末尾に次のコードを追加して、最終出力を出力するようにします。

▼train() メソッドの末尾に一時的に追加するコード

```
#  メソッドの処理の一部となるようにインデントを入れる
print(final_outputs)
print(sum(final_outputs))
```

　　neuralNetwork クラスをインスタンス化して、train() メソッドを実行してみましょう。各層のニューロンの数は3、学習率を0.1にして、訓練データと正解ラベルに適当な値を設定します。訓練データのサイズと正解ラベルのサイズは同じにしてください。

▼neuralNetwork をインスタンス化して train() メソッドを実行する（実験終了後に削除してください）

```
セル2
input_dim = 3   #  入力データのサイズ
hidden_dim = 3 #  隠れ層のニューロンの数
output_dim = 3 #  出力層のニューロンの数
learning_rate = 0.1 #  学習率

#  neuralNetwork オブジェクトの生成
n = neuralNetwork(input_dim, hidden_dim, output_dim, learning_rate)

#  ダミーの訓練データ
inputs_list = [1.0, 1.5, 2.0]
#  ダミーの正解ラベル
targets_list = [1.0, 1.5, 2.0]
#train() を実行
n.train(inputs_list, targets_list)
```

▼出力された値

```
[[0.40370187]
 [0.26993112]
 [0.32636701]]
[1.] ◀出力値の合計は1になる
```

　　バックプロパゲーションはまだ実装していないので、正解ラベルが使用されることはありませんが、出力層からの最終の出力が表示されました。

次項では、出力結果と正解ラベルの誤差を計算し、バックプロパゲーションによる重みの更新を行う処理を作りますので、実験が終わったら、train()の最後に追加したprint(final_outputs)とprint(sum(final_outputs))、および前ページの「セル2」のコードはすべて削除してください。

5.3.7 バックプロパゲーションによる重みの更新

train()メソッドに、バックプロパゲーションによる重みの学習を実装します。

●重みの更新式

$$w_{(i)h}^{(l)} := w_{(i)h}^{(l)} - \eta \delta_i^{(l)} o_i^{(l-1)}$$

●活性化関数をシグモイド関数＋ソフトマックス関数にした場合の$\delta_i^{(l)}$（222ページより）

▼lが出力層のとき

$$\delta_i^{(l)} = \left(o_i^{(l)} - t_i\right) \odot \left(1 - f\left(u_i^{(l)}\right)\right) \odot f\left(u_i^{(l)}\right)$$

▼lが出力層以外の層のとき

$$\delta_i^{(l)} = \sum_{j=1}^{n} \left(\delta_j^{(l+1)} w_{(j)i}^{(l+1)}\right) \odot \left(1 - f\left(u_i^{(l)}\right)\right) \odot f\left(u_i^{(l)}\right)$$

$\delta_i^{(l)}$は、対象の層の出力誤差から逆算した入力側の誤差情報で、これと出力値との積が「入力側の誤差」になります。

■出力層の重みの更新

出力層の$\delta_i^{(2)}$を求めるには、まずは最終出力と正解ラベルの誤差$\left(o_i^{(2)} - t_i\right)$を求めることが必要です。そこでバックプロパゲーションの最初の処理として、train()のパラメーターtargetsに渡されてくる正解ラベルの配列を2次元化し、転置して、（データサイズ＝行, 1列）の行列にする処理を行います。最終出力final_outputsは（ニューロン数＝行, 1列）の行列なので、引き算ができるように形を合わせるのです。なお、$\delta_i^{(2)}$のように上付きの添字が(2)となっているのは、作成中のニューラルネットワークが2層構造であり、出力層の層番号が2となるためです。

▼正解ラベルの配列を1列の行列に変換する

```
targets = np.array(train_y,        # 正解ラベルの配列
                   ndmin=2).T  # 2次元化した配列を転置して1列の行列にする
```

　正解ラベルの行列への変換が済んだら、最終出力の行列final_outputsとの差を求めます。

▼最終出力と正解ラベルの誤差を求める

```
output_errors = final_outputs - targets
```

　これで、出力層の$\delta_i^{(2)}$を求める式の$\left(o_i^{(2)}-t_i\right)$が計算できましたので、以下のコードを入力して出力層の「入力側の誤差を求めるための$\delta_i^{(2)}$」を計算し、その結果をdelta_outputに代入します。

▼出力層の入力誤差$\delta_i^{(2)}$を求める

```
delta_output = output_errors * (1 - final_outputs) * final_outputs
```

$$\delta_i^{(2)} = \left(o_i^{(2)}-t_i\right) \odot \left(1-f\left(u_i^{(2)}\right)\right) \odot f\left(u_i^{(2)}\right)$$

　これで出力層の$\delta_i^{(2)}$が計算できました。この$\delta_i^{(2)}$とは「出力層の入力側の誤差」ですので、次の更新式を使って出力層の重みに分配します。$\delta_i^{(2)}$と隠れ層の出力$o_i^{(1)}$との積を求め、学習率を掛けた値を出力層の重みから差し引く、ということです。

$$w_{(i)h}^{(l)} := w_{(i)h}^{(l)} - \eta \delta_i^{(l)} o_i^{(l-1)}$$

　ただし、更新する前に、隠れ層の出力誤差として逆伝播する$e^{(1)}$を求めておく必要があります。隠れ層の出力誤差$e^{(1)}$は、あくまで「出力層の更新前の重み」で求めなくてはならないからです。重みの更新式の$\delta_i^{(l)}$は、出力層以外では

$$\delta_i^{(l)} = \left(\sum_{j=1}^n \delta_j^{(l+1)} w_{(j)i}^{(l+1)}\right) \odot \left(1-f\left(u_i^{(l)}\right)\right) \odot f\left(u_i^{(l)}\right)$$

次の層から逆伝播される誤差

でしたので、隠れ層に逆伝播する誤差$e^{(1)}$とは、

$$e^{(1)} = \delta_i^{(2)} w_{(j)i}^{(2)}$$

のことです。そうすると、$\delta_i^{(2)} w_{(j)i}^{(2)}$は、出力層の重み行列$\boldsymbol{W}^{(2)}$（プログラムのw2に該当）を転置することで計算できます。$\delta_i^{(2)}$をベクトル$\boldsymbol{e}^{(2)}$で表すと、

$$e^{(1)} = {}^t\boldsymbol{W}^{(2)} \cdot \boldsymbol{e}^{(2)}$$

のように計算します。この計算の実装コードが次です。

▼重みを更新する前に隠れ層の出力誤差を求めておく

```
hidden_errors = np.dot(self.w2.T,      # 出力層の重み行列を転置する
                       delta_output)   # 出力層の入力誤差δ (デルタ)
```

▼np.dot(self.w2.T, delta_output) による、重みの転置行列w2.Tと
　delta_outputの積（添え字のhは隠れ層のニューロン数、oは出力層のニューロン数を示す）

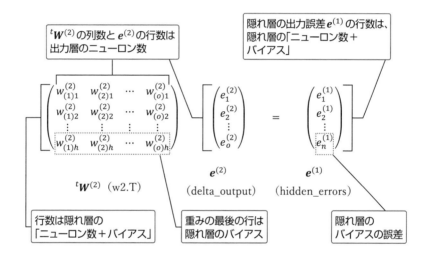

では、出力層の重みとバイアスの更新に取りかかりましょう。

$$w_{(i)h}^{(l)} := w_{(i)h}^{(l)} - \eta \delta_i^{(l)} o_i^{(l-1)}$$

の実装です。$\delta_i^{(l)} o_i^{(l-1)}$ の計算は、隠れ層の出力行列 $\boldsymbol{O}^{(1)}$ を転置することで行います。

▼出力層の重み、バイアスの更新

```
self.w2 -= self.lr * np.dot(
    # 出力誤差*(1-出力信号)*出力信号
    delta_output,
    # 隠れ層の出力行列を転置
    hidden_outputs.T
)
```

delta_output の形状は、

（行＝出力層のニューロン数，列＝1）

です。hidden_outputs の形状は、

（行＝隠れ層のニューロンからの出力＋バイアスの「1」，列＝1）

なので、これを転置すると

（行＝1，列＝隠れ層のニューロンからの出力＋バイアスの「1」）

となります。delta_output と hidden_outputs.T の内積を求めると、

（行＝出力層のニューロン数，列＝隠れ層のニューロンからの出力＋バイアスの「1」）

となり、重み w2 と同じ形状の行列が出力されます。

　-= 演算子によって、重み行列 w2 のすべての要素に対して右辺で求めた値が減算され、出力層の重み、バイアスが更新されます。

■隠れ層の重みの更新

　隠れ層の重みとバイアスを更新します。ただし、その前に隠れ層の入力誤差 $\delta_i^{(1)}$ を求め、隠れ層の入力行列からバイアスのものを取り除いておく必要があります。バイアスはどこからもリンクされていないので、バイアスは更新する必要ないためです。

　重みの更新式、

$$w_{(i)h}^{(l)} := w_{(i)h}^{(l)} - \eta \delta_i^{(l)} o_i^{(l-1)}$$

において、隠れ層の場合は $\delta_i^{(l)}$ が $\delta_i^{(1)}$ となり、その計算式は次のようになります。

$$\delta_i^{(1)} = \sum_{j=1}^{n} \left(\delta_j^{(2)} w_{(j)i}^{(2)} \right) \odot \left(1 - f\left(u_i^{(1)} \right) \right) \odot f\left(u_i^{(1)} \right)$$

$\delta_i^{(1)}$ は $e^{(1)} = {}^t W^{(2)} \cdot e^{(2)}$ の計算をしてすでに求めており、ローカル変数 hidden_errors に格納されています。

$$e^{(1)} = \begin{pmatrix} e_1^{(1)} \\ e_2^{(1)} \\ \vdots \\ e_n^{(1)} \end{pmatrix} \quad \boxed{\text{隠れ層のバイアスのエラー}}$$

バイアスのエラーを取り除きます。delete()関数の第1引数にhidden_errors、第2引数に隠れ層のニューロン数を保持しているインスタンス変数self.fc1を指定します。第2引数は削除位置を示す0から始まるインデックスなので、結果として最後のバイアスのエラーが取り除かれます。行の削除なので、第3引数としてaxis=0を指定します。

▼隠れ層のエラーからバイアスのものを取り除く

```
hidden_errors_nobias = np.delete(
    hidden_errors,          # 隠れ層のエラーの行列
    self.fc1,               # 隠れ層のニューロン数をインデックスにして末尾の要素を削除
    axis=0                  # 行の削除を指定
)
```

続いて、隠れ層の出力行列からバイアスを取り除きます。

▼隠れ層の出力行列からバイアスを取り除く

```
hidden_outputs_nobias = np.delete(
    hidden_outputs,         # 隠れ層の出力の行列
    self.fc1,               # 隠れ層のニューロン数をインデックスにして末尾の要素を削除
    axis=0                  # 行の削除を指定
    )
```

これで、隠れ層の重みとバイアスの更新が可能となりました。

$$w_{(i)h}^{(1)} := w_{(i)h}^{(1)} - \eta \delta_i^{(1)} o_i^{(0)}$$

を実施して、隠れ層の入力エラーを分配し、隠れ層の重みとバイアスを更新します。

▼隠れ層の重みとバイアスの更新

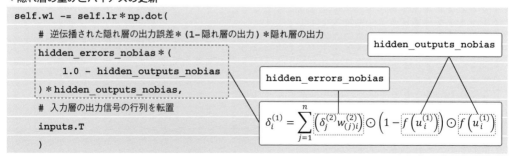

hidden_errors_nobias の形状は、

(行＝隠れ層のニューロン数，列＝1)

で、hidden_outputs_nobias の形状も

(行＝隠れ層のニューロン数，列＝1)

です。$\delta_i^{(1)}$を求める計算を行うと、

(行＝隠れ層のニューロン数，列＝1)

の形状の行列になります。

　一方、$o_i^{(0)}$に相当する inputs を転置した inputs.T は、

(行＝1，列＝入力データのサイズ＋バイアスの「1」)

なので、$\delta_i^{(1)}$と inputs.T の内積を求めると

(行＝隠れ層のニューロン数，列＝入力データのサイズ＋バイアスの「1」)

の行列になります。

　隠れ層の重みの形状は、

(行＝隠れ層のニューロン数，列＝入力データのサイズ＋バイアスの「1」)

のように同じですので、w1の重み行列から$\eta\delta_i^{(1)}o_i^{(0)}$の計算結果を差し引くことで、隠れ層における重みの更新が行われます。

　以上で学習メソッドtrain()の作成は終了です。train()メソッドの全体像は、このあとのneuralNetworkクラス全体像のところで掲載します。

5.3.8　テストデータを評価するevaluate()メソッドの定義

　学習によって更新された重みを用いて評価を行う、evaluate()メソッドを定義します。評価を行うだけなので、テストデータを入力層から隠れ層、出力層へ順伝播する処理だけを行います。いわゆるFFNNの処理です。

▼学習結果をもとにテストデータを評価するメソッド

```
def evaluate(self, inputs_list):
    '''学習した重みでテストデータを評価する


    Parameters:
```

```python
        inputs_list(array): テスト用データ
    Returns:
        array: モデルからの出力
    '''
    ## [入力層]
    # 入力値の配列にバイアス項を追加して入力層から出力する
    inputs = np.array(
        np.append(inputs_list, [1]),      # 配列の末尾にバイアスの「1」を追加
        ndmin=2                           # 2次元化
    ).T                                   # 転置して1列の行列にする


    ## [隠れ層]
    # 入力層の出力に重み、バイアスを適用して隠れ層に入力する
    hidden_inputs = np.dot(self.w1,       # 入力層と隠れ層の間の重み
                           inputs         # テストデータの行列
                          )
    # 活性化関数を適用して隠れ層から出力する
    hidden_outputs = self.sigmoid(hidden_inputs)


    ## [出力層]
    # 出力層への入力信号を計算
    final_inputs = np.dot(
        self.w2,                          # 隠れ層と出力層の間の重み
        np.append(hidden_outputs, [1]),   # 隠れ層の出力配列の末尾にバイアスの「1」を追加
    )
    # 活性化関数を適用して出力層から出力する
    final_outputs = self.softmax(final_inputs)


    # 出力層からの出力を戻り値として返す
    return final_outputs
```

　重み行列w1、w2は、学習によって最適な値に更新されていますので、これらの重みを用いて順伝播を行い、最終出力を戻り値として返して処理を終了します。

5.3.9 Python版ニューラルネットワークの完成

これまでの入力作業が済んだら、neuralNetworkクラスの完成です。ここで、完成版の
neuralNetworkクラスを確認しておきましょう。

▼neuralNetworkクラス

```python
import numpy as np


class neuralNetwork:
    '''ニューラルネットワークを生成する


    Attributes:
      input(int): 入力層のニューロン数
      fc1(int): 隠れ層のニューロン数
      fc2(int): 出力層のニューロン数
      lr(float): 学習率
      w1(array): 隠れ層のバイアス、重み行列
      w2(array): 出力層のバイアス、重み行列
    '''


    def __init__(self, input_dim, hidden_dim, output_dim, learning_rate):
        '''ニューラルネットワークの初期化を行う


        Parameters:
          input_dim(int) : 入力層のニューロン数
          hidden_dim(int): 隠れ層のニューロン数
          output_dim(int): 出力層のニューロン数
          learning_rate(float): 学習率


        '''
        # 入力層、隠れ層、出力層のニューロン数をインスタンス変数に代入
        self.input = input_dim      # 入力層のニューロン数
        self.fc1 = hidden_dim       # 隠れ層のニューロン数
        self.fc2 = output_dim       # 出力層のニューロン数
        self.lr = learning_rate     # 学習率
        self.weight_initializer()   # weight_initializer()を呼ぶ


    def weight_initializer(self):
        '''重みとバイアスの初期化を行う
```

```python
        '''
        # 隠れ層の重みとバイアスを初期化
        self.w1 = np.random.normal(
            0.0,                     # 平均は 0
            pow(self.input, -0.5),   # 標準偏差は入力層のデータサイズをもとに計算
            (self.fc1,               # 行数は隠れ層のニューロン数
             self.input + 1)         # 列数は入力層のデータサイズ + 1
            )

        # 出力層の重みとバイアスを初期化
        self.w2 = np.random.normal(
            0.0,                     # 平均は 0
            pow(self.fc1, -0.5),     # 標準偏差は隠れ層のニューロン数をもとに計算
            (self.fc2,               # 行数は出力層のニューロン数
             self.fc1 + 1)           # 列数は隠れ層のニューロン数 + 1
            )

    def sigmoid(self, x):
        '''シグモイド関数

        Parameters:
            x(array): 関数を適用するデータ
        '''
        return 1 / (1 + np.exp(-x))

    def softmax(self, x):
        '''ソフトマックス関数

        Parameters:
            x(array): 関数を適用するデータ
        '''
        c = np.max(x)
        exp_x = np.exp(x - c) # オーバーフロー対策
        sum_exp_x = np.sum(exp_x)
        y = exp_x / sum_exp_x
        return y

    def train(self, train_x, train_y):
        '''ニューラルネットワークの学習を行う
```

```
        Parameters：
            train_x(array)：訓練データ
            train_y(array)：正解ラベル
        '''
        ## ［入力層］
        # 入力値の配列にバイアス項を追加して入力層から出力する
        inputs = np.array(
            np.append(train_x, [1]),    # 配列の末尾にバイアスのための「1」を追加
            ndmin=2                     # 2次元化
            ).T                         # 転置して1列の行列にする


        ## ［隠れ層］
        # 入力層の出力に重み、バイアスを適用して隠れ層に入力する
        hidden_inputs = np.dot(
            self.w1,                    # 隠れ層の重み
            inputs                      # 入力層の出力
            )
        # シグモイド関数を適用して隠れ層から出力
        hidden_outputs = self.sigmoid(hidden_inputs)
        # 隠れ層の出力行列の末尾にバイアスのための「1」を追加
        hidden_outputs = np.append(
            hidden_outputs,             # 隠れ層の出力行列
            [[1]],                      # 2次元形式でバイアス値を追加
            axis=0                      # 行を指定 (列は1)
            )


        ## ［出力層］
        # 出力層への入力信号を作る
        final_inputs = np.dot(
            self.w2,                    # 隠れ層と出力層の間の重み
            hidden_outputs              # 隠れ層の出力
            )
        # ソフトマックス関数を適用して出力層から出力する
        final_outputs = self.softmax(final_inputs)


        ## ---バックプロパゲーション---(出力層)
        # 正解ラベルの配列を1列の行列に変換する
        targets = np.array(
            train_y,                    # 正解ラベルの配列
```

```
        ndmin=2              # 2次元化
    ).T                      # 転置して1列の行列にする
# 出力値と正解ラベルとの誤差
output_errors = final_outputs - targets
# 出力層の入力誤差δを求める
delta_output = output_errors * (1 - final_outputs) * final_outputs
# 重みを更新する前に隠れ層の出力誤差を求めておく
hidden_errors = np.dot(
    self.w2.T,          # 出力層の重み行列を転置する
    delta_output        # 出力層の入力誤差δ
    )
# 出力層の重み、バイアスの更新
self.w2 -= self.lr * np.dot(
    # 出力誤差 * (1－出力信号) * 出力信号
    delta_output,
    # 隠れ層の出力行列を転置
    hidden_outputs.T
)


## ---バックプロパゲーション---(隠れ層)
# 逆伝播された隠れ層の出力誤差からバイアスのものを取り除く
hidden_errors_nobias = np.delete(
    hidden_errors,      # 隠れ層のエラーの行列
    self.fc1,           # 隠れ層のニューロン数をインデックスにして末尾要素を削除
    axis=0              # 行の削除を指定
    )
# 隠れ層の出力行列からバイアスを除く
hidden_outputs_nobias = np.delete(
    hidden_outputs,     # 隠れ層の出力の行列
    self.fc1,           # 隠れ層のニューロン数をインデックスにして末尾要素を削除
    axis=0              # 行の削除を指定
    )
# 隠れ層の重み、バイアスの更新
self.w1 -= self.lr * np.dot(
    # 逆伝播された隠れ層の出力誤差 * (1－隠れ層の出力) * 隠れ層の出力
    hidden_errors_nobias * (
        1.0 - hidden_outputs_nobias
    ) * hidden_outputs_nobias,
    # 入力層の出力信号の行列を転置
    inputs.T
    )
```

```
def evaluate(self, inputs_list):
    '''学習した重みでテストデータを評価する

    Parameters:
        inputs_list(array): テスト用データ
    Returns:
        array: モデルからの出力
    '''
    ## [入力層]
    # 入力値の配列にバイアス項を追加して入力層から出力する
    inputs = np.array(
        np.append(inputs_list, [1]),      # 配列の末尾にバイアスの「1」を追加
        ndmin=2                            # 2次元化
    ).T                                    # 転置して1列の行列にする


    ## [隠れ層]
    # 入力層の出力に重み、バイアスを適用して隠れ層に入力する
    hidden_inputs = np.dot(self.w1,        # 入力層と隠れ層の間の重み
                           inputs          # テストデータの行列
                          )
    # 活性化関数を適用して隠れ層から出力する
    hidden_outputs = self.sigmoid(hidden_inputs)


    ## [出力層]
    # 出力層への入力信号を計算
    final_inputs = np.dot(
        self.w2,                           # 隠れ層と出力層の間の重み
        np.append(hidden_outputs, [1]),    # 隠れ層の出力配列の末尾にバイアスの「1」を追加
    )
    # 活性化関数を適用して出力層から出力する
    final_outputs = self.softmax(final_inputs)


    # 出力層からの出力を戻り値として返す
    return final_outputs
```

5.4 ファッションアイテムの画像認識

手書きの数字を認識する問題は、機械学習、あるいは機械学習を利用して開発された人工知能のテスト用の題材として最適です。手書き数字の画像認識については、ずいぶん前から研究が行われていますが、テスト用の素材として「**MNIST**」という有名なデータセットがあります。ただ、MNISTは題材として、あまりにも多く利用されてきたため、これに代わる「Fashion-MNIST ファッション記事データベース」がKerasから利用できるようになっています。

5.4.1 Fashion-MNISTデータセットのダウンロード

「Fashion-MNIST」には、Tシャツ/トップス、ズボン、プルオーバー、ドレス、コート、サンダル、シャツ、スニーカー、バッグ、アンクルブーツという10種類のファッションアイテムが、訓練用として60,000個、テスト用として10,000個収録されています。

▼ラベルと実際のファッションアイテムの対応表

ラベル	説明	ラベル	説明
0	Tシャツ/トップス	5	サンダル
1	ズボン	6	シャツ
2	プルオーバー	7	スニーカー
3	ドレス	8	バッグ
4	コート	9	アンクルブーツ

「Fashion-MNIST」は、

https://github.com/zalandoresearch/fashion-mnist/blob/master/README.ja.md

のサイトから無料でダウンロードすることができますが、TensorFlowやPyTorchを使うと、ソースコード上から直接、ダウンロードしてプログラムに読み込むことができます。ここではtensorflow.kerasを利用してダウンロードしてみます。

▼Fashion-MNISTデータセットをダウンロードして変数に代入する

```
from tensorflow.keras.datasets import fashion_mnist
(x_train, y_train), (x_test, y_test) = fashion_mnist.load_data()
```

ダウンロードが完了すれば、次回からは

▼Fashion-MNISTの読み込み

```
from tensorflow.keras.datasets import fashion_mnist
(x_train, y_train), (x_test, y_test) = fashion_mnist.load_data()
```

のように、先のコードと同じものを入力すれば、x_trains、y_trains、x_tests、y_testsにデータが格納されます。次のコードを入力して、変数に格納されているデータの形状を調べてみましょう。

▼Fashion-MNISTデータセットから読み込んだデータの形状を調べる

```
print(x_train.shape)  # 出力:(60000, 28, 28)
print(y_train.shape)  # 出力:(60000,)
print(x_test.shape)   # 出力:(10000, 28, 28)
print(y_test.shape)   # 出力:(10000,)
```

それぞれの変数には、以下のデータが配列として格納されています。

- x_train（訓練データ）
  ファッションアイテムのモノクロ画像が60,000。
- y_train（訓練データ）
  x_trainの各アイテムの正解ラベル（0～9の値）。
- x_test（テストデータ）
  ファッションアイテムのモノクロ画像が10,000。
- y_test（テストデータ）
  x_testの各アイテムの正解ラベル（0～9の値）。

ファッションアイテムの画像は、28×28ピクセルの小さいサイズのデータです。1セットずつが2階テンソルに格納されたものが60,000セット、3階テンソルに格納されています。3階テンソルの形状は、(データセットの数, 28, 28)です。x_trainsの中身を出力してみましょう。

▼x_trainsに格納されている画像データを出力

```
print(x_trains)
```

▼出力

```
[[[0 0 0 ... 0 0 0]
  [0 0 0 ... 0 0 0]
  [0 0 0 ... 0 0 0]
  ...
  [0 0 0 ... 0 0 0]
  [0 0 0 ... 0 0 0]
  [0 0 0 ... 0 0 0]]

 [[0 0 0 ... 0 0 0]
  [0 0 0 ... 0 0 0]
  [0 0 0 ... 0 0 0]
  ...
  [0 0 0 ... 0 0 0]
  [0 0 0 ... 0 0 0]
  [0 0 0 ... 0 0 0]]

 [[0 0 0 ... 0 0 0]
  [0 0 0 ... 0 0 0]
  [0 0 0 ... 0 0 0]
  ...
  [0 0 0 ... 0 0 0]
  [0 0 0 ... 0 0 0]
  [0 0 0 ... 0 0 0]]

 ...

 [[0 0 0 ... 0 0 0]
  [0 0 0 ... 0 0 0]
  [0 0 0 ... 0 0 0]
  ...
  [0 0 0 ... 0 0 0]
  [0 0 0 ... 0 0 0]
  [0 0 0 ... 0 0 0]]]
```

　恐らく、上記のように途中を省略した形式で出力されるかと思いますが、並んでいる数字は0〜255までのグレースケールの色調を表す値です。1枚の画像のデータは、横方向のピクセル値28個を行とし、これを28列にした (28, 28) の形状の2階テンソルにまとめられています。さらに、60,000個の2階テンソルが (60000, 28, 28) の3階テンソルとしてまとめています。

　　　試しにどのような画像なのか、Matplotlibのグラフ機能を使って描画してみることにします。

▼ファッションアイテムの画像を100枚出力する

```python
import matplotlib.pyplot as plt
%matplotlib inline


# ラベルに割り当てられたアイテム名を登録
class_names = ['T-shirt/top', 'Trouser', 'Pullover', 'Dress', 'Coat',
               'Sandal', 'Shirt', 'Sneaker', 'Bag', 'Ankle boot']


plt.figure(figsize=(13,13))
# 訓練データから100枚抽出してプロットする
for i in range(100):
    # 10×10で出力
    plt.subplot(10,10,i+1)
    # タテ方向の間隔を空ける
    plt.subplots_adjust(hspace=0.3)
    # 軸目盛を非表示にする
    plt.xticks([])
    plt.yticks([])
    plt.grid(False)
    # カラーマップにグレースケールを設定してプロット
    plt.imshow(x_train[i], cmap=plt.cm.binary)
    # x軸ラベルにアイテム名を出力
    plt.xlabel(class_names[y_train[i]])
plt.show()
```

▼出力された100枚の画像

　画像は、明暗が反転したネガの状態になっています。28×28ピクセルの小さな画像なので、ご覧のように荒目の画質になっています。少々見づらいかと思いますが、だいたい次のような感じでファッションアイテムの画像が格納されています。

▼Fashion-MNISTに収録されているファッションアイテムの一部

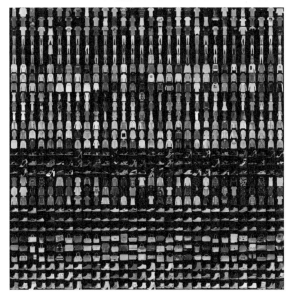

Fashion-MNIST サンプル（「Zalandoresearch/fashion-mnist」より）

5.4.2 Fashion–MNISTデータの前処理

　ファッションアイテムの画像と正解ラベルについて、ニューラルネットワークに入力できるように、事前の処理（前処理）を行います。ここからの処理は、前回作成したニューラルネットワークを保存しているノートブックの末尾に書くようにしてください。

■画像データの前処理

　ファッションアイテムの画像データは、グレースケールの色調を示す0から255までの値ですが、ニューラルネットワークの活性化関数の特徴に合わせて、すべての画像のピクセル値を255で割って、0から1の範囲に変換します。活性化関数が出力できる値の範囲は0から1.0なので（ただし極値として0や1.0になるだけで、実際に0や1.0を出力することはありません）、この範囲内に収まるように調整するのです。

　続いて、0.99を掛けて0から0.99までの範囲にしたあと、全体に0.01を加算して、0の値をなくします。0で重みを消してしまわないようにするための措置です。Fashion–MNISTデータの画像の背景色は黒で、0の値がかなり多く含まれていることから、かなりの効果が期待できそうですが、実験の結果、その効果はわずかでした。しかしながら、精度を少しでも上げるための試みとして、このような前処理をやっておくことにします。

　一方、作成済みのニューラルネットワークは、データを1次元の配列として入力することを前提としています。そこで、x_trainsに格納されている (60000, 28, 28) の3階テンソルを (60000, 784) の2階テンソルに変換しておきます。変換した2階テンソルの行のデータが1枚の画像（要素数784の1次元配列）なので、ニューラルネットワークに入力するときは、1次元配列を1個ずつ取り出すようにします。

▼訓練データを行列に変換し、個々のデータを0.01から1.00の範囲に変換し、シフトして0をなくす

```
from keras.datasets import mnist
(x_trains, y_trains), (x_tests, y_tests) = mnist.load_data()


# (60000, 28, 28)の3階テンソルを(60000, 784)の2階テンソルに変換
x_train = x_train.reshape(60000, 784)
# データを255で割って0.99を掛けたあと、0.01を加えてシフトする
x_train = (x_train / 255.0 * 0.99) + 0.01
```

■ 正解ラベルの前処理

現状で、正解ラベルを格納したy_trainsの中身は次のようになっています。

▼ y_trainの中身
```
print(y_train)  # 出力: [9 0 0 ... 3 0 5]
```

先頭の9は、訓練データの最初のファッションアイテムが9（アンクルブーツ）であることを示し、次の0は次の画像がTシャツ／トップスであることを示しています。途中が省略されていますが、このように正解を示すデータが配列要素として60,000個格納されています。

ここで、今回の画像認識の方法を紹介します。まず、ニューラルネットワークの入力層のニューロン数は、1枚の画像データの（配列の）要素数である784にします。次に、隠れ層のニューロン数は256にして、最後の出力層のニューロン数は10にします。この10という数は、ファッションアイテムのラベル0〜9に対応しています。0から9、つまり全部で10種類なので、10クラスのマルチクラス分類として、ファッションアイテムの認識問題を解くということです。

10個のニューロンの出力は、最初はでたらめな値になるかもしれません。しかし、正解ラベルとの誤差を利用したバックプロパゲーションにより、次の図のようにファッションアイテムを認識するようになります。

▼出力層のニューロンの出力と分類結果の関係

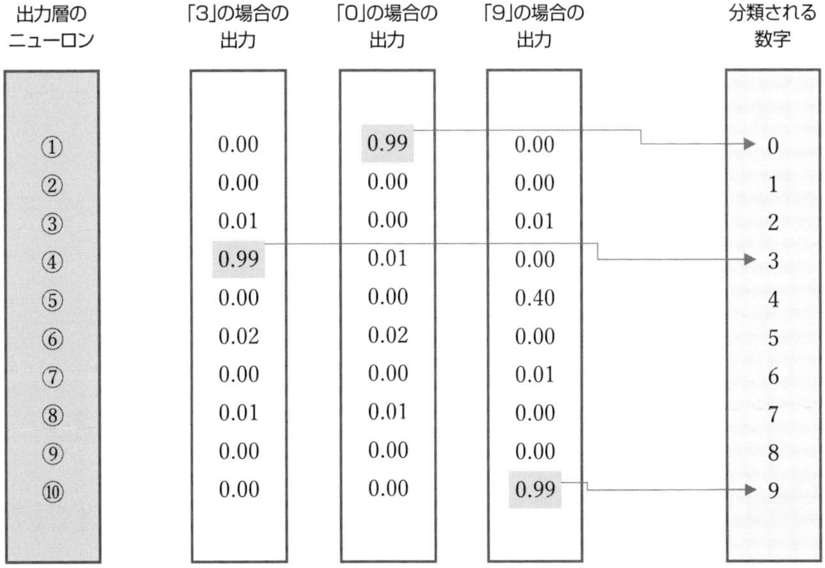

出力層の ニューロン	「3」の場合の 出力	「0」の場合の 出力	「9」の場合の 出力	分類される 数字
①	0.00	0.99	0.00	0
②	0.00	0.00	0.00	1
③	0.01	0.00	0.01	2
④	0.99	0.01	0.00	3
⑤	0.00	0.00	0.40	4
⑥	0.02	0.02	0.00	5
⑦	0.00	0.00	0.01	6
⑧	0.01	0.01	0.00	7
⑨	0.00	0.00	0.00	8
⑩	0.00	0.00	0.99	9

学習を繰り返すことで、ファッションアイテムがドレス（3）の場合は出力層の第4ニューロンが発火するようになります。ラベルは0から始まることに注意してください。第4ニューロン以外は0に近い非常に小さな値です。一方、ファッションアイテムがTシャツ/トップス（0）の場合は第1ニューロンが発火します。同様にアンクルブーツ（9）の場合は第10ニューロンが発火します。

このような出力層の信号に合わせて、正解ラベルも成分が10のベクトルにします。プログラム上では10行×1列の行列です。例えば、正解ラベルが3の場合は、次のような配列にします。

[0, 0, 0, 1, 0, 0, 0, 0, 0, 0]

4番目の要素の1は正解ラベルが3（ドレス）であることを示します。このように、1つの要素だけがHigh（1）で、ほかはLow（0）のようなデータの並びを表現することを**One-Hot**（ワンホット）**表現**といいます。正解が3（ドレス）であるときの出力値と正解ラベルとの誤差は、次のように計算されます。

$$\begin{bmatrix} 0 \\ 0 \\ 0 \\ 1 \\ 0 \\ 0 \\ 0 \\ 0 \\ 0 \\ 0 \end{bmatrix} - \begin{bmatrix} 0.00 \\ 0.00 \\ 0.01 \\ 0.99 \\ 0.00 \\ 0.02 \\ 0.00 \\ 0.01 \\ 0.00 \\ 0.00 \end{bmatrix} = \begin{bmatrix} 0.00 \\ 0.00 \\ -0.01 \\ 0.01 \\ 0.00 \\ -0.02 \\ 0.00 \\ -0.01 \\ 0.00 \\ 0.00 \end{bmatrix}$$

このようなOne-Hot化されたベクトルは、多クラス分類に適したデータ表現ですが、ここでもうひと工夫加えることにしましょう。今回、ニューロンの活性化に使用しているシグモイド関数やソフトマックス関数は、0や1に限りなく近い値までは出力しますが、0や1そのものを出力することはありません。このため、0と1のOne-Hot表現を使うと、どんなに出力を最適化しても誤差が0になることはありません。そこで、目標値の行列は0の代わりに0.01、1の代わりとして0.99を用いて次のように表現することにします。

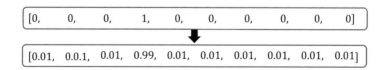

これまでのOne-Hotベクトル化の作業は、以下のコードで実装することができます。

▼正解ラベルをOne-Hot表現の配列にする

```python
import numpy as np
# 出力層のニューロンの数
output_neurons = 10
# 出力層のニューロン数に合わせて0.01で初期化した配列を作成
target = np.zeros(output_neurons) + 0.01
# 正解ラベル(3)に対応する4番目の要素を0.99にする
target[3] = 0.99
print(target)
```

▼出力

```
[ 0.01  0.01  0.01  0.99  0.01  0.01  0.01  0.01  0.01  0.01]
```

　最初にNumPyのzeros()関数でゼロ行列を作成し、行列に対して+0.01のスカラー演算を行ってすべての成分を0.01にします。このあと、正解ラベルに対応する成分をインデックスで指定して0.99に書き換えます。この処理をすべての正解ラベルに対して一度に行うのは効率がよくないので、train()を繰り返し実行するforループ内で行うことにします。

COLUMN MNISTデータとFashion-MNISTデータ

　Fashion-MNISTデータセットの学習結果は、Pythonで実装した場合、86.57%の精度でした。一方、TensorFlowで隠れ層の活性化関数をReLUにした場合、88.17%まで上昇しました。さらにフル装備のCNNで学習した場合は92.45%になりました。このことから画像認識には、CNNがとても有効であることがわかります。

　なお、手書き数字のMNISTデータセットについては、ノーマルのニューラルネットワークで97.57%という高い精度を出しました。やはり、ファッションアイテムに比べて手書き数字は、いわば一筆書きのようなものなので学習が容易なのでしょう。

5.4.3 ニューラルネットワークでファッションアイテムの学習を行う

neuralNetworkクラスをインスタンス化して、train()メソッドでファッションアイテムの訓練データの学習を行います。neuralNetworkクラスを定義したノートブックの2番目のセルに、Fashion-MNISTデータの読み込み、訓練データの前処理、そしてneuralNetworkクラスのインスタンス化と訓練データの学習を行うコードを順次入力します。

▼Fashion-MNISTデータセットの読み込みと前処理

セル2

```
'''
2. Fashion-MNISTを読み込んで前処理を行う
'''
from tensorflow.keras.datasets import fashion_mnist
(x_train, y_train), (x_test, y_test) = fashion_mnist.load_data()

# (60000,28,28)の3階テンソルを(60000,784)の2階テンソルに変換
x_train = x_train.reshape(60000, 784)
# データを255で割って0.99を掛けたあと、0.01を加えてシフトする
x_train = (x_train / 255.0 * 0.99) + 0.01
```

ニューラルネットワークの各層のニューロンの数、学習率、学習を繰り返す回数は、次のように指定します。

- ・入力層のニューロンの数 = 784（画像データ28×28 = 784）
- ・隠れ層のニューロンの数 = 256
- ・出力層のニューロンの数 = 10（ファッションアイテムは0〜9の10通り）
- ・学習率 = 0.1
- ・学習を繰り返す回数 = 20

▼ニューラルネットワークの学習を実行

セル3

```
%%time
'''
3. 学習を行う
'''
input_neurons = 784    # 入力層のニューロンの数
hidden_neurons = 256   # 隠れ層のニューロンの数
output_neurons = 10    # 出力層のニューロンの数
learning_rate = 0.1    # 学習率
```

```
# neuralNetworkクラスのインスタンス化
n = neuralNetwork(input_neurons,
                  hidden_neurons,
                  output_neurons,
                  learning_rate)


# ニューラルネットワークの学習
epochs = 20                  # 学習を繰り返す回数


# 指定した回数だけ学習を繰り返す
for e in range(epochs):
    # 画像データと正解ラベルを1セットずつ取り出す
    for (x, y) in zip(x_train, y_train):
        # 出力層のニューロン数を要素数とするOne-Hotベクトルを作成
        target = np.zeros(output_neurons) + 0.01
        # 正解ラベルに対応する要素を0.99にする
        target[int(y)] = 0.99
        # 画像データと正解ラベルの1セットを引数にしてtrain()を実行
        n.train(x,           # 訓練データ
                target )    # 正解ラベル
    # 学習が1回終了するごとに出力
    print('Completed:', e+1)
```

▼出力

```
Completed: 1
Completed: 2
Completed: 3
……途中省略……
Completed: 18
Completed: 19
Completed: 20
Wall time: 33min 15s
```

　冒頭の「%%time」の記述は、セル内のコードの実行時間を出力するためのものです。実行
が完了すると「Wall time: ○○min ○○s」のように、実行にかかった時間が出力されます。
　入力が済んだところで、すべてのソースコードを実行して学習を開始します。学習を繰り
返す回数を20回にしたので、処理が終了して所要時間が表示されるまでに、CPU使用時で30
分以上はかかります。学習が完了したら、ノートブックを閉じない（シャットダウンしない）
で、次の学習結果の評価に進みましょう。

5.4.4 ニューラルネットワークの学習精度を検証する

　Fashion–MNISTデータセットには、テスト用のデータとして、訓練データと同じサイズでありながらまったく別の画像データが10,000個用意されています。ちなみに、どのような画像なのか、先頭の画像を1つだけ取り出して見てみましょう。

▼x_test、y_testに格納されているデータを見る

セル4

```
'''
4. テストデータの画像と正解ラベルを出力
'''
import matplotlib.pyplot as plt
%matplotlib inline
plt.figure(figsize=(3, 3))     # サイズを3×3にする
plt.gray()                     # グレースケールにする
plt.imshow(x_test[0])          # 画像をプロットする
plt.show()
print(y_test[0])               # 1番目の正解ラベルを出力
```

▼出力（アンクルブーツ）

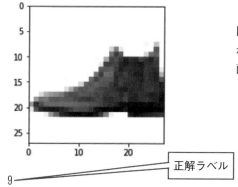

正解ラベル

9

　x_testの最初の要素として、訓練データと同じようなアンクルブーツの画像が格納されています。y_testの最初の要素には、この画像の正解ラベルの9が格納されています。

　それでは、10,000個のテストデータを使って、ニューラルネットワークの学習結果を評価してみましょう。学習によって更新された重みやバイアスの値は、ノートブックをシャットダウンしない限り保持されていますので、引き続きevaluate()を実行して、テストデータ1枚につき、以下の処理を行います。

❶テスト用の画像と正解ラベルを1セットずつ取り出します。
❷取り出した画像をevaluate()の引数にしてニューラルネットワークの順伝播に送り出します。

❸evaluate()が最終出力を返してくるので、これを変数outputsに格納します。

❹❶で取り出したテストデータの正解ラベルをOne-Hot表現に変換します。

❺❸の最終出力のベクトルの最大値の成分の位置と❹のOne-Hot表現のHot（最も大きな値）の位置が一致していれば1を、そうでなければ0を記録用の配列に追加します。

予測の正誤を記録する配列scoreを用意し、すべてのテストデータに対して正解／不正解を記録します。

▼ニューラルネットワークの学習精度を検証する

セル5

```
'''
5. 学習済みモデルの検証
'''
# 画像データのフラット化
# (10000,28,28)の3階テンソルを(10000,784)の2階テンソルに変換
x_test = x_test.reshape(10000, 784)
# データを255で割って0.99を掛けたあと、0.01を加えてシフトする
x_test = (x_test / 255.0 * 0.99) + 0.01
# 正解は1、不正解は0を格納するリスト
score = []


# x_test、y_testから1データ抽出してx、yに格納
for (x, y) in zip(x_test, y_test):
    # 学習済みのモデルで評価する
    outputs = n.evaluate(x)
    # 出力層のニューロン数に合わせて正解の配列を作成
    targets = np.zeros(output_neurons) + 0.01
    # 正解値に対応する要素を0.99にする
    targets[int(y)] = 0.99
    # 出力の行列の最大値のインデックスが予測するアイテムに対応
    label = np.argmax(outputs)
    # ネットワークの出力と正解ラベルを比較
    if (label == y):
        score.append(1) # 正解ならscoreに1を追加
    else:
        score.append(0) # 不正解なら0を追加
```

テストデータの評価は、順伝播の処理だけです。評価が終了したら、次のように入力してscoreに記録された正誤の記録を○（正解）と●（不正解）で出力してみましょう。

▼ scoreに記録された正誤記録を出力

```
セル6
'''
6．正誤記録を出力する
'''
result = ['○' if i == 1 else '●' for i in score]
print(result)
```

▼出力

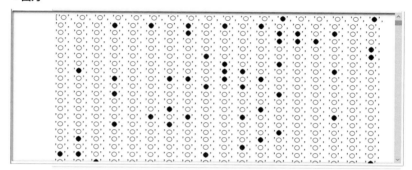

　ほぼ、全域にわたって正解の○が出力されていますが、不正解の●も若干、出力されています。どのくらいの正解率なのか、次のコードを入力して計算してみましょう。

▼正解率を求める

```
セル7
'''
7．精度を求める
'''
# 配列scoreをNumPy配列に変換
score_arry = np.asarray(score)
# score_arryの合計をscore_arryの要素数で割って精度を求める
print ("performance = ",
       score_arry.sum() / score_arry.size)
```

▼出力

```
performance =  0.8657
```

　学習回数をもう少し増やすとさらによい結果が出そうです。学習率を0.2で試したところ同様の結果が得られたものの、0.3以上にすると正解率が低下しました。逆に0.01のように小さすぎる値では学習がなかなか進まないという結果になりました。

5.5 TensorFlowスタイルによるニューラルネットワークの構築

ここでは、TensorFlowでニューラルネットワークを構築して、Fashion-MNISTの画像認識をやってみることにします。

5.5.1 Fashion-MNISTデータセットの用意

tensorflow.keras.datasetsモジュールを利用すると、ソースコードから直接、Fashion-MNISTをダウンロードして、既定の場所に保存することができます。以下のコードを入力して実行してみてください。

▼Fashion-MNISTデータセットをダウンロードして任意のフォルダーに保存する

セル1

```
'''
1. データセットの読み込みと前処理
'''
# tensorflowのインポート
import tensorflow as tf

# Fashion-MNISTデータセットの読み込み
(x_train, y_train), (x_test, y_test) = tf.keras.datasets.fashion_mnist.load_data()

# (28,28)の画像データを(784)のベクトルに変換して正規化を行う
# (60000, 28, 28)の訓練データを(60000, 784)の2階テンソルに変換
x_train = x_train.reshape(-1, 784)
# 訓練データをfloat32(浮動小数点数)型に、255で割ってスケール変換する
x_train = x_train.astype('float32') / 255

# (10000, 28, 28)のテストデータを(10000, 784)の2階テンソルに変換
x_test = x_test.reshape(-1, 784)
# テストデータをfloat32(浮動小数点数)型に、255で割ってスケール変換する
x_test = x_test.astype('float32') / 255

print(x_train.shape)
print(y_train.shape)
print(x_test.shape)
print(y_test.shape)

# 正解ラベルのOne-Hotエンコーディング
```

```
# クラスの数
class_num = 10
# 訓練データの正解ラベルをOne-Hot表現に変換
y_train = tf.keras.utils.to_categorical(y_train, class_num)
# テストデータの正解ラベルをOne-Hot表現に変換
y_test = tf.keras.utils.to_categorical(y_test, class_num)
print('----------------')
print('y_train[0]    :', y_train[0])
print('y_train[0]    :', y_test[0])
print('y_train.shape:', y_train.shape)
print('y_test.shape:', y_test.shape)
```

▼出力

```
(60000, 784)
(60000,)
(10000, 784)
(10000,)
----------------
y_train[0]    : [0. 0. 0. 0. 0. 0. 0. 0. 0. 1.]
y_train[0]    : [0. 0. 0. 0. 0. 0. 0. 0. 0. 1.]
y_train.shape: (60000, 10)
y_test.shape: (10000, 10)
```
※初回ダウンロード時にはダウンロードの状況が出力されます。

　データセットの読み込みから前処理までを行いました。サイズが(28, 28)の画像データをモデルに入力できるように、

　　　　x_train = x_train.reshape(−1, 784)

で(784)にフラット化しています。訓練、テストデータは(バッチサイズ, 28, 28)の構造をしていますが、「−1」をバッチサイズの次元に指定することで、その次元の形状はそのままに、画像データの部分を2次元から1次元のデータに変換します。結果、

　　　　訓練データは(60000, 784)
　　　　テストデータは(10000, 784)

の2階テンソルになります。ちなみにデータ型はNumPyのndarrayです。

　あとはデータを255で割って正規化を行い、TensorFlow対応のfloat32型にします。

　続いて、tf.keras.utils.to_categorical()メソッドで正解ラベルのOne-Hotエンコーディングを行い、10クラス（要素数10の1階テンソル）の正解ラベルを作成して前処理を完了します。

5.5.2 2層ニューラルネットワークでファッションアイテムの画像を認識する

　ファッションアイテムの学習について、2層構造のニューラルネットワークでやってみましょう。誤差関数はクロスエントロピーとし、ミニマイザーによる確率的勾配降下法を適用します。バックプロパゲーションもミニマイザーにより実施されるので、プログラムの構造は、それほど複雑にはならないと思います。

■確率的勾配降下法

　勾配法では、重みを1回更新するたびにすべてのデータに対する誤差関数の勾配を計算しますが、データの量が大きいと計算にとても時間がかかります。そこで確率的勾配降下法では、1回の学習ごとに1個のデータをランダムに抽出し、このデータのみを使って誤差関数の勾配を計算します。

　ただ、学習回数などとの兼ね合いから、1個のデータだけではうまくいかない場合があるので、1回の学習ごとに10〜100前後のデータを無作為に抽出し、これを用いて勾配を計算することがあります。このとき、ランダムに抽出されたデータを**ミニバッチ**と呼ぶことから、この手法のことを、確率的勾配降下法の中でも特に「ミニバッチ法」と呼んでいます。

　勾配法には「局所解」に捕まってしまう、という問題があります。ここで、次のような曲線を描く関数について考えてみましょう。

▼グラフ

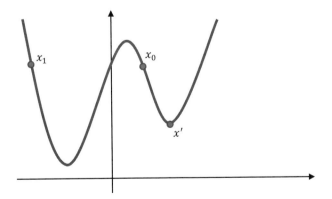

　このグラフの場合、x_0からスタートすると恐らくx'を解とするでしょうが、これは最小値ではありません。このように「そこだけ見ると最小に見えるが、全体の中では最小ではない」点を「局所解」と呼びます。確率的勾配降下法では、使用するデータをランダムに選んでその時点での勾配を使ってパラメーターを更新していくため、局所解に捕まりにくいというメ

リットがあります。従来の勾配法では、いったん局所解に捕まるとそこから抜け出すことはできません。

そこで、「確率的勾配降下法」の中でも「ミニバッチ法」と呼ばれる手法では、データセットから無作為に抽出した少量のデータ（ミニバッチ）を抽出して学習を行い、すべてのデータがなくなるまでこれを繰り返します。つまり、データの並び順をミニバッチ単位で組み替えて学習を行います。

確率的勾配降下法では、従来の勾配法のようにデータ全体から計算される勾配方向に従って全体の誤差が最小になる方向へ真っ直ぐ進んでいくのではなく、ランダムに抽出したデータによる計算によって「若干のふらつき」を伴なって徐々に誤差の小さい方向へ進んでいくことになります。確率的勾配降下法は、「局所解に捕まっても抜け出せる可能性」があるのです。

このようなメリットのある確率的勾配降下法ですが、訓練データに最適な学習率を設定するのが難しい、という問題があります。このような場合、学習率がデフォルトで最適値に設定されているAdamなどのオプティマイザーを使用したり、学習率をエポックごとに減衰させるといった対策がとられます。

なお、ミニバッチのサイズは10〜数百程度とされていますが、一般的に16、32、64、128、256、512、1024のように8を起点とした倍数がよく用いられます。使用可能なメモリが少ない場合は32などの小さなサイズにし、逆にGPUを使用していて一気に計算できる場合は128以上の大きなサイズにすることがあります。ただ、ミニバッチのサイズを大きくすることは、学習率を減衰させることと等価であるとの研究報告もあり、ミニバッチのサイズを大きくしたら学習がなかなか進まない（収束しない）ということもあり得るので、慎重に判断したいところです。多くの事例を見ると32〜64が多いので、まずはこの辺りから始めるのがよいかと思います。

■ReLU関数

今回は、隠れ層の活性化関数としてReLU関数を使いました。**ReLU関数** (Rectified Linear Unit, Rectifier：正規化線形関数) は、2011年、Xavier Glorot氏らによって発表された隠れ層の活性化関数です（当初は**ランプ関数**と呼ばれていた）。Yann LeCun氏やGeoffrey Hinton氏らが雑誌『Nature』に書いた論文では、2015年5月現在、最善の活性化関数であるとされています。

シグモイド関数は、入力値がある程度大きくなると、常に1に近い値を出力するので、入力の結果が出力に反映されにくく、勾配法による学習が遅くなるという問題があります。これに対してReLU関数は、入力値が0以下のとき0になり、1より大きいとき入力をそのまま出力するので、学習の停滞を回避できるというメリットがあります。また、プログラムでは$\max(0, x)$として簡単に実装でき、計算も速いという利点があるのです。ただ、その後、新しい活性化関数がいくつか考案されており、中にはReLUをしのぐ結果を出しているものもあります。とはいえ、ベンチマークとしてReLUが使われるなど、安定性と使いやすさの両面から、第一線でReLUが活躍しています。

▼ReLU関数のグラフ（サンプル「relu」）

```
In
import numpy as np
import matplotlib.pylab as plt


def relu(x):
    # maximum() は2つの配列を比較して大きい要素を返す
    return np.maximum(0, x)


x = np.arange(-5.0, 5.0, 0.1)
y = relu(x)
plt.plot(x, y)
plt.show()
```

▼出力されたReLU関数のグラフ

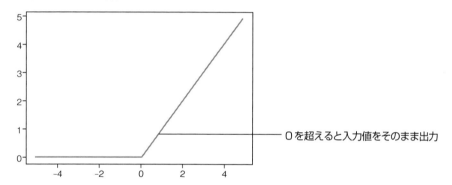

0を超えると入力値をそのまま出力

■隠れ層（第1層）

隠れ層のニューロン数は256個にします。

隠れ層の重みをwとすると、これは$(784, 256)$の行列です。この列数の256が隠れ層のニューロンの数になります。ReLU関数に$(x \cdot w + b)$を適用することになりますが、この計算は次のようになります。

▼$(x \cdot w^{(1)} + b^{(1)})$の計算

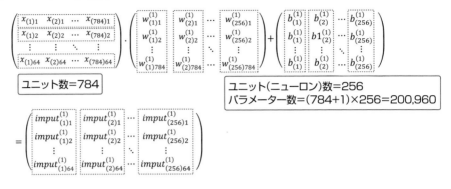

ユニット数=784

ユニット(ニューロン)数=256
パラメーター数=(784+1)×256=200,960

入力層の$x_{(1)1}$の右下の添え字(1)は、ピクセルデータの1番目であることを示し、1は1枚目の画像であることを示します。内部での計算上、入力層の行列の形状はミニバッチのサイズが64の場合は、

([ミニバッチサイズ＝64]行, [ユニット数＝784]列)

になります。

次に、隠れ層にリンクする重み行列です。$w^{(1)}_{(1)1}$の上付き数字の(1)は第1層であることを示し、右下の(1)は隠れ層のリンク先のユニット（ニューロン）番号を示しているので、1～256の値をとり、右下の1は前層（入力層）のリンク元のユニット番号（ピクセル値の番号）を示しているので、1～784の値をとります。入力層の行列との積を求めるため、内部での計算では、

([リンク元のユニット数＝784]行, [隠れ層のユニット数＝256]列)

の形状になります。

バイアス行列の$b^{(1)}_{(1)}$も同様に上付きの(1)は第1層であることを示し、下付き数字の(1)は隠れ層の第1ニューロンへのリンクを示しています。バイアスは$b^{(1)}_{(1)}$～$b^{(1)}_{(256)}$の256個を用意することになりますが、計算上、ミニバッチのサイズぶんが必要になりますので、同じものをミニバッチのサイズぶんだけ用意して、

([ミニバッチサイズ＝64]行, [バイアスの数＝256]列)

の行列になります。

こうして計算された$(x \cdot w + b)$の結果が隠れ層の入力になります。$imput^{(1)}_{(1)1}$の場合は、上付き数字の(1)は第1層を示し、右下の(1)は隠れ層のニューロン番号を示しているので、1～256の値をとり、右隣の1はミニバッチの番号を示していますので、ミニバッチのサイズが64の場合は1から64の値をとります。行列(n, m)と(m, l)の積は(n, l)の行列になる法則があるので、隠れ層の入力は、

（[ミニバッチサイズ＝64]行, [隠れ層のユニット数＝256]列）

の行列になります。すべての要素にReLU関数が適用され、同じ形状の行列（ここでは**h_out**とします）が隠れ層の出力になります。

■出力層（第2層）

分類を行うクラスの数は10なので、これに合わせて出力層のユニット（ニューロン）数も10になります。

出力層における$(\boldsymbol{h\_out} \cdot \boldsymbol{w}^{(2)} + \boldsymbol{b}^{(2)})$の計算は次のようになります。

▼$(\boldsymbol{h\_out} \cdot \boldsymbol{w}^{(2)} + \boldsymbol{b}^{(2)})$の計算

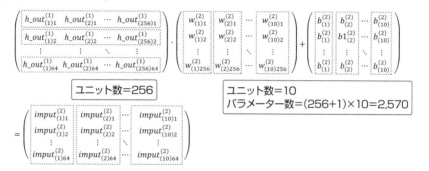

隠れ層からの出力は、

（[ミニバッチサイズ＝64]行, [隠れ層のユニット数＝256]列）

の行列です。これにリンクする隠れ層の重み行列は、隠れ層の出力行列との積を求めるために、

（[隠れ層のユニット数＝256]行, [出力層のユニット数＝10]列）

の形状になっています。

バイアスは$b_{(1)}^{(2)} \sim b_{(10)}^{(2)}$の10個を用意することになりますが、ミニバッチのぶんが必要なので、

（[ミニバッチサイズ＝64]行, [バイアスの数＝10]列）

の行列になります。

$(\boldsymbol{h\_out} \cdot \boldsymbol{w}^{(2)} + \boldsymbol{b}^{(2)})$の計算結果が出力層の入力になります。出力層の入力は、

([ミニバッチサイズ＝64] 行, 出力層のユニット数＝10] 列)

の行列になります。各行ごとにソフトマックス関数を適用し、行のどれかのユニット（要素）が発火することになります。

■ モデルの定義を完成させる

モデルの定義はMLPクラスとして、次のようになります。2層構造なので、意外とシンプルです。

▼モデル（多層パーセプトロン）の定義

```
セル2
'''
2. モデルの定義
'''
class MLP(tf.keras.Model):
    '''多層パーセプトロン

    Attributes:
        l1(Dense): 隠れ層
        l2(Dense): 出力層
    '''
    def __init__(self, hidden_dim, output_dim):
        '''
        Parameters:
            hidden_dim(int): 隠れ層のユニット数 (次元)
            output_dim(int): 出力層のユニット数 (次元)
        '''
        super().__init__()
        # 隠れ層：活性化関数はReLU
        self.fc1 = tf.keras.layers.Dense(hidden_dim, activation='relu')
        # 出力層：活性化関数はソフトマックス
        self.fc2 = tf.keras.layers.Dense(output_dim, activation='softmax')

    @tf.function
    def call(self, x, training=None):
        '''MLPのインスタンスからコールバックされる関数
```

```
    Parameters: x(ndarray(float32)):訓練データ、または検証データ
    Returns(float32): MLPの出力として要素数3の1階テンソル
    '''
    x = self.fc1(x)  # 第1層の出力
    x = self.fc2(x)  # 出力層の出力
    return x
```

■損失関数とオプティマイザーの生成

　損失関数は、マルチクラス分類用のクロスエントロピー誤差関数としてCategoricalCross entropy()にします。オプティマイザーは、勾配降下アルゴリズムをそのまま実装したSGD()を使用します。学習率は、デフォルトの0.1です。

▼損失関数とオプティマイザー

`セル3`

```
'''
3. 損失関数とオプティマイザーの生成
'''
import tensorflow as tf

# マルチクラス分類のクロスエントロピー誤差を求めるオブジェクト
loss_fn = tf.keras.losses.CategoricalCrossentropy()
# 勾配降下アルゴリズムを使用するオプティマイザーを生成
optimizer = tf.keras.optimizers.SGD(learning_rate=0.1)
```

■パラメーターの更新処理

　勾配降下アルゴリズムによるパラメーターの更新処理をtrain_step()関数としてまとめます。この関数は、訓練データと正解ラベルをパラメーターで受け取り、モデルに入力して損失（出力値のクロスエントロピー誤差）を測定して、バックプロパゲーションによるパラメーター（重み、バイアス）の更新処理を行います。最後に損失をMeanオブジェクトに、精度をCategoricalAccuracyオブジェクトに記録して、1回の学習を終えます。

▼パラメーターの更新処理を行うtrain_step()関数

セル4

```
'''
4. 勾配降下アルゴリズムによるパラメーターの更新処理を行うtrain_step()関数
'''
# 損失を記録するオブジェクトを生成
train_loss = tf.keras.metrics.Mean()
# カテゴリカルデータの精度を記録するオブジェクトを生成
train_accuracy = tf.keras.metrics.CategoricalAccuracy()


@tf.function
def train_step(x, t):
    '''学習を1回行う


    Parameters: x(ndarray(float32)):訓練データ
                t(ndarray(float32)):正解ラベル


    Returns:
        ステップごとのクロスエントロピー誤差
    '''
    # 自動微分による勾配計算を記録するブロック
    with tf.GradientTape() as tape:
        # 訓練モードをTrueに指定し、
        # モデルに入力して順伝播の出力値を取得
        outputs = model(x, training=True)
        # 出力値と正解ラベルの誤差
        tmp_loss = loss_fn(t, outputs)


    # tapeに記録された操作を使用して誤差の勾配を計算
    grads = tape.gradient(
        # 現在のステップの誤差
        tmp_loss,
        # バイアス、重みのリストを取得
        model.trainable_variables)
    # 勾配降下法の更新式を適用してバイアス、重みを更新
    optimizer.apply_gradients(zip(grads,
                                  model.trainable_variables))


    # 損失をMeanオブジェクトに記録
    train_loss(tmp_loss)
    # 精度をCategoricalAccuracyオブジェクトに記録
    train_accuracy(t, outputs)
```

■モデルを検証する

モデルを検証するvalid_step()関数です。検証データは学習中のモデルに入力し、テストデータは学習終了後のモデルに入力し、損失を測定してMeanオブジェクトに記録します。

一方、精度は、CategoricalAccuracyオブジェクトに対して、

val_accuracy(val_y, pred)

のように、正解ラベル（val_y）、モデルの出力（pred）を引数として渡すと、正解率（精度）が自動計算されてオブジェクトに記録されるので、これを利用して記録するようにしています。

▼モデルを検証するvalid_step()関数

```
セル5
'''
5. 検証を行うvalid_step()関数
'''
# 損失を記録するオブジェクトを生成
val_loss = tf.keras.metrics.Mean()
# カテゴリカルデータの精度を記録するオブジェクトを生成
val_accuracy = tf.keras.metrics.CategoricalAccuracy()


@tf.function
def valid_step(val_x, val_y):
    # 訓練モードをFalseに指定し、
    # モデルに入力して順伝播の出力値を取得
    pred = model(val_x, training=False)
    # 出力値と正解ラベルの誤差
    tmp_loss = loss_fn(val_y, pred)
    # 損失をMeanオブジェクトに記録
    val_loss(tmp_loss)
    # 精度をCategoricalAccuracyオブジェクトに記録
    val_accuracy(val_y, pred)
```

■学習の早期終了判定を行うEarlyStoppingクラス

画像データの学習にはかなりの時間を要するので、これ以上損失が低下しない、言い換えると収束が期待できないと判断される場合は、学習を打ち切る仕組みを導入します。KerasやPyTorchには専用のクラスが用意されていますが、純粋にTensorFlowの機能だけを使用する場合、TensorFlow自体にはこのようなクラスがないので自作することにします。

　　仕組みとしては、前回のエポックの損失と現在のエポックの損失を比較し、現在の損失が
前回よりも大きくなったら学習を打ち切ります。ただ、損失が大きくなったとしてもその後
学習を続けることで改善される場合もあるので、監視対象回数を指定し、その回数の中で改
善が見られなかった場合に学習を終了するようにします。監視対象回数はデフォルトで10回
としますが、オブジェクトを生成する際に引数で指定できるようにしました。

▼**学習の早期終了判定を行うEarlyStoppingクラスの定義**

セル6

```
'''
6. 学習の進捗を監視し早期終了判定を行うクラス
'''
class EarlyStopping:
    def __init__(self, patience=10, verbose=0):
        '''
        Parameters:
            patience(int): 監視するエポック数(デフォルトは10)
            verbose(int): 早期終了メッセージの出力フラグ
                          出力(1), 出力しない(0)

        '''
        # インスタンス変数の初期化
        # 監視中のエポック数のカウンターを初期化
        self.epoch = 0
        # 比較対象の損失を無限大'inf'で初期化
        self.pre_loss = float('inf')
        # 監視対象のエポック数をパラメーターで初期化
        self.patience = patience
        # 早期終了メッセージの出力フラグをパラメーターで初期化
        self.verbose = verbose


    def __call__(self, current_loss):
        '''
        Parameters:
            current_loss(float): 1エポック終了後の検証データの損失
        Return:
            True:監視回数の上限までに前エポックの損失を超えた場合
            False:監視回数の上限までに前エポックの損失を超えない場合
        '''
        # 前エポックの損失より大きくなった場合
        if self.pre_loss < current_loss:
            # カウンターを1増やす
```

```
            self.epoch += 1
            # 監視回数の上限に達した場合
            if self.epoch > self.patience:
                # 早期終了メッセージの出力フラグが1の場合
                if self.verbose:
                    # メッセージを出力
                    print('early stopping')
                # 学習を終了するTrueを返す
                return True
        # 前エポックの損失以下の場合
        else:
            # カウンターを0に戻す
            self.epoch = 0
            # 損失の値を更新する
            self.pre_loss = current_loss

        # 監視回数の上限までに前エポックの損失を超えなければ
        # Falseを返して学習を続行する
        # 前エポックの損失を上回るが監視回数の範囲内であれば
        # Falseを返す必要があるので、return文の位置はここであることに注意
        return False
```

■訓練データから検証用のデータを抽出する

　データセットにはテストデータがあるので、これを使ってモデルの評価を行えばよいのですが、ここでは、テストデータは「本番用」のデータとして考え、これとは別に、訓練データから抽出したデータで、訓練と同時にモデルの損失と精度を検証することにします。データの分割には、Scikit-Learnのtrain_test_split()関数を使って、訓練データと検証データに8：2の割合で分割するようにしています。

▼訓練データの一部を抽出して検証用のデータを作る

セル7

```
'''
7.訓練データと検証データの用意
'''
from sklearn.model_selection import train_test_split

# 訓練データと検証データに8：2の割合で分割　　¥は行継続文字
```

```
tr_x, val_x, tr_y, val_y = ¥
    train_test_split(x_train, y_train, test_size=0.2)
print(tr_x.shape)
print(val_x.shape)
print(tr_y.shape)
print(val_y.shape)
```

▼出力

```
(48000, 784)
(12000, 784)
(48000, 10)
(12000, 10)
```

■学習の実行

　学習に必要な仕組みの実装はすべて完了しましたので、さっそく学習を行ってみることにします。学習回数（エポック数）を100回、ミニバッチのサイズを64に指定します。

●確率的勾配降下法の実施
　1エポックあたりの**ステップ数**（すべてのデータがミニバッチとして取り出されるために必要な抽出回数、つまりバッチデータのサイズをミニバッチのサイズで割った値）を

```
tr_steps = tr_x.shape[0] // batch_size   # 訓練データのステップ数
val_steps = val_x.shape[0] // batch_size # 検証データのステップ数
```

のようにして取得します。訓練データの場合は、48000÷64＝750ですので、サイズ64のミニバッチで計750回、バックプロパゲーションによるパラメーター更新を行うことで、1エポックが終了するということです。
　このようなミニバッチによる確率的勾配降下法の処理は、1回の学習を行うforループ

```
for epoch in range(epochs):
```

にネストした内側のforループ

```
for step in range(tr_steps):
    start = step * batch_size # ミニバッチの先頭インデックス
    end = start + batch_size   # ミニバッチの末尾のインデックス
    # ミニバッチでバイアス、重みを更新して誤差を取得
    train_step(x_[start:end], y_[start:end])
```

で行います。x_とy_には、あらかじめシャッフルされた訓練データと正解ラベルが格納されているので、x_[start:end], y_[start:end]でミニバッチのぶんだけデータを抽出して、train_step()関数に渡すようにしています。startとendの値は、1ステップごとにミニバッチのサイズだけ増加するので、最終的（750ステップ完了時）にすべてのデータが使用されることになります。検証データによる評価も同じような構造をしたforループで行います。

●損失と精度の記録

1エポックごとの損失と精度については、

```
history = {'loss':[], 'accuracy':[], 'val_loss':[], 'val_accuracy':[]}
```

のようにdictオブジェクトを生成して、訓練データと検証データそれぞれの結果をリストに記録します。

●早期終了アルゴリズムの実施

学習の早期終了判定を行うEarlyStoppingオブジェクトを冒頭で生成し、1エポック終了した時点で、

```
if ers(val_loss.result()):
    # 監視対象のエポックで損失が改善されなければ学習を終了
    break
```

において検証データの損失をEarlyStoppingオブジェクトに渡すことで、早期終了を判定するようにしています。EarlyStoppingからFalseが返ってきたら、breakで1エポックを回すforループを抜けます。

▼学習を行う

```
セル8
%%time
'''
8.モデルを生成して学習する
'''
from sklearn.utils import shuffle

# エポック数
epochs = 100
# ミニバッチのサイズ
batch_size = 64
```

```
# 訓練データのステップ数
tr_steps = tr_x.shape[0] // batch_size
# 検証データのステップ数
val_steps = val_x.shape[0] // batch_size


# 隠れ層256ユニット、出力層10ユニットのモデルを生成
model = MLP(256, 10)
# 損失と精度の履歴を保存するためのdictオブジェクト
history = {'loss':[], 'accuracy':[], 'val_loss':[], 'val_accuracy':[]}


# 早期終了の判定を行うオブジェクトを生成
ers = EarlyStopping(patience=5, # 監視対象回数
                       verbose=1)    # 早期終了時にメッセージを出力


# 学習を行う
for epoch in range(epochs):

    # 学習するたびに、記録された値をリセット
    train_loss.reset_states()        # 訓練時における損失の累計
    train_accuracy.reset_states()    # 訓練時における精度の累計
    val_loss.reset_states()          # 検証時における損失の累計
    val_accuracy.reset_states()      # 検証時における精度の累計

    # 訓練データと正解ラベルをシャッフル
    x_, y_ = shuffle(tr_x, tr_y, )

    # 1ステップにおける訓練用ミニバッチを使用した学習
    for step in range(tr_steps):
        start = step * batch_size # ミニバッチの先頭インデックス
        end = start + batch_size    # ミニバッチの末尾のインデックス
        # ミニバッチでバイアス、重みを更新して誤差を取得
        train_step(x_[start:end], y_[start:end])

    # 1ステップにおける検証用ミニバッチを使用した評価
    for step in range(val_steps):
        start = step * batch_size # ミニバッチの先頭インデックス
        end = start + batch_size    # ミニバッチの末尾のインデックス
        # ミニバッチでバイアス、重みを更新して誤差を取得
        valid_step(val_x[start:end], val_y[start:end])


    avg_train_loss = train_loss.result()        # 訓練時の平均損失値を取得
```

```python
        avg_train_acc = train_accuracy.result() # 訓練時の平均正解率を取得
        avg_val_loss = val_loss.result()        # 検証時の平均損失値を取得
        avg_val_acc = val_accuracy.result()     # 検証時の平均正解率を取得

        # 損失の履歴を保存する
        history['loss'].append(avg_train_loss)
        history['val_loss'].append(avg_val_loss)
        # 精度の履歴を保存する
        history['accuracy'].append(avg_train_acc)
        history['val_accuracy'].append(avg_val_acc)

        # 1エポックごとに結果を出力
        if (epoch + 1) % 1 == 0:
            print(
                'epoch({}) train_loss: {:.4} train_acc: {:.4} val_loss: {:.4} val_acc: {:.4}'.format(
                    epoch+1,
                    avg_train_loss, # 訓練時の現在の損失を出力
                    avg_train_acc,  # 訓練時の現在の精度を出力
                    avg_val_loss,   # 検証時の現在の損失を出力
                    avg_val_acc     # 検証時の現在の精度を出力
        ))

        # 検証データの損失をEarlyStoppingオブジェクトに渡して早期終了を判定
        if ers(val_loss.result()):
            # 監視対象のエポックで損失が改善されなければ学習を終了
            break

# モデルの概要を出力
model.summary()
```

なお、冒頭の%%timeはセル内のコードの実行時間を測定するためのものです。

▼出力

```
epoch(1) train_loss: 0.6017 train_acc: 0.7893 val_loss: 0.4896 val_acc: 0.8269

epoch(2) train_loss: 0.4352 train_acc: 0.8446 val_loss: 0.4229 val_acc: 0.8505

epoch(3) train_loss: 0.3916 train_acc: 0.8589 val_loss: 0.3974 val_acc: 0.859

epoch(4) train_loss: 0.3662 train_acc: 0.8671 val_loss: 0.3697 val_acc: 0.8667

epoch(5) train_loss: 0.3462 train_acc: 0.8744 val_loss: 0.3499 val_acc: 0.8748

.........途中省略.........

epoch(25) train_loss: 0.1992 train_acc: 0.9265 val_loss: 0.3227 val_acc: 0.8874

epoch(26) train_loss: 0.1951 train_acc: 0.9289 val_loss: 0.354 val_acc: 0.8705

epoch(27) train_loss: 0.1917 train_acc: 0.9292 val_loss: 0.3097 val_acc: 0.8896

epoch(28) train_loss: 0.1868 train_acc: 0.9324 val_loss: 0.3213 val_acc: 0.8871

early stopping

Model: "mlp"
```

Layer (type)	Output Shape	Param #
dense (Dense)	multiple	200960
dense_1 (Dense)	multiple	2570

```
Total params: 203,530

Trainable params: 203,530

Non-trainable params: 0

CPU times: user 36.4 s, sys: 2.44 s, total: 38.8 s

Wall time: 30.2 s
```

　28エポックの時点で、早期終了しています。28エポックからさかのぼること5回のうちに損失が改善されなかったようです。ColabノートブックでGPUを使用しての実行時間は約30秒でした。

■損失と精度の推移をグラフにする

　1エポックごとに訓練データと検証データによる損失と精度を記録しましたので、これをグラフにして推移を確認してみましょう。

▼損失の推移をグラフにする

```
セル9
'''
9. 損失の推移をグラフにする
'''
import matplotlib.pyplot as plt
```

```
%matplotlib inline

# 訓練データの損失
plt.plot(history['loss'],
         marker='.',
         label='loss (Training)')
# 検証データの損失
plt.plot(history['val_loss'],
         marker='.',
         label='loss (Validation)')
plt.legend(loc='best')    # 凡例を最適な位置に出力
plt.grid()                # グリッドを表示
plt.xlabel('epoch')
plt.ylabel('loss')
plt.show()
```

▼出力

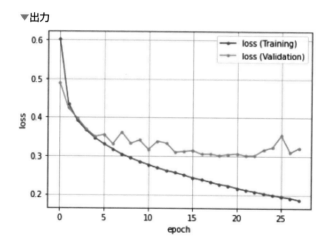

▼精度の推移をグラフにする

```
セル10
'''
10. 精度の推移をグラフにする
'''
# 訓練データの精度
plt.plot(history['accuracy'],
         marker='.',
         label='accuracy (Training)')
# 検証データの精度
```

```
plt.plot(history['val_accuracy'],
         marker='.',
         label='accuracy (Validation)')
plt.legend(loc='best')    # 凡例を最適な位置に出力
plt.grid()                # グリッドを表示
plt.xlabel('epoch')
plt.ylabel('accuracy')
plt.show()
```

▼出力

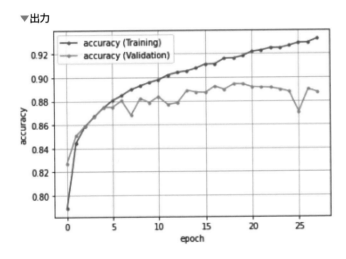

テストデータでモデルを評価します。

▼テストデータによるモデルの評価

```
セル11
'''
11. テストデータによるモデルの評価
'''
# テストデータの予測値を取得
test_preds = model(x_test)
# カテゴリカルデータの精度を取得するオブジェクト
categor_acc = tf.keras.metrics.CategoricalAccuracy()
# 精度を測定するデータを設定
categor_acc.update_state(y_test, test_preds)
# テストデータの精度を取得
test_acc = categor_acc.result().numpy()
```

```
# テストデータの損失を取得
test_loss = loss_fn(y_test, test_preds)


print('test_loss: {:.4f}, test_acc: {:.4f}'.format(
    test_loss,
    test_acc
))
```

▼出力
```
test_loss: 0.3483, test_acc: 0.8817
```

　グラフを見たところ、検証データの損失、精度共に、ある地点から改善が見られていません。訓練データはエポックが進むにつれて順調に学習できているにもかかわらず、検証データの曲線は5エポックを過ぎた辺りから横ばいとなり、訓練データの曲線と乖離し始めています。学習が進むにつれて、訓練データだけに過剰にフィットしてしまう**オーバーフィッティング**（**過剰適合**）が発生しています。次項では、オーバーフィッティングを解消する手法について見ていきます。

5.5.3　ドロップアウトでオーバーフィッティングを回避する

　訓練データを繰り返し学習する過程で、訓練データにだけ極端にフィットするオーバーフィッティング（過剰適合）が起こることがあります。極端な例だと、10個の手書き数字を学習した結果、損失が0に収束するような場合です。このような場合の学習結果は、訓練データにのみフィットするので、新たなテスト用のデータを入力して予測しようとしてもうまくいきません。オーバーフィッティングが起きる原因として、主に次の2つが挙げられます。

・パラメーターの数が多すぎる
・学習データが少ない

　スリバス氏、ヒントン氏らが発表した論文で紹介されている「**ドロップアウト**」という手法は、オーバーフィッティングを防ぐシンプルかつ効果の高い方法として、ディープラーニングで活用されています。

　ドロップアウト率を50%（0.5）に指定した場合、ドロップアウトが設定された層の出力から半分の出力をランダムに選択し、これらの出力を0に置き換えて、次の層へ出力します。つまり、出力された信号の半数を無効化することで、訓練データに適合しすぎるのを防止するのです。

　ドロップアウトを通すことで出力信号の50%が0になりますが、これは出力信号をランダムに変形することになるので、学習を繰り返すたびに、ドロップアウトの先にある層は入力信号を毎回、新たに学習するようになります。

■隠れ層の出力にドロップアウトを適用する

ドロップアウトは、

tensorflow.keras.layers.Dropout()

で配置することができます。引数に0.5などの適用率を指定すれば、前層からの出力を、指定された割合でオフ (0) にします。では、前回作成したプログラムのモデル定義のセルを次のように書き換えて、ドロップアウトを配置してみます。

▼多層パーセプトロンでFashion-MNISTを学習するプログラムのモデル定義を行うコード

```
セル2
'''
2．モデルの定義
'''
class MLP(tf.keras.Model):
    '''多層パーセプトロン

    Attributes:
        l1(Dense): 隠れ層
        l2(Dense): 出力層
    '''
    def __init__(self, hidden_dim, output_dim):
        '''
        Parameters:
            hidden_dim(int): 隠れ層のユニット数 (次元)
            output_dim(int): 出力層のユニット数 (次元)
        '''
        super().__init__()
        # 隠れ層：活性化関数はReLU
        self.fc1 = tf.keras.layers.Dense(hidden_dim, activation='relu')
        # ドロップアウト
        self.dropput1 = tf.keras.layers.Dropout(0.5)
        # 出力層：活性化関数はソフトマックス
        self.fc2 = tf.keras.layers.Dense(output_dim, activation='softmax')

    @tf.function
    def call(self, x, training=None):
        '''MLPのインスタンスからコールバックされる関数
```

```
        Parameters: x(ndarray(float32)):訓練データ、または検証データ
        Returns(float32):MLPの出力として要素数3の1階テンソル
        '''
        x = self.fc1(x)    # 第1層の出力
        if training:        # 訓練モードのときドロップアウトを行う
            x = self.dropput1(x)
        x = self.fc2(x)    # 出力層の出力
        return x
```

　ドロップアウトは訓練時にのみ行い、評価の際は不要なので、call()に渡されるtrainingオプションの値によって順伝播の処理を切り替える必要があります。MLPクラスのcall()メソッドを呼び出す際に、訓練時であれば

```
        training=True
```

を指定し、評価を行う場合は

```
        training=False
```

を指定するようにしています。これを利用し、

```
        if training:        # 訓練モードのときドロップアウトを行う
            x = self.dropput1(x)
```

のようにして、training=Trueのときだけドロップアウトを適用します。

■ドロップアウトを適用した結果を確認する

　ドロップアウトを適用して学習を行った結果、次のように出力されました。

▼出力

```
epoch(1) train_loss: 0.6791 train_acc: 0.7603 val_loss: 0.4848 val_acc: 0.8285
epoch(2) train_loss: 0.4926 train_acc: 0.8242 val_loss: 0.4492 val_acc: 0.8379
.........途中省略.........
epoch(35) train_loss: 0.2676 train_acc: 0.9015 val_loss: 0.3133 val_acc: 0.8879
epoch(36) train_loss: 0.269 train_acc: 0.8993 val_loss: 0.3149 val_acc: 0.8884
epoch(37) train_loss: 0.2661 train_acc: 0.9015 val_loss: 0.3179 val_acc: 0.8894
epoch(38) train_loss: 0.2627 train_acc: 0.9019 val_loss: 0.3122 val_acc: 0.8907
epoch(39) train_loss: 0.2614 train_acc: 0.902 val_loss: 0.3177 val_acc: 0.8896
```

5

ニューラルネットワーク（多層パーセプトロン）

```
epoch(40) train_loss: 0.256 train_acc: 0.9042 val_loss: 0.3178 val_acc: 0.8903
early stopping
```

　前回のドロップアウトなしでは28エポックで早期終了していましたが、今回は40エポックまで学習が行われました。訓練データの精度は0.9324➡0.9042に低下していますが、検証データーの精度は0.8871➡0.8903と上昇しています。では、前回と同様に損失と精度の推移をグラフにしてみます。

▼損失の推移

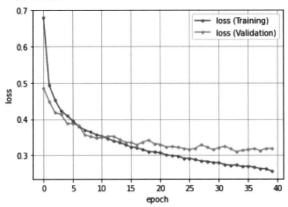

▼精度の推移

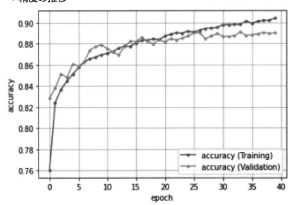

　損失と精度の両方で、訓練データと検証データの曲線の乖離はかなり小さくなり、検証データの損失と精度が改善されました。

5.6 Kerasによるニューラルネットワークの構築

これまで、Fashion-MNISTの画像認識を行うためのニューラルネットワークをPythonの基本機能とTensorFlowを使用して作成してきました。ここでは、Kerasスタイルでニューラルネットワークのプログラムを作ってみることにします。

5.6.1 Kerasを用いたニューラルネットワークの構築

ここでは、ニューラルネットワークの構築から学習までのすべての処理にtensorflow.kerasモジュールを使用します。

■Fashion-MNISTデータセットの読み込みと加工

まず、Fashion-MNISTデータセットを読み込んで、加工するところまではこれまでと同じです。

ただし、Kerasの「sparse_categorical_crossentropy」を使用するので、正解ラベルのOne-Hotエンコーディングは行わないことにします。

▼Fashion-MNISTデータセットの読み込みと前処理

```
セル1
'''
1. データセットの読み込みと前処理
'''
# Fashion-MNISTデータセットをインポート
from tensorflow.keras.datasets import fashion_mnist

# Fashion-MNISTデータセットの読み込み
(x_train, y_train), (x_test, y_test) = fashion_mnist.load_data()

# (28,28)の画像データを(784)のベクトルに変換して正規化を行う
# (60000, 28, 28)の訓練データを(60000, 784)の2階テンソルに変換
x_train = x_train.reshape(-1, 784)
# 訓練データをfloat32(浮動小数点数)型に、255で割ってスケール変換する
x_train = x_train.astype('float32') / 255


# (10000, 28, 28)のテストデータを(10000, 784)の2階テンソルに変換
x_test = x_test.reshape(-1, 784)
# テストデータをfloat32(浮動小数点数)型に、255で割ってスケール変換する
x_test = x_test.astype('float32') / 255
```

■Kerasスタイルによるニューラルネットワークの実装

次に、tensorflow.kerasモジュールを利用してニューラルネットワークを構築します。Sequential()コンストラクターで、ニューラルネットワークのもとになるSequentialクラスのオブジェクトを生成し、model.add()で各層の追加を行います。

▼Sequentialオブジェクトを生成してモデルを構築する

```
セル2
'''
2. モデルの定義
'''
# ニューラルネットワークの構築
# keras.modelsからSequentialをインポート
from tensorflow.keras.models import Sequential
# keras.layersからDense、Dropoutをインポート
from tensorflow.keras.layers import Dense, Dropout
# keras.optimizersからSGDをインポート
from tensorflow.keras.optimizers import SGD


# 隠れ層
model = Sequential()                              # Sequentialオブジェクトの生成
model.add(Dense( 256,                             # 隠れ層のニューロン数は256
                input_dim=784,                    # 入力層のデータサイズは784
                activation='relu'))               # 活性化はReLU
# ドロップアウト
model.add(Dropout(0.5))


model.add(Dense( 10,                              # 出力層のニューロン数は10
                activation='softmax'))            # 活性化はソフトマックス関数


# モデルのコンパイル
learning_rate = 0.1                               # 学習率
model.compile(                                    # オブジェクトのコンパイル
    loss='sparse_categorical_crossentropy',       # スパース行列対応クロスエントロピー誤差
    optimizer=SGD(lr=learning_rate),              # オプティマイザーはSGD
    metrics=['accuracy']                          # 学習評価として正解率を指定
    )

model.summary() # ニューラルネットワークのサマリ（概要）を出力
```

▼出力

```
Model: "sequential"

Layer (type)              Output Shape              Param #
================================================================
dense (Dense)             (None, 256)               200960
_____
dropout (Dropout)         (None, 256)               0
_____
dense_1 (Dense)           (None, 10)                2570
================================================================
Total params: 203,530
Trainable params: 203,530
Non-trainable params: 0
_____
```

　dense_1は隠れ層を示しています。Paramが200960とあるのは、(784 + 1) × 256の組み合わせの数です。入力するニューロンの数784にバイアスの数として1を加算して785とし、これにニューロン数である256を掛け合わせます。

　一方、dense_2は出力層を示し、Paramの2570は、(256 + 1) × 10の組み合わせの数を示しています。隠れ層の出力の数256にバイアスの数の1を加算して257とし、これにニューロン数である256を掛け合わせます。

　Dense()は、層を表現するDenseオブジェクトを生成するコンストラクターで、書式は次のとおりです。

▼Dense() コンストラクター

```
Dense(ニューロンの数,
      input_dim = 入力されるニューロンの数,
      activation = '活性化関数の種類')
```

　Dense()コンストラクターだけで隠れ層を作成できます。活性化関数としてはReLUを指定しますが、このReLUは、入力が0以下であれば0を、0より大きければ入力値をそのまま出力する仕組みを持った関数です。学習の停滞を回避し、計算が速いことから、シグモイド関数に代わってよく使われる関数です。

　作成した隠れ層は、add()メソッドでSequentialオブジェクトに追加します。同じ手順でドロップアウトを配置します。

▼隠れ層とドロップアウトの配置

```
model.add(Dense(256,                  # 隠れ層のニューロン数は256
                input_dim=784,        # 入力層のデータサイズは784
                activation='relu'))   # 活性化はReLU


model.add(Dropout(0.5))               # ドロップアウト
```

続いて出力層を作成し、Sequentialオブジェクトに追加します。

▼Sequentialオブジェクトに出力層を登録する

```
model.add(Dense(10,                      # 出力層のニューロン数は10
                activation='softmax'     # 活性化関数は'softmax'
                ))
```

出力層の入力は隠れ層の出力になるので、input_dimオプションによる入力数の指定は必要ありません。活性化関数はソフトマックス関数を指定しています。ここまでが済んだら、最後にcompile()メソッドで、Sequentialオブジェクトをコンパイル（モデルをデータフローグラフに変換）します。このとき、勾配法などの学習に使用する手法（オプティマイザー）や誤差の測定方法を指定します。

▼Sequentialオブジェクトのコンパイル

```
# モデルのコンパイル
learning_rate = 0.1                              # 学習率
model.compile(                                   # オブジェクトのコンパイル
    loss='sparse_categorical_crossentropy',      # スパース行列対応クロスエントロピー誤差
    optimizer=SGD(lr=learning_rate),             # オプティマイザーはSGD
    metrics=['accuracy']                         # 学習評価として正解率を指定
    )
```

■学習を実行し、テストデータで検証する

学習の実行は、Sequentialクラスのfit()メソッドで行います。引数の指定方法については、ソースコードのコメントを参照してください。epochsは学習を繰り返す回数、batch_sizeは、確率的勾配降下法における勾配計算に使用するミニバッチのサイズを指定します。verboseオプションで1を指定すると、学習の進捗状況として、1回の学習ごとに損失や正解率が出力されるようになります。

fit()メソッドは、戻り値として学習過程の損失と精度の推移を返すので、変数historyに代入するようにします。

●検証データによるモデルの評価

fit()メソッドのvalidation_splitは、訓練データの何パーセントを検証用として使用するかを指定するためのオプションです。ここでは、20パーセントを検証用として使用するので、

validation_split=0.2

のようにしました。また、データを切り出す際に元のデータをシャッフルするように、

shuffle=True

を指定しています。

● **早期終了判定を行うEarlyStoppingクラス**

tensorflow.keras.callbacks.EarlyStoppingクラスは、指定された監視対象回数において、損失または精度の改善が見られなければ学習を打ち切ります。

▼ **早期終了を行うEarlyStoppingの生成**

```
early_stopping = EarlyStopping(
    monitor='val_loss',  # 監視対象は損失
    patience=5,          # 監視する回数
    verbose=1            # 早期終了をログとして出力
)
```

fit()メソッドには、1エポック終了時に任意のオブジェクトをコールバックするためのcallbacksオプションがありますので、

```
history = model.fit(
    x_train,             # 訓練データ
    y_train,             # 正解ラベル
    ......省略......
    callbacks=[early_stopping] # コールバックはリストで指定する
    )
```

のように指定して、1エポックが終了するたびにEarlyStoppingオブジェクトをコールバックするようにします。なお、callbacksオプションは複数のオブジェクトをコールバックできるように、リスト形式で指定するようになっています。

● **学習済みモデルによる評価を行う**

tensorflow.keras.Model.evaluate()は、評価専用のメソッドで、学習済みのモデルに入力し、順伝播のみを行って予測値を返します。この場合、評価に不要なドロップアウトなどの要素はスキップします。

▼ **学習済みのモデルを評価する**

```
score = model.evaluate(x_test, y_test, verbose=0)
```

▼学習を行って結果を出力（サンプル「neural_network_Keras」）

セル3

```
%%time
'''
3.学習を行う
'''
from tensorflow.keras.callbacks import EarlyStopping

# 学習回数、ミニバッチのサイズを設定
training_epochs = 100              # 学習回数
batch_size = 64                    # ミニバッチのサイズ

# 早期終了を行うEarlyStoppingを生成
early_stopping = EarlyStopping(
    monitor='val_loss',           # 監視対象は損失
    patience=5,                   # 監視する回数
    verbose=1                     # 早期終了をログとして出力
)

# 学習を行って結果を出力
history = model.fit(
    x_train,                      # 訓練データ
    y_train,                      # 正解ラベル
    epochs=training_epochs,       # 学習を繰り返す回数
    batch_size=batch_size,        # ミニバッチのサイズ
    verbose=1,                    # 学習の進捗状況を出力する
    validation_split= 0.2,        # 検証データとして使用する割合
    shuffle=True,                 # 検証データを抽出する際にシャッフルする
    callbacks=[early_stopping]    # コールバックはリストで指定する
    )
# テストデータで学習を評価するデータを取得
score = model.evaluate(x_test, y_test, verbose=0)
# テストデータの誤り率を出力
print('Test loss:', score[0])
# テストデータの正解率を出力
print('Test accuracy:', score[1])
```

▼出力

```
Epoch 1/100
750/750 [==============================] - 4s 3ms/step
  - loss: 0.8540 - accuracy: 0.7059 - val_loss: 0.4710 - val_accuracy: 0.8298
```

```
Epoch 2/100
750/750 [==============================] - 2s 2ms/step
 - loss: 0.5048 - accuracy: 0.8225 - val_loss: 0.4596 - val_accuracy: 0.8319
.........途中省略.........
Epoch 32/100
750/750 [==============================] - 2s 2ms/step
 - loss: 0.2680 - accuracy: 0.9001 - val_loss: 0.3002 - val_accuracy: 0.8931
Epoch 33/100
750/750 [==============================] - 2s 2ms/step
 - loss: 0.2731 - accuracy: 0.8980 - val_loss: 0.3052 - val_accuracy: 0.8916
Epoch 34/100
750/750 [==============================] - 2s 2ms/step
 - loss: 0.2721 - accuracy: 0.8995 - val_loss: 0.3052 - val_accuracy: 0.8935
Epoch 35/100
750/750 [==============================] - 2s 2ms/step
 - loss: 0.2628 - accuracy: 0.9040 - val_loss: 0.3014 - val_accuracy: 0.8907
Epoch 36/100
750/750 [==============================] - 2s 2ms/step
 - loss: 0.2625 - accuracy: 0.9011 - val_loss: 0.3019 - val_accuracy: 0.8926
Epoch 37/100
750/750 [==============================] - 2s 2ms/step
 - loss: 0.2664 - accuracy: 0.9019 - val_loss: 0.3004 - val_accuracy: 0.8945
Epoch 00037: early stopping
Test loss: 0.3246366083621979
Test accuracy: 0.8873000144958496
CPU times: user 1min 10s, sys: 6.52 s, total: 1min 17s
Wall time: 1min 4s
```

　37エポックで早期終了しました。検証データによる評価では精度が0.8945、テストデータによる評価では精度が0.8873となりました。

■損失、正解率をグラフにする

　学習の過程で得た損失や正解率などの時系列データは、変数historyに代入されていますので、これを使って損失と正解率がどう推移しているかをグラフにして確かめてみることにしましょう。訓練データの損失（誤り率）の時系列データはhistory.history['loss']で参照でき、テストデータの損失の時系列データはhistory.history['val_loss']で参照できます。また、訓練データの正解率の時系列データはhistory.history['accuracy']で、テストデータの正解率の時系列データはhistory.history['val_accuracy']でそれぞれ参照できます。

▼損失（誤り率）と正解率をグラフにする

```
セル4
'''
4. 損失、正解率をグラフにする
'''
%matplotlib inline
import matplotlib.pyplot as plt

# 訓練データの損失をプロット
plt.plot(history.history['loss'],
        marker='.',
        label='loss (Training)')
# 検証データの損失をプロット
plt.plot(history.history['val_loss'],
        marker='.',
        label='loss (Validation)')
plt.legend()            # 凡例を表示
plt.grid()              # グリッド表示
plt.xlabel('epoch')     # x軸ラベル
plt.ylabel('loss')      # y軸ラベル
plt.show()

# 訓練データの精度をプロット
plt.plot(history.history['accuracy'],
        marker='.',
        label='accuracy (Training)')
# 検証データの精度をプロット
```

```
plt.plot(history.history['val_accuracy'],
        marker='.',
        label='accuracy (Validation)')
plt.legend(loc='best')   # 凡例を表示
plt.grid()               # グリッド表示
plt.xlabel('epoch')      # x軸ラベル
plt.ylabel('accuracy')   # y軸ラベル
plt.show()
```

▼出力

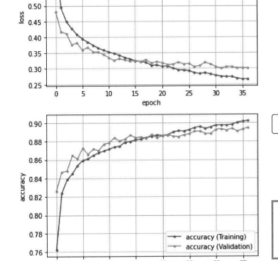

損失

精度

損失、精度共に若干、オーバーフィッティングの兆候が見られますが、おおむねうまく抑えられているようです。

5.7 PyTorchを使ってニューラルネットワークを構築する

　　PyTorchを使用して、Fashion-MNISTを学習します。torchvision.datasetsモジュールの
FashionMNISTクラスを利用するとデータセットのダウンロードが行えますので、これを利
用することにします。

5.7.1　データの読み込みと前処理、DataLoaderオブジェクトの生成まで

　　PyTorchでは、データセットのデータや正解ラベルを1つのtorch.utils.data.Datasetオブ
ジェクトにまとめておき、それをtorch.utils.data.DataLoaderを使用してミニバッチ単位で抽
出し、学習や評価を行います。手順としては、

❶Transformオブジェクトを生成する
　　データのTensorオブジェクト化やデータの形状の変換、正規化などの前処理を登録する。
❷データセットを読み込む
❸DataLoaderオブジェクトを生成する
　　データ（訓練用またはテスト用）を指定し、ミニバッチのサイズなどを登録する。訓練（学
習）やテスト時にDataLoaderオブジェクトを呼び出すことで、モデルへの入力を行う。

という流れになります。

▼Fashion-MNISTの読み込みと前処理、DataLoaderオブジェクトの生成まで

```
セル1
'''
1. データの読み込みと前処理
'''
from torchvision import datasets
import torchvision.transforms as transforms
from torch.utils.data import DataLoader


# ダウンロード先のディレクトリ
root = './data'


# トランスフォーマーオブジェクトを生成
transform = transforms.Compose(
    [transforms.ToTensor(),                    # Tensorオブジェクトに変換
     transforms.Normalize((0.5), (0.5)),       # 平均0.5、標準偏差0.5で正規化
     lambda x: x.view(-1),                     # データの形状を(28,28)から(784,)に変換
     ])
```

```
# 訓練用データの読み込み (60000セット)
f_mnist_train = datasets.FashionMNIST(
    root=root,             # データの保存先のディレクトリ
    download=True,         # ダウンロードを許可
    train=True,            # 訓練データを指定
    transform=transform)   # トランスフォーマーオブジェクトを指定

# テスト用データの読み込み (10000セット)
f_mnist_test = datasets.FashionMNIST(
    root=root,             # データの保存先のディレクトリ
    download=True,         # ダウンロードを許可
    train=False,           # テストデータを指定
    transform=transform)   # トランスフォーマーオブジェクトを指定


# ミニバッチのサイズ
batch_size = 64
# 訓練用のデータローダー
train_dataloader = DataLoader(f_mnist_train,        # 訓練データ
                              batch_size=batch_size, # ミニバッチのサイズ
                              shuffle=True)          # シャッフルして抽出
# テスト用のデータローダー
test_dataloader = DataLoader(f_mnist_test,          # テストデータ
                             batch_size=batch_size,  # ミニバッチのサイズ
                             shuffle=False)          # シャッフルせずに抽出


# データローダーが返すミニバッチの先頭データの形状を出力
for (x, t) in train_dataloader: # 訓練データ
    print(x.shape)
    print(t.shape)
    break

for (x, t) in test_dataloader: # テストデータ
    print(x.shape)
    print(t.shape)
    break
```

▼出力

```
torch.Size([64, 784])
torch.Size([64])
torch.Size([64, 784])
torch.Size([64])
```

■データの加工処理を担うTransformオブジェクトの生成

Transformオブジェクトは、torchvision.transforms.Compose()メソッドで生成します。

▼Compose()メソッドの書式

```
torchvision.transforms.Compose(変換を行う操作<Transformオブジェクト>のリスト)
```

Compose()メソッドでは、変換を行う操作をリストにまとめて指定します。ここでは、次のようにTensorオブジェクトへの変換と正規化、画像データのフラット化を行うようにしました。

▼Transformオブジェクトの生成

```
transform = transforms.Compose(
    [transforms.ToTensor(),                # Tensorオブジェクトに変換
     transforms.Normalize((0.5), (0.5)),   # 平均0.5、標準偏差0.5で正規化
     lambda x: x.view(-1),                 # データの形状を(28,28)から(784,)に変換
    ])
```

●Tensorオブジェクトへの変換
テンソルを表現するTensorオブジェクトへの変換は、

transforms.ToTensor()

で行います。正規化は、

transforms.Normalize((0.5), (0.5))

のように、transforms.Normalize()関数を使用して、平均0.5、標準偏差0.5で標準化します。

●torchvision.transforms.Normalize()
指定された平均と標準偏差を使用して、データを標準化します。

書式	torchvision.transforms.Normalize(mean, std[, inplace=False])	
引数	mean	(mean[1],...,mean[n])のようにタプル形式で、各チャネルの平均を指定します。
	std	(std[1],...,std[n])のようにタプル形式で、各チャネルの標準偏差を指定します。
	inplace	オプション。in-placeアルゴリズムを有効にして、出力で入力値を上書きするかを指定します。デフォルトはFalse（上書きしない）。
戻り値	output[channel] = (input[channel] − mean[channel]) / std[channel]	

・テンソルの形状変換

　ニューラルネットワーク（多層パーセプトロン）への入力はフラットな形状であることが必要なので、(28,28)の画像データを(784,)の形状に変換します。

```
lambda x: x.view(-1),    # データの形状を(28,28)から(784,)に変換
```

　テンソルの形状の変換には、torch.Tensor.view()を使います。torch.Tensorのメソッドなので、ラムダ式を利用してTensorオブジェクトに対して作用するようにしています。

　なお、view()で変換する際は変換前と変換後の要素数が同じであることが必要なので、次のように変換前後の要素数が同じになるように変換処理を行います。

▼(4, 4)の2階テンソルを(16,)の1階テンソルに変換

```
x = torch.randn(4, 4)  # (4, 4)の2階テンソル
y = x.view(16)         # yは(16,)の1階テンソル
```

　−1を設定すると、他の次元の要素数から適切な要素数が推測されます。

▼(4, 4)の2階テンソルを(2,8)の形状に変換

```
x = torch.randn(4, 4)  # (4, 4)の2階テンソル
z = x.view(-1, 8)      # 1次元を-1で推測する
z.size()               # torch.Size([2, 8])
```

■データセットの読み込み

　データセットの読み込みは、torchvision.datasets.FashionMNIST()で行います。

　rootでダウンロードしたデータの保存先のディレクトリを指定し、downloadでダウンロードの許可（True）、trainで訓練データ（True）またはテストデータ（False）を指定して、transformでTransformオブジェクトを指定します。

▼Fashion-MNISTの訓練用データの読み込み（60,000セット）

```
f_mnist_train = datasets.FashionMNIST(
    root=root,               # データの保存先のディレクトリ
    download=True,           # ダウンロードを許可
    train=True,              # 訓練データを指定
    transform=transform)     # トランスフォーマーオブジェクトを指定
```

以上で、Fashion-MNISTの訓練用データがダウンロードされ、TransformによるTensorオブジェクトへの変換、正規化、形状変換が行われます。テストデータの場合は、オプションをtrain=Falseにすることで、10,000セットのテストデータがダウンロードされます。

■DataLoaderオブジェクトの生成

DataLoader()を使ってDataLoaderオブジェクトを生成します。

●torch.utils.data.DataLoader()

書式	torch.utils.data.DataLoader(　　dataset, batch_size=1, shuffle=False, …)	
主な 引数	dataset	データセットを指定します。データセットはtorch.utils.data.dataset.Datasetオブジェクトです。
	batch_size	ミニバッチのサイズを整数値で指定します。
	shuffle	エポックごとにデータセットをシャッフルするかどうかを指定します。デフォルトはFalse（シャッフルしない）。

▼訓練用のデータローダー

```
train_dataloader = DataLoader(f_mnist_train,          # 訓練データを指定
                              batch_size=batch_size,  # ミニバッチのサイズ
                              shuffle=True)           # シャッフルして抽出
```

DataLoaderはイテレート可能なオブジェクトなので、forループでミニバッチを取り出すことができます。ここでは、

```
for (x, t) in train_dataloader: # 訓練データ
    print(x.shape)
    print(t.shape)
    break
```

のようにして、先頭のミニバッチの形状を出力してみました。結果、訓練データと正解ラベルの形状が次のように出力されました。

```
torch.Size([64, 784])
torch.Size([64])
```

ミニバッチのサイズが64、28×28の画像が784にフラット化されています。テストデータについても同じ形状です。

5.7.2 2層ニューラルネットワークでファッションアイテムの画像を認識する

2層構造のニューラルネットワークのモデルを作成し、Fashion-MNISTを学習します。

■モデルの作成

次は、モデルを定義するコードです。

▼2層ニューラルネットワークの作成

```
セル2
'''
2. モデルの定義
'''
import torch
import torch.nn as nn


class MLP(nn.Module):
    '''多層パーセプトロン

    Attributes:
      l1(Linear) : 隠れ層
      l2(Linear) : 出力層
      d1(Dropout): ドロップアウト
    '''
    def __init__(self, input_dim, hidden_dim, output_dim):
        '''モデルの初期化を行う

        Parameters:
          input_dim(int) : 入力する1データあたりの値の形状
          hidden_dim(int): 隠れ層のユニット数
          output_dim(int): 出力層のユニット数

        '''
        # スーパークラスの__init__()を実行
        super().__init__()
        # 隠れ層
        self.fc1 = nn.Linear(input_dim,     # 入力するデータのサイズ
                             hidden_dim)    # 隠れ層のニューロン数
        # ドロップアウト
        self.d1 = nn.Dropout(0.5)
```

```
        # 出力層
        self.fc2 = nn.Linear(hidden_dim,  # 入力するデータのサイズ
                                           # (=前層のニューロン数)
                             output_dim)   # 出力層のニューロン数


    def forward(self, x):
        '''MLPの順伝播処理を行う


        Parameters:
            x(ndarray(float32)):訓練データ、またはテストデータ


        Returns(float32):
            出力層からの出力値
        '''
        # レイヤー、活性化関数に前ユニットからの出力を入力する
        x = self.fc1(x)
        x = torch.sigmoid(x)
        x = self.d1(x)
        x = self.fc2(x)  # 最終出力は活性化関数を適用しない
        return x
```

モデルを生成して、構造を出力します。

▼モデルを生成する

`セル3`

```
'''
3. モデルの生成
'''
# 使用可能なデバイス (CPUまたはGPU) を取得する
device = torch.device('cuda' if torch.cuda.is_available() else 'cpu')
# モデルオブジェクトを生成し、使用可能なデバイスを設定する
model = MLP(784, 256, 10).to(device)


model  # モデルの構造を出力
```

▼出力

```
MLP(
  (fc1): Linear(in_features=784, out_features=256, bias=True)
  (d1): Dropout(p=0.5, inplace=False)
```

```
   (fc2): Linear(in_features=256, out_features=10, bias=True)
)
```

■損失関数とオプティマイザーの生成

クロスエントロピー誤差を測定するCrossEntropyLossオブジェクトと、勾配降下アルゴリズムを実装するオプティマイザーとしてSGDオブジェクトを生成します。

▼CrossEntropyLossオブジェクト、SGDオブジェクトの生成

セル4

```
'''
4. 損失関数とオプティマイザーの生成
'''
import torch.optim

# クロスエントロピー誤差のオブジェクトを生成
criterion = nn.CrossEntropyLoss()
# 勾配降下アルゴリズムを使用するオプティマイザーを生成
optimizer = torch.optim.SGD(model.parameters(), lr=0.1)
```

■パラメーターの更新を行うtrain_step()関数の定義

重みとバイアスをバックプロパゲーションで更新する処理をtrain_step()関数としてまとめます。この関数は、モデルの順伝播で得られた予測値から損失を計算し、バックプロパゲーションによるパラメーターの更新処理を行ったあと、更新前の損失と予測値を戻り値として返します。

▼パラメーターの更新を行うtrain_step()関数

セル5

```
'''
5. train_step()関数の定義
'''
def train_step(x, t):
    '''バックプロパゲーションによるパラメーター更新を行う

    Parameters: x: 訓練データ
                t: 正解ラベル
```

```
    Returns:
        MLPの出力と正解ラベルのクロスエントロピー誤差
    '''
    model.train()                    # モデルを訓練(学習)モードにする
    preds = model(x)                 # モデルの出力を取得
    loss = criterion(preds, t)       # 出力と正解ラベルの誤差から損失を取得
    optimizer.zero_grad()            # 勾配を0で初期化(累積してしまうため)
    loss.backward()                  # 逆伝播の処理(自動微分による勾配計算)
    optimizer.step()                 # 勾配降下法の更新式を適用してバイアス、重みを更新


    return loss, preds
```

■テストデータでモデルの評価を行うtest_step()関数の定義

　テストデータによる評価を行う test_step() 関数を用意します。この関数は、テストデータを
モデルに入力し、順伝播処理で得られた予測値から損失を計算し、予測値と共に戻り値とし
て返します。

▼テストデータでモデルの評価を行う test_step() 関数

> セル6

```
'''
6. test_step()関数の定義
'''
def test_step(x, t):
    '''テストデータを入力して損失と予測値を返す

    Parameters: x: テストデータ
                t: 正解ラベル
    Returns:
        MLPの出力と正解ラベルのクロスエントロピー誤差
    '''
    model.eval()                     # モデルを評価モードにする
    preds = model(x)                 # モデルの出力を取得
    loss = criterion(preds, t)       # 出力と正解ラベルの誤差から損失を取得


    return loss, preds
```

■ 早期終了判定を行う EarlyStopping クラス

　PyTorchには、学習率を調整する様々な仕組みが用意されていますが、早期終了を行うものは存在しないため、TensorFlowスタイルのプログラミングで作成したクラスと同じものを使うことにします。

▼早期終了判定を行う EarlyStopping クラスを定義する

```
セル7
'''
7. 学習の進捗を監視し早期終了判定を行うクラス
'''
class EarlyStopping:
    def __init__(self, patience=10, verbose=0):
        '''
        Parameters:
            patience(int): 監視するエポック数 (デフォルトは10)
            verbose(int): 早期終了メッセージの出力フラグ
                          出力(1),出力しない(0)
        '''
        # インスタンス変数の初期化
        # 監視中のエポック数のカウンターを初期化
        self.epoch = 0
        # 比較対象の損失を無限大'inf'で初期化
        self.pre_loss = float('inf')
        # 監視対象のエポック数をパラメーターで初期化
        self.patience = patience
        # 早期終了メッセージの出力フラグをパラメーターで初期化
        self.verbose = verbose


    def __call__(self, current_loss):
        '''
        Parameters:
            current_loss(float): 1エポック終了後の検証データの損失
        Return:
            True:監視回数の上限までに前エポックの損失を超えた場合
            False:監視回数の上限までに前エポックの損失を超えない場合
        '''
        # 前エポックの損失より大きくなった場合
        if self.pre_loss < current_loss:
            self.epoch += 1 # カウンターを1増やす
```

```
            # 監視回数の上限に達した場合
        if self.epoch > self.patience:
                if self.verbose: # 早期終了メッセージの出力フラグが1の場合
                    print('early stopping') # メッセージを出力
                return True # 学習を終了するTrueを返す
        # 前エポックの損失以下の場合
        else:
            self.epoch = 0                   # カウンターを0に戻す
            self.pre_loss = current_loss  # 損失の値を更新する


        # 監視回数の上限までに前エポックの損失を超えなければ
        # False を返して学習を続行する
        # 前エポックの損失を上回るが監視回数の範囲内であれば
        # False を返す必要があるので、return文の位置はここであることに注意
        return False
```

■学習を行う

エポック数を200に設定して、Fashion-MNISTを学習します。

なお、今回は訓練データから検証データを抜き出すことはしないで、訓練データの学習と並行してテストデータによる検証を実施することにします。

▼Fashion-MNISTを学習する

セル8

```
%%time
'''
8.モデルを使用して学習する
'''
from sklearn.metrics import accuracy_score


# エポック数
epochs = 200
# 損失と精度の履歴を保存するためのdictオブジェクト
history = {'loss':[], 'accuracy':[], 'test_loss':[], 'test_accuracy':[]}
# 早期終了の判定を行うオブジェクトを生成
ers = EarlyStopping(patience=5,  # 監視対象回数
                    verbose=1)  # 早期終了時にメッセージを出力
# 学習を行う
for epoch in range(epochs):
```

```python
train_loss = 0.                    # 訓練1エポックごとの損失を保持する変数
train_acc = 0.                     # 訓練1エポックごとの精度を保持する変数
test_loss = 0.                     # 検証1エポックごとの損失を保持する変数
test_acc = 0.                      # 検証1エポックごとの精度を保持する変数


# 1ステップにおける訓練用ミニバッチを使用した学習
for (x, t) in train_dataloader:
    # torch.Tensorオブジェクトにデバイスを割り当てる
    x, t = x.to(device), t.to(device)
    loss, preds = train_step(x, t)  # 損失と予測値を取得
    train_loss += loss.item()       # ステップごとの損失を加算
    train_acc += accuracy_score(
        t.tolist(),
        preds.argmax(dim=-1).tolist()
    )                               # ステップごとの精度を加算

# 1ステップにおけるテストデータのミニバッチを使用した評価
for (x, t) in test_dataloader:
    # torch.Tensorオブジェクトにデバイスを割り当てる
    x, t = x.to(device), t.to(device)
    loss, preds = test_step(x, t)   # 損失と予測値を取得
    test_loss += loss.item()        # ステップごとの損失を加算
    test_acc += accuracy_score(
        t.tolist(),
        preds.argmax(dim=-1).tolist()
    )                               # ステップごとの精度を加算


# 訓練時の損失の平均値を取得
avg_train_loss = train_loss / len(train_dataloader)
# 訓練時の精度の平均値を取得
avg_train_acc = train_acc / len(train_dataloader)
# 検証時の損失の平均値を取得
avg_test_loss = test_loss / len(test_dataloader)
# 検証時の精度の平均値を取得
avg_test_acc = test_acc / len(test_dataloader)


# 訓練データの履歴を保存する
history['loss'].append(avg_train_loss)
history['accuracy'].append(avg_train_acc)
# テストデータの履歴を保存する
```

```
    history['test_loss'].append(avg_test_loss)
    history['test_accuracy'].append(avg_test_acc)


    # 1エポックごとに結果を出力
    if (epoch + 1) % 1 == 0:
        print(
            'epoch({}) train_loss: {:.4} train_acc: {:.4} val_loss: {:.4} val_acc:
{:.4}'.format(
                epoch+1,
                avg_train_loss,   # 訓練データの損失を出力
                avg_train_acc,    # 訓練データの精度を出力
                avg_test_loss,    # テストデータの損失を出力
                avg_test_acc      # テストデータの精度を出力
        ))


    # テストデータの損失をEarlyStoppingオブジェクトに渡して早期終了を判定
    if ers(avg_test_loss):
        # 監視対象のエポックで損失が改善されなければ学習を終了
        break
```

▼出力

```
epoch(1) train_loss: 0.7944 train_acc: 0.7146 val_loss: 0.564 val_acc: 0.7922
epoch(2) train_loss: 0.5533 train_acc: 0.7998 val_loss: 0.5012 val_acc: 0.8185
.........途中省略.........
epoch(53) train_loss: 0.2808 train_acc: 0.8973 val_loss: 0.3196 val_acc: 0.8888
epoch(54) train_loss: 0.2776 train_acc: 0.8978 val_loss: 0.3207 val_acc: 0.8842
epoch(55) train_loss: 0.2759 train_acc: 0.898 val_loss: 0.323 val_acc: 0.887
epoch(56) train_loss: 0.2752 train_acc: 0.8977 val_loss: 0.3201 val_acc: 0.8863
epoch(57) train_loss: 0.2751 train_acc: 0.898 val_loss: 0.3216 val_acc: 0.8863
early stopping
CPU times: user 10min 29s, sys: 4.5 s, total: 10min 33s
Wall time: 10min 35s
```

57エポックで早期終了しました。テストデータによる損失は0.3216、精度は0.8863となりました。損失と精度の推移をグラフにしてみます。

▼損失と精度の推移をグラフにする

セル9

```
'''
```

9. 損失と精度の推移をグラフにする
```
'''
import matplotlib.pyplot as plt
%matplotlib inline

# 損失
plt.plot(history['loss'],
        marker='.',
        label='loss (Training)')
plt.plot(history['test_loss'],
        marker='.',
        label='loss (Test)')
plt.legend(loc='best')
plt.grid()
plt.xlabel('epoch')
plt.ylabel('loss')
plt.show()

# 精度
plt.plot(history['accuracy'],
        marker='.',
        label='accuracy (Training)')
plt.plot(history['test_accuracy'],
        marker='.',
        label='accuracy (Test)')
plt.legend(loc='best')
plt.grid()
plt.xlabel('epoch')
plt.ylabel('accuracy')
plt.show()
```

▼出力

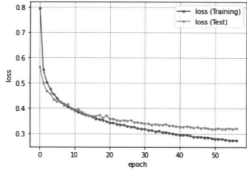 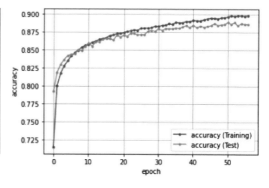

■PyTorch で使用する「torchvision」のインストールについて

Anaconda Navigatorから仮想環境のターミナルを起動して、以下のように入力してインストールを行います。

```
conda install torchvision -c pytorch
```

6^章画像認識のための ディープラーニング

6.1 ニューラルネットワークに「特徴検出器」を 導入する（畳み込みニューラルネットワーク）

この章では、ニューラルネットワークの層を深く、ディープにした「ディープニューラルネットワーク」を用いた学習について見ていきます。一般的に、ディープラーニングにおける層の数は3〜4層以上とされていますが、たんにニューロンを集めた層ではなく、一種の解析機能を持つような層が配置されます。

6.1.1 2次元フィルターで画像の特徴を検出する

ニューラルネットワークで、ファッションアイテムや手書き数字の画像認識を行う際に、28×28の2次元の画像データを1次元の配列（成分784のベクトル）に変換してから入力し、学習を行いました。

▼2次元の画像データをベクトルに変換してから入力

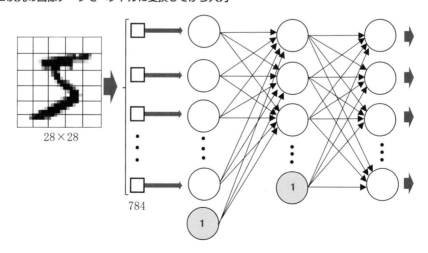

317

　ただし、この方法だと、28×28の2次元配列を784の1次元配列に変換しているので、この段階で2次元の情報が失われています。そうすると、画像のピクセル値が1つずれたとしても、後続のデータを同じように1ピクセルずらせば、同じように学習できてしまいます。このような問題を解決するには、元の2次元空間の情報を取り込むことが必要です。

▼1個のニューロンに2次元空間の情報を学習させる「畳み込み演算」

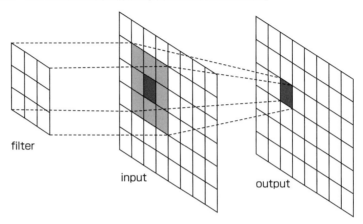

filter
input
output

■2次元フィルター

　2次元空間の情報を取り出す方法として、**フィルター**という処理方法があります。ここでいうフィルターとは、画像に対して特定の演算を加えることで画像を加工するものを指しますので、以降はこのようなフィルターのことを「**2次元フィルター**」と呼ぶことにします。2次元フィルターなので、フィルター自体は2次元の配列（行列）で表されます。例えば、上下方向のエッジ（色の境界のうち、上下に走る線）を検出する（3行, 3列）のフィルターは次のようになります。

▼上下方向のエッジを検出する3×3のフィルター

0	1	1
0	1	1
0	1	1

　フィルターを用意したら、画像の左上隅に重ね合わせて、画像の値とフィルターとの積の和を求め、元の画像の中心に書き込みます。この作業を、フィルターをスライド（ストライド）させながら画像全体に対して行っていきます。これを**畳み込み演算**（Convolution）と呼びます。

▼畳み込み演算による処理

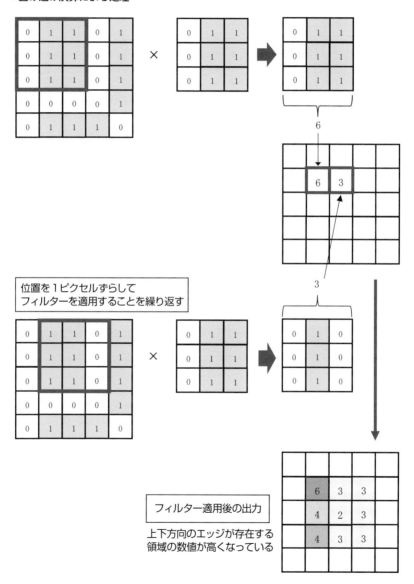

位置を1ピクセルずらして
フィルターを適用することを繰り返す

フィルター適用後の出力

上下方向のエッジが存在する
領域の数値が高くなっている

フィルターを適用した結果、上下方向のエッジが存在する領域が検出され、エッジが強く出ている領域の数値が高くなっています。ここでは上下方向のエッジを検出しましたが、フィルターの構造を次のようにすることで左右方向のエッジを検出することができます。

▼左右方向のエッジを検出する3×3のフィルター

1	1	1
1	1	1
0	0	0

画像のある領域に着目したとき、畳み込み演算についての式を一般化すると次のようになります。画像の位置(i,j)のピクセル値を$x(i,j)$、フィルターを$h(i,j)$、畳み込み演算で得られる値を$c(i,j)$としています。

▼畳み込み演算を一般化した式

$$c(i,j) = \sum_{i,j}^{n} x(i,j) \cdot h(i,j)$$

例で用いた3×3のフィルターの場合、畳み込み演算で得られる値$c(i,j)$は次の式で求められます。

▼3×3のフィルターの畳み込み演算の式

$$c(i,j) = \sum_{u=-1}^{1} \sum_{v=-1}^{1} x(i+u,j+v) \cdot h(u+1,v+1)$$

フィルターのサイズは、中心を決めることができるように奇数の幅であることが必要です。奇数であればよいので、3×3だけでなく、5×5や7×7のサイズにすることもできます。

■2次元フィルターで手書き数字のエッジを抽出してみる

　実際に2次元フィルターにどのような効果があるのか、MNISTデータセットの手書き数字の画像に、縦（上下）方向のエッジと横（左右）方向のエッジを検出するフィルターを適用して確かめてみることにしましょう。訓練データのインデックス42に「7」の手書き画像がありますので、これを抽出してフィルターを適用し、結果をプロットしてみることにします。

▼データの用意

セル1

```
# tensorflowのインポート
import tensorflow as tf


# MNISTデータセットの読み込み
(x_trains, y_trains), (x_tests, y_tests) = tf.keras.datasets.mnist.load_data()


# 訓練データ
# (60000, 28, 28)の3階テンソルを(60000, 28, 28, 1)の4階テンソルに変換
x_trains = x_trains.reshape(60000, 28, 28, 1)
# 訓練データをfloat32(浮動小数点数)型に変換
x_trains = x_trains.astype('float32')
# データを255で割って0から1.0の範囲に変換
x_trains /= 255
```

▼縦エッジと横エッジを検出するフィルター

セル2

```
# 縦方向のエッジを検出するフィルター
vertical_edge_fil = np.array([[-2, 1, 1],
                              [-2, 1, 1],
                              [-2, 1, 1]],
                             dtype=float)
# 横方向のエッジを検出するフィルター
horizontal_edge_fil = np.array([[1, 1, 1],
                                [1, 1, 1],
                                [-2, -2, -2]],
                               dtype=float)
```

▼フィルターの適用

`セル3`

```python
# フィルターを適用する画像のインデックス
img_id = 42
# 画像のピクセル値を取得
img_x = x_trains[img_id, :, :, 0]
img_height = 28 # 画像の縦サイズ
img_width = 28   # 画像の横サイズ
# 画像データを28×28の行列に変換
img_x = img_x.reshape(img_height, img_width)
# 縦エッジのフィルター適用後の値を代入する行列を用意
vertical_edge = np.zeros_like(img_x)
# 横エッジのフィルター適用後の値を代入する行列を用意
horizontal_edge = np.zeros_like(img_x)


# 3×3のフィルターを適用
for h in range(img_height - 3):
    for w in range(img_width - 3):
        # フィルターを適用する領域を取得
        img_region = img_x[h:h + 3, w:w + 3]
        # 縦エッジのフィルターを適用
        vertical_edge[h + 1, w + 1] = np.dot(
            # 画像のピクセル値を1次元の配列に変換
            img_region.reshape(-1),
            # 縦エッジのフィルターを1次元の配列に変換
            vertical_edge_fil.reshape(-1)
        )
        # 横エッジのフィルターを適用
        horizontal_edge[h + 1, w + 1] = np.dot(
            # 画像のピクセル値を1次元の配列に変換
            img_region.reshape(-1),
            # 横エッジのフィルターを1次元の配列に変換
            horizontal_edge_fil.reshape(-1)
        )
```

▼フィルター適用前と適用後の画像を出力する

> セル**4**

```python
%matplotlib inline
import matplotlib.pyplot as plt


# プロットエリアのサイズを設定
plt.figure(figsize=(8, 8))
# プロット図を縮小して図の間のスペースを空ける
plt.subplots_adjust(wspace=0.2)
plt.gray()


# 2×2のグリッドの上段左に元の画像をプロット
plt.subplot(2, 2, 1)
# 色相を反転させてプロットする
plt.pcolor(1 - img_x)
plt.xlim(-1, 29) # x軸を-1~29の範囲
plt.ylim(29, -1) # y軸を29~-1の範囲


# 2×2のグリッドの下段左に縦エッジ適用後をプロット
plt.subplot(2, 2, 3)
# 色相を反転させてプロットする
plt.pcolor(-vertical_edge)
plt.xlim(-1, 29)
plt.ylim(29, -1)


# 2×2のグリッドの下段右に横エッジ適用後をプロット
plt.subplot(2, 2, 4)
# 色相を反転させてプロットする
plt.pcolor(-horizontal_edge)
plt.xlim(-1, 29)
plt.ylim(29, -1)
plt.show()
```

▼出力された手書き文字の画像

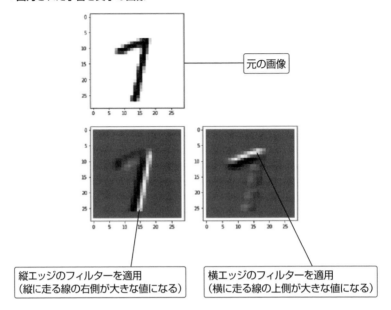

元の画像

縦エッジのフィルターを適用
（縦に走る線の右側が大きな値になる）

横エッジのフィルターを適用
（横に走る線の上側が大きな値になる）

使用したフィルターは、次のようにすべての要素の値を合計すると0になります。

▼縦エッジのフィルター

$$\begin{pmatrix} -2 & 1 & 1 \\ -2 & 1 & 1 \\ -2 & 1 & 1 \end{pmatrix}$$

▼横エッジのフィルター

$$\begin{pmatrix} 1 & 1 & 1 \\ 1 & 1 & 1 \\ -2 & -2 & -2 \end{pmatrix}$$

　このようにすることで、縦または横のエッジがない部分は0になり、エッジが検出された部分は0以上の値になります。なお、ここでは意図的に縦エッジと横エッジを認識するフィルターにしましたが、そもそもフィルターに使われる値は重みとしてランダムな値が設定されます。ですので実際は、学習が進むにつれて、ニューラルネットワーク自身が独自のフィルターを生成することになります。

6.1.2　サイズ減した画像をゼロパディングで元のサイズに戻す

入力データの幅を w、高さを h とし、幅が fw、高さが fh のフィルターを適用すると、

出力の幅 $= w - fw + 1$

出力の高さ $= h - fh + 1$

のように、元の画像よりも小さくなります。

　このため、複数のフィルターを連続して適用すると、出力される画像がどんどん小さくなります。このような、フィルター適用による画像のサイズ減を防止するのが**ゼロパディング**という手法です。ゼロパディングでは、あらかじめ元の画像の周りをゼロで埋めてからフィルターを適用します。こうすることで、出力される画像は元の画像のサイズと同じになりますが、何もしないときと比べて、画像の端の情報がよく反映されるようになるというメリットもあります。

▼フィルターを適用すると元の画像よりも小さいサイズになる

▼画像の周りを0でパディング（埋め込み）する

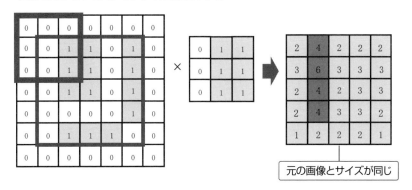

元の画像とサイズが同じ

　フィルターのサイズが3×3のときは幅1のパディング、5×5の場合は幅2のパディングを行うとうまくいきます。

6.1.3 Kerasスタイルによる畳み込みニューラルネットワーク（CNN）の構築

　フィルターを用いたニューラルネットワークが「畳み込みニューラルネットワーク（Convolutional Neural Network：CNN）」です。CNNには精度を上げるための層がほかにも追加されますが、ここでは、Kerasを使ってシンプルなCNNを構築してみることにします。

■**入力層**

　KerasでMNISTデータを読み込むと、訓練データの60,000枚の画像は

　　(60000, 28, 28)

の3階テンソルに格納されています。1枚の画像は(28, 28)なのでそのまま畳み込み層に出力すればよいのですが、tensorflow.kerasの畳み込み層を生成するConv2D()メソッドは、

　　(データのサイズ, 行データ, 列データ, チャネル)

という形状をした4次元の配列（4階テンソル）を入力として受け取るようになっています。チャネルは画像のピクセル値を格納するための次元で、カラー画像に対応できるように用意されたものです。3階テンソルの

　　(60000, 28, ⟨28⟩)

では、枠で囲んだ3次元の部分に列データとしてのピクセル値が格納されますが、カラー画像の場合は1ピクセルあたりR（赤）、G（緑）、B（青）の3値（RGB値）の情報を持ちます。なので、Conv2D()メソッドで生成される畳み込み層は、1ピクセルあたり1値のグレースケールであっても、

　　(60000, 28, 28, 1)

のように4階テンソルにする必要があります。もし、MNISTデータがカラー画像であった場合は

　　(60000, 28, 28, 3)

のように最下位の要素数を3にして、RGB値を格納します。

　3階テンソルから4階テンソルへの変換は、NumPyの配列の形状を変換するメソッドreshape()で実現できます。

　　x_trains.reshape(-1, 28, 28, 1)

とすれば、(60000, 28, 28)の形状はそのままで、4階テンソル化されます。

▼訓練データ（60000, 28, 28, 1）の4階テンソル

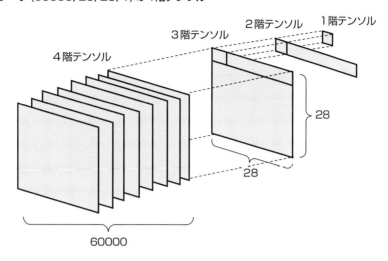

▼Fashion-MNISTデータセットの読み込みと前処理

セル1

```
'''
1. データの用意と前処理
'''
# Fashion-MNISTデータセットをインポート
from tensorflow.keras.datasets import fashion_mnist


## データセットの読み込みとデータの前処理

# Fashion-MNISTデータセットの読み込み
(x_train, y_train), (x_test, y_test) = fashion_mnist.load_data()

# 訓練データ
# (60000, 28, 28)の3階テンソルを(60000, 28, 28, 1)の4階テンソルに変換
x_train = x_train.reshape(-1, 28, 28, 1)
x_train = x_train.astype('float32')  # float32型に変換
x_train /= 255                       # 0から1.0の範囲に変換

# テストデータ
# (10000, 28, 28)の3階テンソルを(10000, 28, 28, 1)の4階テンソルに変換
x_test = x_test.reshape(-1, 28, 28, 1)
x_test = x_test.astype('float32')  # float32型に変換
x_test /= 255                      # 0から1.0の範囲に変換
```

■畳み込み層

畳み込み層には、3×3の2次元フィルターをConv2D()メソッドで設定します。

●Conv2D()メソッド

Conv2D()メソッドの呼び出しでは、filtersオプションでフィルターの数、kernel-sizeオプションでフィルターのサイズを指定し、padding='same'とすることでゼロパディングを行うようにします。input_shapeオプションで入力データのサイズを指定します。入力データは、

(行データ, 列データ, チャネル)

として、これが画像の数だけ入力されます。先の前処理によって1枚の画像データは

(28, 28, 1)

の形状となっていますので、これをそのまま指定します。

▼畳み込み層の構造

入力	(28, 28, 1)の3階テンソルをバッチデータの数だけ入力
重みの数	3×3×32＝288個
バイアスの数	32個
ニューロン数	32（フィルター数）
出力	1ニューロンあたり(28, 28, 1)の3階テンソルを32個出力（(28, 28, 32)）。これをバッチデータの数だけ繰り返す。

▼Conv2D()メソッドで畳み込み層を作る

```
model = Sequential()              # Sequentialオブジェクトの生成


# 畳み込み層
model.add(
    Conv2D(filters=32,            # フィルターの数は32
        kernel_size=(3, 3),       # 3×3のフィルターを使用
        padding='same',           # ゼロパディングを行う
        input_shape=(28, 28, 1),  # 入力データの形状
        activation='relu'         # 活性化関数はReLU

    ))
```

　引数の設定は、コメントを見てもらえるとわかるかと思います。filtersで2次元フィルターの数、kernel_sizeでフィルターのサイズをタプルの書き方で、

　　　kernel_size=(3, 3)

のように指定します。この場合、プログラム内部でフィルター1枚あたり、ランダムな値で初期化された3×3＝9個の重みが用意されます。フィルターの数は32なので、計288個の重み、それから各フィルターに0で初期化されたバイアスが1つずつ、計32個用意されます。

　padding='same'でゼロパディングを行い、input_shapeで入力データのサイズを指定します。4次元化された入力データのうち、2～4次元までが1枚の画像になるので、

　　　input_shape=(28, 28, 1)

とします。フィルターを通した出力に適用する活性化関数として、

　　　activation='relu'

として、ReLU関数を指定しています。

　ReLU（Rectified Linear Unit, Rectifier：正規化線形関数）は、入力が0を超えていれば入力された値をそのまま出力し、0以下であれば0を出力します。

▼ReLU関数

$$ReLU(x) = \begin{cases} x & (x > 0) \\ 0 & (x \leq 0) \end{cases}$$

■Flatten層

　最終的な目的はファッションアイテムの画像を読み取って、0～9に対応した10個のクラスに分類することなので、ソフトマックス関数を適用して10個のマルチクラス分類を行うことになります。

▼Flatten層の構造

ユニット数	28×28×32＝25088
出力	ニューロン数と同じ要素数(25088,)の1階テンソルをバッチデータの数だけ出力。

　このために、畳み込み層からの出力

　　　(28, 28, 32)の3階テンソル

を1階テンソル、つまり1次元の配列に変換します。

　　結果、(25088,)の1階テンソルがそのまま25088個のニューロンとして、重みを通じて出力層と結合されることになります。

▼Flatten層のコード

```
model.add(Flatten())          # (28, 28, 10) を (25088,) にする
# ドロップアウト
model.add(Dropout(0.5))
```

■出力層

　　10クラスのマルチクラス分類なので、出力層のニューロン数は10で、ソフトマックス関数を適用することにします。

▼出力層

入力	要素数(25088,)の1階テンソルをバッチデータの数だけ入力。
重みの数	25088×10＝250880個
バイアスの数	10個
ニューロン数	10
出力	要素数(10,)の1階テンソルを出力。これをバッチデータの数だけ繰り返す。内部的には(バッチデータ, 10)の2階テンソル。

▼出力層のコード

```
model.add(Dense(10,          # 出力層のニューロン数は10
                activation='softmax'  # 活性化関数は softmax
                ))
```

■畳み込みニューラルネットワークのプログラミング

　　次は、畳み込みニューラルネットワークのコンパイルまでのソースコードです。

▼畳み込みネットワークの構築

```
セル2
'''
2. モデルの構築
'''
# keras.models から Sequential をインポート
from tensorflow.keras.models import Sequential
```

```
# keras.layers から Dense、Conv2D、Flatten、Dropout をインポート
from tensorflow.keras.layers import Dense, Conv2D, Dropout, Flatten
# keras.optimizers から SGD をインポート
from tensorflow.keras.optimizers import SGD


model = Sequential()                        # Sequential オブジェクトの生成


# 畳み込み層
model.add(
    Conv2D(filters=32,                      # フィルターの数は 32
           kernel_size=(3, 3),              # 3×3 のフィルターを使用
           padding='same',                  # ゼロパディングを行う
           input_shape=(28, 28, 1),         # 入力データの形状
           activation='relu'                # 活性化関数は ReLU
           ))


# Flatten: (28, 28, 32) の出力を (25088,) にフラット化
model.add(Flatten())
# ドロップアウト
model.add(Dropout(0.5))


# 出力層
model.add(Dense(10,                         # 出力層のニューロン数は 10
                activation='softmax'        # 活性化関数は softmax
                ))


# オブジェクトのコンパイル
model.compile(
    loss='sparse_categorical_crossentropy', # スパース行列対応クロスエントロピー誤差
    optimizer=SGD(lr=0.1),                  # 最適化アルゴリズムは SGD
    metrics=['accuracy'])                   # 学習評価として正解率を指定


model.summary()                             # サマリを表示
```

▼出力

```
Model: "sequential"

Layer (type)          Output Shape         Param #
================================================================
conv2d (Conv2D)       (None, 28, 28, 32)   320

flatten (Flatten)     (None, 25088)        0

dropout (Dropout)     (None, 25088)        0

dense (Dense)         (None, 10)           250890
================================================================
Total params: 251,210
Trainable params: 251,210
Non-trainable params: 0
```

▼構築した畳み込みニューラルネットワークの構造

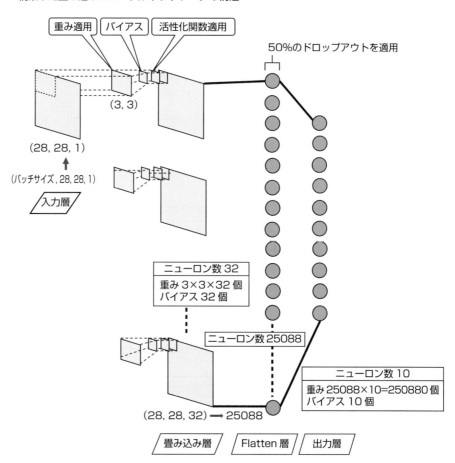

■畳み込みニューラルネットワーク（CNN）で画像認識を行う

それでは、畳み込みニューラルネットワークによる学習を行ってみましょう。

▼畳み込みニューラルネットワークで学習を行う

セル3

```
%%time
'''
3. 学習する
'''
from tensorflow.keras.callbacks import EarlyStopping


# 学習回数、ミニバッチのサイズを設定
training_epochs = 100          # 学習回数
batch_size = 64                # ミニバッチのサイズ


# 早期終了を行うEarlyStoppingを生成
early_stopping = EarlyStopping(
    monitor='val_loss',        # 監視対象は損失
    patience=5,                # 監視する回数
    verbose=1                  # 早期終了をログとして出力
)


# 学習を行って結果を出力
history = model.fit(
    x_train,                   # 訓練データ
    y_train,                   # 正解ラベル
    epochs=training_epochs,    # 学習を繰り返す回数
    batch_size=batch_size,     # ミニバッチのサイズ
    verbose=1,                 # 学習の進捗状況を出力する
    validation_split=0.2,      # 検証データとして使用する割合
    shuffle=True,              # 検証データを抽出する際にシャッフルする
    callbacks=[early_stopping] # コールバックはリストで指定する
    )
# テストデータで学習を評価するデータを取得
score = model.evaluate(x_test, y_test, verbose=0)
# テストデータの損失を出力
print('Test loss:', score[0])
# テストデータの精度を出力
print('Test accuracy:', score[1])
```

▼実行結果

```
Epoch 1/100
750/750 [==============================] - 9s 3ms/step - loss: 0.7875 - accuracy:
0.7359 - val_loss: 0.3963 - val_accuracy: 0.8620
.........途中省略.........
Epoch 24/100
750/750 [==============================] - 2s 3ms/step - loss: 0.2214 - accuracy:
0.9206 - val_loss: 0.2743 - val_accuracy: 0.9047
Epoch 25/100
750/750 [==============================] - 2s 3ms/step - loss: 0.2203 - accuracy:
0.9197 - val_loss: 0.2799 - val_accuracy: 0.9023
Epoch 26/100
750/750 [==============================] - 2s 3ms/step - loss: 0.2136 - accuracy:
0.9221 - val_loss: 0.2810 - val_accuracy: 0.9040
Epoch 27/100
750/750 [==============================] - 2s 3ms/step - loss: 0.2170 - accuracy:
0.9217 - val_loss: 0.2814 - val_accuracy: 0.9038
Epoch 28/100
750/750 [==============================] - 2s 3ms/step - loss: 0.2077 - accuracy:
0.9259 - val_loss: 0.2794 - val_accuracy: 0.9039
Epoch 29/100
750/750 [==============================] - 2s 3ms/step - loss: 0.2090 - accuracy:
0.9245 - val_loss: 0.3073 - val_accuracy: 0.8947
Epoch 00029: early stopping
Test loss: 0.31750524044036865
Test accuracy: 0.8899999856948853
CPU times: user 59.7 s, sys: 8.92 s, total: 1min 8s
Wall time: 1min 3s
```

　　　　検証データの正解率は89.47％に達しました。テストデータによる正解率は88.99％です。で
は、損失（不正解率）と正解率がエポックごとにどのように変化したか、訓練データ、検証デー
タのそれぞれについてグラフにしてみます。

▼損失と正解率（精度）の推移をグラフにする

セル4

```
%matplotlib inline
import matplotlib.pyplot as plt

# プロット図のサイズを設定
plt.figure(figsize=(15, 6))
```

```
# プロット図を縮小して図の間のスペースを空ける
plt.subplots_adjust(wspace=0.2)


# 1×2のグリッドの左 (1,2,1) の領域にプロット
plt.subplot(1, 2, 1)
# 訓練データの損失 (誤り率) をプロット
plt.plot(history.history['loss'],
         label='training',
         color='black')
# 検証データの損失 (誤り率) をプロット
plt.plot(history.history['val_loss'],
         label='validation',
         color='red')
plt.ylim(0, 1)          # y軸の範囲
plt.legend()            # 凡例を表示
plt.grid()              # グリッド表示
plt.xlabel('epoch')     # x軸ラベル
plt.ylabel('loss')      # y軸ラベル


# 1×2のグリッドの右 (1,2,2) の領域にプロット
plt.subplot(1, 2, 2)
# 訓練データの正解率をプロット
plt.plot(history.history['accuracy'],
         label='training',
         color='black')
# 検証データの正解率をプロット
plt.plot(history.history['val_accuracy'],
         label='validation',
         color='red')
plt.ylim(0.5, 1)        # y軸の範囲
plt.legend()            # 凡例を表示
plt.grid()              # グリッド表示
plt.xlabel('epoch')     # x軸ラベル
plt.ylabel('acc')       # y軸ラベル
plt.show()
```

▼出力されたグラフ

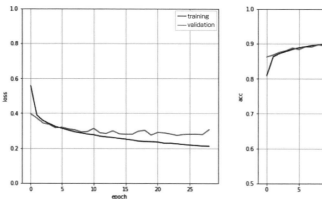
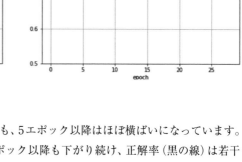

　検証データに注目すると、損失、正解率とも、5エポック以降はほぼ横ばいになっています。しかし、訓練データの損失（黒の線）は5エポック以降も下がり続け、正解率（黒の線）は若干ながら上昇を続けています。ドロップアウトを適用したにもかかわらず、若干のオーバーフィッティングが発生しています。さらなる解決法として**正則化**という手法がありますので、これについては次章で見ていくことにします。

6.2 TensorFlowスタイルによるCNNの構築

TensorFlowスタイルでCNNを作成してみます。構造は、次のように畳み込み層を2重にした全3層（入力層を除く）とすることにします。

- ・畳み込み層1（フィルター数32）
- ・畳み込み層2（フィルター数64）
- ・Flatten
- ・ドロップアウト（50%）
- ・出力層（ニューロン数10）

■ライブラリのインポートとデータセットの読み込み

必要なライブラリをインポートし、MNISTデータセットの読み込みを行います。

▼ライブラリのインポートとデータセットの読み込み

```
セル1
'''
1. データセットの読み込みと前処理
'''
# tensorflowのインポート
import tensorflow as tf
# keras.utilsからnp_utilsをインポート
from keras.utils import np_utils


# Fashion-MNISTデータセットの読み込み
(x_train, y_train), (x_test, y_test) = tf.keras.datasets.fashion_mnist.load_data()


# 訓練データ
# (60000, 28, 28)の3階テンソルを(60000, 28, 28, 1)の4階テンソルに変換
x_train = x_train.reshape(-1, 28, 28, 1)
x_train = x_train.astype('float32')  # float32型に変換
x_train /= 255                       # 0から1.0の範囲に変換
class_num = 10                       # 分類するクラスの数
# 正解ラベルをOne-Hot表現に変換
y_train = tf.keras.utils.to_categorical(y_train, class_num)


# テストデータ
# (10000, 28, 28)の3階テンソルを(10000, 28, 28, 1)の4階テンソルに変換
```

```
x_test = x_test.reshape(-1, 28, 28, 1)
x_test = x_test.astype('float32')  # float32型に変換
x_test /= 255                      # 0から1.0の範囲に変換
# 正解ラベルをOne-Hot表現に変換
y_test = tf.keras.utils.to_categorical(y_test, class_num)
```

■畳み込みニューラルネットワーク（CNN）の作成

前述したように、全3層の畳み込みニューラルネットワークを作成します。

▼畳み込みニューラルネットワークの作成

```
セル2
'''
2. モデルの定義
'''
class CNN(tf.keras.Model):
    '''畳み込みニューラルネットワーク

    Attributes:
      conv2D_1(Conv2D)：畳み込み層
      conv2D_2(Conv2D)：畳み込み層
      flatten(Flatten)：フラット化
      dropput1(Dropout)：ドロップアウト
      d1(Dense)：全結合層
    '''
    def __init__(self):

        super().__init__()
        # 畳み込み層1：活性化関数はReLU
        self.conv2D_1 = tf.keras.layers.Conv2D(
            filters=32,                 # フィルターの数は32
            kernel_size=(3, 3),         # 3×3のフィルターを使用
            padding='same',             # ゼロパディングを行う
            input_shape=(28, 28, 1),    # 入力データの形状
            activation='relu'           # 活性化関数はReLU
            )
        # 畳み込み層2：活性化関数はReLU
        self.conv2D_2 = tf.keras.layers.Conv2D(
        filters=64,                     # フィルターの数は64
```

```
        kernel_size=(3, 3),    # 3×3のフィルターを使用
        padding='same',        # ゼロパディングを行う
        activation='relu'      # 活性化関数はReLU
        )


        # Flatten: (28, 28, 64) の出力を (50176,) にフラット化
        self.flatten = tf.keras.layers.Flatten()
        # ドロップアウト
        self.dropput1 = tf.keras.layers.Dropout(0.5)
        # 出力層：活性化関数はソフトマックス
        self.d1 = tf.keras.layers.Dense(10, activation='softmax')


    @tf.function
    def call(self, x, training=None):
        '''CNNのインスタンスからコールバックされる関数


        Parameters: x(ndarray(float32)):訓練データ、または検証データ
        Returns(float32): CNNの出力として要素数3の1階テンソル
        '''
        x = self.conv2D_1(x)  # 第1層の出力
        x = self.conv2D_2(x)  # 第2層の出力
        x = self.flatten(x)
        if training:             # 訓練時のみドロップアウトを適用
            x = self.dropput1(x)
        x = self.d1(x)          # 出力層から出力
        return x
```

■損失関数とオプティマイザーの生成からEarlyStoppingクラスの定義まで

ここから先のコードは、「5.5 TensorFlowスタイルによるニューラルネットワークの構築」と同じものです。セル3〜7に以下のコードを入力します。

▼「5.5 TensorFlowスタイルによるニューラルネットワークの構築」における該当のコード

セル3	「損失関数とオプティマイザーの生成」
セル4	「勾配降下アルゴリズムによるパラメーターの更新処理を行う**train_step()**関数」
セル5	「検証を行う**valid_step()**関数」
セル6	「学習の進捗を監視し早期終了判定を行うクラス」
セル7	「訓練データと検証データの用意」

■学習の実行

作成したCNNと学習条件をセットして、学習を行います。ミニバッチのサイズは64、学習回数は100回としました。

▼学習の実行

`セル8`

```python
%%time
'''
8.モデルを生成して学習する
'''
from sklearn.utils import shuffle

# エポック数
epochs = 100
# ミニバッチのサイズ
batch_size = 64
# 訓練データのステップ数
tr_steps = tr_x.shape[0] // batch_size
# 検証データのステップ数
val_steps = val_x.shape[0] // batch_size

# 隠れ層256ユニット、出力層10ユニットのモデルを生成
model = CNN()
# 損失と精度の履歴を保存するためのdictオブジェクト
history = {'loss':[], 'accuracy':[], 'val_loss':[], 'val_accuracy':[]}

# 早期終了の判定を行うオブジェクトを生成
ers = EarlyStopping(patience=5, # 監視対象回数
                    verbose=1)   # 早期終了時にメッセージを出力

# 学習を行う
for epoch in range(epochs):

    # 学習するたびに、記録された値をリセット
    train_loss.reset_states()      # 訓練時における損失の累計
    train_accuracy.reset_states()  # 訓練時における精度の累計
    val_loss.reset_states()        # 検証時における損失の累計
    val_accuracy.reset_states()    # 検証時における精度の累計
```

```python
# 訓練データと正解ラベルをシャッフル
x_, y_ = shuffle(tr_x, tr_y, )


# 1ステップにおける訓練用ミニバッチを使用した学習
for step in range(tr_steps):
    start = step * batch_size      # ミニバッチの先頭インデックス
    end = start + batch_size       # ミニバッチの末尾のインデックス
    # ミニバッチでバイアス、重みを更新して誤差を取得
    train_step(x_[start:end], y_[start:end])


# 1ステップにおける検証用ミニバッチを使用した評価
for step in range(val_steps):
    start = step * batch_size      # ミニバッチの先頭インデックス
    end = start + batch_size       # ミニバッチの末尾のインデックス
    # ミニバッチでバイアス、重みを更新して誤差を取得
    valid_step(val_x[start:end], val_y[start:end])


avg_train_loss = train_loss.result()       # 訓練時の平均損失値を取得
avg_train_acc = train_accuracy.result()    # 訓練時の平均正解率を取得
avg_val_loss = val_loss.result()           # 検証時の平均損失値を取得
avg_val_acc = val_accuracy.result()        # 検証時の平均正解率を取得


# 損失の履歴を保存する
history['loss'].append(avg_train_loss)
history['val_loss'].append(avg_val_loss)
# 精度の履歴を保存する
history['accuracy'].append(avg_train_acc)
history['val_accuracy'].append(avg_val_acc)


# 1エポックごとに結果を出力
if (epoch + 1) % 1 == 0:
    print(
        'epoch({}) train_loss: {:.4} train_acc: {:.4} val_loss: {:.4} val_acc: {:.4}'.format(
            epoch+1,
            avg_train_loss,  # 訓練時の現在の損失を出力
            avg_train_acc,   # 訓練時の現在の精度を出力
            avg_val_loss,    # 検証時の現在の損失を出力
            avg_val_acc      # 検証時の現在の精度を出力
))


# 検証データの損失をEarlyStoppingオブジェクトに渡して早期終了を判定
```

```
if ers(val_loss.result()):
    # 監視対象のエポックで損失が改善されなければ学習を終了
    break


# モデルの概要を出力
model.summary()
```

▼出力

```
epoch(1) train_loss: 0.5545 train_acc: 0.8092 val_loss: 0.3693 val_acc: 0.8676
.........途中省略.........
epoch(11) train_loss: 0.1874 train_acc: 0.9317 val_loss: 0.2462 val_acc: 0.9159
epoch(12) train_loss: 0.1786 train_acc: 0.9359 val_loss: 0.262 val_acc: 0.9108
epoch(13) train_loss: 0.1707 train_acc: 0.9385 val_loss: 0.2672 val_acc: 0.9084
epoch(14) train_loss: 0.1629 train_acc: 0.9417 val_loss: 0.2595 val_acc: 0.914
epoch(15) train_loss: 0.1538 train_acc: 0.9443 val_loss: 0.262 val_acc: 0.9168
epoch(16) train_loss: 0.1481 train_acc: 0.9455 val_loss: 0.2582 val_acc: 0.9134
epoch(17) train_loss: 0.1402 train_acc: 0.9482 val_loss: 0.256 val_acc: 0.9134
early stopping
Model: "cnn"
```

Layer (type)	Output Shape	Param #
conv2d (Conv2D)	multiple	320
conv2d_1 (Conv2D)	multiple	18496
flatten (Flatten)	multiple	0
dropout (Dropout)	multiple	0
dense (Dense)	multiple	501770

```
Total params: 520,586
Trainable params: 520,586
Non-trainable params: 0

CPU times: user 34.1 s, sys: 3.54 s, total: 37.6 s
Wall time: 56.1 s
```

　訓練データの20%を検証に使用した際の精度は0.9134となりました。畳み込み層を1つ増やしましたので、91%以上となり、KerasのCNNと比べて2ポイント程度上昇しました。

　精度と損失の推移をグラフにします。「5.5 TensorFlowスタイルによるニューラルネットワークの構築」に掲載している「セル9」の「損失の推移をグラフにする」および「セル10」の「精度の推移をグラフにする」と同じコードを入力して実行してみます。

▼出力されたグラフ

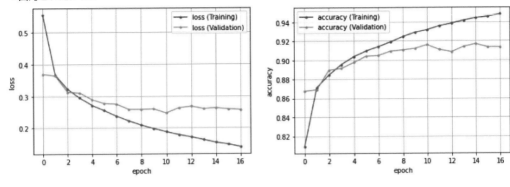

　畳み込み層を2層にしたことで、かなり強めに訓練データにフィットしています。学習を打ち切るまで損失は下降を続け、精度は上昇を続けています。さらに学習を続ければ損失、精度共に改善されそうですが、オーバーフィッティングが発生しているため、さらなる回避策を考える必要があります。ちなみに、テストデータによる評価は、

　　　test_loss: 0.2694, test_acc: 0.9088

となりました。

6.3 PyTorchによるCNNの構築

最後にPyTorchでCNNを構築して学習を行ってみます。ネットワークの構造は、次のように4層構造とします。

- ・畳み込み層1（フィルター数32＝チャネル数）
- ・ドロップアウト（50%）
- ・畳み込み層2（フィルター数64＝チャネル数）
- ・ドロップアウト（50%）
- ・全結合層1（ニューロン数128）
- ・ドロップアウト（50%）
- ・全結合層2（ニューロン数10）

■データの準備からデータローダーの作成まで

torchvision.datasetsモジュールを利用してFashion-MNISTを読み込み、データローダーの作成までを行います。畳み込み層を使用しますので、画像1枚あたりの形状(1,28,28)はそのまま維持することにします。

▼データの準備からデータローダーの作成まで

```
セル1
'''
1. データの読み込みと前処理
'''
import os
from torchvision import datasets
import torchvision.transforms as transforms
from torch.utils.data import DataLoader

# ダウンロード先のディレクトリ
root = './data'

# トランスフォーマーオブジェクトを生成
transform = transforms.Compose(
    [transforms.ToTensor(),                  # Tensorオブジェクトに変換
     transforms.Normalize((0.5), (0.5)) # 平均0.5、標準偏差0.5で正規化
    ])
```

```python
# 訓練用データの読み込み (60000 セット)
f_mnist_train = datasets.FashionMNIST(
    root=root,                # データの保存先のディレクトリ
    download=True,            # ダウンロードを許可
    train=True,               # 訓練データを指定
    transform=transform)      # トランスフォーマーオブジェクトを指定


# テスト用データの読み込み (10000 セット)
f_mnist_test = datasets.FashionMNIST(
    root=root,                # データの保存先のディレクトリ
    download=True,            # ダウンロードを許可
    train=False,              # テストデータを指定
    transform=transform)      # トランスフォーマーオブジェクトを指定


# ミニバッチのサイズ
batch_size = 64
# 訓練用のデータローダー
train_dataloader = DataLoader(f_mnist_train,      # 訓練データ
                              batch_size=batch_size,  # ミニバッチのサイズ
                              shuffle=True)       # シャッフルして抽出
# テスト用のデータローダー
test_dataloader = DataLoader(f_mnist_test,        # テストデータ
                             batch_size=batch_size,  # ミニバッチのサイズ
                             shuffle=False)       # シャッフルせずに抽出


# データローダーが返すミニバッチの先頭データの形状を出力
for (x, t) in train_dataloader:  # 訓練データ
    print(x.shape)
    print(t.shape)
    break

for (x, t) in test_dataloader:   # テストデータ
    print(x.shape)
    print(t.shape)
    break
```

▼出力

```
torch.Size([64, 1, 28, 28])
torch.Size([64])
torch.Size([64, 1, 28, 28])
torch.Size([64])
```

■モデルの定義

PyTorchでは、畳み込み層をConv2d()で配置します。

●torch.nn.Conv2d()

書式	torch.nn.Conv2d(　　in_channels, out_channels, kernel_size, 　　stride=1, padding=0, dilation=1, groups=1, 　　bias=True, padding_mode='zeros')	
引数	in_channels	入力画像のチャネル数。
	out_channels	畳み込みによって生成されるチャネルの数。フィルター数のこと。
	kernel_size	畳み込みカーネル（フィルター）のサイズ。
	stride	畳み込みのストライド（移動数）。デフォルトは1。
	padding	入力画像の上下、左右の両側に加えるパディングの量を指定します。(1,1)とした場合は、上下にそれぞれ1ずつ、左右に1ずつパディングが追加されます。
	dilation	カーネル間のサイズを指定します。デフォルトは1。
	groups	入力と出力の間の接続を制御します。in_channelsとout_channelsの両方で割り切れる必要があります。 groups=1では、すべての入力がすべての出力に畳み込まれます。 groups=2は、2つの畳み込みレイヤーを並べて、それぞれが入力チャネルの半分を認識して出力チャネルの半分を生成し、その後、両方を連結する場合に使用します。
	bias	学習可能なバイアスを出力に追加します。デフォルトはTrue。
	padding_mode	パディングを行うときに使用する値を指定します。 'zeros'、'reflect'、'replicate'、'circular'が指定可能です。デフォルトは'zeros'（ゼロでパディングする）。

　　畳み込み層からの出力についてドロップアウトを適用するには、torch.nn.Dropout2d()を使います。この関数は、出力のすべてのチャネルに対してドロップアウトを適用します。

　　あと、畳み込み層からの出力をフラット化する場合、PyTorchでは、torch.Tensor.view()メソッドを使用して、Tensorオブジェクトの形状を変換します。入力するTensorオブジェクトxの形状が

　　(バッチサイズ, 28, 28, 64)

の場合、

　　x.view(-1, 28 * 28 * 64)

とすることで、

　　(バッチサイズ, 50176)

の形状にフラット化できます。

▼ __init__() でモデルを定義してforward() に順伝播処理をまとめる

セル2

```python
'''
2. モデルの定義
'''
import torch.nn as nn
import torch.nn.functional as F


class CNN(nn.Module):
    '''畳み込みニューラルネットワーク


    '''
    def __init__(self):
        '''モデルの初期化を行う


        '''
        # スーパークラスの__init__() を実行
        super().__init__()
        # 畳み込み層1
        self.conv1 = nn.Conv2d(in_channels=1,         # 入力チャネル数
                               out_channels=32,        # 出力チャネル数
                               kernel_size=3,          # フィルターサイズ
                               padding=(1,1),          # パディングを行う
                               padding_mode='zeros')   # ゼロでパディング
        self.dropout1 = nn.Dropout2d(0.5)


        # 畳み込み層2
        self.conv2 = nn.Conv2d(in_channels=32,        # 入力チャネル数
                               out_channels=64,        # 出力チャネル数
                               kernel_size=3,          # フィルターサイズ
                               padding=(1,1),          # パディングを行う
                               padding_mode='zeros')   # ゼロでパディング
        self.dropout2 = nn.Dropout2d(0.5)


        # 全結合層1
        self.fc1 = nn.Linear(in_features=28*28*64,    # 入力はフラット化後のサイズ
                             out_features=128)         # ニューロン数
        self.dropout3 = nn.Dropout(0.5)


        # 全結合層2
```

```
        self.fc2 = nn.Linear(in_features=128,   # 入力のサイズは前層のニューロン数
                             out_features=10)    # ニューロン数はクラス数と同数


    def forward(self, x):
        '''MLPの順伝播処理を行う

        Parameters:
          x(ndarray(float32)):訓練データ、またはテストデータ

        Returns(float32):
          出力層からの出力値
        '''
        x = F.relu(self.conv1(x))           # 畳み込み層1の出力にReLUを適用
        x = self.dropout1(x)                # ドロップアウト1を適用
        x = F.relu(self.conv2(x))           # 畳み込み層2の出力にReLUを適用
        x = self.dropout2(x)                # ドロップアウト2を適用
        x = x.view(-1, 28 * 28 * 64)        # (バッチサイズ，28，28，64) を
                                            # (バッチサイズ，50176) にフラット化
        x = F.relu(self.fc1(x))             # 全結合層1の出力にReLUを適用
        x = self.dropout3(x)                # ドロップアウト3を適用
        x = self.fc2(x)                     # 最終出力は活性化関数を適用しない
        return x
```

■ モデルの生成

モデルを生成します。

▼モデルを生成して構造を出力する

```
セル3
'''
3. モデルの生成
'''
import torch

# 使用可能なデバイス (CPUまたはGPU) を取得する
device = torch.device('cuda' if torch.cuda.is_available() else 'cpu')
# モデルオブジェクトを生成し、使用可能なデバイスを設定する
model = CNN().to(device)


model  # モデルの構造を出力
```

▼出力

```
CNN(
  (conv1): Conv2d(1, 32, kernel_size=(3, 3), stride=(1, 1), padding=(1, 1))
  (dropout1): Dropout2d(p=0.5, inplace=False)
  (conv2): Conv2d(32, 64, kernel_size=(3, 3), stride=(1, 1), padding=(1, 1))
  (dropout2): Dropout2d(p=0.5, inplace=False)
  (fc1): Linear(in_features=50176, out_features=128, bias=True)
  (dropout3): Dropout(p=0.5, inplace=False)
  (fc2): Linear(in_features=128, out_features=10, bias=True)
)
```

■損失関数とオプティマイザーの生成

　損失関数とオプティマイザーのオブジェクトを生成します。PyTorchの公式チュートリアルの例にならって、オプティマイザーSGDの学習率を0.001にして、momentum（学習速度を調整する慣性項）の係数を0.9にしました。

▼損失関数とオプティマイザーの生成

```
セル4
'''
4. 損失関数とオプティマイザーの生成
'''
import torch.optim

# クロスエントロピー誤差のオブジェクトを生成
criterion = nn.CrossEntropyLoss()
# 勾配降下アルゴリズムを使用するオプティマイザーを生成
optimizer = torch.optim.SGD(model.parameters(), lr=0.001, momentum=0.9)
```

■train_step()関数の定義から早期終了判定を行うクラスの定義まで

　train_step()関数の定義から早期終了判定を行うクラスの定義までは、「5.7 PyTorchを使ってニューラルネットワークを構築する」のコードとまったく同じです。セル5〜7に以下のコードを入力します。

▼「5.7 PyTorchを使ってニューラルネットワークを構築する」における該当のコード

セル5	「`train_step()` 関数の定義」
セル6	「`test_step()` 関数の定義」
セル7	「学習の進捗を監視し早期終了判定を行うクラス」

■学習を行う

　では、学習回数を100回に設定して、早期終了アルゴリズムを適用しつつ学習を行ってみましょう。

▼学習を行う

セル8

```
%%time
'''
8.モデルを使用して学習する
'''
from sklearn.metrics import accuracy_score

# エポック数
epochs = 100
# 損失と精度の履歴を保存するためのdictオブジェクト
history = {'loss':[], 'accuracy':[], 'test_loss':[], 'test_accuracy':[]}
# 早期終了の判定を行うオブジェクトを生成
ers = EarlyStopping(patience=5,     # 監視対象回数
                    verbose=1)      # 早期終了時にメッセージを出力
# 学習を行う
for epoch in range(epochs):
    train_loss = 0.            # 訓練1エポックごとの損失を保持する変数
    train_acc = 0.             # 訓練1エポックごとの精度を保持する変数
    test_loss = 0.             # 検証1エポックごとの損失を保持する変数
    test_acc = 0.              # 検証1エポックごとの精度を保持する変数

    # 1ステップにおける訓練用ミニバッチを使用した学習
    for (x, t) in train_dataloader:
        # torch.Tensorオブジェクトにデバイスを割り当てる
        x, t = x.to(device), t.to(device)
        loss, preds = train_step(x, t) # 損失と予測値を取得
        train_loss += loss.item()       # ステップごとの損失を加算
        train_acc += accuracy_score(
            t.tolist(),
```

```
            preds.argmax(dim=-1).tolist()
        )                          # ステップごとの精度を加算


    # 1ステップにおけるテストデータのミニバッチを使用した評価
    for (x, t) in test_dataloader:
        # torch.Tensorオブジェクトにデバイスを割り当てる
        x, t = x.to(device), t.to(device)
        loss, preds = test_step(x, t)  # 損失と予測値を取得
        test_loss += loss.item()        # ステップごとの損失を加算
        test_acc += accuracy_score(
            t.tolist(),
            preds.argmax(dim=-1).tolist()
        )                          # ステップごとの精度を加算


    # 訓練時の損失の平均値を取得
    avg_train_loss = train_loss / len(train_dataloader)
    # 訓練時の精度の平均値を取得
    avg_train_acc = train_acc / len(train_dataloader)
    # 検証時の損失の平均値を取得
    avg_test_loss = test_loss / len(test_dataloader)
    # 検証時の精度の平均値を取得
    avg_test_acc = test_acc / len(test_dataloader)


    # 訓練データの履歴を保存する
    history['loss'].append(avg_train_loss)
    history['accuracy'].append(avg_train_acc)
    # テストデータの履歴を保存する
    history['test_loss'].append(avg_test_loss)
    history['test_accuracy'].append(avg_test_acc)


    # 1エポックごとに結果を出力
    if (epoch + 1) % 1 == 0:
        print(
            'epoch({}) train_loss: {:.4} train_acc: {:.4} val_loss: {:.4} val_acc: {:.4}'.format(
                epoch+1,
                avg_train_loss, # 訓練データの損失を出力
                avg_train_acc,  # 訓練データの精度を出力
                avg_test_loss,  # テストデータの損失を出力
                avg_test_acc    # テストデータの精度を出力
        ))
```

6

画像認識のためのディープラーニング

```
# テストデータの損失をEarlyStoppingオブジェクトに渡して早期終了を判定
if ers(avg_test_loss):
    # 監視対象のエポックで損失が改善されなければ学習を終了
    break
```

▼出力

```
epoch(1) train_loss: 0.8672 train_acc: 0.6903 val_loss: 0.5375 val_acc: 0.8011
........途中省略........
epoch(52) train_loss: 0.2067 train_acc: 0.9222 val_loss: 0.2456 val_acc: 0.9129
epoch(53) train_loss: 0.2055 train_acc: 0.9224 val_loss: 0.2466 val_acc: 0.9127
epoch(54) train_loss: 0.2038 train_acc: 0.9238 val_loss: 0.2458 val_acc: 0.9134
epoch(55) train_loss: 0.1983 train_acc: 0.9265 val_loss: 0.2517 val_acc: 0.9111
epoch(56) train_loss: 0.1983 train_acc: 0.9262 val_loss: 0.2475 val_acc: 0.9129
epoch(57) train_loss: 0.1952 train_acc: 0.9267 val_loss: 0.2481 val_acc: 0.913
epoch(58) train_loss: 0.1946 train_acc: 0.927 val_loss: 0.2482 val_acc: 0.9114
early stopping
CPU times: user 14min 10s, sys: 1min 47s, total: 15min 58s
Wall time: 16min
```

　損失と精度の推移をグラフにします。セル9に「5.7 PyTorchを使ってニューラルネットワークを構築する」のセル9と同じコード入力して、実行してみます。

▼出力されたグラフ

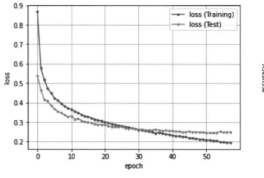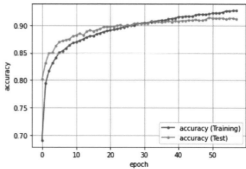

　畳み込み層ごとにドロップアウトを適用しましたので、オーバーフィッティングをある程度は抑えられていますが、40エポックを過ぎた辺りからわずかに発生しているのが確認できます。

6.4 プーリングで歪みやズレによる影響を回避する

畳み込みニューラルネットワークでは、その性能を引き上げるための様々な手法が考案されています。これらの性能アップの手法の中で、最も効果があるとされているのが、畳み込み層や全結合層の間に挿入する**プーリング層**です。一方、オーバーフィッティングに効果があるとされているのが**ドロップアウト**です。

6.4.1 プーリングの仕組み

プーリングの手法には、**最大プーリング**や**平均プーリング**などがありますが、中でも最大プーリングがシンプルで、最も効率的な処理とされています。最大プーリングは、2×2や3×3などの領域（ウィンドウサイズ）を決め、その領域の最大値を出力とします。これをプールサイズだけずらしながら（ストライド）、同じように最大値を出力していきます。

▼2×2の最大プーリングを行う

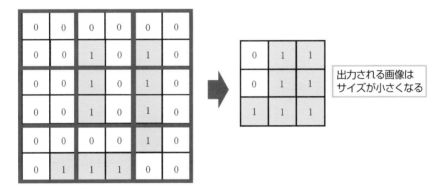

出力される画像は
サイズが小さくなる

上の図では、6×6=36の画像に2×2のプーリングを適用しています。この結果、出力は元の画像の4分の1のサイズになっています。サイズが4分の1になったということは、そのぶんだけ情報が失われたことになります。では、この画像を1ピクセルぶんだけ右にスライドさせてから、2×2の最大プーリングを適用してみましょう。

▼元の画像を１ピクセルぶん右にスライドさせて、２×２の最大プーリングを行う

0	0	0	0	0	0
0	0	0	1	0	1
0	0	0	1	0	1
0	0	0	1	0	1
0	0	0	0	0	1
0	0	1	1	1	0

0	1	1
0	1	1
0	1	1

出力される画像は
元の画像からの
出力と似ている

元の画像を１ピクセルぶん
右にずらしてみる

　１ピクセルぶん右にずらした画像からの出力は、元の画像からの出力と形が似ています。こ
れが最大プーリングのポイントです。人間の目で見て同じような形をしていても、少しのズ
レがあるとネットワークにはまったく別の形として認識されてしまいます。しかし、プーリ
ングを適用すると、多少のズレであれば吸収してくれることが期待できます。

　このようにプーリングは、入力画像の小さな歪みやズレ、変形による影響を受けにくくす
るというメリットがあります。プーリング層の出力は、２×２の領域からの最大値だけなの
で、出力される画像のサイズは４分の１になります。しかし、このことによって多少のズレは
吸収されてしまうのです。

6.4.2 プーリング層とドロップアウトを備えた畳み込みネットワークの構築

　今回は、畳み込み層を2層続けて配置します。第1層と第2層を畳み込み層とし、第3層をプーリング層とします。50%のドロップアウトを経て、第4層で再び畳み込み層を配置し、第5層としてプーリング層、50%のドロップアウトを経て第6層に全結合層、第7層に全結合の出力層を配置します。

▼畳み込みネットワークの概要

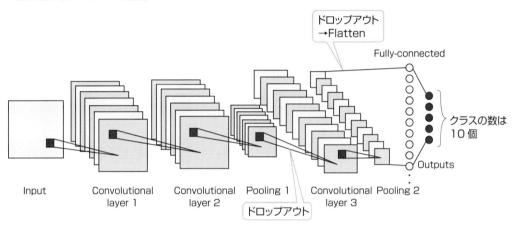

▼入力層

出力	(バッチサイズ, 28, 28, 1)の4階テンソルを出力。

▼畳み込み層1

重みの数	3×3×32＝288個
バイアスの数	32個
ニューロン数	32 (フィルター数)
活性化関数	ReLU
出力の形状	(バッチサイズ, 28, 28, 32)

▼畳み込み層2

重みの数	32 (前層のニューロン数) ×3×3×64＝18432個
バイアスの数	64個
ニューロン数	64 (フィルター数)
活性化関数	ReLU
出力の形状	(バッチサイズ, 28, 28, 64)

▼プーリング層1

出力の形状	(バッチサイズ, 14, 14, 64)

▼ドロップアウト1

ドロップアウト率	50%
出力データの形状	(バッチサイズ, 14, 14, 64)

▼畳み込み層3

重みの数	64（前層のニューロン数）×3×3×64＝36864個
バイアスの数	64個
ニューロン数	64（フィルター数）
活性化関数	ReLU
出力の形状	(バッチサイズ, 14, 14, 64)

▼プーリング層2

出力の形状	(バッチサイズ, 7, 7, 64)

▼ドロップアウト2

ドロップアウト率	50%
出力の形状	(バッチサイズ, 7, 7, 64)

▼Flatten層

出力の形状	(バッチサイズ, 3136)

▼出力層

重みの数	3136×10＝31360個
バイアスの数	10個
ニューロン数	10
活性化関数	ソフトマックス
出力の形状	(バッチサイズ, 10)

6.4.3 TensorFlowスタイルによるプログラミング

まず、TensorFlowでプーリングを備えたCNNを構築してみます。

■データの読み込みと前処理

Fashion-MNISTを読み込んで前処理を行います。

▼データの読み込みと前処理

```
セル1
'''
1. データセットの読み込みと前処理
'''
# tensorflowのインポート
import tensorflow as tf
# keras.utilsからnp_utilsをインポート
from keras.utils import np_utils

# Fashion-MNISTデータセットの読み込み
(x_train, y_train), (x_test, y_test) = tf.keras.datasets.fashion_mnist.load_data()

# 訓練データ
# (60000, 28, 28)の3階テンソルを(60000, 28, 28, 1)の4階テンソルに変換
x_train = x_train.reshape(-1, 28, 28, 1)
x_train = x_train.astype('float32')  # float32型に変換
x_train /= 255                       # 0から1.0の範囲に変換
class_num = 10                       # 分類するクラスの数
# 正解ラベルをOne-Hot表現に変換
y_train = tf.keras.utils.to_categorical(y_train, class_num)

# テストデータ
# (10000, 28, 28)の3階テンソルを(10000, 28, 28, 1)の4階テンソルに変換
x_test = x_test.reshape(-1, 28, 28, 1)
x_test = x_test.astype('float32')    # float32型に変換
x_test /= 255                        # 0から1.0の範囲に変換
# 正解ラベルをOne-Hot表現に変換
y_test = tf.keras.utils.to_categorical(y_test, class_num)
```

● tensorflow.keras.layers.conv2d() の入力フォーマット

> [データのサイズ，縦サイズ，横サイズ，チャネル数]

ここで改めて畳み込み層の入力データのフォーマットについて確認しておきましょう。

上記のフォーマットに合わせて、(バッチサイズ, 28, 28)の3階テンソルを(バッチサイズ, 28, 28, 1)の4階テンソルに変換します。

▼4階テンソルに変換したあとのテストデータの構造

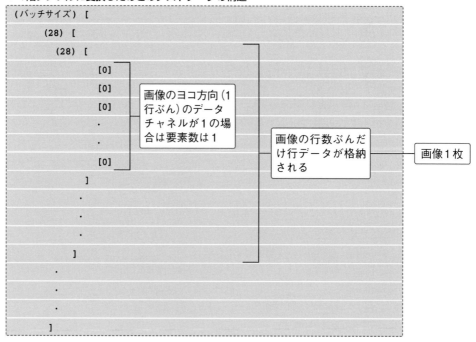

先にも述べたように画像には**チャネル**という概念があって、1画素あたりの情報量を表します。グレースケールの場合は1画素中に1値なので1チャネル、カラー画像だとR（赤）、G（緑）、B（青）の3値なので3チャネルです。データの部分だけを見ると(28, 28, 1)になっていて、これは「1画素あたり1チャネル値」になります。

■モデルの定義

先に示した概要に従って、畳み込みニューラルネットワークのモデルを定義します。

▼モデルの定義

```
セル2
'''
2. モデルの定義
'''
class CNN(tf.keras.Model):
    '''畳み込みニューラルネットワーク


    Attributes:
        conv2D_1(Conv2D): 畳み込み層
        conv2D_2(Conv2D): 畳み込み層
        pool1(MaxPooling2D): プーリング層
        dropput1(Dropout): ドロップアウト
        conv2D_3(Conv2D): 畳み込み層
        pool2(MaxPooling2D): プーリング層
        dropput2(Dropout): ドロップアウト
        flatten(Flatten): フラット化
        d1(Dense): 全結合層
    '''
    def __init__(self):
        '''モデルの初期化
        '''
        super().__init__()
        # 畳み込み層1：活性化関数はReLU
        # (バッチサイズ, 28, 28, 1) -> (バッチサイズ, 28, 28, 32)
        self.conv2D_1 = tf.keras.layers.Conv2D(
            filters=32,                  # フィルターの数は32
            kernel_size=(3, 3),          # 3×3のフィルターを使用
            padding='same',              # ゼロパディングを行う
            input_shape=(28, 28, 1),     # 入力データの形状
            activation='relu'            # 活性化関数はReLU
            )

        # 畳み込み層2：活性化関数はReLU
        # (バッチサイズ, 28, 28, 32) -> (バッチサイズ, 28, 28, 64)
```

```python
        self.conv2D_2 = tf.keras.layers.Conv2D(
            filters=64,                # フィルターの数は64
            kernel_size=(3, 3),        # 3×3のフィルターを使用
            padding='same',            # ゼロパディングを行う
            activation='relu'          # 活性化関数はReLU
        )
        # プーリング層1
        # (バッチサイズ, 28, 28, 64) -> (バッチサイズ, 14, 14, 64)
        self.pool1 = tf.keras.layers.MaxPooling2D(
            pool_size=(2,2)            # 縮小対象の領域は2x2
        )
        # ドロップアウト1
        self.dropput1 = tf.keras.layers.Dropout(0.5)


        # 畳み込み層3：活性化関数はReLU
        # (バッチサイズ, 14, 14, 64) -> (バッチサイズ, 14, 14, 64)
        self.conv2D_3 = tf.keras.layers.Conv2D(
            filters=64,                    # フィルターの数は64
            kernel_size=(3, 3),            # 3×3のフィルターを使用
            padding='same',                # ゼロパディングを行う
            activation='relu'              # 活性化関数はReLU
        )
        # プーリング層2
        # (バッチサイズ, 14, 14, 64) -> (バッチサイズ, 7, 7, 64)
        self.pool2 = tf.keras.layers.MaxPooling2D(
            pool_size=(2,2) # 縮小対象の領域は2x2
        )
        # ドロップアウト2
        self.dropput2 = tf.keras.layers.Dropout(0.5)


        # Flatten
        # (バッチサイズ, 7, 7, 64) -> (バッチサイズ, 3136)
        self.flatten = tf.keras.layers.Flatten()


        # 出力層：活性化関数はソフトマックス
        # (バッチサイズ, 3136) -> (バッチサイズ, 10)
        self.fc1 = tf.keras.layers.Dense(10, activation='softmax')


    @tf.function
    def call(self, x, training=None):
        '''CNNのインスタンスからコールバックされる関数
```

```
        Parameters: x(ndarray(float32)):訓練データ、または検証データ
        Returns(float32): CNNの出力
        '''

        x = self.conv2D_1(x)                    # 畳み込み層1
        x = self.pool1(self.conv2D_2(x))        # 畳み込み層2 -> プーリング1
        if training:
            x = self.dropput1(x)                # 訓練時のみドロップアウトを適用
        x = self.pool2(self.conv2D_3(x))        # 畳み込み層3 -> プーリング2
        if training:
            x = self.dropput2(x)                # 訓練時のみドロップアウトを適用
        x = self.flatten(x)                     # フラット化
        x = self.fc1(x)                         # 全結合層
        return x
```

プーリング層は、tensorflow.keras.layers.MaxPooling2D()関数で配置します。

● tensorflow.keras.layers.MaxPooling2D()

書式	tf.keras.layers.MaxPooling2D(pool_size=(2, 2), strides=None, padding='valid', data_format=None)	
引数	pool_size	整数、または2つの整数のタプルでウィンドウサイズを指定します。整数が1つだけ指定されている場合は、縦と横の次元で同じウィンドウ長が使用されます。デフォルトは(2, 2)。
	strides	整数、または2つの整数のタプルでストライド値を指定します。デフォルトのNoneの場合、pool_sizeの値が使用されます。pool_sizeが(2, 2)の場合、タテとヨコに2ピクセルずつストライドするので、ウィンドウサイズのぶんだけ移動することになります。
	padding	'valid'または'same'を指定します。デフォルトの'valid'はパディングを行いません。'same'の場合は、出力が入力と同じサイズになるように、入力の左右または上下に均等にパディングが行われます。
	data_format	入力データのフォーマットを指定します。'channels_last'を指定した場合は、 (batch, height, width, channels) の形状になり、channels_first'を指定した場合は、 (batch, channels, height, width) の形状になります。デフォルトのNoneの場合は、'channels_last'が適用されます。

■損失関数とオプティマイザーの生成からEarlyStoppingクラスの定義まで

ここから先のコードは、「5.5 TensorFlow スタイルによるニューラルネットワークの構築」
と同じものです。セル3～7に以下のコードを入力します。

▼「5.5 TensorFlow スタイルによるニューラルネットワークの構築」における該当のコード

セル3	「損失関数とオプティマイザーの生成」
セル4	「勾配降下アルゴリズムによるパラメーターの更新処理を行う **train_step()** 関数」
セル5	「検証を行う **valid_step()** 関数」
セル6	「学習の進捗を監視し早期終了判定を行うクラス」
セル7	「訓練データと検証データの用意」

■学習を行う

セル8に以下のように入力して、学習を行ってみます。

▼学習を行う

セル8

```python
%%time
'''
8.モデルを生成して学習する
'''
from sklearn.utils import shuffle

# エポック数
epochs = 100
# ミニバッチのサイズ
batch_size = 64
# 訓練データのステップ数
tr_steps = tr_x.shape[0] // batch_size
# 検証データのステップ数
val_steps = val_x.shape[0] // batch_size

# 隠れ層256ユニット、出力層10ユニットのモデルを生成
model = CNN()
# 損失と精度の履歴を保存するためのdictオブジェクト
history = {'loss':[], 'accuracy':[], 'val_loss':[], 'val_accuracy':[]}

# 早期終了の判定を行うオブジェクトを生成
```

```
ers = EarlyStopping(patience=5,     # 監視対象回数
                    verbose=1)      # 早期終了時にメッセージを出力


# 学習を行う

for epoch in range(epochs):

    # 学習するたびに、記録された値をリセット
    train_loss.reset_states()         # 訓練時における損失の累計
    train_accuracy.reset_states()     # 訓練時における精度の累計
    val_loss.reset_states()           # 検証時における損失の累計
    val_accuracy.reset_states()       # 検証時における精度の累計


    # 訓練データと正解ラベルをシャッフル
    x_, y_ = shuffle(tr_x, tr_y, )


    # 1ステップにおける訓練用ミニバッチを使用した学習
    for step in range(tr_steps):
        start = step * batch_size       # ミニバッチの先頭インデックス
        end = start + batch_size        # ミニバッチの末尾のインデックス
        # ミニバッチでバイアス、重みを更新して誤差を取得
        train_step(x_[start:end], y_[start:end])


    # 1ステップにおける検証用ミニバッチを使用した評価
    for step in range(val_steps):
        start = step * batch_size       # ミニバッチの先頭インデックス
        end = start + batch_size        # ミニバッチの末尾のインデックス
        # ミニバッチでバイアス、重みを更新して誤差を取得
        valid_step(val_x[start:end], val_y[start:end])


    avg_train_loss = train_loss.result()        # 訓練時の平均損失値を取得
    avg_train_acc = train_accuracy.result()     # 訓練時の平均正解率を取得
    avg_val_loss = val_loss.result()            # 検証時の平均損失値を取得
    avg_val_acc = val_accuracy.result()         # 検証時の平均正解率を取得


    # 損失の履歴を保存する
    history['loss'].append(avg_train_loss)
    history['val_loss'].append(avg_val_loss)
    # 精度の履歴を保存する
    history['accuracy'].append(avg_train_acc)
    history['val_accuracy'].append(avg_val_acc)
```

```
# 1エポックごとに結果を出力
if (epoch + 1) % 1 == 0:
    print(
        'epoch({}) train_loss: {:.4} train_acc: {:.4} val_loss: {:.4} val_acc: {:.4}'.format(
            epoch+1,
            avg_train_loss,          # 訓練時の現在の損失を出力
            avg_train_acc,           # 訓練時の現在の精度を出力
            avg_val_loss,            # 検証時の現在の損失を出力
            avg_val_acc              # 検証時の現在の精度を出力
))

    # 検証データの損失をEarlyStoppingオブジェクトに渡して早期終了を判定
    if ers(val_loss.result()):
        # 監視対象のエポックで損失が改善されなければ学習を終了
        break

# モデルの概要を出力
model.summary()
```

▼出力

```
epoch(1) train_loss: 0.6975 train_acc: 0.7517 val_loss: 0.4178 val_acc: 0.8569
.........途中省略.........
epoch(47) train_loss: 0.204 train_acc: 0.9262 val_loss: 0.1979 val_acc: 0.9302
epoch(48) train_loss: 0.2014 train_acc: 0.9253 val_loss: 0.2016 val_acc: 0.9276
epoch(49) train_loss: 0.1995 train_acc: 0.9277 val_loss: 0.207 val_acc: 0.9258
epoch(50) train_loss: 0.199 train_acc: 0.9273 val_loss: 0.1992 val_acc: 0.9279
epoch(51) train_loss: 0.1964 train_acc: 0.9286 val_loss: 0.2075 val_acc: 0.9268
epoch(52) train_loss: 0.1987 train_acc: 0.927 val_loss: 0.1986 val_acc: 0.9313
epoch(53) train_loss: 0.1997 train_acc: 0.927 val_loss: 0.1988 val_acc: 0.9286
early stopping
Model: "cnn"
```

Layer (type)	Output Shape	Param #
conv2d (Conv2D)	multiple	320
conv2d_1 (Conv2D)	multiple	18496
max_pooling2d (MaxPooling2D)	multiple	0
dropout (Dropout)	multiple	0

conv2d_2 (Conv2D)	multiple	36928
max_pooling2d_1 (MaxPooling2	multiple	0
dropout_1 (Dropout)	multiple	0
flatten (Flatten)	multiple	0
dense (Dense)	multiple	31370

```
Total params: 87,114
Trainable params: 87,114
Non-trainable params: 0

CPU times: user 1min 53s, sys: 9.07 s, total: 2min 2s
Wall time: 2min 57s
```

　精度と損失の推移をグラフにします。「5.5 TensorFlow スタイルによるニューラルネットワークの構築」に掲載している「セル9」の「損失の推移をグラフにする」および「セル10」の「精度の推移をグラフにする」と同じコードを入力して実行してみます。

▼出力されたグラフ

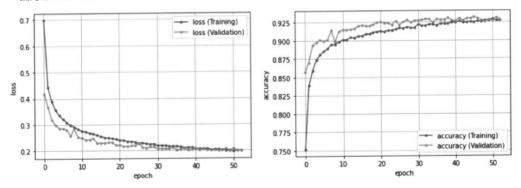

　畳み込み層を3層にしたことで、かなり強めに訓練データにフィットするかと思いきや、オーバーフィッティングは発生していません。逆に、検証データに引っ張られるように訓練データの損失や精度が改善されているようにも見えます。プーリングの処理を追加したことで、画像の特徴をよく学習してくれたようです。テストデータによる評価は、

　　　test_loss: 0.2117, test_acc: 0.9245

となりました。

6.5 Kerasスタイルでプーリングを実装した CNNを構築する

Kerasスタイルで、プーリング層を実装したCNNを構築し、Fashion-MNISTデータセットの学習を行ってみます。

▼Fashion-MNISTデータの読み込みとデータの前処理

```
セル1
'''
1. データの用意と前処理
'''
# Fashion-MNISTデータセットをインポート
from tensorflow.keras.datasets import fashion_mnist


## データセットの読み込みとデータの前処理

# Fashion-MNISTデータセットの読み込み
(x_train, y_train), (x_test, y_test) = fashion_mnist.load_data()

# 訓練データ
# (60000, 28, 28)の3階テンソルを(60000, 28, 28, 1)の4階テンソルに変換
x_train = x_train.reshape(-1, 28, 28, 1)
x_train = x_train.astype('float32') # float32型に変換
x_train /= 255                      # 0から1.0の範囲に変換

# テストデータ
# (10000, 28, 28)の3階テンソルを(10000, 28, 28, 1)の4階テンソルに変換
x_test = x_test.reshape(-1, 28, 28, 1)
x_test = x_test.astype('float32')   # float32型に変換
x_test /= 255                       # 0から1.0の範囲に変換
```

▼モデルの構築

```
セル2
'''
2. モデルの構築
'''
# keras.modelsからSequentialをインポート
from tensorflow.keras.models import Sequential
# keras.layersからDense、Conv2D、Flatten、Dropoutをインポート
```

```
from tensorflow.keras.layers import Dense, Conv2D, Dropout, Flatten, MaxPooling2D
# keras.optimizersからSGDをインポート
from tensorflow.keras.optimizers import SGD


model = Sequential()                    # Sequentialオブジェクトの生成


# 畳み込み層1
model.add(
    Conv2D(filters=32,                  # フィルターの数は32
           kernel_size=(3, 3),          # 3×3のフィルターを使用
           padding='same',              # ゼロパディングを行う
           input_shape=(28, 28, 1),     # 入力データの形状
           activation='relu'            # 活性化関数はReLU
           ))


# 畳み込み層2
model.add(
    Conv2D(filters=64,                  # フィルターの数は64
           kernel_size=(3, 3),          # 3×3のフィルターを使用
           padding='same',              # ゼロパディングを行う
           input_shape=(28, 28, 1),     # 入力データの形状
           activation='relu'            # 活性化関数はReLU
           ))
# プーリング層1
# (28, 28, 64)->(14, 14, 64)
model.add(
    MaxPooling2D(pool_size=(2,2)))      # 縮小対象の領域は2x2
# ドロップアウト
model.add(Dropout(0.5))


# 畳み込み層3
model.add(
    Conv2D(filters=64,                  # フィルターの数は64
           kernel_size=(3, 3),          # 3×3のフィルターを使用
           padding='same',              # ゼロパディングを行う
           input_shape=(14, 14, 1),     # 入力データの形状
           activation='relu'            # 活性化関数はReLU
           ))
# プーリング層2
# (14, 14, 64)->(7, 7, 64)
```

```
model.add(
    MaxPooling2D(pool_size=(2,2)))          # 縮小対象の領域は 2x2


# ドロップアウト
model.add(Dropout(0.5))
# Flatten: (7, 7, 64) -> (3136,) にフラット化
model.add(Flatten())


# 出力層
model.add(Dense(10,                         # 出力層のニューロン数は 10
                activation='softmax'        # 活性化関数は softmax
                ))


# オブジェクトのコンパイル
model.compile(
    loss='sparse_categorical_crossentropy', # スパース行列対応クロスエントロピー誤差
    optimizer=SGD(lr=0.1),                  # 最適化アルゴリズムは SGD
    metrics=['accuracy'])                   # 学習評価として正解率を指定


model.summary()                             # サマリを表示
```

▼出力されたサマリ

```
Model: "sequential"

Layer (type)                     Output Shape          Param #

conv2d (Conv2D)                  (None, 28, 28, 32)    320

conv2d_1 (Conv2D)                (None, 28, 28, 64)    18496

max_pooling2d (MaxPooling2D)     (None, 14, 14, 64)    0

dropout (Dropout)                (None, 14, 14, 64)    0

conv2d_2 (Conv2D)                (None, 14, 14, 64)    36928

max_pooling2d_1 (MaxPooling2      (None, 7, 7, 64)      0

dropout_1 (Dropout)              (None, 7, 7, 64)      0

flatten (Flatten)                (None, 3136)          0

dense (Dense)                    (None, 10)            31370

Total params: 87,114
Trainable params: 87,114
Non-trainable params: 0
```

ミニバッチのサイズを64，学習回数のリミットを100回にして学習を行ってみます。

▼学習を行って結果を出力

```
セル3

%%time
'''
3. 学習する
'''
from tensorflow.keras.callbacks import EarlyStopping

# 学習回数、ミニバッチのサイズを設定
training_epochs = 100          # 学習回数
batch_size = 64                # ミニバッチのサイズ

# 早期終了を行うEarlyStoppingを生成
early_stopping = EarlyStopping(
    monitor='val_loss',        # 監視対象は損失
    patience=5,                # 監視する回数
    verbose=1                  # 早期終了をログとして出力
)

# 学習を行って結果を出力
history = model.fit(
    x_train,                   # 訓練データ
    y_train,                   # 正解ラベル
    epochs=training_epochs,    # 学習を繰り返す回数
    batch_size=batch_size,     # ミニバッチのサイズ
    verbose=1,                 # 学習の進捗状況を出力する
    validation_split=0.2,      # 検証データとして使用する割合
    shuffle=True,              # 検証データを抽出する際にシャッフルする
    callbacks=[early_stopping] # コールバックはリストで指定する
    )
# テストデータで学習を評価するデータを取得
score = model.evaluate(x_test, y_test, verbose=0)
# テストデータの損失を出力
print('Test loss:', score[0])
# テストデータの精度を出力
print('Test accuracy:', score[1])
```

▼実行結果

```
Epoch 1/100
750/750 [==============================] - 12s 6ms/step
 - loss: 1.0081 - accuracy: 0.6503 - val_loss: 0.4353 - val_accuracy: 0.8370
.........途中省略.........
Epoch 22/100
750/750 [==============================] - 4s 6ms/step
 - loss: 0.2355 - accuracy: 0.9132 - val_loss: 0.2117 - val_accuracy: 0.9258
Epoch 23/100
750/750 [==============================] - 4s 6ms/step
 - loss: 0.2354 - accuracy: 0.9125 - val_loss: 0.2284 - val_accuracy: 0.9218
Epoch 24/100
750/750 [==============================] - 4s 6ms/step
 - loss: 0.2305 - accuracy: 0.9177 - val_loss: 0.2247 - val_accuracy: 0.9231
Epoch 25/100
750/750 [==============================] - 4s 6ms/step
 - loss: 0.2287 - accuracy: 0.9176 - val_loss: 0.2131 - val_accuracy: 0.9236
Epoch 26/100
750/750 [==============================] - 4s 6ms/step
 - loss: 0.2280 - accuracy: 0.9163 - val_loss: 0.2394 - val_accuracy: 0.9152
Epoch 27/100
750/750 [==============================] - 4s 6ms/step
 - loss: 0.2245 - accuracy: 0.9169 - val_loss: 0.2123 - val_accuracy: 0.9274
Epoch 00027: early stopping
Test loss: 0.22684839367866516
Test accuracy: 0.9199000000953674
CPU times: user 1min 40s, sys: 25.2 s, total: 2min 5s
Wall time: 2min 5s
```

　検証データによる精度は0.9274、テストデータによる精度は0.9199です。「6.1.3 Kerasスタイルによる畳み込みニューラルネットワーク（CNN）の構築」に掲載している「セル4」の「損失と正解率（精度）の推移をグラフにする」と同じコードを入力して実行してみます。

▼出力されたグラフ

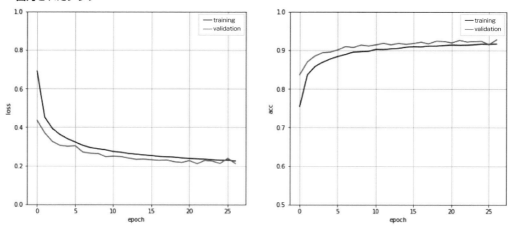

　損失と精度共に、検証データの曲線を追うように訓練データの曲線が下降、または上昇しています。オーバーフィッティングはまったく発生していないといってよいでしょう。

　TensorFlow スタイルのときと同様に、プーリング層を追加したことでオーバーフィッティングの発生を抑えることができました。なお、オーバーフィッティングを防止する手法として、「正則化」というものがあります。これについては次章で紹介します。

6.6 PyTorchによるプーリングを実装した CNNの構築

これまでと同じように、畳み込み層、プーリング層、ドロップアウトを配置したフル装備の CNNを、PyTorchを使って構築します。

■データの読み込み、前処理からデータローダーの作成まで

データセットを読み込んで前処理を行い、データローダーを作成するまでのコードは、「6.3 PyTorchによるCNNの構築」のコードと同じです。セル1に以下のコードを入力します。

▼「6.3 PyTorchによるCNNの構築」における該当のコード

セル1	「データの読み込みと前処理」

PyTorchのtorch.nn.Conv2d()への入力データのフォーマットは、

(batch, channels, height, width)

のように、チャネルの順番がTensorFlowとは逆ですので注意してください。なお、PyTorch のFashion-MNISTのデータはこのフォーマットに準じています。

■モデルを定義してモデルオブジェクトを生成する

モデルのオブジェクトを生成します。モデルを定義するコードはTensorFlowスタイルの ものとよく似ています。プーリング層は、torch.nn.MaxPool2d()で配置します。

● torch.nn.MaxPool2d()

書式	torch.nn.MaxPool2d(　　kernel_size, stride=None, padding=0, 　　dilation=1, return_indices=False, ceil_mode=False)	
引数	kernel_size	整数、または2つの整数のタプルでウィンドウサイズを指定します。整数が1つだけ指定されている場合は、縦と横の次元で同じウィンドウ長が使用されます。
	stride	整数、または2つの整数のタプルでストライド値を指定します。デフォルトのNoneの場合、kernel_sizeの値が使用されます。kernel_sizeが(2, 2)または2の場合、タテとヨコに2ピクセルずつストライドするので、ウィンドウサイズのぶんだけ移動することになります。
	padding	ゼロパディングを行うサイズを整数、または2つの整数のタプルで指定します。デフォルトの0の場合、パディングは行われません。

引数	dilation	ストライドを制御するパラメーター。デフォルトは1。
	return_indices	Trueの場合、出力と共に最大インデックスが返されます。デフォルトはFalse。
	ceil_mode	Trueの場合、floorの代わりにceilを使用して出力を計算します。デフォルトはFalse（floorを使用）。

▼モデルの定義

セル2

```python
'''
2．モデルの定義
'''
import torch.nn as nn
import torch.nn.functional as F


class CNN(nn.Module):
    '''畳み込みニューラルネットワーク

    '''
    def __init__(self):
        '''モデルの初期化を行う


        '''
        # スーパークラスの__init__()を実行
        super().__init__()
        # 畳み込み層1
        self.conv1 = nn.Conv2d(in_channels=1,          # 入力チャネル数
                               out_channels=32,        # 出力チャネル数
                               kernel_size=3,          # フィルターサイズ
                               padding=(1,1),          # パディングを行う
                               padding_mode='zeros')   # ゼロでパディング
        # プーリング2x2
        self.pool1 = nn.MaxPool2d(2, 2)

        # 畳み込み層2
        self.conv2 = nn.Conv2d(in_channels=32,         # 入力チャネル数
                               out_channels=64,        # 出力チャネル数
                               kernel_size=3,          # フィルターサイズ
                               padding=(1,1),          # パディングを行う
                               padding_mode='zeros')   # ゼロでパディング
        # プーリング2x2
```

```python
        self.pool2 = nn.MaxPool2d(2, 2)
        # 畳み込みのドロップアウト
        self.conv2_drop = nn.Dropout2d(0.5)


        # 全結合層1
        self.fc1 = nn.Linear(in_features=7*7*64, # 入力はフラット化後のサイズ
                             out_features=128)    # ニューロン数
        # ドロップアウト
        self.fc_drop = nn.Dropout(0.5)
        # 全結合層2
        self.fc2 = nn.Linear(in_features=128,     # 入力のサイズは前層のニューロン数
                             out_features=10)      # ニューロン数はクラス数と同数


    def forward(self, x):
        '''CNNの順伝播処理を行う

        Parameters:
            x(ndarray(float32)):訓練データ、またはテストデータ

        Returns(float32):
            出力層からの出力値
        '''
        # 畳み込み層1->ReLU適用->2x2のプーリング
        # (バッチサイズ, 28, 28, 1) -> (バッチサイズ, 14, 14, 64)
        x = self.pool1(F.relu(self.conv1(x)))

        # 畳み込み層2の出力->ReLU適用->2x2のプーリング
        # (バッチサイズ, 14, 14, 64) -> (バッチサイズ, 7, 7, 64)
        x = self.pool2(F.relu(self.conv2(x)))
        x = self.conv2_drop(x) # ドロップアウト

        x = x.view(-1, 7 * 7 * 64) # (バッチサイズ,7,7,64)->(バッチサイズ,3136)

        # 全結合層1の出力->ReLU適用
        # (バッチサイズ,3136)->出力(バッチサイズ, 128)
        x = F.relu(self.fc1(x))
        x = self.fc_drop(x) # ドロップアウト
        # 全結合層2(バッチサイズ, 128)->(バッチサイズ, 10)
        x = self.fc2(x) #
        return x
```

▼モデルのオブジェクトを生成する

```
セル3
'''
3. モデルの生成
'''
import torch


# 使用可能なデバイス (CPUまたはGPU) を取得する
device = torch.device('cuda' if torch.cuda.is_available() else 'cpu')
# モデルオブジェクトを生成し、使用可能なデバイスを設定する
model = CNN().to(device)


model # モデルの構造を出力
```

▼出力

```
CNN(
  (conv1): Conv2d(1, 32, kernel_size=(3, 3), stride=(1, 1), padding=(1, 1))
  (pool1): MaxPool2d(kernel_size=2, 2), stride=(2, 2), padding=0, dilation=1, ceil_mode=False)
  (conv2): Conv2d(32, 64, kernel_size=(3, 3), stride=(1, 1), padding=(1, 1))
  (pool2): MaxPool2d(kernel_size=(2, 2), stride=(2, 2), padding=0, dilation=1, ceil_mode=False)
  (conv2_drop): Dropout2d(p=0.5, inplace=False)
  (fc1): Linear(in_features=3136, out_features=128, bias=True)
  (fc_drop): Dropout(p=0.5, inplace=False)
  (fc2): Linear(in_features=128, out_features=10, bias=True)
)
```

■損失関数とオプティマイザーの生成

損失関数とオプティマイザーを生成します。SGDの学習率を0.001にして、momentum (学習速度を調整する慣性項) の係数を0.9にしています。

▼損失関数とオプティマイザーの生成

```
セル4
'''
4. 損失関数とオプティマイザーの生成
'''
import torch.optim


# クロスエントロピー誤差のオブジェクトを生成
criterion = nn.CrossEntropyLoss()
```

```
# 勾配降下アルゴリズムを使用するオプティマイザーを生成
optimizer = torch.optim.SGD(model.parameters(), lr=0.001, momentum=0.9)
```

■train_step()関数の定義から早期終了判定を行うクラスの定義まで

train_step()関数の定義から早期終了判定を行うクラスの定義までは、「5.7 PyTorchを使ってニューラルネットワークを構築する」のコードと同じです。セル5～7に以下のコードを入力します。

▼「5.7 PyTorchを使ってニューラルネットワークを構築する」における該当のコード

| セル5 | 「train_step()関数の定義」 |

| セル6 | 「test_step()関数の定義」 |

| セル7 | 「学習の進捗を監視し早期終了判定を行うクラス」 |

■学習を行う

では、学習回数を100回に設定して、早期終了アルゴリズムを適用しつつ学習を行ってみましょう。

▼学習を行う

| セル8 |

```
%%time
'''
8.モデルを使用して学習する
'''
from sklearn.metrics import accuracy_score

# エポック数
epochs = 100
# 損失と精度の履歴を保存するためのdictオブジェクト
history = {'loss':[], 'accuracy':[], 'test_loss':[], 'test_accuracy':[]}
# 早期終了の判定を行うオブジェクトを生成
ers = EarlyStopping(patience=5,            # 監視対象回数
                    verbose=1)             # 早期終了時にメッセージを出力
# 学習を行う
for epoch in range(epochs):
    train_loss = 0.                        # 訓練1エポックごとの損失を保持する変数
    train_acc = 0.                         # 訓練1エポックごとの精度を保持する変数
    test_loss = 0.                         # 検証1エポックごとの損失を保持する変数
```

```
    test_acc = 0.                      # 検証1エポックごとの精度を保持する変数


    # 1ステップにおける訓練用ミニバッチを使用した学習
    for (x, t) in train_dataloader:
        # torch.Tensorオブジェクトにデバイスを割り当てる
        x, t = x.to(device), t.to(device)
        loss, preds = train_step(x, t) # 損失と予測値を取得
        train_loss += loss.item()       # ステップごとの損失を加算
        train_acc += accuracy_score(
            t.tolist(),
            preds.argmax(dim=-1).tolist()
        )                               # ステップごとの精度を加算

    # 1ステップにおけるテストデータのミニバッチを使用した評価
    for (x, t) in test_dataloader:
        # torch.Tensorオブジェクトにデバイスを割り当てる
        x, t = x.to(device), t.to(device)
        loss, preds = test_step(x, t)  # 損失と予測値を取得
        test_loss += loss.item()        # ステップごとの損失を加算
        test_acc += accuracy_score(
            t.tolist(),
            preds.argmax(dim=-1).tolist()
        )                               # ステップごとの精度を加算


    # 訓練時の損失の平均値を取得
    avg_train_loss = train_loss / len(train_dataloader)
    # 訓練時の精度の平均値を取得
    avg_train_acc = train_acc / len(train_dataloader)
    # 検証時の損失の平均値を取得
    avg_test_loss = test_loss / len(test_dataloader)
    # 検証時の精度の平均値を取得
    avg_test_acc = test_acc / len(test_dataloader)


    # 訓練データの履歴を保存する
    history['loss'].append(avg_train_loss)
    history['accuracy'].append(avg_train_acc)
    # テストデータの履歴を保存する
    history['test_loss'].append(avg_test_loss)
    history['test_accuracy'].append(avg_test_acc)
```

```
# 1エポックごとに結果を出力
if (epoch + 1) % 1 == 0:
    print(
        'epoch({}) train_loss: {:.4} train_acc: {:.4} val_loss: {:.4} val_acc: {:.4}'.format(
            epoch+1,
            avg_train_loss,  # 訓練データの損失を出力
            avg_train_acc,   # 訓練データの精度を出力
            avg_test_loss,   # テストデータの損失を出力
            avg_test_acc     # テストデータの精度を出力
    ))

    # テストデータの損失をEarlyStoppingオブジェクトに渡して早期終了を判定
    if ers(avg_test_loss):
        # 監視対象のエポックで損失が改善されなければ学習を終了
        break
```

▼出力

```
epoch(1) train_loss: 1.103 train_acc: 0.6087 val_loss: 0.6169 val_acc: 0.7695
.........途中省略.........
epoch(94) train_loss: 0.2032 train_acc: 0.9245 val_loss: 0.2227 val_acc: 0.9222
epoch(95) train_loss: 0.2047 train_acc: 0.9239 val_loss: 0.2234 val_acc: 0.92
epoch(96) train_loss: 0.2043 train_acc: 0.9249 val_loss: 0.2244 val_acc: 0.9188
epoch(97) train_loss: 0.2022 train_acc: 0.9257 val_loss: 0.2256 val_acc: 0.9214
epoch(98) train_loss: 0.2013 train_acc: 0.9261 val_loss: 0.2239 val_acc: 0.9197
epoch(99) train_loss: 0.2015 train_acc: 0.9262 val_loss: 0.224 val_acc: 0.9199
epoch(100) train_loss: 0.201 train_acc: 0.9252 val_loss: 0.2227 val_acc: 0.9207
CPU times: user 23min 42s, sys: 35.2 s, total: 24min 17s
Wall time: 24min 21s
```

　早期終了は行われず、上限の100エポックまで実行されました。損失と精度の推移をグラフにします。セル9に「5.7 PyTorchを使ってニューラルネットワークを構築する」のセル9と同じコード入力して、実行してみます。

▼出力されたグラフ

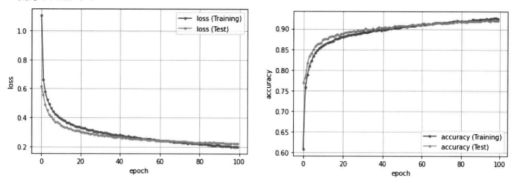

テストデータの精度は0.9207に達し、オーバーフィッティングも発生していません。

COLUMN　sparse_categorical_crossentropy

　TensorFlowには、損失関数として「sparse_categorical_crossentropy」が用意されています。マルチクラス分類における整数値の正解ラベルを（One-hot化しなくても）そのまま使用できるのですが、状況によってはうまく学習が進まないことがあります。

　この場合は、正解ラベルをOne-Hotエンコーディングしたあと、「sparse_categorical_crossentropy」を「categorical_crossentropy」に変えて試してみてください。

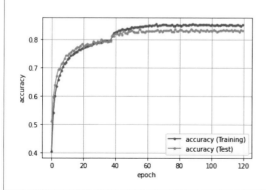

NOTE

章

一般物体認識のための
ディープラーニング

7.1 カラー画像を10のカテゴリに分類した CIFAR-10データセット

　物体認識（object recognition）とは、画像に写っているものが何であるかを言い当てる処理のことで、何を目的とするかによって「特定物体認識」と「一般物体認識」に分類されています。特定物体認識は、特定の物体と同一の物体が画像中に存在するかを言い当てる（identification）処理で、一般物体認識は、飛行機、自動車、犬などの一般的な物体のカテゴリを言い当てる（classification）処理です。

　特定物体認識は、コンピューターの進歩で比較的容易に実現できるようになり、商用利用もなされています。これに対し、実現が難しいのが一般物体認識で、近年、一般物体認識の研究が盛んに行われています。

　一般物体認識が難しいとされる根本的な要因は、セマンティックギャップ（コンピューターと人間とのギャップ）にあるといわれています。例えば、同じ自動車というカテゴリでも様々な形や色の自動車があります。人間には、自動車をイメージできる概念があるので、どんな色や形でも自動車とずばり言い当てられますが、コンピューターにとっては自動車がそもそも何であるか、という本質的な定義付けが難しいのです。

7.1.1 一般物体認識のデータセット「CIFAR-10」を題材にする

　一般物体認識用のデータセットとして、Alex Krizhevsky氏によって整備された「CIFAR-10」があります。CIFAR-10には、約8千万枚の画像がある「80 Million Tiny Images」からピックアップした60,000枚の画像と正解ラベルが収録されています。

●CIFAR-10の特徴
- 32×32ピクセルの画像が60,000枚。
- 画像はRGBの3チャネルカラー画像。
- 画像は10クラスに分類される。
- 正解ラベルは、次の10個。
  - airplane（飛行機）
  - automobile（自動車）

　　　　　・bird（鳥）

　　　　　・cat（ネコ）

　　　　　・deer（鹿）

　　　　　・dog（イヌ）

　　　　　・frog（カエル）

　　　　　・horse（馬）

　　　　　・ship（船）

　　　　　・truck（トラック）

・50,000枚（各クラス5,000枚）の訓練用データと10,000枚（各クラス1,000枚）のテストデータに分割されている。

・BMPやPNGといった画像ファイルではなく、ピクセルデータ配列としてPythonから簡単に読み込める形式で提供されている。

▼CIFAR-10の画像の一部（「Alex Krizhevsky's home page」より）

7.1.2 KerasでダウンロードしたCIFAR-10のカラー画像を見る

tensorflow.keras.datasets.cifar10モジュールを利用して、CIFAR-10をダウンロードしてプログラムに読み込むことができます。さっそく、CIFAR-10をダウンロードして、どのような画像になっているのか出力して確かめてみましょう。なお、すべての画像を表示するのは不可能なので、カテゴリごとに10枚ずつランダムに抽出して表示することにします。

▼CIFAR-10の画像をカテゴリごとに10枚ずつランダムに抽出して表示する

```python
%matplotlib inline
import numpy as np
import matplotlib.pyplot as plt
from tensorflow.keras.datasets import cifar10

# CIFAR-10データセットをロード
(X_train, y_train), (X_test, y_test) = cifar10.load_data()
# データの形状を出力
print('X_train:', X_train.shape, 'y_train:', y_train.shape)
print('X_test :', X_test.shape, 'y_test :', y_test.shape)


# 画像を描画
num_classes = 10                    # 分類先のクラスの数
pos = 1                             # 画像の描画位置を保持する変数


# クラスの数だけ繰り返す
for target_class in range(num_classes):
    # 各クラスに分類される画像のインデックスを保持するリスト
    target_idx = []

    # クラスiが正解の場合の正解ラベルのインデックスを取得する
    for i in range(len(y_train)):
        # i行、0列の正解ラベルがtarget_classと一致するか
        if y_train[i][0] == target_class:
            # クラスiが正解であれば正解ラベルのインデックスをtargetIdxに追加
            target_idx.append(i)

    np.random.shuffle(target_idx)      # クラスiの画像のインデックスをシャッフル
    plt.figure(figsize=(20, 20))       # 描画エリアを横20インチ、縦20インチにする

    # シャッフルした最初の10枚の画像を描画
```

```
for idx in target_idx[:10]:
    plt.subplot(10, 10, pos)          # 10行、10列の描画領域のpos番目の位置を指定
    plt.imshow(X_train[idx])          # Matplotlibのimshow()で画像を描画
    pos += 1

plt.show()
```

プログラムを実行してしばらくすると、次のように100枚（10カテゴリ×10枚）の画像がカテゴリごとにまとめられて出力されます。

▼出力結果

```
X_train: (50000, 32, 32, 3) y_train: (50000, 1)
X_test : (10000, 32, 32, 3) y_test : (10000, 1)
```

　　訓練データとテストデータの画像は、

　　X_train: (50000, 32, 32, 3)
　　X_test : (10000, 32, 32, 3)

のように、4階テンソルに格納されています。1枚の画像は32×32なので(32行, 32列)になり、これにRGBのための3チャネルを追加して、(32行, 32列, 3チャネル)の3階テンソルなります。これを4階テンソルにすることで、50,000枚、10,000枚の画像データが格納されています。正解ラベルは、

　　y_train: (50000, 1)
　　y_test : (10000, 1)

のように2階テンソルに格納されています。

　　一方、注目の画像ですが、元の画像が32×32ピクセルと小さく、さらに紙面に収めるために出力結果を縮小していますので、かなり見づらい状態になっています。上から飛行機、自動車、鳥、ネコ、鹿、イヌ、カエル、馬、船、トラックの画像です。

　　プログラムは、for文が入れ子になっていて少々読みづらいかと思います。10個のクラスのそれぞれに分類された画像のインデックスをすべて取得し、各クラスごとにランダムに抽出した10枚の画像を出力するようにしています。このため、プログラムを繰り返し実行すれば、様々な画像を見ることができます。

7.1.3 一般物体認識のためのCNNの構造

CNN（畳み込みニューラルネットワーク）で、CIFAR-10を用いた一般物体認識を行います。はたして、どのくらいの精度で認識できるのか不安ですが、ここは、ネットワークの層をよりディープにすることで、対処したいと思います。

▼入力層

出力	1画像あたり(32, 32, 3)の3階テンソルを出力。バッチサイズの数だけ出力されるので、出力の形状は (バッチサイズ, 32, 32, 3) となる。

▼入力層から出力される4階テンソル

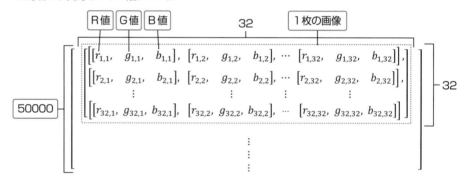

▼畳み込み層1

ファイルターの数	32
フィルターのサイズ	3×3
重みの数	3（チャネル数）×（3×3）×32＝864個
バイアスの数	32個
ユニット数	32（フィルター数と同じ）
活性化関数	ReLU
出力	1枚の画像(32, 32, 3)に対してフィルターの数32個のピクセル値を出力。出力の形状は、(バッチサイズ, 32, 32, 32)となる。

今回はカラー画像なので、1ピクセルあたりRGBの3値があります。次の図で確認しておきましょう。

▼入力層➡畳み込み層1

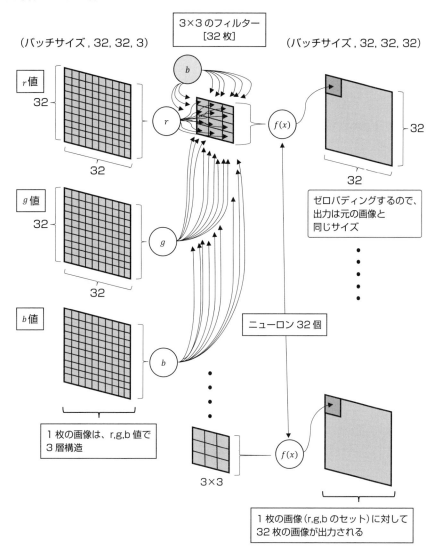

（バッチサイズ , 32, 32, 3）

3×3のフィルター
[32枚]

（バッチサイズ , 32, 32, 32）

r 値
32

b

r

$f(x)$

32

32

ゼロパディングするので、
出力は元の画像と
同じサイズ

g 値
32

g

32

b 値

b

ニューロン32個

$f(x)$

1枚の画像は、r,g,b 値で
3層構造

3×3

1枚の画像（r,g,b のセット）に対して
32枚の画像が出力される

▼畳み込み層2

フィルターの数	32
フィルターのサイズ	3×3
重みの数	32（前層のニューロン数）×（3×3）×32＝9216個
バイアスの数	32個
ユニット数	32（フィルター数と同じ）
活性化関数	ReLU
出力	1枚の画像(32, 32)に対してフィルターの数32個のピクセル値を出力。出力の形状は、（バッチサイズ , 32, 32, 32）となる。

▼畳み込み層1➡畳み込み層2

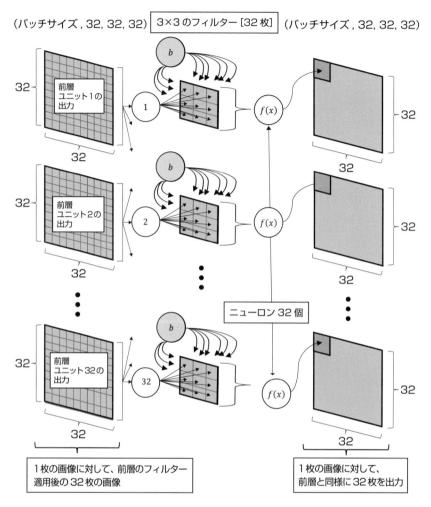

（バッチサイズ, 32, 32, 32）　　3×3のフィルター［32枚］　（バッチサイズ, 32, 32, 32）

1枚の画像に対して、前層のフィルター
適用後の32枚の画像

1枚の画像に対して、
前層と同様に32枚を出力

▼プーリング層1

ユニット数	32（前層のユニット数と同じ）
ウィンドウサイズ	2×2
出力	1ユニットあたり(16, 16)の2階テンソルを32個出力(16, 16, 32)。出力の形状は、(バッチサイズ, 16, 16, 32)となる。

▼畳み込み層2➡プーリング層1

(バッチサイズ, 32, 32, 32)　2×2のプーリング[32]　(バッチサイズ, 16, 16, 32)

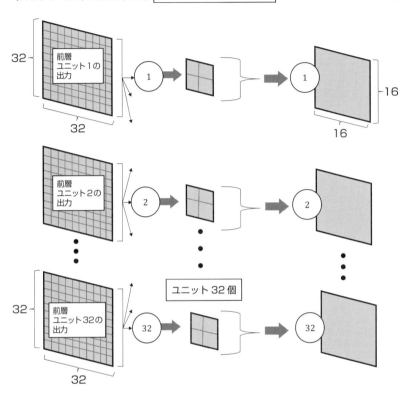

▼ドロップアウト1

ドロップアウト率	50%
出力	(バッチサイズ, 16, 16, 32)

▼畳み込み層3

フィルターの数	64
フィルターのサイズ	3×3
重みの数	32(前層のユニット数)×3×3×64＝18432個
バイアスの数	64個
ユニット数	64(フィルター数と同じ)
活性化関数	ReLU
出力	1画像(16, 16)に対してフィルターの数64個のピクセル値を出力。出力の形状は、(バッチサイズ, 16, 16, 64)となる。

▼ドロップアウト1➡畳み込み層3

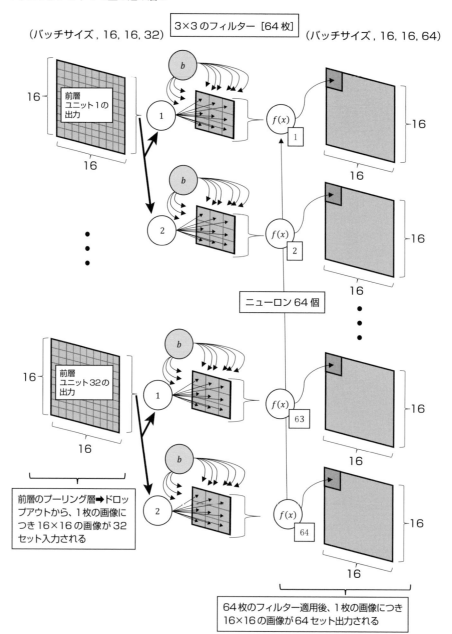

▼畳み込み層4

フィルターの数	64
フィルターのサイズ	3×3
重みの数	64（前層のユニット数）×3×3×64＝36864個
バイアスの数	64個
ユニット数	64（フィルター数）
活性化関数	ReLU
出力	1画像(16, 16)に対してフィルターの数64個のピクセル値を出力。出力の形状は、（バッチサイズ，16, 16, 64）となる。

▼畳み込み層3→畳み込み層4

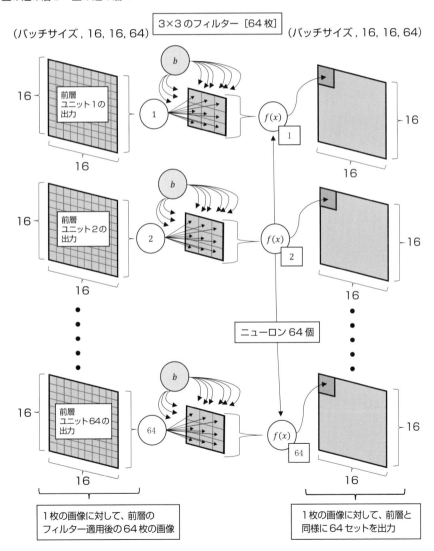

1枚の画像に対して、前層の
フィルター適用後の64枚の画像

1枚の画像に対して、前層と
同様に64セットを出力

▼プーリング層2

ユニット数	64（前層のユニット数と同じ）
ウィンドウサイズ	2×2
出力	1ユニットあたり(8, 8)の2階テンソルを64個出力(8, 8, 64)。出力の形状は(バッチサイズ, 8, 8, 64)となる。

▼畳み込み層4 ➡ プーリング層2

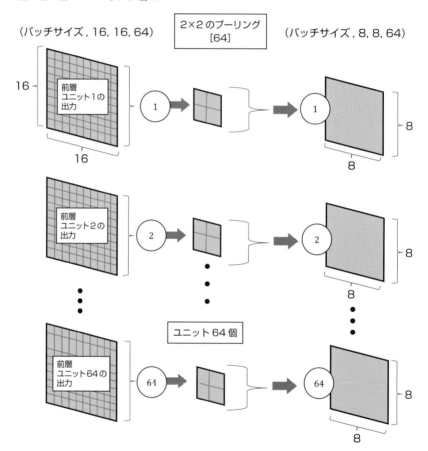

▼ドロップアウト2

ドロップアウト率	50%
出力	(バッチサイズ, 8, 8, 64)

▼Flatten層

ユニット数	8×8×64＝4096
出力	(バッチサイズ, 4096)

▼全結合層

重みの数	4096×512＝2097152個
バイアスの数	512個
ユニット数	512
活性化関数	ReLU
出力	(バッチサイズ, 512)

▼ドロップアウト3

ドロップアウト率	50%
出力	(バッチサイズ, 512)

▼出力層

重みの数	512×10＝5120個
バイアスの数	10個
ユニット数	10
活性化関数	ソフトマックス
出力	(バッチサイズ, 10)

▼ プーリング層➡ドロップアウト➡Flatten層➡全結合層➡ドロップアウト➡出力層

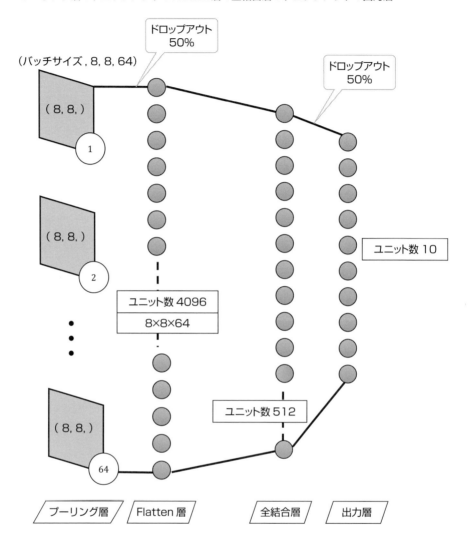

7.1.4 TensorFlowスタイルでプログラミングしたCNNに飛行機、自動車、イヌ、ネコなどの10種類の画像を認識させてみる

　CIFAR-10を学習するための畳み込みニューラルネットワークをTensorFlowスタイルで実装して、学習させてみましょう。まず、CIFAR-10を読み込んで、データの前処理を行います。

▼CIFAR-10の読み込みとデータの前処理

```
セル1
'''
1. データセットの読み込みと前処理
'''
from tensorflow.keras.datasets import cifar10
from tensorflow.keras.utils import to_categorical

# データセットの読み込み
(x_train, y_train), (x_test, y_test) = cifar10.load_data()

# 訓練用とテスト用の画像データを正規化する
x_train, x_test = x_train.astype('float32'), x_test.astype('float32')
x_train, x_test = x_train/255.0, x_test/255.0

# 訓練データとテストデータの正解ラベルを10クラスのOne-Hot表現に変換
y_train, y_test = to_categorical(y_train), to_categorical(y_test)
```

　続いて、畳み込みネットワークの実装です。

■畳み込みネットワークの構築

　先の構造表に従って、畳み込みネットワーク（CNN）を構築します。

▼畳み込みネットワークの構築

```
セル2
'''
2. モデルの定義
'''
# tensorflowのインポート
import tensorflow as tf


class CNN(tf.keras.Model):
```

```python
    '''畳み込みニューラルネットワーク


    Attributes:
        conv2D_1(Conv2D): 畳み込み層
        conv2D_2(Conv2D): 畳み込み層
        pool1(MaxPooling2D): プーリング層
        dropput1(Dropout): ドロップアウト
        conv2D_3(Conv2D): 畳み込み層
        conv2D_4(Conv2D): 畳み込み層
        pool2(MaxPooling2D): プーリング層
        dropput2(Dropout): ドロップアウト
        flatten(Flatten): フラット化
        fc1(Dense): 全結合層
        dropput3(Dropout): ドロップアウト
        fc2(Dense): 出力層
    '''
    def __init__(self):
        '''モデルの初期化を行う
        '''
        super().__init__()
        # 畳み込み層1:活性化関数はReLU
        # (バッチサイズ, 32, 32, 3) -> (バッチサイズ, 32, 32, 32)
        self.conv2D_1 = tf.keras.layers.Conv2D(
            filters=32,                # フィルターの数は32
            kernel_size=(3, 3),        # 3×3のフィルターを使用
            padding='same',            # ゼロパディングを行う
            input_shape=(32, 32, 3),   # 入力データの形状
            activation='relu'          # 活性化関数はReLU
            )

        # 畳み込み層2:活性化関数はReLU
        # (バッチサイズ, 32, 32, 32) -> (バッチサイズ, 32, 32, 32)
        self.conv2D_2 = tf.keras.layers.Conv2D(
            filters=32,                # フィルターの数は32
            kernel_size=(3, 3),        # 3×3のフィルターを使用
            padding='same',            # ゼロパディングを行う
            activation='relu'          # 活性化関数はReLU
            )
        # プーリング層1
        # (バッチサイズ, 32, 32, 32) -> (バッチサイズ, 16, 16, 32)
```

```
self.pool1 = tf.keras.layers.MaxPooling2D(
    pool_size=(2,2) # 縮小対象の領域は 2x2
)
# ドロップアウト1
self.dropput1 = tf.keras.layers.Dropout(0.5)


# 畳み込み層3：活性化関数は ReLU
# (バッチサイズ, 16, 16, 32) -> (バッチサイズ, 16, 16, 64)
self.conv2D_3 = tf.keras.layers.Conv2D(
    filters=64,          # フィルターの数は64
    kernel_size=(3, 3),  # 3×3のフィルターを使用
    padding='same',      # ゼロパディングを行う
    activation='relu'    # 活性化関数は ReLU
    )
# 畳み込み層4：活性化関数は ReLU
# (バッチサイズ, 16, 16, 64) -> (バッチサイズ, 16, 16, 64)
self.conv2D_4 = tf.keras.layers.Conv2D(
    filters=64,          # フィルターの数は64
    kernel_size=(3, 3),  # 3×3のフィルターを使用
    padding='same',      # ゼロパディングを行う
    activation='relu'    # 活性化関数は ReLU
    )
# プーリング層2
# (バッチサイズ, 16, 16, 64) -> (バッチサイズ, 8, 8, 64)
self.pool2 = tf.keras.layers.MaxPooling2D(
    pool_size=(2,2) # 縮小対象の領域は 2x2
)
# ドロップアウト2
self.dropput2 = tf.keras.layers.Dropout(0.5)


# Flatten
# (バッチサイズ, 8, 8, 64) -> (バッチサイズ, 4096)
self.flatten = tf.keras.layers.Flatten()
# 全結合層：活性化関数は ReLU
# (バッチサイズ, 4096) -> (バッチサイズ, 512)
self.fc1 = tf.keras.layers.Dense(512, activation='relu')
# ドロップアウト3
self.dropput3 = tf.keras.layers.Dropout(0.5)


# 出力層：活性化関数はソフトマックス
```

```python
        # (バッチサイズ, 512) -> (バッチサイズ, 10)
        self.fc2 = tf.keras.layers.Dense(10, activation='softmax')


    @tf.function
    def call(self, x, training=None):
        '''CNNのインスタンスからコールバックされる関数


        Parameters: x(ndarray(float32)):訓練データ、または検証データ
        Returns(float32): CNNの出力
        '''
        x = self.conv2D_1(x) # 畳み込み層1
        x = self.pool1(self.conv2D_2(x)) # 畳み込み層2 ->プーリング1
        # 訓練時のみドロップアウトを適用
        if training:
            x = self.dropput1(x)


        x = self.conv2D_3(x) # 畳み込み層3
        x = self.pool2(self.conv2D_4(x)) # 畳み込み層4 -> プーリング2
        # 訓練時のみドロップアウトを適用
        if training:
            x = self.dropput2(x)


        x = self.flatten(x) # (8, 8, 64)の出力を(4096,)にフラット化
        x = self.fc1(x) # 全結合層
        # 訓練時のみドロップアウトを適用
        if training:
            x = self.dropput3(x)


        x = self.fc2(x) # 出力層
        return x
```

■損失関数とオプティマイザーの生成

　損失関数はCategoricalCrossentropyとし、オプティマイザーにはAdamを使用することにします。Adam（Adaptive moment estimation）は、Diederik P. Kingma氏らが2015年に提唱した手法で、AdagradやRmsprop、Adadeltaなど、SGD以降に登場したオプティマイザーを改良したものです。学習率は、デフォルトの0.001に設定しました。

▼損失関数とオプティマイザーの生成

```
セル3
'''
3．損失関数とオプティマイザーの生成
'''
import tensorflow as tf


# マルチクラス分類のクロスエントロピー誤差を求めるオブジェクト
loss_fn = tf.keras.losses.CategoricalCrossentropy()
# 勾配降下アルゴリズムを使用するオプティマイザーを生成
optimizer = tf.keras.optimizers.Adam(learning_rate=0.001)
```

■学習を実行する関数の定義

　学習を実行するtrain_step()関数を定義します。関数の構造は、これまでにTensorFlowスタイルのプログラミングで使用してきたものとまったく同じです。

▼train_step()関数の定義

```
セル4
'''
4．勾配降下アルゴリズムによるパラメーターの更新処理
'''
# 損失を記録するオブジェクトを生成
train_loss = tf.keras.metrics.Mean()
# カテゴリカルデータの精度を記録するオブジェクトを生成
train_accuracy = tf.keras.metrics.CategoricalAccuracy()


@tf.function
def train_step(x, t):
    '''学習を1回行う

    Parameters: x(ndarray(float32)):訓練データ
                t(ndarray(float32)):正解ラベル

    Returns:
      ステップごとのクロスエントロピー誤差
    '''
    # 自動微分による勾配計算を記録するブロック
    with tf.GradientTape() as tape:
```

```
    # 訓練モードをTrueに指定し、
    # モデルに入力して順伝播の出力値を取得
    outputs = model(x, training=True)
    # 出力値と正解ラベルの誤差
    tmp_loss = loss_fn(t, outputs)


    # tapeに記録された操作を使用して誤差の勾配を計算
    grads = tape.gradient(
        # 現在のステップの誤差
        tmp_loss,
        # バイアス、重みのリストを取得
        model.trainable_variables)
    # 勾配降下法の更新式を適用してバイアス、重みを更新
    optimizer.apply_gradients(zip(grads,
                                  model.trainable_variables))


    # 損失をMeanオブジェクトに記録
    train_loss(tmp_loss)
    # 精度をCategoricalAccuracyオブジェクトに記録
    train_accuracy(t, outputs)
```

■ モデルの検証を行うvalid_step()関数の定義

学習中、あるいは学習完了後のモデルに入力して検証を行うvalid_step()関数を定義します。この関数の構造についても、これまでにTensorFlowスタイルのプログラミングで使用してきたものとまったく同じです。

▼ valid_step()関数の定義

```
セル5
'''
5. モデルの検証を行う
'''
# 損失を記録するオブジェクトを生成
val_loss = tf.keras.metrics.Mean()
# カテゴリカルデータの精度を記録するオブジェクトを生成
val_accuracy = tf.keras.metrics.CategoricalAccuracy()


@tf.function
def valid_step(val_x, val_y):
```

```
# 訓練モードをFalseに指定し、
# モデルに入力して順伝播の出力値を取得
pred = model(val_x, training=False)
# 出力値と正解ラベルの誤差
tmp_loss = loss_fn(val_y, pred)
# 損失をMeanオブジェクトに記録
val_loss(tmp_loss)
# 精度をCategoricalAccuracyオブジェクトに記録
val_accuracy(val_y, pred)
```

■学習の早期終了判定を行うクラスの定義

学習中の損失を監視し、指定したエポック以内に改善が見られなければ学習を打ち切る
EarlyStoppingクラスを定義します。この関数の構造についても、これまでにTensorFlowス
タイルのプログラミングで使用してきたものとまったく同じです。

▼EarlyStoppingクラスの定義

セル6

「5.5 TensorFlowスタイルによるニューラルネットワークの構築」のセル6「学習の進捗を監視し早期終了判定を行うク
ラス」のコードを入力

■CIFAR-10の画像を学習させる

では、ミニバッチのサイズを64, 学習回数の上限を200にして学習させてみましょう。早期
学習のための監視回数は20回としました。今回はデータの数が多く、ネットワークの層も深
いので、完了までにある程度の時間を要すると思われます。

▼訓練データと検証データの用意

セル7

```
'''
7. 訓練データと検証データの用意
'''
from sklearn.model_selection import train_test_split

# 訓練データと検証データに8：2の割合で分割  ¥は行継続文字
tr_x, val_x, tr_y, val_y = ¥
    train_test_split(x_train, y_train, test_size=0.2)
```

▼学習の実行

```
セル8

%%time
'''
8.モデルを生成して学習する
'''
from sklearn.utils import shuffle

# エポック数
epochs = 200
# ミニバッチのサイズ
batch_size = 64
# 訓練データのステップ数
tr_steps = tr_x.shape[0] // batch_size
# 検証データのステップ数
val_steps = val_x.shape[0] // batch_size


# CNNのモデルを生成
model = CNN()
# 損失と精度の履歴を保存するためのdictオブジェクト
history = {'loss':[], 'accuracy':[], 'val_loss':[], 'val_accuracy':[]}


# 早期終了の判定を行うオブジェクトを生成
ers = EarlyStopping(patience=20,   # 監視対象回数
                    verbose=1)     # 早期終了時にメッセージを出力


# 学習を行う
for epoch in range(epochs):

    # 学習するたびに、記録された値をリセット
    train_loss.reset_states()        # 訓練時における損失の累計
    train_accuracy.reset_states()    # 訓練時における精度の累計
    val_loss.reset_states()          # 検証時における損失の累計
    val_accuracy.reset_states()      # 検証時における精度の累計

    # 訓練データと正解ラベルをシャッフル
    x_, y_ = shuffle(tr_x, tr_y, )

    # 1ステップにおける訓練用ミニバッチを使用した学習
    for step in range(tr_steps):
        start = step * batch_size            # ミニバッチの先頭インデックス
```

```
        end = start + batch_size              # ミニバッチの末尾のインデックス
        # ミニバッチでバイアス、重みを更新して誤差を取得
        train_step(x_[start:end], y_[start:end])


    # 1ステップにおける検証用ミニバッチを使用した評価
    for step in range(val_steps):
        start = step * batch_size              # ミニバッチの先頭インデックス
        end = start + batch_size               # ミニバッチの末尾のインデックス
        # ミニバッチでバイアス、重みを更新して誤差を取得
        valid_step(val_x[start:end], val_y[start:end])


    avg_train_loss = train_loss.result()       # 訓練時の平均損失値を取得
    avg_train_acc = train_accuracy.result()    # 訓練時の平均正解率を取得
    avg_val_loss = val_loss.result()           # 検証時の平均損失値を取得
    avg_val_acc = val_accuracy.result()        # 検証時の平均正解率を取得


    # 損失の履歴を保存する
    history['loss'].append(avg_train_loss)
    history['val_loss'].append(avg_val_loss)
    # 精度の履歴を保存する
    history['accuracy'].append(avg_train_acc)
    history['val_accuracy'].append(avg_val_acc)


    # 1エポックごとに結果を出力
    if (epoch + 1) % 1 == 0:
        print(
            'epoch({}) train_loss: {:.4} train_acc: {:.4} val_loss: {:.4} val_acc: {:.4}'.format(
                epoch+1,
                avg_train_loss, # 訓練時の現在の損失を出力
                avg_train_acc,  # 訓練時の現在の精度を出力
                avg_val_loss,   # 検証時の現在の損失を出力
                avg_val_acc     # 検証時の現在の精度を出力
    ))


    # 検証データの損失をEarlyStoppingオブジェクトに渡して早期終了を判定
    if ers(val_loss.result()):
        # 監視対象のエポックで損失が改善されなければ学習を終了
        break


# モデルの概要を出力
model.summary()
```

▼実行結果

```
epoch(1) train_loss: 1.664 train_acc: 0.3885 val_loss: 1.289 val_acc: 0.5273
.........途中省略........
epoch(76) train_loss: 0.4115 train_acc: 0.8569 val_loss: 0.5805 val_acc: 0.8082
epoch(77) train_loss: 0.4115 train_acc: 0.8552 val_loss: 0.6381 val_acc: 0.7899
epoch(78) train_loss: 0.4139 train_acc: 0.8555 val_loss: 0.5855 val_acc: 0.8067
epoch(79) train_loss: 0.4042 train_acc: 0.856 val_loss: 0.606 val_acc: 0.8016
epoch(80) train_loss: 0.4061 train_acc: 0.858 val_loss: 0.5902 val_acc: 0.8006
epoch(81) train_loss: 0.4026 train_acc: 0.8595 val_loss: 0.5899 val_acc: 0.7999
early stopping
Model: "cnn"
```

Layer (type)	Output Shape	Param #
conv2d (Conv2D)	multiple	896
conv2d_1 (Conv2D)	multiple	9248
max_pooling2d (MaxPooling2D)	multiple	0
dropout (Dropout)	multiple	0
conv2d_2 (Conv2D)	multiple	18496
conv2d_3 (Conv2D)	multiple	36928
max_pooling2d_1 (MaxPooling2	multiple	0
dropout_1 (Dropout)	multiple	0
flatten (Flatten)	multiple	0
dense (Dense)	multiple	2097664
dropout_2 (Dropout)	multiple	0
dense_1 (Dense)	multiple	5130

```
Total params: 2,168,362
Trainable params: 2,168,362
Non-trainable params: 0

CPU times: user 3min 31s, sys: 11.9 s, total: 3min 43s
Wall time: 4min 28s
```

　　検証データを用いた評価では、約80%の正解率になりました。10,000枚のうちの約8,000枚を10のカテゴリに分類できたことになります。イヌとネコ、自動車とトラックのように、人間が見ても間違えそうな画像も多くあるので、なかなか頑張っているのではないでしょうか。

■誤差と精度をグラフにする

学習過程をグラフにしてみましょう。

▼学習過程をグラフにする

セル9

```
'''
9. 損失と精度の推移をグラフにする
'''
import matplotlib.pyplot as plt
%matplotlib inline

# 学習結果（損失）のグラフを描画
plt.plot(history['loss'],
         marker='.',
         label='loss (Training)')
plt.plot(history['val_loss'],
         marker='.',
         label='loss (Validation)')
plt.legend(loc='best')
plt.grid()
plt.xlabel('epoch')
plt.ylabel('loss')
plt.show()

# 学習結果（精度）のグラフを描画
plt.plot(history['accuracy'],
         marker='.',
         label='accuracy (Training)')
plt.plot(history['val_accuracy'],
         marker='.',
         label='accuracy (Validation)')
plt.legend(loc='best')
plt.grid()
plt.xlabel('epoch')
plt.ylabel('accuracy')
plt.show()
```

　精度、損失とも、訓練データは学習回数と共に改善されていますが、検証データの精度は、30回付近からほとんど変化していません。一方、損失も30回付近からほぼ横ばいです。いずれにしても、訓練データのグラフから徐々に離されているので、訓練データにのみフィットするオーバーフィッティングが起きているのは明白です。

▼出力されたグラフ

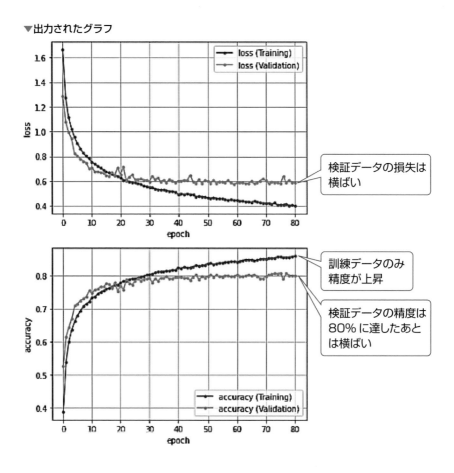

　このあとの項では、オーバーフィッティングを抑制する新たな手法に加え、訓練データの拡張などの処理を使って、精度を一気に90%まで引き上げる方法を紹介します。

7.1.5 KerasスタイルでプログラミングしたCNNで飛行機、 自動車、イヌ、ネコ…を認識させる

KerasスタイルでCNNを構築し、CIFAR-10データセットの学習を行ってみましょう。

■CIFAR-10データセットのダウンロードと前処理

Kerasスタイルにおいても、データセットの読み込みと前処理はTensorFlowのときと同じ です。今回は、前処理、モデルの定義、学習における処理をそれぞれ関数としてまとめること にしました。

▼データの読み込みと前処理を行う関数

```
セル1
import numpy as np
from tensorflow.keras.datasets import cifar10
from tensorflow.keras.utils import to_categorical


def prepare_data():
    """データを用意する
    Returns:
    X_train(ndarray):
        訓練データ(50000,32,32,3)
    X_test(ndarray):
        テストデータ(10000,32,32,3)
    y_train(ndarray):
        訓練データのOne-Hot化した正解ラベル(50000,)
    y_test(ndarray):
        テストデータのOne-Hot化した正解ラベル(10000,)
    """
    (x_train, y_train), (x_test, y_test) = cifar10.load_data()

    # 訓練用とテスト用の画像データを正規化する
    x_train, x_test = x_train.astype('float32'), x_test.astype('float32')
    x_train, x_test = x_train/255.0, x_test/255.0

    # 訓練データとテストデータの正解ラベルを10クラスのOne-Hot表現に変換
    y_train, y_test = to_categorical(y_train), to_categorical(y_test)

    return x_train, x_test, y_train, y_test
```

■CNNを構築する関数の定義

畳み込みニューラルネットワーク (CNN) を構築する関数を定義します。なお、今回は正解ラベルのOne-Hotエンコーディングを行いましたので、損失関数には、One-Hotデータ対応の'categorical_crossentropy'を使用しています。

▼畳み込みニューラルネットワークを構築する関数

```
セル2
from tensorflow.keras.models import Sequential
from tensorflow.keras.layers import Dense, Dropout, Flatten # core layers
from tensorflow.keras.layers import Conv2D, MaxPooling2D     # convolution layers
from tensorflow.keras import optimizers


def make_convlayer():
    # Sequentialオブジェクトを生成
    model = Sequential()


    # 第1層：畳み込み層1
    # (バッチサイズ,32,3,3) -> (バッチサイズ,32,32,32)
    model.add(
        Conv2D(
            filters=32,                   # フィルターの数は32
            kernel_size=(3,3),            # 3x3のフィルターを使用
            input_shape=x_train[0].shape, # 入力データの形状
            padding='same',               # ゼロパディングを行う
            activation='relu'             # 活性化関数はReLU
            ))


    # 第2層：畳み込み層2
    # (バッチサイズ,32,32,32) ->(バッチサイズ,32,32,32)
    model.add(
        Conv2D(filters=32,        # フィルターの数は32
            kernel_size=(3,3),  # 3×3のフィルターを使用
            padding='same',     # ゼロパディングを行う
            activation='relu'   # 活性化関数はReLU
            ))


    # 第3層：プーリング層1：ウィンドウサイズは2×2
    # (バッチサイズ,32,32,32) -> (バッチサイズ,16,16,32)
    model.add(MaxPooling2D(pool_size=(2,2)))
```

```
# ドロップアウト1：ドロップアウトは50%
model.add(Dropout(0.5))


# 第4層：畳み込み層3
# (バッチサイズ,16,16,32) ->(バッチサイズ,16,16,64)
model.add(
    Conv2D(filters=64,        # フィルターの数は64
        kernel_size=(3,3),  # 3×3のフィルターを使用
        padding='same',     # ゼロパディングを行う
        activation='relu'   # 活性化関数はReLU
        ))


# 第5層：畳み込み層4
# (バッチサイズ,16,16,64) ->(バッチサイズ,16,16,64)
model.add(
    Conv2D(filters=64,        # フィルターの数は64
        kernel_size=(3,3),  # 3×3のフィルターを使用
        padding='same',     # ゼロパディングを行う
        activation='relu'   # 活性化関数はReLU
        ))


# 第6層：プーリング層2：ウィンドウサイズは2×2
# (バッチサイズ,16,16,64) -> (バッチサイズ,8,8,64)
model.add(MaxPooling2D(pool_size=(2,2)))
# ドロップアウト2：ドロップアウトは50%
model.add(Dropout(0.5))


# Flatten：4階テンソルから2階テンソルに変換
# (バッチサイズ,8,8,64) -> (バッチサイズ,4096)
model.add(Flatten())


# 第7層：全結合層
# (バッチサイズ,4096) -> (バッチサイズ,512)
model.add(Dense(512,                      # ニューロン数は512
                activation='relu'))       # 活性化関数はReLU
# ドロップアウト3：ドロップアウトは50%
model.add(Dropout(0.5))


# 第8層：出力層
# (バッチサイズ,512) -> (バッチサイズ,10)
```

```
    model.add(Dense(10,                    # 出力層のニューロン数は10

                    activation='softmax'))  # 活性化関数はソフトマックス


# Sequentialオブジェクトのコンパイル
model.compile(
    loss='categorical_crossentropy',        # クロスエントロピー誤差
    optimizer=optimizers.Adam(lr=0.001),    # Adamを使用
    metrics=['accuracy']  # 学習評価として正解率を指定
)


return model
```

■Kerasスタイルの CNN を用いて CIFAR-10 を学習する

構築したCNNでCIFAR-10の学習を行いますが、新たに、学習率を自動で減衰させる仕組みを導入します。指定したエポック数以内に学習の進捗が見られない場合に、学習率を減衰させるというものです。学習が停滞した場合、学習率の引き下げは有効なので、早期終了のときよりもよい結果が期待できます。

●tensorflow.keras.callbacks.ReduceLROnPlateauクラス

指定した監視対象回数以内に損失または精度が改善されなかった場合、任意の係数を乗じて学習率の減衰を行います。

書式	tf.keras.callbacks.ReduceLROnPlateau(
	    monitor='val_loss', factor=0.1, patience=10,
	    verbose=0, mode='auto', min_delta=0.0001,
	    cooldown=0, min_lr=0)	

引数	monitor	監視する対象を指定。検証データの損失は'val_loss'、精度は'val_accuracy'。
	factor	学習率を減衰する割合。new_lr＝lr * factor。
	patience	監視対象回数。何エポック改善が見られなかったら学習率減衰を行うのか、を整数値で指定します。
	verbose	1を指定すると、学習率減衰時にメッセージを出力。デフォルトの0は何も出力しません。
	mode	動作モードとして以下のいずれかを指定します。 'min'：監視する値の減少が停止したときに学習率を減衰 'max'：監視する値の増加が停止したときに学習率を減衰 'auto'：monitorの値から自動で判断する
	min_delta	改善があったと判定するための閾値。デフォルトは0.0001。
	cooldown	学習率を減衰させたあと、次の監視対象に移行するまでの待機エポック数。デフォルトは0。
	min_lr	減衰後の学習率の下限。デフォルトは0。

次は、学習を実施する train() 関数です。

▼ train() 関数の定義

セル3

```
'''
3. 訓練を実施する関数
'''
from tensorflow.keras.preprocessing.image import ImageDataGenerator
from tensorflow.keras.callbacks import ReduceLROnPlateau


def train(x_train, x_test, y_train, y_test):

    # val_accuracyの改善が5エポック見られなかったら、学習率を0.5倍する。
    reduce_lr = ReduceLROnPlateau(
        monitor='val_accuracy',      # 監視対象は検証データの精度
        factor=0.5,                  # 学習率を減衰させる割合
        patience=5,                  # 監視対象のエポック数
        verbose=1,                   # 学習率を下げたときに通知する
        mode='max',                  # 最高値を監視する
        min_lr=0.0001                # 学習率の下限
        )


    model = make_convlayer()         # モデルを生成
    model.summary()                  # サマリを出力


    callbacks_list = [reduce_lr]


    # データ拡張
    datagen = ImageDataGenerator(
        width_shift_range=0.1,       # 横サイズの0.1の割合でランダムに水平移動
        height_shift_range=0.1,      # 縦サイズの0.1の割合でランダムに垂直移動
        rotation_range=10,           # 10度の範囲でランダムに回転させる
        zoom_range=0.1,              # ランダムに拡大
        horizontal_flip=True)        # 左右反転


    # ミニバッチのサイズ
    batch_size = 64
    # 学習回数
    epochs = 120


    # 学習を行う
```

```
    history = model.fit(
        # 訓練データと正解ラベル
        x_train,  y_train,
        batch_size=batch_size,
        epochs=epochs,             # 学習回数
        verbose=1,                 # 学習の進捗状況を出力する
        validation_split=0.2,      # 検証データとして使用する割合
        shuffle=True,              # 検証データを抽出する際にシャッフルする
        callbacks=callbacks_list   # 1エポック終了ごとに学習率減衰をコールバック
        )
    # テストデータでモデルを評価する
    score = model.evaluate(x_test, y_test, verbose=0)
    # テストデータの損失を出力
    print('Test loss:', score[0])
    # テストデータの精度を出力
    print('Test accuracy:', score[1])
    return history
```

データを用意して、学習を行います。

▼データの用意

セル4
```
'''
4. データを用意する
'''
x_train, x_test, y_train, y_test = prepare_data()
```

▼学習を行う

セル5
```
%%time
'''
5. 訓練の実施
'''
history = train(x_train, x_test, y_train, y_test)
```

▼出力

```
Model: "sequential"
```

Layer (type)	Output Shape	Param #
conv2d (Conv2D)	(None, 32, 32, 32)	896

conv2d_1 (Conv2D)	(None, 32, 32, 32)	9248
max_pooling2d (MaxPooling2D)	(None, 16, 16, 32)	0
dropout (Dropout)	(None, 16, 16, 32)	0
conv2d_2 (Conv2D)	(None, 16, 16, 64)	18496
conv2d_3 (Conv2D)	(None, 16, 16, 64)	36928
max_pooling2d_1 (MaxPooling2	(None, 8, 8, 64)	0
dropout_1 (Dropout)	(None, 8, 8, 64)	0
flatten (Flatten)	(None, 4096)	0
dense (Dense)	(None, 512)	2097664
dropout_2 (Dropout)	(None, 512)	0
dense_1 (Dense)	(None, 10)	5130

```
Total params: 2,168,362
Trainable params: 2,168,362
Non-trainable params: 0

Epoch 1/120
625/625 [==============================] - 7s 8ms/step
 - loss: 1.9229 - accuracy: 0.2847 - val_loss: 1.2972 - val_accuracy: 0.5320
.........途中省略.........
Epoch 43/120
625/625 [==============================] - 4s 7ms/step
 - loss: 0.4792 - accuracy: 0.8327 - val_loss: 0.6432 - val_accuracy: 0.7860
Epoch 00043: ReduceLROnPlateau reducing learning rate to
0.0005000000237487257.
.........途中省略.........
Epoch 59/120
625/625 [==============================] - 4s 7ms/step
 - loss: 0.3575 - accuracy: 0.8739 - val_loss: 0.5884 - val_accuracy: 0.8108
Epoch 00059: ReduceLROnPlateau reducing learning rate to
0.0002500000118743628.
.........途中省略.........
Epoch 69/120
625/625 [==============================] - 4s 7ms/step
 - loss: 0.3076 - accuracy: 0.8890 - val_loss: 0.5731 - val_accuracy: 0.8179
Epoch 00069: ReduceLROnPlateau reducing learning rate to
0.0001250000059371814.
```

7

一般物体認識のためのディープラーニング

413

```
.........途中省略.........
Epoch 74/120
625/625 [==============================] - 4s 7ms/step
 - loss: 0.2793 - accuracy: 0.9013 - val_loss: 0.5859 - val_accuracy: 0.8170
Epoch 00074: ReduceLROnPlateau reducing learning rate to 0.0001.
.........途中省略.........
Epoch 119/120
625/625 [==============================] - 4s 7ms/step
 - loss: 0.2460 - accuracy: 0.9100 - val_loss: 0.5838 - val_accuracy: 0.8248
Epoch 120/120
625/625 [==============================] - 4s 7ms/step
 - loss: 0.2476 - accuracy: 0.9089 - val_loss: 0.5852 - val_accuracy: 0.8224
Test loss: 0.6272627711296082
Test accuracy: 0.8116999864578247
CPU times: user 7min 13s, sys: 2min 4s, total: 9min 18s
Wall time: 8min 40s
```

　43、59、69、74エポックで学習率の減衰が計4回行われ、75エポック以降は最低学習率の0.0001に達したため、このまま最終エポックの120まで学習が行われました。

　検証データの精度は0.8224、テストデータの精度は0.8116で、いずれも早期学習を採用したTensorFlowスタイルのときより改善されています。ただ、損失と精度の推移をグラフにしたところ、強めのオーバーフィッティングが発生しています。学習率減衰で学習効果はあったものの、訓練データをより強く学習したようです。

▼損失と精度の推移

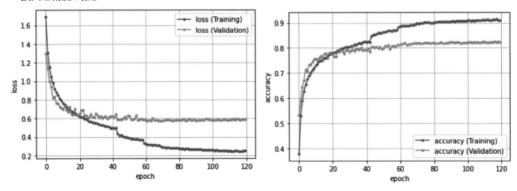

7.1.6　PyTorchでCIFAR-10の画像認識を行う

PyTorchを利用して、CIFAR-10の画像認識を行います。

■CIFAR-10をダウンロードして前処理を行う

torchvision.datasets.CIFAR10()でCIFAR-10のダウンロードを行います。トランスフォーマーオブジェクトを生成し、データの読み込みと同時に前処理を行い、ミニバッチごとに読み込みを行うDataLoaderオブジェクトの生成までをプログラミングします。

▼データの用意とトランスフォーマーオブジェクトによる前処理、DataLoaderオブジェクトの生成まで

```
セル1
'''
1. データの読み込みと前処理
'''
import os
from torchvision import datasets
import torchvision.transforms as transforms
from torch.utils.data import DataLoader


# ダウンロード先のディレクトリ
root = './data'


# トランスフォーマーオブジェクトを生成
transform_train = transforms.Compose(
    [transforms.ToTensor(),          # Tensorオブジェクトに変換
    transforms.Normalize((0.5), (0.5))  # 平均0.5、標準偏差0.5で正規化
    ])


transform_val = transforms.Compose(
    [transforms.ToTensor(),          # Tensorオブジェクトに変換
    transforms.Normalize((0.5), (0.5))  # 平均0.5、標準偏差0.5で正規化
    ])


# 訓練用データの読み込み
f_mnist_train = datasets.CIFAR10(
    root=root,                       # データの保存先のディレクトリ
    download=True,                   # ダウンロードを許可
    train=True,                      # 訓練データを指定
```

```
        transform=transform_train)        # トランスフォーマーオブジェクトを指定


# テスト用データの読み込み
f_mnist_test = datasets.CIFAR10(
    root=root,                            # データの保存先のディレクトリ
    download=True,                        # ダウンロードを許可
    train=False,                          # テストデータを指定
    transform=transform_val)              # トランスフォーマーオブジェクトを指定


# ミニバッチのサイズ
batch_size = 64
# 訓練用のデータローダー
train_dataloader = DataLoader(f_mnist_train,        # 訓練データ
                              batch_size=batch_size, # ミニバッチのサイズ
                              shuffle=True)          # シャッフルして抽出
# テスト用のデータローダー
test_dataloader = DataLoader(f_mnist_test,          # テストデータ
                             batch_size=batch_size,  # ミニバッチのサイズ
                             shuffle=False)          # シャッフルせずに抽出


# データローダーが返すミニバッチの先頭データの形状を出力
for (x, t) in train_dataloader: # 訓練データ
    print(x.shape)
    print(t.shape)
    break

for (x, t) in test_dataloader: # テストデータ
    print(x.shape)
    print(t.shape)
    break
```

▼出力

```
torch.Size([64, 3, 32, 32])
torch.Size([64])
torch.Size([64, 3, 32, 32])
torch.Size([64])
```

■モデルを定義する

本節で示した構造に従って、畳み込みニューラルネットワークのモデルを定義します。

▼モデルを定義する

```
セル2
'''
2. モデルの定義
'''
import torch.nn as nn
import torch.nn.functional as F


class CNN(nn.Module):
    '''畳み込みニューラルネットワーク

    Attributes:
      conv1(Conv2d): 畳み込み層
      conv2(Conv2d): 畳み込み層
      pool1(MaxPool2d): プーリング層
      dropput1(Dropout2d): ドロップアウト
      conv3(Conv2d): 畳み込み層
      conv4(Conv2d): 畳み込み層
      pool2(MaxPool2d): プーリング層
      dropput2(Dropout2d): ドロップアウト
      fc1(Linear): 全結合層
      dropput3(Dropout): ドロップアウト
      fc2(Linear): 出力層
    '''
    def __init__(self):
        '''モデルの初期化を行う
        '''
        # スーパークラスの__init__()を実行
        super().__init__()

        # 第1層: 畳み込み層1
        # (バッチサイズ,3,32,32) -> (バッチサイズ,32,32,32)
        self.conv1 = nn.Conv2d(in_channels=3,     # 入力チャネル数
                               out_channels=32,   # 出力チャネル数
                               kernel_size=3,     # フィルターサイズ
```

417

```
                                   padding=True,        # パディングを行う

                                   padding_mode='zeros')


        # 第2層: 畳み込み層2
        # (バッチサイズ,32,32,32) ->(バッチサイズ,32,32,32)
        self.conv2 = nn.Conv2d(in_channels=32,     # 入力チャネル数
                                   out_channels=32,   # 出力チャネル数
                                   kernel_size=3,     # フィルターサイズ
                                   padding=True,        # パディングを行う
                                   padding_mode='zeros')


        # 第3層: プーリング層1
        # (バッチサイズ,32,32,32) -> (バッチサイズ,32,16,16)
        self.pool1 = nn.MaxPool2d(2, 2)
        # ドロップアウト1: 50%
        self.dropout1 = nn.Dropout2d(0.5)


        # 第4層: 畳み込み層3
        # (バッチサイズ,32,16,16) ->(バッチサイズ,64,16,16)
        self.conv3 = nn.Conv2d(in_channels=32,     # 入力チャネル数
                                   out_channels=64,   # 出力チャネル数
                                   kernel_size=3,     # フィルターサイズ
                                   padding=True,        # パディングを行う
                                   padding_mode='zeros')


        # 第5層: 畳み込み層4
        # (バッチサイズ,64,16,16) ->(バッチサイズ,64,16,16)
        self.conv4 = nn.Conv2d(in_channels=64,     # 入力チャネル数
                                   out_channels=64,   # 出力チャネル数
                                   kernel_size=3,     # フィルターサイズ
                                   padding=True,        # パディングを行う
                                   padding_mode='zeros')


        # 第6層: プーリング層2
        # (バッチサイズ,64,16,16) ->(バッチサイズ,64,8,8)
        self.pool2 = nn.MaxPool2d(2, 2)
        # ドロップアウト2: 50%
        self.dropout2 = nn.Dropout2d(0.5)


        # 第7層: 全結合層
```

```
                      # (バッチサイズ,4096) -> (バッチサイズ,512)
                      self.fc1 = nn.Linear(64*8*8, 512)
                      # ドロップアウト3：50%
                      self.dropout3 = nn.Dropout(0.5)


                      # 第8層：出力層
                      # (バッチサイズ,512) -> (バッチサイズ,10)
                      self.fc2 = nn.Linear(512, 10)

          def forward(self, x):
              '''CNNの順伝播処理を行う

              Parameters:
                  x(ndarray(float32)):訓練データ、またはテストデータ

              Returns(float32):
                  出力層からの出力値
              '''
              x = F.relu(self.conv1(x))              # conv1
              x = self.pool1(F.relu(self.conv2(x)))  # conv2 ->pool1
              x = self.dropout1(x)
              x = F.relu(self.conv3(x))              # conv3
              x = self.pool2(F.relu(self.conv4(x)))  # conv4 ->pool2
              x = self.dropout2(x)
              x = x.view(-1, 64*8*8)                 # フラット化
              x = F.relu(self.fc1(x))                # fc1
              x = self.dropout3(x)
              x = self.fc2(x)                        # fc2
              return x
```

▼モデルのオブジェクトを生成する

セル3
```
'''
3. モデルの生成
'''
import torch

# 使用可能なデバイス (CPUまたはGPU) を取得する
device = torch.device('cuda' if torch.cuda.is_available() else 'cpu')
# モデルオブジェクトを生成し、使用可能なデバイスを設定する
```

```
model = CNN().to(device)


model # モデルの構造を出力
```

▼出力

```
CNN(
  (conv1): Conv2d(3, 32, kernel_size=(3, 3), stride=(1, 1), padding=(True, True))
  (conv2): Conv2d(32, 32, kernel_size=(3, 3), stride=(1, 1), padding=(True, True))
  (pool1): MaxPool2d(kernel_size=2, stride=2, padding=0, dilation=1, ceil_mode=False)
  (dropout1): Dropout2d(p=0.5, inplace=False)
  (conv3): Conv2d(32, 64, kernel_size=(3, 3), stride=(1, 1), padding=(True, True))
  (conv4): Conv2d(64, 64, kernel_size=(3, 3), stride=(1, 1), padding=(True, True))
  (pool2): MaxPool2d(kernel_size=2, stride=2, padding=0, dilation=1, ceil_mode=False)
  (dropout2): Dropout2d(p=0.5, inplace=False)
  (fc1): Linear(in_features=4096, out_features=512, bias=True)
  (dropout3): Dropout(p=0.5, inplace=False)
  (fc2): Linear(in_features=512, out_features=10, bias=True)
)
```

■損失関数とオプティマイザーの生成、学習と評価を行う関数の定義

損失関数をクロスエントロピー誤差とし、オプティマイザーにはAdamを使用します。学習率はデフォルトと同じ0.001に設定します。

▼損失関数とオプティマイザーの生成

セル4

```
'''
4. 損失関数とオプティマイザーの生成
'''
import torch.optim

# クロスエントロピー誤差のオブジェクトを生成
criterion = nn.CrossEntropyLoss()
# 勾配降下アルゴリズムを使用するオプティマイザーを生成
optimizer = torch.optim.Adam(model.parameters(), lr=0.001)
```

▼学習を行う関数

```
セル5

'''
5. 勾配降下アルゴリズムによるパラメーターの更新処理
'''
def train_step(x, t):
    '''バックプロパゲーションによるパラメーター更新を行う

    Parameters: x: 訓練データ
                t: 正解ラベル
    Returns:
      CNNの出力と正解ラベルのクロスエントロピー誤差
    '''
    model.train()                    # モデルを訓練（学習）モードにする
    preds = model(x)                 # モデルの出力を取得
    loss = criterion(preds, t)       # 出力と正解ラベルの誤差から損失を取得
    optimizer.zero_grad()            # 勾配を0で初期化（累積してしまうため）
    loss.backward()                  # 逆伝播の処理（自動微分による勾配計算）
    optimizer.step()                 # 勾配降下法の更新式を適用してバイアス、重みを更新

    return loss, preds
```

▼モデルの評価を行う関数

```
セル6

'''
6. モデルの評価を行う関数
'''
def test_step(x, t):
    '''テストデータを入力して損失と予測値を返す

    Parameters: x: テストデータ
                t: 正解ラベル
    Returns:
      CNNの出力と正解ラベルのクロスエントロピー誤差
    '''
    model.eval()                     # モデルを評価モードにする
    preds = model(x)                 # モデルの出力を取得
    loss = criterion(preds, t)       # 出力と正解ラベルの誤差から損失を取得

    return loss, preds
```

■学習を行う

学習を行うにあたり、学習率を自動減衰させるスケジューラーを使用することにします。

●torch.optim.lr_scheduler.ReduceLROnPlateauクラス

指定した監視対象回数以内に損失または精度が改善されなかった場合、任意の係数を乗じて学習率の減衰を行います。

書式	torch.optim.lr_scheduler.ReduceLROnPlateau(　optimizer, mode='min', factor=0.1, patience=10, 　threshold=0.0001, threshold_mode='rel', cooldown=0, 　min_lr=0, eps=1e-08, verbose=False)	
引数	optimizer	オプティマイザーを指定します。
	mode	動作モードとして以下のいずれかを指定します。 'min'：監視する値の減少が停止したときに学習率を減衰 'max'：監視する値の増加が停止したときに学習率を減衰
	factor	学習率を減衰させる割合。デフォルトは0.1。new_lr＝lr＊factor。
	patience	監視対象回数。何エポック改善が見られなかったら学習率減衰を行うのか、を整数値で指定します。
	threshold	改善があったと判定するための閾値。デフォルトは0.0001。
	threshold_mode	閾値のモード。'rel'（相対値）または'abs'（絶対値）を指定。デフォルトは'rel'。 ・'rel'(mode ＝ 'max') 　dynamic_threshold = best ＊ (1 ＋ threshold) ・'rel'(mode ＝ 'min') 　dynamic_threshold ＝best ＊ (1 － threshold) ・'abs'(mode ＝ 'max') 　dynamic_threshold = best ＋ threshold ・'abs'(mode ＝ 'min') 　dynamic_threshold = best － threshold
	cooldown	学習率を減衰させたあと、次の監視対象に移行するまでの待機エポック数。デフォルトは0。
	min_lr	減衰後の学習率の下限。デフォルトは0。
引数	eps	lrに適用される最小の減衰。新しいlrと古いlrの差がepsより小さい場合、更新は無視されます。デフォルトは1e-8。
	verbose	Trueを指定すると、学習率減衰時にメッセージを出力。デフォルトのFalseは何も出力しません。

▼スケジューラーを設定して学習を行う

セル7

```
%%time
'''
7. モデルを使用して学習する
'''
```

```
from sklearn.metrics import accuracy_score

# エポック数
epochs = 80
# 損失と精度の履歴を保存するためのdictオブジェクト
history = {'loss':[], 'accuracy':[], 'test_loss':[], 'test_accuracy':[]}

# 収束が停滞したら学習率を減衰させるスケジューラー
scheduler = torch.optim.lr_scheduler.ReduceLROnPlateau(
    optimizer,           # オプティマイザーを指定
    mode='max',          # 監視対象は最大値
    factor=0.5,          # 学習率を減衰させる割合
    patience=5,          # 監視対象のエポック数
    threshold=0.0001,    # 閾値
    verbose=True         # 学習率を減衰させた場合に通知する
    )

# 学習を行う
for epoch in range(epochs):
    train_loss = 0.    # 訓練1エポックあたりの損失を保持する変数
    train_acc = 0.     # 訓練1エポックごとの精度を保持する変数
    test_loss = 0.     # 検証1エポックごとの損失を保持する変数
    test_acc = 0.      # 検証1エポックごとの精度を保持する変数

    # 1ステップにおける訓練用ミニバッチを使用した学習
    for (x, t) in train_dataloader:
        # torch.Tensorオブジェクトにデバイスを割り当てる
        x, t = x.to(device), t.to(device)
        loss, preds = train_step(x, t)  # 損失と予測値を取得
        train_loss += loss.item()          # ステップごとの損失を加算
        train_acc += accuracy_score(
            t.tolist(),
            preds.argmax(dim=-1).tolist()
        )                                  # ステップごとの精度を加算

    # 1ステップにおけるテストデータのミニバッチを使用した評価
    for (x, t) in test_dataloader:
        # torch.Tensorオブジェクトにデバイスを割り当てる
        x, t = x.to(device), t.to(device)
        loss, preds = test_step(x, t)   # 損失と予測値を取得
```

```
        test_loss += loss.item()          # ステップごとの損失を加算
        test_acc += accuracy_score(
            t.tolist(),
            preds.argmax(dim=-1).tolist()
        )                                  # ステップごとの精度を加算


    # 訓練時の損失の平均値を取得
    avg_train_loss = train_loss / len(train_dataloader)
    # 訓練時の精度の平均値を取得
    avg_train_acc = train_acc / len(train_dataloader)
    # 検証時の損失の平均値を取得
    avg_test_loss = test_loss / len(test_dataloader)
    # 検証時の精度の平均値を取得
    avg_test_acc = test_acc / len(test_dataloader)


    # 訓練データの履歴を保存する
    history['loss'].append(avg_train_loss)
    history['accuracy'].append(avg_train_acc)
    # テストデータの履歴を保存する
    history['test_loss'].append(avg_test_loss)
    history['test_accuracy'].append(avg_test_acc)


    # 1エポックごとに結果を出力
    if (epoch + 1) % 1 == 0:
        print(
            'epoch({}) train_loss: {:.4} train_acc: {:.4} val_loss: {:.4} val_acc: {:.4}'.format(
                epoch+1,
                avg_train_loss, # 訓練データの損失を出力
                avg_train_acc,  # 訓練データの精度を出力
                avg_test_loss,  # テストデータの損失を出力
                avg_test_acc    # テストデータの精度を出力
        ))
    # スケジューラー、テストデータの精度を監視する
    scheduler.step(avg_test_acc)
```

▼出力

```
epoch(1) train_loss: 1.75 train_acc: 0.3632 val_loss: 1.377 val_acc: 0.5038
.........途中省略.........
epoch(118) train_loss: 0.3786 train_acc: 0.8662 val_loss: 0.7028 val_acc: 0.7665
epoch(119) train_loss: 0.3718 train_acc: 0.8704 val_loss: 0.7119 val_acc: 0.7661
epoch(120) train_loss: 0.3799 train_acc: 0.8682 val_loss: 0.6998 val_acc: 0.765
CPU times: user 35min 24s, sys: 3min 12s, total: 38min 36s
Wall time: 38min 42s
```

損失と精度の推移をグラフにしてみます。

▼出力されたグラフ

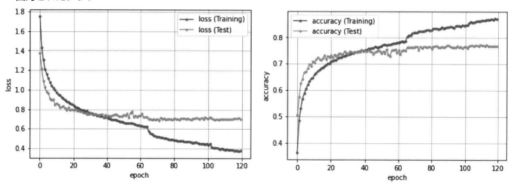

オーバーフィッティングが発生しています。次節では、これを解消する「正則化」という手法を紹介します。

■Conv2d() メソッドの仕様変更について

7.1.6 で紹介している PyTorch の Conv2d() メソッド（畳み込み層）の 仕様が一部変更となりました。パディングの指定を行う padding オプションの設定値が True（有効にする）False（無効にする）から 'same'（入力と同じサイズになるようにパディングする）'valid'（パディングしない）のように変更されました。プログラムを実行してエラーが出る場合は、当該箇所を padding=True から padding='same' のように書き換えてください。

7.2 カラー画像に移動、回転などの処理を加えてデータの水増しを行い、認識精度を90%に引き上げる

前節では、10カテゴリの物体を80%の精度で認識させることができました。今回は、精度をさらに向上させるべく、データの標準化、パラメーターの更新式への正則化項の追加、畳み込み層の出力の標準化を行い、さらに画像に対して加工処理を施すことで、精度を90%に引き上げたいと思います。

7.2.1 データのスケールを小さくして処理時間をできるだけ短縮させる

勾配降下法によるパラメーターの更新は、状況によってはなかなか収束しないことがあります。そこで、パラメーターの収束を早めるための措置として、訓練データの**標準化**という正規化処理があります。標準化は、ある式を当てはめることで、どのようなデータでも

　　平均 =0,　標準偏差 =1

のデータに変換する計算方法です。

●分散

ある偏差を2乗した（偏差を合計すると0になってしまうため）偏差平方の平均が**分散**です。平均の回りにデータが集まっているほど小さい値になり、平均から離れているデータが多いほど大きい値になるという特徴があります。分散はσ^2の記号を使って表します。

▼分散を求める式

n 個のデータ　　　　:$\{x_1, x_2, x_3, \cdots, x_n\}$

n 個のデータの平均　:$\bar{x}$

$$分散(\sigma^2) = \frac{(x_1 - \bar{x})^2 + (x_2 - \bar{x})^2 + (x_3 - \bar{x})^2 + \cdots + (x_n - \bar{x})^2}{n(データの個数)}$$

●標準偏差

平均からの離れ具合（偏差平方）を平均した値（分散）の平方根を求めることで、単位を元のデータとそろえます。個々のデータが平均からどのくらい離れているかを測る尺度として利用します。

$$標準偏差(\sigma) = \sqrt{分散(\sigma^2)}$$

●標準化

個々のデータの偏差が標準偏差の何個ぶんかを求めます。

▼標準化の式

$$標準化 = \frac{データ(x_i) - 平均(\mu)}{標準偏差(\sigma)}$$

データの標準化は、「データの偏差を標準偏差で割る」ことで行います。こうすることで、そのデータが、平均から標準偏差何個ぶん離れているのかを示す数値に置き換わります。こうして、すべてのデータを標準化すると、データの分布が「平均=0、標準偏差=1」の**標準正規分布**になります。世の中のどのようなデータであっても標準化を行うと、標準正規分布になるという統計学のマジックです。とはいえ、個々のデータの分布は元のデータの分布パターンをそのまま残しており、スケールが小さくなっただけのことなので、標準化したデータを学習させても、元のデータと同じように学習できます。ただし、スケールが小さくなるので処理が軽くなり、収束を早めることが期待できます。

●numpy.mean()関数

平均を求めます。axisは多次元配列の場合に、集計する次元の方向を指定します。

> numpy.mean(対象のデータ, axis=None)

●numpy.std()関数

標準偏差を求めます。

> numpy.std(対象のデータ, axis=None)

次は、CIFAR-10データを読み込んで、標準化を含めて前処理を完了させるところまでをまとめた関数です。

▼CIFAR-10を読み込んで標準化を含めた前処理を行う

セル1

```python
import numpy as np
from tensorflow.keras.datasets import cifar10
from tensorflow.keras.utils import to_categorical
```

```python
def prepare_data():
    """データを用意する


    Returns:
        x_train(ndarray): 訓練データ(50000,32,32,3)
        x_test(ndarray) : テストデータ(10000,32,32,3)
        y_train(ndarray): 訓練データのOne-Hot化した正解ラベル(50000,)
        y_test(ndarray) : テストデータのOne-Hot化した正解ラベル(10000,)
    """
    (x_train, y_train), (x_test, y_test) = cifar10.load_data()

    # 訓練用とテスト用の画像データを標準化する
    mean = np.mean(x_train) # 平均値
    std = np.std(x_train)   # 標準偏差
    x_train, x_test = x_train.astype('float32'), x_test.astype('float32')
    # 標準化の際に標準偏差に極小値を加える
    x_train, x_test = (x_train - mean)/(std + 1e-7), (x_test - mean)/(std + 1e-7)


    # 訓練データとテストデータの正解ラベルを10クラスのOne-Hot表現に変換
    y_train, y_test = to_categorical(y_train), to_categorical(y_test)


    return x_train, x_test, y_train, y_test
```

7.2.2　訓練データに過剰に適合してしまうのを避ける

　一般的に次数の数が多いほど、関数の表現力、つまり記述できる関数の幅が広がります。そのため、できるだけ次数を増やした方が、データの分布に沿った曲線を求めることができます。

　例えば、多項式を用いた**回帰分析***では、次の式を使って予測を行います。

●多項式回帰における予測式

$$f_\theta(x) = \theta_0 + \theta_1 x + \theta_2 x^2$$

　この式は、次数を増やすことで、さらに複雑な曲線にも対応できます。

---

*回帰分析　データの分布の「真ん中」を通る直線または曲線の式を求め、未知の値を予測する手法のことです。

$$f_\theta(x) = \theta_0 + \theta_1 x + \theta_2 x^2 + \theta_3 x^3 + \cdots + \theta_n x^n$$

　例として、求めた θ を使って $f_\theta(x) = \theta_0 + \theta_1 x + \theta_2 x^2$ のグラフを描くと、次のようになった
とします。

▼$f_\theta(x) = \theta_0 + \theta_1 x + \theta_2 x^2$**グラフ**

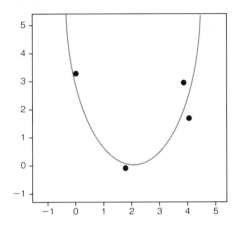

データにうまくフィットした曲線が描かれています。では、次数を1つ増やして

$$f_\theta(x) = \theta_0 + \theta_1 x + \theta_2 x^2 + \theta_3 x^3$$

にした場合を考えてみます。計算が面倒ですが、これをうまく解いたとすると、$f_\theta(x)$ は次の
ような曲線を描くようになります。

▼$f_\theta(x) = \theta_0 + \theta_1 x + \theta_2 x^2 + \theta_3 x^3$**のグラフ**

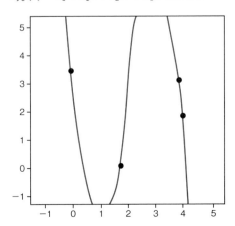

データにそのままフィットする曲線になりました。このように極端にフィットするということは、「データに適合しすぎてしまう」ことになります。つまり、学習データにのみフィットするので、新たなテスト用のデータを入力して予測しようとしてもうまくいきません。このように、学習データにしかフィットしないような状態のことを**オーバーフィッティング（過剰適合）**＊と呼びます。

オーバーフィッティングが起きる原因として、主に次の2つが挙げられます。

・パラメーターの数が多すぎる。
・学習データが少ない。

オーバーフィッティングを抑制するために考案されたのが「正則化」という手法です。
「正則化」を行う手法の1つに「荷重減衰（Weight decay）」があります。これは、学習を行う過程において、パラメーターの値が大きくなりすぎたら「ペナルティ」を課すというものです。そもそもオーバーフィッティングは、「重み」としてのパラメーターが大きな値をとることによって発生することが多いためです。値が大きくなりすぎたパラメーターへのペナルティは、次の「正則化項」を誤差関数に追加することで行います。

●正則化項

$$\frac{1}{2}\lambda \sum_{j=1}^{m} w_j^2$$

λ（ラムダ）は、正則化の影響を決める正の定数で、**ハイパーパラメーター**と呼ばれることがあります。1/2が付いているのは、勾配計算を行うときに式を簡単にするためで、特に深い意味はありません。ここで、数学的に物の「大きさ」を表す場合に使われる量であるL^2ノルムに注目しましょう。

●L^2ノルム

$$L^2 ノルム： \sqrt{x_1^2 + x_2^2 + \cdots + x_n^2}$$

この式は「普通の意味での長さ」を表していて、**ユークリッド距離**と呼ばれることがあります。ここでノルムの話をしたのは、先の正規化項にL^2ノルムが用いられているためです。m個の成分を持つパラメーターw_mのL^2ノルムがw_m^2です。

＊オーバーフィッティング（過剰適合）　「過学習」とも呼ばれます。

●クロスエントロピー誤差関数

$$E(\boldsymbol{w}) = -\sum_{i=1}^{n} \Big[t_i \log f_{\boldsymbol{w}}(\boldsymbol{x_i}) + (1 - t_i) \log\{1 - f_{\boldsymbol{w}}(\boldsymbol{x_i})\} \Big]$$

重みの学習（バックプロパゲーション）の誤差関数として使われるクロスエントロピー誤差関数に、L_2ノルムを用いた正則化項を追加します。

●クロスエントロピー誤差関数に正則化項を足す

$$E(\boldsymbol{w}) = -\sum_{i=1}^{n} \Big[t_i \log f_{\boldsymbol{w}}(\boldsymbol{x_i}) + (1 - t_i) \log\{1 - f_{\boldsymbol{w}}(\boldsymbol{x_i})\} \Big] + \frac{1}{2}\lambda \sum_{j=1}^{m} w_j^2$$

ここで、正則化を行うと具体的にどのような効果があるのか、グラフを使って確かめてみましょう。誤差関数を$E(\boldsymbol{w})$、正則化のための正則化項を関数$R(\boldsymbol{w})$とします。まず、$E(\boldsymbol{w})$のグラフについて描いてみます。ここでは、シンプルに表せるようにパラメーターをw_1だけに限定し、λを入れないで考えることにしましょう。この関数は、下に凸の形をしているので、およそ次のような曲線を描きます。

▼$E(\boldsymbol{w})$のグラフ

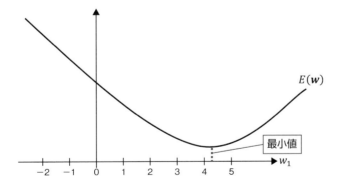

だいたいw_1=4.3の辺りで最小値になるようです。次に$R(\boldsymbol{w})$のグラフですが、$w_1^2/2$なので、原点を通る2次関数のグラフになります。

▼正規化項$R(\boldsymbol{w})$のグラフ

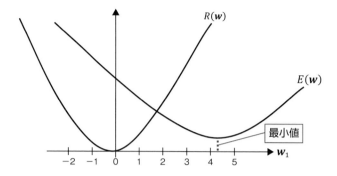

　最後に、w_1の各点で$E(\boldsymbol{w})$の高さに$R(\boldsymbol{w})$の高さを足し、それを線で結ぶことで、誤差関数$E(\boldsymbol{w})$に正則化項$R(\boldsymbol{w})$を足した$E(\boldsymbol{w})+R(\boldsymbol{w})$のグラフを描いてみます。

▼誤差関数$E(\boldsymbol{\theta})$に正則化項$R(\boldsymbol{w})$を足した$E(\boldsymbol{w})+R(\boldsymbol{w})$のグラフ

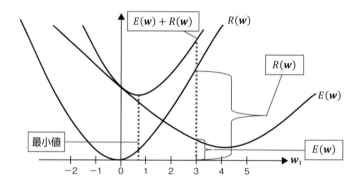

　$E(\boldsymbol{w})+R(\boldsymbol{w})$のグラフの最小値は、$w_1=0.9$の付近になりました。正規化項を足す前の$E(\boldsymbol{w})$では$w_1=4.3$で最小だったのに対し、正則化項を足した$E(\boldsymbol{w})+R(\boldsymbol{w})$では$w_1=0.9$で最小になり、$w_1$の値が0に近づいています。あるニューロンへの入力が

$$input = w_0 + w_1 x_1 + w_2 x_2 + w_3 x_3 + w_4 x_4$$

のとき、正則化によってパラメーターの値が小さくなれば、当然ですが入力値が小さくなります。そうすると「学習した結果が過度に反映されないようになる」ので、このことによって過剰に適合してしまうのを防ごうとする試みです。

　注目の正則化の強さを調整するλですが、一般的に$0.0001\,(10^{-4})$から$1000\,(10^3)$くらいまで、というように10のべき乗のスケールで設定されます。

■出力層の場合の正則化項を適用した重みの更新式

正則化項をパラメーター（重み）で微分すると、

$$R(\boldsymbol{w}) = \frac{1}{2}\lambda\sum_{j=1}^{m}w_j^2$$
$$= \frac{\lambda}{2}w_1^2 + \frac{\lambda}{2}w_2^2 + \cdots + \frac{\lambda}{2}w_m^2$$

なので、次のようになります。ここで、1/2が相殺されました。

$$\frac{\partial R(\boldsymbol{w})}{\partial w_j^{(L)}} = \lambda w_j$$

一般的に、バイアスに対しては正則化は行いません。5章で紹介した出力層の重みの更新式を一般化した式は次のようになっていました。

●出力層の重み$w_{(j)i}^{(L)}$の更新式

$$w_{(j)i}^{(L)} := w_{(j)i}^{(L)} - \eta\delta_j^{(L)}\boxed{o_i^{(L-1)}}\boxed{\text{直前の層のニューロンからの出力}}$$

これに正則化の式を当てはめます。

●出力層の重み$w_{(j)i}^{(L)}$の更新式に正則化項を加える

$$w_{(j)i}^{(L)} := w_{(j)i}^{(L)} - \eta\boxed{\delta_j^{(L)}}o_i^{(L-1)}\boxed{+\lambda w_j}\boxed{\text{正則化項}}\boxed{\delta_j^{(L)} = \left(o_j^{(L)} - t_j\right)\odot\left(1 - f\left(u_j^{(L)}\right)\right)\odot f\left(u_j^{(L)}\right)}$$

$\delta_j^{(L)}$は、シグモイド関数の場合、上記のようになるのでした。

次は、出力層以外の層の重みの更新式です。

●出力層の1つ手前の層の重み$w_{(i)h}^{(L-1)}$の更新式

$$w_{(i)h}^{(L-1)} := w_{(i)h}^{(L-1)} - \eta\delta_i^{(L-1)}\boxed{o_i^{(L-2)}}\boxed{\text{さらに1つ手前の層のニューロンからの出力}}$$

これに正則化の式を当てはめます。

▼出力層の1つ手前の層の重み$w_{(i)h}^{(L-1)}$の更新式に正則化項を加える

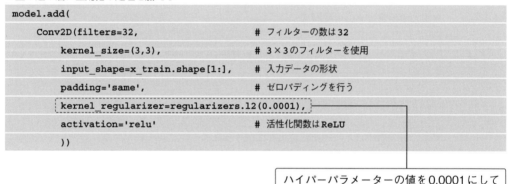

このときの$\delta_i^{(L-1)}$は、上記のようになります。

7.2.3 KerasスタイルによるCNNの作成

畳み込み層にL^2ノルムによる正則化の処理を追加するには、Conv2D()メソッドのkernel_regularizerオプションに、regularizers.l2()関数を次のように指定します。

▼畳み込み層に正則化の処理を加える

```
model.add(
    Conv2D(filters=32,                     # フィルターの数は32
        kernel_size=(3,3),                 # 3×3のフィルターを使用
        input_shape=x_train.shape[1:],     # 入力データの形状
        padding='same',                    # ゼロパディングを行う
        kernel_regularizer=regularizers.l2(0.0001),
        activation='relu'                  # 活性化関数はReLU
    ))
```

ハイパーパラメーターの値を0.0001にして
重みの更新時に正則化の処理を行う

また、今回は畳み込み層を全部で6層配置しますが、すべての畳み込み層について出力値を標準化（正規化）することにします。Kerasでは、layersモジュールのBatchNormalization()関数で正規化を行う層を生成できるので、各畳み込み層の末尾に次のコードを記述することにします。

▼正規化を行う層の追加

model.add(BatchNormalization())

次は、データの読み込みを行う関数、および畳み込み層を6層配置した、モデルを構築する関数を定義するコードです。

▼データを読み込んで前処理する

セル1

```
'''
1. データの読み込みと前処理（One-Hotのみ）を行う関数
'''
from tensorflow.keras.datasets import cifar10
from tensorflow.keras.utils import to_categorical


def prepare_data():
    '''データを用意する

    Returns:
      x_train(ndarray): 訓練データ(50000,32,32,3)
      x_test(ndarray)  : テストデータ(10000,32,32,3)
      y_train(ndarray): 訓練データのOne-Hot化した正解ラベル(50000,)
      y_test(ndarray)  : テストデータのOne-Hot化した正解ラベル(10000,)
    '''
    # CIFAR-10の読み込み
    (x_train, y_train), (x_test, y_test) = cifar10.load_data()
    # 訓練データとテストデータの正解ラベルを10クラスのOne-Hot表現に変換
    y_train, y_test = to_categorical(y_train), to_categorical(y_test)

    return x_train, x_test, y_train, y_test
```

▼正則化、正規化を行う畳み込み層を5層配置したモデルを構築するmake_convlayer()関数の定義

セル2

```
'''
2. モデルの生成を行う関数
'''
from tensorflow.keras.models import Sequential
from tensorflow.keras.layers import Dense, Dropout, Flatten # core layers
from tensorflow.keras.layers import Conv2D, MaxPooling2D    # convolution layers
from tensorflow.keras.layers import BatchNormalization
from tensorflow.keras import regularizers, optimizers


def make_convlayer():
    '''モデルを生成する

    Returns:
      model(Model): 生成済みのモデル
```

```
    '''
    # 正則化のハイパーパラメーターを設定
    weight_decay = 1e-4


    # Sequentialオブジェクトを生成
    model = Sequential()


    # 第1層：畳み込み層1：正則化を行う
    # (バッチサイズ,32,32,3) -> (バッチサイズ,32,32,32)
    model.add(
        Conv2D(
            filters=32,                  # フィルターの数は32
            kernel_size=(3,3),           # 3x3のフィルターを使用
            input_shape=x_train[0].shape,  # 入力データの形状
            padding='same',              # ゼロパディングを行う
            kernel_regularizer=regularizers.l2(weight_decay),
            activation='relu'            # 活性化関数はReLU
            ))
    # 正規化
    model.add(BatchNormalization())


    # 第2層：畳み込み層2：正則化を行う
    # (バッチサイズ,32,32,32) ->(バッチサイズ,32,32,32)
    model.add(
        Conv2D(filters=32,               # フィルターの数は32
            kernel_size=(3,3),           # 3×3のフィルターを使用
            padding='same',              # ゼロパディングを行う
            kernel_regularizer=regularizers.l2(weight_decay),
            activation='relu'            # 活性化関数はReLU
            ))
    # 正規化
    model.add(BatchNormalization())


    # 第3層：プーリング層1：ウィンドウサイズは2×2
    # (バッチサイズ,32,32,32) -> (バッチサイズ,16,16,32)
    model.add(MaxPooling2D(pool_size=(2,2)))
    # ドロップアウト1：ドロップアウトは20%
    model.add(Dropout(0.2))


    # 第4層：畳み込み層3：正則化を行う
```

```
# (バッチサイズ,16,16,32) ->(バッチサイズ,16,16,64)
model.add(
    Conv2D(filters=64,         # フィルターの数は64
        kernel_size=(3,3),  # 3×3のフィルターを使用
        padding='same',      # ゼロパディングを行う
        kernel_regularizer=regularizers.l2(weight_decay),
        activation='relu'   # 活性化関数はReLU
        ))
# 正規化
model.add(BatchNormalization())


# 第5層：畳み込み層4：正則化を行う
# (バッチサイズ,16,16,64) ->(バッチサイズ,16,16,64)
model.add(
    Conv2D(filters=64,         # フィルターの数は64
        kernel_size=(3,3),  # 3×3のフィルターを使用
        padding='same',      # ゼロパディングを行う
        kernel_regularizer=regularizers.l2(weight_decay),
        activation='relu'   # 活性化関数はReLU
        ))
# 正規化
model.add(BatchNormalization())


# 第6層：プーリング層2：ウィンドウサイズは2×2
# (バッチサイズ,16,16,64) -> (バッチサイズ,8,8,64)
model.add(MaxPooling2D(pool_size=(2,2)))
# ドロップアウト2：ドロップアウトは30%
model.add(Dropout(0.3))


# 第7層：畳み込み層5：正則化を行う
# (バッチサイズ,8,8,64) -> (バッチサイズ,8,8,128)
model.add(
    Conv2D(filters=128,              # フィルターの数は128
        kernel_size=(3,3),        # 3×3のフィルターを使用
        padding='same',            # ゼロパディングを行う
        kernel_regularizer=regularizers.l2(weight_decay),
        activation='relu'         # 活性化関数はReLU
        ))
# 正規化
model.add(BatchNormalization())
```

```python
# 第8層：畳み込み層6：正則化を行う
# （バッチサイズ,8,8,128) -> (バッチサイズ,8,8,128)
model.add(
    Conv2D(filters=128,              # フィルターの数は128
        kernel_size=(3,3),           # 3×3のフィルターを使用
        padding='same',              # ゼロパディングを行う
        kernel_regularizer=regularizers.l2(weight_decay),
        activation='relu'            # 活性化関数はReLU
        ))
# 正規化
model.add(BatchNormalization())

# 第9層：プーリング層3：ウィンドウサイズは2×2
# （バッチサイズ,8,8,128) -> (バッチサイズ,4,4,128)
model.add(MaxPooling2D(pool_size=(2,2)))
# ドロップアウト3：ドロップアウトは40%
model.add(Dropout(0.4))

# Flatten：4階テンソルから2階テンソルに変換
# （バッチサイズ,4,4,128) -> (バッチサイズ,2048)
model.add(Flatten())

# 第10層：全結合層
# （バッチサイズ,2048) -> (バッチサイズ,128)
model.add(Dense(128,                 # ニューロン数は128
            activation='relu'))      # 活性化関数はReLU
# ドロップアウト4：ドロップアウトは40%
model.add(Dropout(0.4))

# 第11層：出力層
# （バッチサイズ,128) -> (バッチサイズ,10)
model.add(Dense(10,                  # 出力層のニューロン数は10
            activation='softmax'))   # 活性化関数はソフトマックス

# Sequentialオブジェクトのコンパイル
model.compile(
    loss='categorical_crossentropy',   # クロスエントロピー誤差
    optimizer=optimizers.Adam(lr=0.001),  # Adamを使用
    metrics=['accuracy']  # 学習評価として正解率を指定
```

```
    )

    return model
```

■訓練用の画像データを水増しして認識精度を引き上げる

　画像認識の精度を向上させるテクニックに「**データ拡張**（Data Augmentation）」があります。訓練データの画像に対して、移動や回転、拡大／縮小などの人工的な処理を加えることでデータ数を水増しし、認識精度を向上させようというものです。

　Kerasには画像データの拡張を行うImageDataGeneratorクラスが用意されていますので、大量のデータに対して簡単に拡張処理を適用することができます。

● ImageDataGenerator()

　ImageDataGeneratorオブジェクトを生成します。

書式	tensorflow.keras.preprocessing.image.ImageDataGenerator(　　featurewise_center=False, 　　samplewise_center=False, 　　featurewise_std_normalization=False, 　　samplewise_std_normalization=False, 　　zca_whitening=False, 　　zca_epsilon=1e-06, 　　rotation_range=0.0, 　　width_shift_range=0.0, 　　height_shift_range=0.0, 　　brightness_range=None, 　　shear_range=0.0, 　　zoom_range=0.0, 　　channel_shift_range=0.0, 　　fill_mode='nearest', 　　cval=0.0, 　　horizontal_flip=False, 　　vertical_flip=False, 　　rescale=None, 　　preprocessing_function=None, 　　data_format=None, 　　validation_split=0.0 　　)	
主な 引数	featurewise_center	データセット全体で、入力の平均を0にします。
	samplewise_center	各サンプルの平均を0にします。
	featurewise_ std_normalization	入力をデータセット全体の標準偏差で正規化します。

引数	samplewise_std_ normalization	各入力を、それぞれの標準偏差で正規化します。
	zca_whitening	ZCA白色化を適用します。
	rotation_range	画像をランダムに回転する回転範囲を角度で指定します。
	width_shift_range	ランダムに水平シフトする範囲を横サイズに対する割合で指定します。
	height_shift_range	ランダムに垂直シフトする範囲を縦サイズに対する割合で指定します。
	shear_range	シアー変換をかける範囲を反時計回りの角度で指定します。斜め方向に引き伸ばすような効果が加えられます。
	zoom_range	ランダムにズームする範囲を指定します。
	channel_shift_range	ランダムにチャネルをシフトする範囲を指定します。RGB値がランダムにシフトします。
	horizontal_flip	水平方向にランダムに反転させます（左右反転）。
	vertical_flip	垂直方向にランダムに反転させます（上下反転）。

● **tf.keras.preprocessing.image.ImageDataGenerator.flow()**

データとラベルの配列を取得し、拡張データのバッチを生成します。

書式	flow(x, 　　　y=None, batch_size=32, shuffle=True, 　　　sample_weight=None, seed=None, save_to_dir=None, 　　　save_prefix='', save_format='png', subset=None)	
引数	x	サンプルデータ。4階テンソルである必要があります。
	y	正解ラベル。
	batch_size	ミニバッチのサイズ。デフォルトは32。
	shuffle	バッチを生成する際にシャッフルするかどうかを指定します。デフォルトはTrue（シャッフルする）。
	sample_weight	サンプルに重み付けを行う際に指定します。
	seed	乱数を生成する際のシード値（種）を指定します。
	save_to_dir	生成される拡張データの保存先を指定します。
	save_prefix	save_to_dirを指定した場合に、保存する画像のファイル名に付加するプレフィックス（接頭辞）を指定します。
	save_format	save_to_dirを指定した場合に、拡張子（画像形式）として'png'、'jpeg'のいずれかを指定します。デフォルトは'png'。
	subset	ImageDataGeneratorでvalidation_splitオプションが設定されている場合、データのサブセット（'training'または'validation'）を指定します。

　　実際に画像がどのように加工されるのか、新規のノートブックを作成して見てみることにしましょう。何パターンかを出力しますので、画像の出力を行う関数を作成しておきます。

▼描画を行う関数

```
%matplotlib inline
import matplotlib.pyplot as plt


def draw(X):
    plt.figure(figsize=(8, 8))          # 描画エリアは8×8インチ
    pos = 1                             # 画像の描画位置を保持
    # 画像の枚数だけ描画処理を繰り返す
    for i in range(X.shape[0]):
        plt.subplot(4, 4, pos)          # 4×4の描画領域のpos番目の位置
        plt.imshow(X[i])                # インデックスiの画像を描画
        plt.axis('off')                 # 軸目盛は非表示
        pos += 1
    plt.show()
```

▼CIFAR-10データの読み込みと、テストで使用する画像の枚数の設定

```
from keras.datasets import cifar10
# CIFAR-10データを読み込む
(X_train, y_train), (X_test, y_test) = cifar10.load_data()
X_train = X_train.astype('float32')
# データのピクセル値を0〜1の範囲に変換
X_train /= 255.0


# テストで使用する画像の枚数
batch_size = 16
```

　　まず、加工後の状態がわかるように、オリジナルの画像を表示しておきます。

▼オリジナルの画像を表示

```
draw(X_train[0:batch_size])
```

▼オリジナルの画像16枚

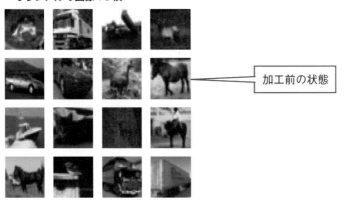

加工前の状態

■画像をランダムに回転させる

ImageDataGenerator()のキーワード引数rotation_rangeで、指定した角度の範囲でランダムに画像を回転する処理を加えてみます。

▼画像をランダムに回転させる

```
# ImageDataGeneratorのインポート
from keras.preprocessing.image import ImageDataGenerator


# 回転処理　最大90度
datagen = ImageDataGenerator(rotation_range=90)
g = datagen.flow(                   # バッチサイズの数だけ拡張データを作成
    X_train, y_train, batch_size, shuffle=False)
X_batch, y_batch = g.next()         # 拡張データをリストに格納
draw(X_batch)                       # 描画
```

▼出力

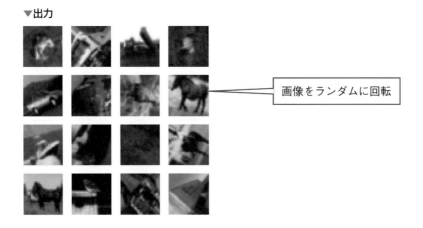

画像をランダムに回転

■画像を平行に移動する

キーワード引数width_shift_rangeは、画像全体を水平方向に移動します。設定値は、画像の横サイズに対する割合です。指定した割合の範囲でランダムに画像が左右に移動します。

▼平行移動　最大で横サイズの0.5

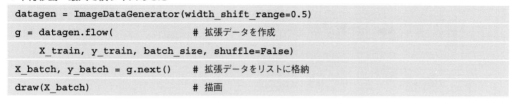

```
datagen = ImageDataGenerator(width_shift_range=0.5)
g = datagen.flow(                    # 拡張データを作成
    X_train, y_train, batch_size, shuffle=False)
X_batch, y_batch = g.next()          # 拡張データをリストに格納
draw(X_batch)                        # 描画
```

▼出力

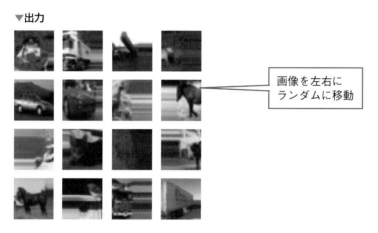

画像を左右に
ランダムに移動

■画像を垂直方向に移動する

キーワード引数height_shift_rangeは、画像全体を垂直方向に移動します。設定値は、画像の縦サイズに対する割合です。指定した割合の範囲でランダムに画像が上下に移動します。

▼垂直移動　最大で縦サイズの0.5

```
datagen = ImageDataGenerator(height_shift_range=0.5)
g = datagen.flow(                    # 拡張データを作成
    X_train, y_train, batch_size, shuffle=False)
X_batch, y_batch = g.next()          # 拡張データをリストに格納
draw(X_batch)                        # 描画
```

▼出力

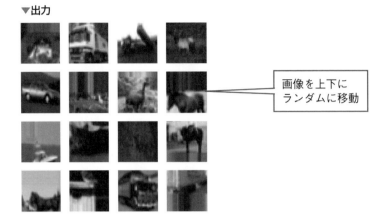

画像を上下に
ランダムに移動

■画像をランダムに拡大

キーワード引数zoom_rangeは、画像全体をランダムに拡大します。

▼ランダムに拡大　最大倍率0.5

```
datagen = ImageDataGenerator(zoom_range=0.5)
g = datagen.flow(                      # 拡張データを作成
    X_train, y_train, batch_size, shuffle=False)
X_batch, y_batch = g.next()            # 拡張データをリストに格納
draw(X_batch)                          # 描画
```

▼出力

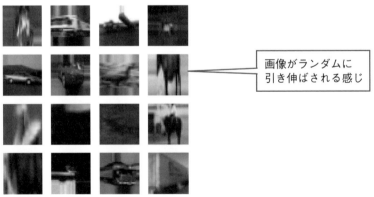

画像がランダムに
引き伸ばされる感じ

■画像を左右反転

キーワード引数horizontal_flipは、画像の左右をランダムに反転させます。

▼左右をランダムに反転

```
datagen = ImageDataGenerator(horizontal_flip=True)
g = datagen.flow(                 # 拡張データを作成
    X_train, y_train, batch_size, shuffle=False)
X_batch, y_batch = g.next()    # 拡張データをリストに格納
draw(X_batch)                     # 描画
```

▼出力

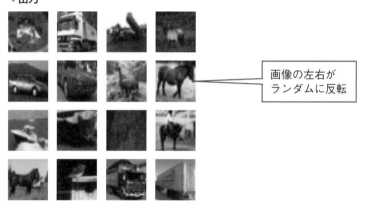

画像の左右が
ランダムに反転

■画像を上下反転

キーワード引数vertical_flipは、画像の上下をランダムに反転させます。

▼上下をランダムに反転

```
datagen = ImageDataGenerator(vertical_flip=True)
g = datagen.flow(                 # 拡張データを作成
    X_train, y_train, batch_size, shuffle=False)
X_batch, y_batch = g.next()    # 拡張データをリストに格納
draw(X_batch)                     # 描画
```

▼出力

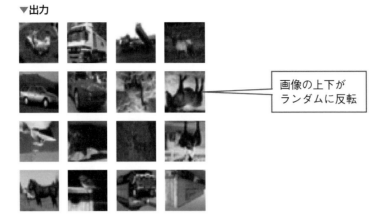

画像の上下が
ランダムに反転

■画像の色相をランダムに変化させる

　キーワード引数 channel_shift_range は、ピクセルのチャネルをランダムにシフト（移動）させます。

▼画像のチャネルをランダムに移動　最大0.7

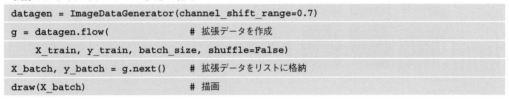

```
datagen = ImageDataGenerator(channel_shift_range=0.7)
g = datagen.flow(                  # 拡張データを作成
    X_train, y_train, batch_size, shuffle=False)
X_batch, y_batch = g.next()        # 拡張データをリストに格納
draw(X_batch)                      # 描画
```

▼出力

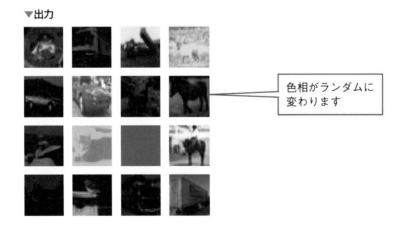

色相がランダムに
変わります

7.2.4 画像を拡張処理して精度90％を達成する（Keras）

前項で見たように、画像の拡張処理にはいろいろあって悩むところですが、今回は、左右への移動、上下への移動、回転、拡大、左右反転の5つを加えることにします。

■学習を行うtrain()関数の定義

拡張処理を行うImageDataGeneratorを生成し、学習を行うまでの処理をtrain()関数としてまとめます。データの拡張処理から学習までの流れは、次のようになります。

❶データジェネレーターの生成

ImageDataGenerator()コンストラクターを実行してデータジェネレーター（オブジェクト）を生成します。ImageDataGenerator()コンストラクターには、データ全体の平均値と標準偏差を利用して正規化を行うfeaturewise_std_normalizationオプションがあるので、これを利用して、データ拡張の処理と正規化の処理をまとめて行います。

❷データジェネレーターをデータに適合させる

❶で正規化を行うようにした場合は、fit()メソッドを実行してデータに適合させることが必要になります。このことで、実際のデータの平均値や標準偏差がデータジェネレーターに取り込まれます。

❸データジェネレーターにミニバッチを適合させる

flow()メソッドを利用して、実際に使用するデータとミニバッチのサイズをデータジェネレーターに登録します。

以上の処理を行ったデータジェネレーターを学習時に呼び出すと、拡張処理済みのデータをミニバッチ単位で取り出すことができます。

●tf.keras.preprocessing.image.ImageDataGenerator.fit()

データジェネレーターをサンプルデータに適合させます。データの統計量（平均値や標準偏差）を計算します。ImageDataGeneratorを生成する際に、featurewise_centerやfeaturewise_std_normalizationなどの統計量を用いるオプションを有効（True）にした場合は、事前にこのメソッドを実行しておく必要があります。

書式	fit(x, augment=False, rounds=1, seed=None)	
引数	x	サンプルデータ。4階テンソルである必要があります。グレースケールデータのチャネル軸の値は1、RGBデータの場合は3です。
	augment	デフォルトはFalse。fit()を実行する段階において、ImageDataGeneratorで指定した処理を適用するかどうかを指定します。
	rounds	データ拡張（augment=True）を指定した場合に、適用する拡張処理の数を指定します。デフォルトは1です。
	seed	ランダム値を生成するシード（種）。

▼拡張データを生成し、学習を行う関数

```
セル3
'''
3. 学習を行う関数
'''
from tensorflow.keras.preprocessing.image import ImageDataGenerator
from tensorflow.keras.callbacks import ReduceLROnPlateau


def train(x_train, x_test, y_train, y_test):
    '''学習を行う


    Parameters:
      x_train, y_train : 訓練データ
      x_test,  y_test  : テストデータ
    Returns:
      model(Model): 学習済みのModelオブジェクト
      history(History) : 学習の推移を格納したHistoryオブジェクト
    '''
    # モデルを生成してサマリを出力
    model = make_convlayer()
    model.summary()


    # ミニバッチのサイズ
    batch_size = 64


    # val_accuracyの改善が5エポック見られなかったら、学習率を0.5倍する。
    reduce_lr = ReduceLROnPlateau(
        monitor='val_accuracy',  # 監視対象は検証データの精度
        factor=0.5,              # 学習率を減衰させる割合
        patience=5,              # 監視対象のエポック数
        verbose=1,               # 学習率を下げたときに通知する
        mode='max',              # 最高値を監視する
```

```
        min_lr=0.0001                # 学習率の下限
    )


# データジェネレーターを生成
# 訓練データ
train_datagen = ImageDataGenerator(
    featurewise_center=True,  # データセット全体の平均値を取得
    featurewise_std_normalization=True, # データを標準化する
    width_shift_range=0.1,    # 横サイズの0.1の割合でランダムに水平移動
    height_shift_range=0.1,   # 縦サイズの0.1の割合でランダムに垂直移動
    rotation_range=10,        # 10度の範囲でランダムに回転させる
    zoom_range=0.1,           # ランダムに拡大
    horizontal_flip=True)     # 左右反転
# テストデータ
test_datagen = ImageDataGenerator(
    featurewise_center=True,              # データセット全体の平均値を取得
    featurewise_std_normalization=True, # データを標準化する
)


# ジェネレーターで正規化を行う場合はfit()でデータに適合させる
# 訓練データ
train_datagen.fit(x_train)
# テストデータ
test_datagen.fit(x_test)


# ジェネレーターにミニバッチを適合させる
# 訓練データ
train_generator = train_datagen.flow(
    x_train, # 訓練データ
    y_train, # 正解ラベル
    batch_size=batch_size
    )
# 検証データ
validation_generator = test_datagen.flow(
    x_test, # テストデータ
    y_test, # 正解ラベル
    batch_size=batch_size
    )


# 学習回数
epochs = 120
```

```
    # 学習を行う
    history = model.fit(
        train_generator,                           # 訓練データ
        epochs=epochs,                             # 学習回数
        verbose=1,                                 # 進捗状況を出力する
        validation_data=validation_generator,      # 検証データ
        callbacks=[reduce_lr]                      # 学習率減衰をコールバック
    )
    # モデルのオブジェクトとhistoryを戻り値として返す
    return model, history
```

戻り値として、学習の状況を格納したHistoryオブジェクトと、Modelオブジェクトを返すことに注意してください。Modelオブジェクトは、あとでモデルの評価を行う際に必要になります。

■学習を実行する

では、データを用意して学習を行います。

▼拡張データを使って学習を行う

セル**4**

```
%%time
'''
4. データを用意して学習を行う
'''
x_train, x_test, y_train, y_test = prepare_data()
model, history = train(x_train, x_test, y_train, y_test)
```

学習率を自動的に減衰させるスケジューラーを生成し、fit()で学習を行う際にコールバックするようにしています。

今回は、画像データの正規化から始まって、畳み込み層における正則化項の追加と出力値の正規化、さらにデータの拡張処理と学習率のスケジューリングなど、様々な策を投入しました。CNNの層もディープになっていますので、CPUによる学習だと完了するまでにかなりの時間がかかるでしょう。

終日、PCがフル稼働の状態になりますので、最初は学習回数を30回くらいにして試してみた方がよいかもしれません。ちなみに、Google ColabでGPUを使用した場合の実行時間は50分程度です。

▼実行結果

Model: "sequential"

Layer (type)	Output Shape	Param #
conv2d (Conv2D)	(None, 32, 32, 32)	896
batch_normalization (BatchNo	(None, 32, 32, 32)	128
conv2d_1 (Conv2D)	(None, 32, 32, 32)	9248
batch_normalization_1 (Batch	(None, 32, 32, 32)	128
max_pooling2d (MaxPooling2D)	(None, 16, 16, 32)	0
dropout (Dropout)	(None, 16, 16, 32)	0
conv2d_2 (Conv2D)	(None, 16, 16, 64)	18496
batch_normalization_2 (Batch	(None, 16, 16, 64)	256
conv2d_3 (Conv2D)	(None, 16, 16, 64)	36928
batch_normalization_3 (Batch	(None, 16, 16, 64)	256
max_pooling2d_1 (MaxPooling2	(None, 8, 8, 64)	0
dropout_1 (Dropout)	(None, 8, 8, 64)	0
conv2d_4 (Conv2D)	(None, 8, 8, 128)	73856
batch_normalization_4 (Batch	(None, 8, 8, 128)	512
conv2d_5 (Conv2D)	(None, 8, 8, 128)	147584
batch_normalization_5 (Batch	(None, 8, 8, 128)	512
max_pooling2d_2 (MaxPooling2	(None, 4, 4, 128)	0
dropout_2 (Dropout)	(None, 4, 4, 128)	0
flatten (Flatten)	(None, 2048)	0
dense (Dense)	(None, 128)	262272
dropout_3 (Dropout)	(None, 128)	0
dense_1 (Dense)	(None, 10)	1290

Total params: 552,362

Trainable params: 551,466

Non-trainable params: 896

Epoch 1/120

782/782 [==============================] - 28s 33ms/step

 - loss: 2.1718 - accuracy: 0.2578 - val_loss: 1.4326 - val_accuracy: 0.4859

.........途中省略.........

```
Epoch 119/120
782/782 [==============================] - 25s 32ms/step
 - loss: 0.3757 - accuracy: 0.9025 - val_loss: 0.4257 - val_accuracy: 0.8926
Epoch 120/120
782/782 [==============================] - 25s 32ms/step
 - loss: 0.3784 - accuracy: 0.9021 - val_loss: 0.4179 - val_accuracy: 0.8928
CPU times: user 57min 40s, sys: 2min 4s, total: 59min 45s
Wall time: 50min 16s
```

　目標としていた90%にはわずかに及びませんでしたが、前節と比べて精度が9ポイント近く上昇しました。

■損失と精度、学習率の推移をグラフにする

　学習回数ごとの精度と損失、学習率の推移をグラフにしてみましょう。

▼学習の状況をグラフにする

セル5

```
'''
5. 損失、精度、学習率の推移をグラフにする
'''
import matplotlib.pyplot as plt
%matplotlib inline

def plot_history(history):
    # 学習結果（損失）のグラフを描画
    plt.plot(history.history['loss'],
            marker='.',
            label='loss (Training)')
    plt.plot(history.history['val_loss'],
            marker='.',
            label='loss (Validation)')
    plt.legend(loc='best')
    plt.grid()
    plt.xlabel('epoch')
    plt.ylabel('loss')
    plt.show()

    # 学習結果（精度）のグラフを描画
```

```python
    plt.plot(history.history['accuracy'],
             marker='.',
             label='accuracy (Training)')
    plt.plot(history.history['val_accuracy'],
             marker='.',
             label='accuracy (Validation)')
    plt.legend(loc='best')
    plt.grid()
    plt.xlabel('epoch')
    plt.ylabel('accuracy')
    plt.show()

    # 学習率をプロット
    plt.plot(history.history['lr'],
             label='Learning Rate',
             color='blue')
    plt.legend()                    # 凡例を表示
    plt.grid()                      # グリッド表示
    plt.xlabel('Epoch')            # x軸ラベル
    plt.ylabel('Learning Rate')    # y軸ラベル
    plt.show()

# プロットする
plot_history(history)
```

▼出力されたグラフ

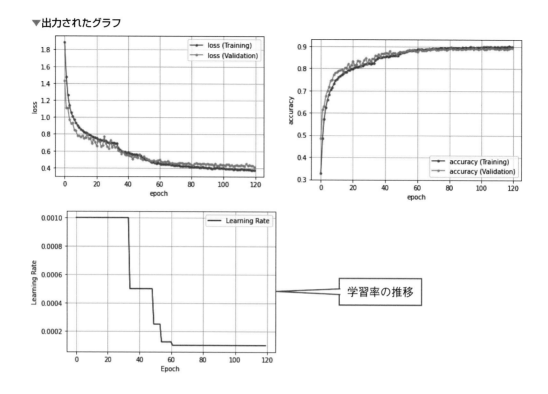

学習率の推移

　訓練データ、テストデータそれぞれの精度は、20エポック付近まで急激に上昇し、あとは緩やかに上昇しています。30エポックと50エポックあたりで階段状に上昇している箇所がありますが、恐らく局所解に捕まっていたのを脱したものと思われます。双方のグラフが離れることなく同じように上昇していることから、オーバーフィッティングが発生していないのは明白です。

　損失の方はどうでしょう。こちらも20エポック付近まで急激に下降し、そのあとは緩やかに下降しています。やはり、30エポックを過ぎたあたりでガクッと下がる箇所があります。もちろん、双方の曲線とも同じように下降しているので、この点からもオーバーフィッティングは発生していないことがわかります。

■学習結果を保存する

学習した結果として、モデルとパラメーターの値を保存してみましょう。

▼モデルとパラメーターの値を保存

セル6

```
# モデルをmodel.jsonとして保存
with open('model.json', 'w') as json_file:
    json_file.write(model.to_json())      # モデルをJSON形式に変換して保存
# パラメーターをweight.h5として保存
model.save_weights('weight.h5')           # HDF5形式で保存
```

Kerasでは、モデルを

model.to_json()

でJSON形式に変換してから、Pythonのwrite()メソッドでファイルとして書き込みます。

　上記のコードでwith文を使ったのは、ファイルをオープンしたあと、閉じる処理を自動的に行わせるためです。一方、バイアスや重みなどのパラメーターの値はHDF5（Hierarchical Data Format：拡張子「.h5」）形式のファイルで、

model.save_weights('weight.h5') # ファイル名はweight.h5

のように、modelオブジェクトに対して、save_weights()メソッドを実行して保存します。
　保存したモデルとパラメーターは、「学習済みモデル」としていつでも使えます。保存した学習済みモデルを読み込んで、テストデータを使って精度と損失を調べてみます。

▼学習済みモデルを読み込んでテストデータで検証する

セル7

```
'''
7. 学習済みモデルを読み込んでテストデータで検証する
'''
import numpy as np
from tensorflow.keras.models import model_from_json

# モデルの読み込み
model_r = model_from_json(open('model.json', 'r').read())
# 重みの読み込み
model_r.load_weights('weight.h5')
```

```python
# Sequentialオブジェクトのコンパイル
model_r.compile(loss='categorical_crossentropy',
                optimizer=optimizers.Adam(lr=0.001), metrics=['accuracy'])


# CIFAR-10を用意
x_train, x_test, y_train, y_test = prepare_data()
# テストデータ
test_datagen = ImageDataGenerator(
    featurewise_center=True,            # データセット全体の平均値を取得
    featurewise_std_normalization=True, # データを標準化する
)
# fit()でテストデータに適合させる
test_datagen.fit(x_test)
# ジェネレーターにミニバッチを適合させる
validation_generator = test_datagen.flow(
    x_test, y_test, batch_size=64)
# テストデータでテストする
scores = model_r.evaluate(validation_generator, verbose=0)
print('Test loss: %.4f accuracy: %.4f' % ( scores[0], scores[1]))
```

▼出力

```
Test loss: 0.4179 accuracy: 0.8928
```

学習したときと同じ精度と同程度の損失が出力されました。

■画像を入力して認識させてみる

学習済みモデルを利用して、本当に画像を言い当てられるのか実際に試してみましょう。

▼画像を出力する関数

セル8

```python
%matplotlib inline
import matplotlib.pyplot as plt


# 描画を行う関数
def draw(X):
    plt.figure(figsize=(10, 10))     # 描画エリアは10×10インチ
    pos = 1                          # 画像の描画位置を保持
```

```
    for i in range(X.shape[0]):        # 画像の枚数だけ描画処理を繰り返す
        plt.subplot(4, 5, pos)         # 4×5の描画領域のpos番目の位置
        plt.imshow(X[i])               # インデックスiの画像を描画
        plt.axis('off')                # 軸目盛は非表示
        pos += 1
    plt.show()
```

▼画像を表示してその画像が何であるかを言い当てさせる

```
'''
9．画像を表示してその画像が何であるかを言い当てさせる
'''
# CIFAR-10データを読み込む
(x_train, y_train), (x_test, y_test) = cifar10.load_data()


# テストデータの先頭から20枚を描画
draw(x_test[:20])


# 学習済みモデルを読み込む
json_file = open('model.json', 'r')
loaded_model_json = json_file.read()
json_file.close()
model = model_from_json(loaded_model_json)
model.load_weights('weight.h5')


# 正解ラベルのテキスト
labels = [
    'airplane','automobile','bird','cat',
    'deer','dog','frog','horse','ship','truck']


# 学習済みモデルで予測する
# 標準化されたテストデータを使用
indices = np.argmax(model.predict(x_test_s[:20]),1)
print ([labels[x] for x in indices])
```

▼出力

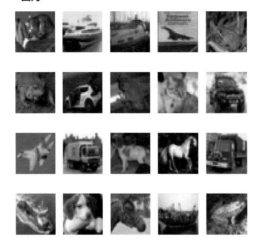

```
['cat', 'ship', 'ship', 'airplane', 'frog',
 'frog', 'automobile', 'frog', 'cat', 'automobile',
 'airplane', 'truck', 'dog', 'horse', 'truck',
 'ship', 'dog', 'truck', 'ship', 'frog']
```

18番目のhorseがtruckになっています。頭部のみの写真なので認識が難しかったのでしょう。そのほかの写真は、すべて言い当てています。

7.2.5 画像を拡張処理して精度90%を達成する（TensorFlow）

拡張処理したデータで学習する過程をTensorFlowスタイルでプログラミングします。

■データの読み込みと前処理

CIFAR-10を読み込んで正解ラベルをOne-Hotエンコーディングするprepare_data()関数はKerasスタイルのときと同じものです。セル1に同じコードを入力します。

▼データの読み込みと前処理

セル1

「**7.2.3 Keras**スタイルによる**CNN**の作成」のセル1「データの読み込みと前処理（**One-Hot**のみ）を行う関数」のコードを入力

■ モデルの生成を行う

モデルを生成する処理をCNNクラスとしてまとめます。

▼モデルを生成するクラスを定義

```
セル2

'''
2. モデルを生成するクラスの定義
'''
# tensorflowのインポート
import tensorflow as tf


class CNN(tf.keras.Model):
    '''畳み込みニューラルネットワーク

    Attributes:
      l1(Dense): 隠れ層
      l2(Dense): 出力層
    '''
    def __init__(self):
        '''モデルを初期化する
        '''
        super().__init__()

        # 正則化の係数
        weight_decay = 1e-4

        # 正規化レイヤー
        self.std1 = tf.keras.layers.BatchNormalization()
        self.std2 = tf.keras.layers.BatchNormalization()
        self.std3 = tf.keras.layers.BatchNormalization()
        self.std4 = tf.keras.layers.BatchNormalization()
        self.std5 = tf.keras.layers.BatchNormalization()
        self.std6 = tf.keras.layers.BatchNormalization()

        # 第1層：畳み込み層1 正則化を行う
        # (バッチサイズ,32,32,3) -> (バッチサイズ,32,32,32)
        self.conv2D_1 = tf.keras.layers.Conv2D(
                filters=32,                  # フィルター数32
                kernel_size=(3, 3),          # 3×3のフィルター
```

```
        padding='same',                  # ゼロパディング
        input_shape=x_train.shape[1:],   # 入力データの形状
        kernel_regularizer=tf.keras.regularizers.l2(
            weight_decay),               # 正則化
        activation='relu'                # 活性化関数はReLU
        )

# 第2層：畳み込み層2：正則化を行う
# (バッチサイズ,32,32,32) ->(バッチサイズ,32,32,32)
self.conv2D_2 = tf.keras.layers.Conv2D(
        filters=32,                      # フィルター数32
        kernel_size=(3, 3),              # 3×3のフィルター
        padding='same',                  # ゼロパディング
        input_shape=x_train[0].shape,    # 入力データの形状
        kernel_regularizer=tf.keras.regularizers.l2(
            weight_decay),               # 正則化
        activation='relu'                # 活性化関数はReLU
        )

# 第3層：プーリング層1：ウィンドウサイズは2×2
# (バッチサイズ,32,32,32) -> (バッチサイズ,16,16,32)
self.pool1 = tf.keras.layers.MaxPooling2D(
pool_size=(2, 2))                        # 縮小対象の領域は2×2
# ドロップアウト1：ドロップアウトは20%
self.dropput1 = tf.keras.layers.Dropout(0.2)

# 第4層：畳み込み層3　正則化を行う
# (バッチサイズ,16,16,32) ->(バッチサイズ,16,16,64)
self.conv2D_3 = tf.keras.layers.Conv2D(
        filters=64,                      # フィルターの数は64
        kernel_size=(3, 3),              # 3×3のフィルターを使用
        padding='same',                  # ゼロパディングを行う
        kernel_regularizer=tf.keras.regularizers.l2(
            weight_decay),               # 正則化
        activation='relu'                # 活性化関数はReLU
        )

# 第5層：畳み込み層4：正則化を行う
# (バッチサイズ,16,16,64) ->(バッチサイズ,16,16,64)
self.conv2D_4 = tf.keras.layers.Conv2D(
        filters=64,              # フィルターの数は64
```

460

```
        kernel_size=(3, 3),    # 3×3のフィルターを使用

        padding='same',        # ゼロパディングを行う

        kernel_regularizer=tf.keras.regularizers.l2(weight_decay), # 正則化

        activation='relu'      # 活性化関数はReLU

        )


# 第6層：プーリング層2：ウィンドウサイズは2×2

# (バッチサイズ,16,16,64) -> (バッチサイズ,8,8,64)

self.pool2 = tf.keras.layers.MaxPooling2D(

        pool_size=(2, 2))      # 縮小対象の領域は2×2

# ドロップアウト2：ドロップアウトは30%

self.dropput2 = tf.keras.layers.Dropout(0.3)


# 第7層：畳み込み層5：正則化を行う

# (バッチサイズ,8,8,64) -> (バッチサイズ,8,8,128)

self.conv2D_5 = tf.keras.layers.Conv2D(

        filters=128,           # フィルターの数は128

        kernel_size=(3, 3),    # 3×3のフィルターを使用

        padding='same',        # ゼロパディングを行う

        kernel_regularizer=tf.keras.regularizers.l2(

            weight_decay),     # 正則化

        activation='relu'      # 活性化関数はReLU

        )


# 第8層：畳み込み層6：正則化を行う

# (バッチサイズ,8,8,128) -> (バッチサイズ,8,8,128)

self.conv2D_6 = tf.keras.layers.Conv2D(

        filters=128,           # フィルターの数は128

        kernel_size=(3, 3),    # 3×3のフィルターを使用

        padding='same',        # ゼロパディングを行う

        kernel_regularizer=tf.keras.regularizers.l2(weight_decay), # 正則化

        activation='relu'      # 活性化関数はReLU

        )


# 第9層：プーリング層3：ウィンドウサイズは2×2

# (バッチサイズ,8,8,128) -> (バッチサイズ,4,4,128)

self.pool3 = tf.keras.layers.MaxPooling2D(

        pool_size=(2, 2))                # 縮小対象の領域は2×2

# ドロップアウト3：ドロップアウトは40%

self.dropput3 = tf.keras.layers.Dropout(0.4)
```

```python
        # Flatten：4階テンソルから2階テンソルに変換
        # （バッチサイズ,4,4,128) -> （バッチサイズ,2048)
        self.flatten = tf.keras.layers.Flatten()


        # 第10層：全結合層
        # （バッチサイズ,2048) -> （バッチサイズ,128)
        self.fc1 =  tf.keras.layers.Dense(
            128,                          # ニューロン数は128
            activation='relu')            # 活性化関数は ReLU
        # ドロップアウト4：ドロップアウトは40%
        self.dropput4 = tf.keras.layers.Dropout(0.4)


        # 第11層：出力層
        # （バッチサイズ,128) -> （バッチサイズ,10)
        self.fc2 =  tf.keras.layers.Dense(
            10,                           # 出力層のニューロン数は10
            activation='softmax')         # 活性化関数はソフトマックス

    @tf.function
    def call(self, x, training=None):
        '''CNNのインスタンスからコールバックされる関数

        Parameters: x(ndarray(float32))：訓練データ、または検証データ
        Returns(float32)：CNNの出力として要素数10の1階テンソル
        '''
        x = self.std1(self.conv2D_1(x))   # 畳み込み層1
        x = self.pool1(
            self.std2(self.conv2D_2(x)))   # 畳み込み層2 ->プーリング1
        # 訓練時のみドロップアウトを適用
        if training:
            x = self.dropput1(x)


        x = self.std3(self.conv2D_3(x))   # 畳み込み層3
        x = self.pool2(
            self.std4(self.conv2D_4(x)))   # 畳み込み層4 -> プーリング2
        # 訓練時のみドロップアウトを適用
        if training:
            x = self.dropput2(x)


        x = self.std5(self.conv2D_5(x))  # 畳み込み層5
```

```
x = self.pool3(self.std6(
    self.conv2D_6(x)))          # 畳み込み層6 -> プーリング3
# 訓練時のみドロップアウトを適用
if training:
    x = self.dropput3(x)

x = self.flatten(x) # (4, 4, 128) の出力を (2048,) にフラット化
x = self.fc1(x)                 # 全結合層
# 訓練時のみドロップアウトを適用
if training:
    x = self.dropput4(x)

x = self.fc2(x)                 # 出力層
return x
```

■損失関数、オプティマイザー、学習/評価を行う関数の用意

損失関数はCategoricalCrossentropyとし、オプティマイザーにはAdamを使用することにします。ソースコードは7.1.4で入力したものと同じです。

▼損失関数とオプティマイザーの生成

「**7.1.4 TensorFlow**スタイルでプログラミングした**CNN**に飛行機、自動車、イヌ、ネコなどの**10**種類の画像を認識させてみる」のセル3「損失関数とオプティマイザーの生成」のコードを入力

■学習を実行する関数と検証を行う関数の定義

学習を実行するtrain_step()関数と、検証を行うvalid_step()関数を定義します。ソースコードは7.1.4で入力したものと同じです。

▼train_step()関数の定義

「**7.1.4 TensorFlow**スタイルでプログラミングした**CNN**に飛行機、自動車、イヌ、ネコなどの**10**種類の画像を認識させてみる」のセル4「勾配降下アルゴリズムによるパラメーターの更新処理」のコードを入力

▼valid_step()関数の定義

セル5

「7.1.4 TensorFlowスタイルでプログラミングしたCNNに飛行機、自動車、イヌ、ネコなどの10種類の画像を認識させてみる」のセル5「モデルの検証を行う」のコードを入力

■データに拡張処理を行い学習する

　データの標準化と拡張処理は、Kerasスタイルのときと同様にImageDataGeneratorクラスを使用して行います。データジェネレーターがミニバッチを生成するので、学習を行うforループのコードが簡潔なものになります。また、今回は訓練データの分割は行わず、学習と同時に実行する検証にはテストデータを用いることにします。

▼データジェネレーターを用いて学習する

セル6

```
%%time
'''
6. データを用意して学習を行う
'''
from sklearn.utils import shuffle

x_train, x_test, y_train, y_test = prepare_data()

# エポック数
epochs = 120
# ミニバッチのサイズ
batch_size = 64
# 訓練データのステップ数
train_steps = x_train.shape[0] // batch_size
# 検証データのステップ数
val_steps = x_test.shape[0] // batch_size

# モデルを生成
model = CNN()
# 損失と精度の履歴を保存するためのdictオブジェクト
history = {'loss':[], 'accuracy':[], 'val_loss':[], 'val_accuracy':[]}

# データジェネレーターを生成
# 訓練データ
train_datagen = tf.keras.preprocessing.image.ImageDataGenerator(
    featurewise_center=True,                # データセット全体の平均値を取得
```

```
        featurewise_std_normalization=True,  # データを標準化する
        width_shift_range=0.1,               # 横サイズの0.1の割合でランダムに水平移動
        height_shift_range=0.1,              # 縦サイズの0.1の割合でランダムに垂直移動
        rotation_range=10,                   # 10度の範囲でランダムに回転させる
        zoom_range=0.1,                      # ランダムに拡大
        horizontal_flip=True)     # 左右反転
# テストデータ
test_datagen = tf.keras.preprocessing.image.ImageDataGenerator(
        featurewise_center=True,             # データセット全体の平均値を取得
        featurewise_std_normalization=True,  # データを標準化する
)


# ジェネレーターで正規化を行う場合はfit()でデータに適合させる
# 訓練データ
train_datagen.fit(x_train)
# テストデータ
test_datagen.fit(x_test)


# ジェネレーターにミニバッチを適合させる
# 訓練データ
train_generator = train_datagen.flow(
        x_train,                             # 訓練データ
        y_train,                             # 正解ラベル
        batch_size=batch_size
        )
# 検証データ
validation_generator = test_datagen.flow(
        x_test,                              # テストデータ
        y_test,                              # 正解ラベル
        batch_size=batch_size
        )


# 学習を行う
for epoch in range(epochs):
    # 訓練時のステップカウンター
    step_counter = 0
    # 1ステップごとにミニバッチで学習する
    for x_batch, t_batch in train_generator:
        # ミニバッチでバイアス、重みを更新
        train_step(x_batch, t_batch)
        step_counter += 1
```

```
                # すべてのステップが終了したらbreak
                if step_counter >= train_steps:
                    break


            # 検証時のステップカウンター
            v_step_counter = 0
            # 検証データによるモデルの評価
            for x_val_batch, t_val_batch  in validation_generator:
                # 検証データのミニバッチで損失と精度を測定
                valid_step(x_val_batch, t_val_batch)
                v_step_counter += 1
                # すべてのステップが終了したらbreak
                if v_step_counter >= val_steps:
                    break


            avg_train_loss = train_loss.result()        # 訓練時の平均損失値を取得
            avg_train_acc = train_accuracy.result()      # 訓練時の平均正解率を取得
            avg_val_loss = val_loss.result()            # 検証時の平均損失値を取得
            avg_val_acc = val_accuracy.result()         # 検証時の平均正解率を取得


            # 損失の履歴を保存する
            history['loss'].append(avg_train_loss)
            history['val_loss'].append(avg_val_loss)
            # 精度の履歴を保存する
            history['accuracy'].append(avg_train_acc)
            history['val_accuracy'].append(avg_val_acc)


            # 1エポックごとに結果を出力
            if (epoch + 1) % 1 == 0:
                print(
                    'epoch({}) train_loss: {:.4} train_acc: {:.4} val_loss: {:.4} val_acc: {:.4}'.format(
                        epoch+1,
                        avg_train_loss,        # 訓練時の現在の損失を出力
                        avg_train_acc,         # 訓練時の現在の精度を出力
                        avg_val_loss,          # 検証時の現在の損失を出力
                        avg_val_acc            # 検証時の現在の精度を出力
                ))


# モデルの概要を出力
model.summary()
```

▼出力

```
epoch(1) train_loss: 1.82 train_acc: 0.3362 val_loss: 1.498 val_acc: 0.4525
.........途中省略.........
epoch(119) train_loss: 0.4831 train_acc: 0.8353 val_loss: 0.4808 val_acc: 0.8433
epoch(120) train_loss: 0.4818 train_acc: 0.8357 val_loss: 0.4799 val_acc: 0.8437
.........モデルのサマリ省略.........
CPU times: user 49min 22s, sys: 21.6 s, total: 49min 43s
Wall time: 48min 59s
```

▼損失と精度の推移をグラフにする

セル7

「**7.1.4 TensorFlow**スタイルでプログラミングした**CNN**に飛行機、自動車、イヌ、ネコなどの**10**種類の画像を認識させてみる」のセル9「損失と精度の推移をグラフにする」のコードを入力

▼出力

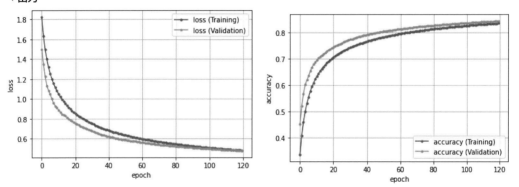

　　オーバーフィッティングはまったく発生していません。逆に、拡張処理を適用していない検証時の方が訓練時を上回っていて、80エポックを過ぎた辺りから徐々にシンクロしている様子が見てとれます。

7.2.6 画像を拡張処理して精度90%を達成する（PyTorch）

拡張処理したデータで学習する過程をPyTorchでプログラミングします。

■CIFAR-10をダウンロードして前処理を行う

torchvision.datasets.CIFAR10()でCIFAR-10をダウンロードし、トランスフォーマーオブジェクトを生成して前処理を行って、ミニバッチごとに読み込みを行うDataLoaderオブジェクトの生成までを行います。

PyTorchでは、データの拡張処理をトランスフォーマーオブジェクトの生成時に指定するようになっています。ここでは、訓練データ用のtransforms.Compose()メソッドの引数リストに以下の3種類の拡張処理を指定しました。

- ・transforms.RandomHorizontalFlip(0.2),　　# 0.2の確率で水平方向反転
- ・transforms.RandomRotation(15),　　# 15度の範囲でランダムに回転
- ・transforms.ColorJitter(brightness=0.3,　　# 明度の変化係数
  　　　　　　　　　saturation=0.3),　　# 彩度の変化係数

▼データの用意とトランスフォーマーオブジェクトによる前処理、DataLoaderオブジェクトの生成まで

```
セル1
'''
1. データの読み込みと前処理
'''
import os
from torchvision import datasets
import torchvision.transforms as transforms
from torch.utils.data import DataLoader


# ダウンロード先のディレクトリ
root = './data'


# トランスフォーマーオブジェクトを生成
transform_train = transforms.Compose(
    [transforms.RandomHorizontalFlip(0.2),      # 0.2の確率で水平方向反転
     transforms.RandomRotation(15),             # 15度の範囲でランダムに回転
     transforms.ColorJitter(brightness=0.3,     # 明度の変化係数
                            saturation=0.3),     # 彩度の変化係数
     transforms.ToTensor(),                     # Tensorオブジェクトに変換
```

```
        transforms.Normalize((0.5), (0.5))    # 平均0.5、標準偏差0.5で正規化
        ])

transform_val = transforms.Compose(
        [transforms.ToTensor(),               # Tensorオブジェクトに変換
         transforms.Normalize((0.5), (0.5))   # 平均0.5、標準偏差0.5で正規化
        ])


# 訓練用データの読み込み(60000セット)
f_mnist_train = datasets.CIFAR10(
        root=root,                            # データの保存先のディレクトリ
        download=True,                        # ダウンロードを許可
        train=True,                           # 訓練データを指定
        transform=transform_train)            # トランスフォーマーオブジェクトを指定


# テスト用データの読み込み(10000セット)
f_mnist_test = datasets.CIFAR10(
        root=root,                            # データの保存先のディレクトリ
        download=True,                        # ダウンロードを許可
        train=False,                          # テストデータを指定
        transform=transform_val)              # トランスフォーマーオブジェクトを指定


# ミニバッチのサイズ
batch_size = 64
# 訓練用のデータローダー
train_dataloader = DataLoader(f_mnist_train,     # 訓練データ
                              batch_size=batch_size,  # ミニバッチのサイズ
                              shuffle=True)      # シャッフルして抽出
# テスト用のデータローダー
test_dataloader = DataLoader(f_mnist_test,       # テストデータ
                             batch_size=batch_size,  # ミニバッチのサイズ
                             shuffle=False)      # シャッフルせずに抽出


# データローダーが返すミニバッチの先頭データの形状を出力
for (x, t) in train_dataloader:                  # 訓練データ
    print(x.shape)
    print(t.shape)
    break


for (x, t) in test_dataloader:                   # テストデータ
    print(x.shape)
```

```
        print(t.shape)
        break
```

▼出力

```
torch.Size([64, 3, 32, 32])
```

```
torch.Size([64])
```

```
torch.Size([64, 3, 32, 32])
```

```
torch.Size([64])
```

■ モデルを定義する

畳み込みニューラルネットワークのモデルを定義します。

▼モデルを定義する

セル2

```
'''
2. モデルの定義
'''
import torch.nn as nn


class CNN(nn.Module):
    '''畳み込みニューラルネットワーク

    Attributes:
        conv1, conv2, conv3, conv4, conv5, conv6 : 畳み込み層
        bn1, bn2, bn3, bn4, bn5, bn6 : 正規化
        pool1, pool2, pool3 : プーリング層
        dropout1, dropout2, dropout3, dropout4 : ドロップアウト
        fc1, fc2 : 全結合層
    '''
    def __init__(self):
        '''モデルの初期化を行う
        '''
        # スーパークラスの__init__()を実行
        super().__init__()

        # 第1層：畳み込み層1
        # (3,32,32) -> (32,32,32)
        self.conv1 = nn.Conv2d(in_channels=3,     # 入力チャネル数
                               out_channels=32,   # 出力チャネル数
```

```python
                             kernel_size=3,          # フィルターサイズ
                             padding=True,           # パディングを行う
                             padding_mode='zeros')
        # 正規化
        self.bn1 = torch.nn.BatchNorm2d(32)


        # 第2層：畳み込み層2
        # (32,32,32) ->(32,32,32)
        self.conv2 = nn.Conv2d(in_channels=32,       # 入力チャネル数
                             out_channels=32,         # 出力チャネル数
                             kernel_size=3,           # フィルターサイズ
                             padding=True,            # パディングを行う
                             padding_mode='zeros')
        # 正規化
        self.bn2 = torch.nn.BatchNorm2d(32)


        # 第3層：プーリング層1
        # (32,32,32) -> (32,16,16)
        self.pool1 = nn.MaxPool2d(2, 2)
        # ドロップアウト1：20%
        self.dropout1 = nn.Dropout2d(0.2)


        # 第4層：畳み込み層3
        # (32,16,16) ->(64,16,16)
        self.conv3 = nn.Conv2d(in_channels=32,       # 入力チャネル数
                             out_channels=64,         # 出力チャネル数
                             kernel_size=3,           # フィルターサイズ
                             padding=True,            # パディングを行う
                             padding_mode='zeros')
        # 正規化
        self.bn3 = torch.nn.BatchNorm2d(64)


        # 第5層：畳み込み層4
        # (64,16,16) ->(64,16,16)
        self.conv4 = nn.Conv2d(in_channels=64,       # 入力チャネル数
                             out_channels=64,         # 出力チャネル数
                             kernel_size=3,           # フィルターサイズ
                             padding=True,            # パディングを行う
                             padding_mode='zeros')
        # 正規化
```

```python
        self.bn4 = torch.nn.BatchNorm2d(64)


        # 第6層：プーリング層2
        # (64,16,16) -> (64,8,8)
        self.pool2 = nn.MaxPool2d(2, 2)
        # ドロップアウト2：30%
        self.dropout2 = nn.Dropout2d(0.3)


        # 第7層：畳み込み層5
        # (64,8,8) ->(128,8,8)
        self.conv5 = nn.Conv2d(in_channels=64,      # 入力チャネル数
                               out_channels=128,    # 出力チャネル数
                               kernel_size=3,       # フィルターサイズ
                               padding=True,        # パディングを行う
                               padding_mode='zeros')
        # 正規化
        self.bn5 = torch.nn.BatchNorm2d(128)


        # 第8層：畳み込み層6
        # (128,8,8) ->(128,8,8)
        self.conv6 = nn.Conv2d(in_channels=128,     # 入力チャネル数
                               out_channels=128,    # 出力チャネル数
                               kernel_size=3,       # フィルターサイズ
                               padding=True,        # パディングを行う
                               padding_mode='zeros')
        # 正規化
        self.bn6 = torch.nn.BatchNorm2d(128)


        # 第9層：プーリング層3
        # (128,8,8) -> (128,4,4)
        self.pool3 = nn.MaxPool2d(2, 2)
        # ドロップアウト3：40%
        self.dropout3 = nn.Dropout2d(0.4)


        # 第10層：全結合層
        # (128,4,4) -> (2048,128)
        self.fc1 = nn.Linear(128 * 4 * 4, 128)
        # ドロップアウト4：40%
        self.dropout4 = nn.Dropout2d(0.4)
```

```python
        # 第11層：出力層
        # (2048,128) -> (128,10)
        self.fc2 = nn.Linear(128, 10)

    def forward(self, x):
        '''CNNの順伝播処理を行う

        Parameters:
          x(ndarray(float32)):訓練データ、またはテストデータ

        Returns(float32):
          出力層からの出力値
        '''
        x = F.relu(self.conv1(x))
        x = self.bn1(x)
        x = F.relu(self.conv2(x))
        x = self.bn2(x)
        x = self.pool1(x)
        x = self.dropout1(x)
        x = F.relu(self.conv3(x))
        x = self.bn3(x)
        x = F.relu(self.conv4(x))
        x = self.bn4(x)
        x = self.pool2(x)
        x = self.dropout2(x)
        x = F.relu(self.conv5(x))
        x = self.bn5(x)
        x = F.relu(self.conv6(x))
        x = self.bn6(x)
        x = self.pool3(x)
        x = self.dropout3(x)

        x = x.view(-1, 128 * 4 * 4)   # フラット化
        x = F.relu(self.fc1(x))
        x = self.dropout4(x)
        x = self.fc2(x)
        return x
```

▼モデルのオブジェクトを生成する

```
セル3
'''
3．モデルの生成
'''
import torch

# 使用可能なデバイス (CPUまたはGPU) を取得する
device = torch.device('cuda' if torch.cuda.is_available() else 'cpu')
# モデルオブジェクトを生成し、使用可能なデバイスを設定する
model = CNN().to(device)


model # モデルの構造を出力
```

▼出力

```
CNN(
  (conv1): Conv2d(3, 32, kernel_size=(3, 3), stride=(1, 1), padding=(True, True))
  (bn1): BatchNorm2d(32, eps=1e-05, momentum=0.1, affine=True, track_running_
stats=True)
  (conv2): Conv2d(32, 32, kernel_size=(3, 3), stride=(1, 1), padding=(True, True))
  (bn2): BatchNorm2d(32, eps=1e-05, momentum=0.1, affine=True, track_running_
stats=True)
  (pool1): MaxPool2d(kernel_size=2, stride=2, padding=0, dilation=1, ceil_
mode=False)
  (dropout1): Dropout2d(p=0.2, inplace=False)
  (conv3): Conv2d(32, 64, kernel_size=(3, 3), stride=(1, 1), padding=(True, True))
  (bn3): BatchNorm2d(64, eps=1e-05, momentum=0.1, affine=True, track_running_
stats=True)
  (conv4): Conv2d(64, 64, kernel_size=(3, 3), stride=(1, 1), padding=(True, True))
  (bn4): BatchNorm2d(64, eps=1e-05, momentum=0.1, affine=True, track_running_
stats=True)
  (pool2): MaxPool2d(kernel_size=2, stride=2, padding=0, dilation=1, ceil_
mode=False)
  (dropout2): Dropout2d(p=0.3, inplace=False)
  (conv5): Conv2d(64, 128, kernel_size=(3, 3), stride=(1, 1), padding=(True, True))
  (bn5): BatchNorm2d(128, eps=1e-05, momentum=0.1, affine=True, track_running_
stats=True)
  (conv6): Conv2d(128, 128, kernel_size=(3, 3), stride=(1, 1), padding=(True, True))
  (bn6): BatchNorm2d(128, eps=1e-05, momentum=0.1, affine=True, track_running_
stats=True)
```

```
    (pool3): MaxPool2d(kernel_size=2, stride=2, padding=0, dilation=1, ceil_
mode=False)
    (dropout3): Dropout2d(p=0.4, inplace=False)
    (fc1): Linear(in_features=2048, out_features=128, bias=True)
    (dropout4): Dropout2d(p=0.4, inplace=False)
    (fc2): Linear(in_features=128, out_features=10, bias=True)
)
```

■損失関数とオプティマイザーの生成、学習と評価を行う関数の定義

　損失関数をクロスエントロピー誤差とし、オプティマイザーにはAdamを使用します。学習率はデフォルトと同じ0.001に設定します。PyTorchでは、正則化の処理をオプティマイザーで行います。Adam()のweight_decayオプションは、L2正則化を適用する際のハイパーパラメーターの値を設定するために用意されています。

▼損失関数とオプティマイザーの生成

セル4

```
'''
4. 損失関数とオプティマイザーの生成
'''
import torch.optim

# クロスエントロピー誤差のオブジェクトを生成
criterion = nn.CrossEntropyLoss()
# 勾配降下アルゴリズムを使用するオプティマイザーを生成
optimizer = torch.optim.Adam(
    model.parameters(),
    lr=0.001,              # 学習率
    weight_decay=0.0001)   # L2正則化のハイパーパラメーター
```

▼学習を行う関数

セル5

```
'''
5. 勾配降下アルゴリズムによるパラメーターの更新処理
'''
def train_step(x, t):
    '''バックプロパゲーションによるパラメーター更新を行う
```

```
    Parameters: x: 訓練データ

                t: 正解ラベル

    Returns:

        CNNの出力と正解ラベルのクロスエントロピー誤差

    '''

    model.train()                      # モデルを訓練(学習)モードにする

    preds = model(x)                   # モデルの出力を取得

    loss = criterion(preds, t)         # 出力と正解ラベルの誤差から損失を取得

    optimizer.zero_grad()              # 勾配を0で初期化(累積してしまうため)

    loss.backward()                    # 逆伝播の処理(自動微分による勾配計算)

    optimizer.step()                   # 勾配降下法の更新式を適用してバイアス、重みを更新


    return loss, preds
```

▼モデルの評価を行う関数

セル6

```
    '''

    6. モデルの評価を行う関数

    '''

def test_step(x, t):

    '''テストデータを入力して損失と予測値を返す


    Parameters: x: テストデータ

                t: 正解ラベル

    Returns:

        CNNの出力と正解ラベルのクロスエントロピー誤差

    '''

    model.eval()                       # モデルを評価モードにする

    preds = model(x)                   # モデルの出力を取得

    loss = criterion(preds, t)         # 出力と正解ラベルの誤差から損失を取得


    return loss, preds
```

■学習を行う

学習率を自動減衰させるスケジューラーを設定して、学習を行います。

▼スケジューラーを設定して学習を行う

```
セル7
%%time
'''
6.モデルを使用して学習する
'''
from sklearn.metrics import accuracy_score


# エポック数
epochs = 120
# 損失と精度の履歴を保存するためのdictオブジェクト
history = {'loss':[], 'accuracy':[], 'test_loss':[], 'test_accuracy':[]}
# 早期終了の判定を行うオブジェクトを生成
ers = EarlyStopping(patience=10, # 監視対象回数
                    verbose=1)    # 早期終了時にメッセージを出力


# 学習状況を監視して学習率を減衰させるスケジューラー
scheduler = torch.optim.lr_scheduler.ReduceLROnPlateau(
    optimizer,          # オプティマイザーを指定
    mode='max',         # 監視対象は最大値
    factor=0.1,         # 学習率を減衰させる割合
    patience=5,         # 監視対象のエポック数
    threshold=0.0001,   # 閾値
    verbose=True        # 学習率を減衰させた場合に通知する
    )


# 学習を行う
for epoch in range(epochs):
    train_loss = 0.    # 訓練1エポックあたりの損失を保持する変数
    train_acc = 0.     # 訓練1エポックごとの精度を保持する変数
    test_loss = 0.     # 検証1エポックごとの損失を保持する変数
    test_acc = 0.      # 検証1エポックごとの精度を保持する変数

    # 1ステップにおける訓練用ミニバッチを使用した学習
    for (x, t) in train_dataloader:
```

```python
        # torch.Tensorオブジェクトにデバイスを割り当てる
        x, t = x.to(device), t.to(device)
        loss, preds = train_step(x, t)  # 損失と予測値を取得
        train_loss += loss.item()            # ステップごとの損失を加算
        train_acc += accuracy_score(
            t.tolist(),
            preds.argmax(dim=-1).tolist()
        )                                # ステップごとの精度を加算

    # 1ステップにおけるテストデータのミニバッチを使用した評価
    for (x, t) in test_dataloader:
        # torch.Tensorオブジェクトにデバイスを割り当てる
        x, t = x.to(device), t.to(device)
        loss, preds = test_step(x, t)   # 損失と予測値を取得
        test_loss += loss.item()            # ステップごとの損失を加算
        test_acc += accuracy_score(
            t.tolist(),
            preds.argmax(dim=-1).tolist()
        )                                # ステップごとの精度を加算

    # 訓練時の損失の平均値を取得
    avg_train_loss = train_loss / len(train_dataloader)
    # 訓練時の精度の平均値を取得
    avg_train_acc = train_acc / len(train_dataloader)
    # 検証時の損失の平均値を取得
    avg_test_loss = test_loss / len(test_dataloader)
    # 検証時の精度の平均値を取得
    avg_test_acc = test_acc / len(test_dataloader)

    # 訓練データの履歴を保存する
    history['loss'].append(avg_train_loss)
    history['accuracy'].append(avg_train_acc)
    # テストデータの履歴を保存する
    history['test_loss'].append(avg_test_loss)
    history['test_accuracy'].append(avg_test_acc)

    # 1エポックごとに結果を出力
    if (epoch + 1) % 1 == 0:
        print(
            'epoch({}) train_loss: {:.4} train_acc: {:.4} val_loss: {:.4} val_acc: {:.4}'.format(
```

```
            epoch+1,
            avg_train_loss,   # 訓練データの損失を出力
            avg_train_acc,    # 訓練データの精度を出力
            avg_test_loss,    # テストデータの損失を出力
            avg_test_acc      # テストデータの精度を出力
        ))
    # スケジューラー
    scheduler.step(avg_test_acc)
```

▼出力

```
epoch(1) train_loss: 1.629 train_acc: 0.4057 val_loss: 1.348 val_acc: 0.5121
.........途中省略.........
epoch(118) train_loss: 0.4346 train_acc: 0.8504 val_loss: 0.5039 val_acc: 0.8273
epoch(119) train_loss: 0.4413 train_acc: 0.8479 val_loss: 0.5116 val_acc: 0.8347
epoch(120) train_loss: 0.4294 train_acc: 0.8516 val_loss: 0.5036 val_acc: 0.8312
CPU times: user 1h 23min 48s, sys: 4min 15s, total: 1h 28min 3s
Wall time: 1h 28min 10s
```

損失の推移をグラフにしてみます。

▼損失のグラフを描画

セル7

```
import matplotlib.pyplot as plt
%matplotlib inline

plt.plot(
    history['loss'], marker='.', label='loss (Training)')
plt.plot(
    history['test_loss'], marker='.', label='loss (Test)')
plt.legend(loc='best')
plt.grid()
plt.xlabel('epoch')
plt.ylabel('loss')
plt.show()
```

▼出力されたグラフ

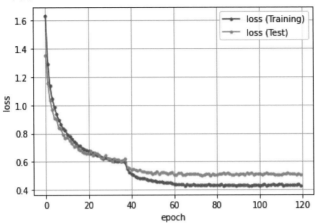

▼精度のグラフを描画

セル8

```
plt.plot(history['accuracy'], marker='.', label='accuracy (Training)')
plt.plot(history['test_accuracy'], marker='.', label='accuracy (Test)')
plt.legend(loc='best')
plt.grid()
plt.xlabel('epoch')
plt.ylabel('accuracy')
plt.show()
```

▼精度

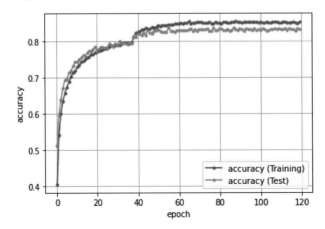

8章

人間と機械のセマンティックギャップをなくす試み

8.1 CNNで「特徴認識」に近い二値分類、「Dogs vs. Cats」データセットを学習する

　一般物体認識の難しさは、**セマンティックギャップ***の存在が原因だといわれています。例えば、イヌとネコというカテゴリであっても、それぞれに様々な体型や色、種類がありますが、人間はイヌやネコが何であるかという概念を持っているので、どんな体型や色であっても、簡単に見分けることができます。しかし、コンピューターに見分けさせようとすると、イヌとネコの本質的な部分がわからないので、何かしらの工夫が必要です。

8.1.1 Dogs vs. Cats

　分析コンペティションを常時開設している「**Kaggle**（カグル）」（https://www.kaggle.com/）という有名なサイトがあります。分析コンペ「Dogs vs. Cats Redux: Kernels Edition」では、課題として提出されたイヌとネコのカラー画像25,000枚をディープラーニングによって学習し、その精度を競うというものでした。

　現在も常設コンペとして開催されているので、Kaggleのサイトにログインすれば無料でデータセットを入手できますが、幸いなことにGoogle社のサイトでスケールダウンしたサブセット版を入手できるようになっています。プログラム上からダウンロードして利用できるので、これを利用することにしましょう。

■データセットのダウンロード

　ダウンロード先のURLは、

　　　https://storage.googleapis.com/mledu-datasets/cats_and_dogs_filtered.zip

となっていますので、さっそくダウンロードして、ノートブックと同じディレクトリの「tmp」フォルダーに保存してみましょう。

---

*セマンティックギャップ（semantic gap）　人間とハードウェアとの隔たりのことを指す。

▼データセットのダウンロード

セル1

```
import os
import tensorflow as tf
from tensorflow.keras.preprocessing import image_dataset_from_directory


# データセットのダウンロード
# Kaggle の Dogs vs Cats データセットをフィルタリングしたバージョンを使用
# データセットのアーカイブバージョンをダウンロードし、"/tmp/"ディレクトリに保存
_URL = 'https://storage.googleapis.com/mledu-datasets/cats_and_dogs_filtered.zip'
path_to_zip = tf.keras.utils.get_file('cats_and_dogs.zip', origin=_URL, extract=True)
PATH = os.path.join(os.path.dirname(path_to_zip), 'cats_and_dogs_filtered')


# 訓練および検証データのファイルパスを変数に格納
train_dir = os.path.join(PATH, 'train')
validation_dir = os.path.join(PATH, 'validation')
# 訓練および検証データにおけるネコとイヌのディレクトリを変数に格納
train_cats_dir = os.path.join(train_dir, 'cats')          # 訓練用のネコ画像のディレクトリ
train_dogs_dir = os.path.join(train_dir, 'dogs')          # 訓練用のイヌ画像のディレクトリ
validation_cats_dir = os.path.join(validation_dir, 'cats')  # 検証用のネコ画像のディレクトリ
validation_dogs_dir = os.path.join(validation_dir, 'dogs')  # 検証用のイヌ画像のディレクトリ
```

データセットに含まれる画像の枚数を出力してみましょう。

▼画像の枚数を出力

セル2

```
# 画像の枚数を出力
num_cats_tr = len(os.listdir(train_cats_dir))           # 訓練用の'cats'フォルダー
num_dogs_tr = len(os.listdir(train_dogs_dir))           # 訓練用の'dogs'フォルダー
print('training cat images:', num_cats_tr)
print('training dog images:', num_dogs_tr)


num_cats_val = len(os.listdir(validation_cats_dir))     # 検証用の'cats'フォルダー
num_dogs_val = len(os.listdir(validation_dogs_dir))     # 検証用の'dogs'フォルダー
print('validation cat images:', num_cats_val)
print('validation dog images:', num_dogs_val)


total_train = num_cats_tr + num_dogs_tr                 # 訓練用のすべての画像
total_val = num_cats_val + num_dogs_val                 # 検証用のすべての画像
print("Total training images:", total_train)
```

```
print("Total validation images:", total_val)
```

▼出力

```
training cat images: 1000
training dog images: 1000
validation cat images: 500
validation dog images: 500
Total training images: 2000
Total validation images: 1000
```

訓練用のデータが2,000セット（ネコ1,000、イヌ1,000）、検証用のデータが1,000セット（ネコ500、イヌ500）あります。

■データを前処理して一部の画像を出力してみる

本番に備えてデータの前処理を行ってみます。前処理では、ピクセルデータを0～1の値に変換し、画像のサイズを150×150ピクセルにリサイズし、正解ラベルとしてネコに0を、イヌに1を割り当てることにします。

これらの処理はImageDataGeneratorの一連の処理の中で行えます。今回使用するのはJPEG形式の画像データなので、CNNに入力できるように4階テンソルの形状にする必要があります。ImageDataGenerator()のrescaleオプションで、

rescale=1.0 / 255

とすることで、RGB値を0～1の範囲に変換することができます。

一方、ImageDataGeneratorへのデータセットの適用にあたっては、今回のデータはディレクトリに保存されたものを利用しますので、

tensorflow.keras.preprocessing.image.ImageDataGenerator.flow_from_directory()

というメソッドを使用します。このメソッドには、class_modeというオプションがあり、'categorical'を指定した場合はマルチクラス分類用のOne-Hotエンコードのラベルが割り当てられ、'binary'を指定した場合は二値分類用の0と1のラベルが割り当てられます。

データが分類ごとにディレクリに保存されていることを前提に、ディレクトリの情報を使って数値のラベルを割り当てる仕組みです。

● **tensorflow.keras.preprocessing.image.ImageDataGenerator.flow_from_directory()**

指定したディレクトリの画像をImageDataGeneratorに適用し、正解ラベルを含むバッチデータを生成します。

書式	flow_from_directory(
	    directory, target_size=(256, 256), color_mode='rgb',
	    classes=None, class_mode='categorical',
	    batch_size=32, shuffle=True, seed=None,
	    save_to_dir=None, save_prefix='', save_format='png',
	    follow_links=False, subset=None, interpolation='nearest'
	)	

引数	directory	ターゲットディレクトリへのパス。クラスごとに1つのサブディレクトリが含まれている必要があります。
	target_size	画像のサイズを整数のタプルで (height, width) のように指定します。すべての画像が、指定したサイズにリサイズされます。
	color_mode	カラーモードとして、'grayscale'、'rgb'、'rgba'のいずれかを指定します。デフォルトは'rgb'です。
	classes	クラスとしてのサブディレクトリをリスト形式で指定します。デフォルトのNoneの場合は、クラスのリストは、データセット下のサブディレクトリ名から自動的に推測されます。各サブディレクトリは異なるクラスとして扱われます。この場合、ラベルインデックスにマッピングされるクラスの順序は英数字順になります。
	class_mode	'categorical'、'binary'、'sparse'、'input'、Noneのいずれかを指定します。'categorical'はOne-Hotエンコードラベル、'binary'はバイナリラベル（0と1）、'sparse'は整数ラベル、'input'は同一の画像になります。デフォルトのNoneの場合、ラベルは返されません。
	batch_size	ミニバッチのサイズ。
	shuffle	データをシャッフルするかどうか（デフォルトはTrue）。Falseに設定すると、データが英数字順にソートされます。
	seed	シャッフルするためのオプションのランダムシード。
	save_to_dir	生成される拡張画像を保存するディレクトリを指定できます。
	save_prefix	save_to_dirを指定した場合に、保存された画像のファイル名に使用するプレフィックスを指定できます。
	save_format	save_to_dirを指定した場合に、保存形式として'png'、'jpeg'のいずれかを指定します。デフォルトは'png'。
	follow_links	クラスサブディレクトリ内のリンクをさらに探索するかどうかを指定します。デフォルトはFalse（探索しない）。
	subset	ImageDataGeneratorにvalidation_splitが設定されている場合、'training'または'validation'を指定します。
	interpolation	ロードされた画像をリサイズする場合、画像をリサンプリングする方法として'nearest'、'bilinear'、'bicubic'のいずれかを指定します。デフォルトは'nearest'。

▼ ジェネレーターを生成し、画像を加工処理する

セル3

```
# ジェネレーターを生成し、画像を加工処理する
from tensorflow.keras.preprocessing.image import ImageDataGenerator


# データセットの前処理およびネットワークの学習中に使用する変数を設定
batch_size = 32
epochs = 15
IMG_HEIGHT = 150
IMG_WIDTH = 150


# ジェネレーターの生成
# 1.ディスクから画像を読み取る
# 2.画像のコンテンツをデコードし、RGB値に従って適切なグリッド形式に変換
# 3.浮動小数点数型Tensorオブジェクトに変換
# 4.テンソルを0〜255の値から0〜1の値にリスケーリング
train_image_generator = ImageDataGenerator(rescale=1./255)          # 学習データ
validation_image_generator = ImageDataGenerator(rescale=1./255)     # 検証データ


# flow_from_directory()メソッドでディスクから画像を読み込み、
# リスケーリングを適用し、画像を必要な大きさにリサイズ
# 訓練データ
train_data_gen = train_image_generator.flow_from_directory(
    batch_size=batch_size,                       # ミニバッチのサイズ
    directory=train_dir,                         # 抽出先のディレクトリ
    shuffle=True,                                # 抽出する際にシャッフルする
    target_size=(IMG_HEIGHT, IMG_WIDTH),         # 画像をリサイズ
    class_mode='binary')                         # 正解ラベルを0と1に変換


# 検証データ
val_data_gen = validation_image_generator.flow_from_directory(
    batch_size=batch_size,                       # ミニバッチのサイズ
    directory=validation_dir,                    # 抽出先のディレクトリ
    target_size=(IMG_HEIGHT, IMG_WIDTH),         # 画像をリサイズ
    class_mode='binary')                         # 正解ラベルを0と1に変換
```

　flow_from_directory()メソッドが優秀なのは、画像データの格納先ディレクトリを指定すれば、画像のリサイズから正解ラベルの生成までを自動的に行うことです。画像の縦横のサイズを指定すれば、読み込んだ画像をすべて指定されたサイズにリサイズします。「Dogs vs. Cats」の画像サイズはバラバラですが、すべて同じサイズにそろえることができます。

　一方、マルチクラス分類の場合、各画像をそれぞれのクラスごとのフォルダーに格納しておけば、One-Hotエンコーディングされた正解ラベルとして2階テンソルを自動的に生成し、4階テンソルに格納した画像データと共に返してくれます。今回のデータはcat、dogsフォルダーに格納されているので、二値分類として2値（0または1）の正解ラベルを格納した1階テンソルが生成されます。

　このようにして生成された画像データの4階テンソルおよび正解ラベルの2階または1階テンソルは、DirectoryIteratorクラスのオブジェクトに格納された状態で返されます。Directory Iteratorは、イテレート（繰り返し処理）が可能なオブジェクトなので、実際に学習を行う際に次のように設定します。

```
model.fit_generator(
    train_generator,  # 訓練データとしてのImageDataGeneratorオブジェクト
    epochs=epochs,    # 学習回数
    verbose=1,        # 学習の進捗状況を出力する
    # テストデータとしてのImageDataGeneratorオブジェクト
    validation_data=validation_generator
)
```

　訓練データのImageDataGeneratorオブジェクトは、1回の学習ごとにミニバッチの数だけ生成した4階テンソルの画像データと正解ラベルを返してきます。

　テストデータについても同様に、ImageDataGeneratorオブジェクトからテストデータの画像を格納した4階テンソルと正解ラベルが返されることで、学習終了後にテストが行われます。

　では、実際にどのように正解ラベルが生成されたのかを確認してみます。ラベルの割り当ては、DirectoryIteratorクラスのclass_indicesプロパティで調べることができます。

▼正解ラベルの割り当てを確認する

```
セル4
print(train_generator.class_indices)
print(validation_generator.class_indices)
```

▼出力

```
{'cats': 0, 'dogs': 1}
{'cats': 0, 'dogs': 1}
```

　訓練データとテストデータのラベルの割り当て状況を出力してみました。ネコが0で、イヌが1なので、CNNの出力は、イヌである確率（出力が1に近いほどイヌで、0に近いほどネコ）になります。判定する場合は、0.5を閾値として0.5未満ならネコ、0.5以上ならイヌです。

■画像を可視化してみる

ランダムに生成した画像20セットを出力してみます。

▼訓練用画像の可視化

```
セル5
```

```
import matplotlib.pyplot as plt


# 学習用のジェネレーターからミニバッチを抽出

sample_training_images, _ = next(train_data_gen)


# この関数は、1行5列のグリッド形式で画像をプロットし、画像は各列に配置されます。

def plotImages(images_arr):
    fig, axes = plt.subplots(5, 4, figsize=(12,12))
    axes = axes.flatten()
    for img, ax in zip(images_arr, axes):
        ax.imshow(img)
        ax.axis('off')
    plt.tight_layout()
    plt.show()


plotImages(sample_training_images[:20])
```

▼出力

リスケーリングされていますが、様々なパターンのネコとイヌの写真が確認できます。

8.1.2 ネコとイヌを認識させてみる

KerasスタイルでCNNのモデルを作成し、ネコとイヌの画像を分類してみることにします。

■データのダウンロード

データセットをダウンロードします。

▼データをダウンロードする

```
セル1
import os
import tensorflow as tf


# データセットのダウンロード
# Kaggle の Dogs vs Cats データセットをフィルタリングしたバージョンを使用
# データセットのアーカイブバージョンをダウンロードし、"/tmp/"ディレクトリに保存
_URL = 'https://storage.googleapis.com/mledu-datasets/cats_and_dogs_filtered.zip'
path_to_zip = tf.keras.utils.get_file('cats_and_dogs.zip', origin=_URL,
extract=True)
PATH = os.path.join(os.path.dirname(path_to_zip), 'cats_and_dogs_filtered')


# 訓練および検証データのファイルパスを変数に格納
train_dir = os.path.join(PATH, 'train')
validation_dir = os.path.join(PATH, 'validation')
```

■データジェネレーターを生成する関数の定義

データジェネレーターを生成する関数を定義します。

▼データジェネレーターを生成する関数の定義

```
セル2
'''
2. ジェネレーターを生成し、画像を加工処理する
'''
from tensorflow.keras.preprocessing.image import ImageDataGenerator

def ImageDataGenerate(train_dir, validation_dir):
    """画像を加工処理する
```

```
    Returns:
        train_generator(DirectoryIterator):
            訓練データのジェネレーター
        validation_generator(DirectoryIterator):
            検証データのジェネレーター
    """
    # データセットの前処理およびネットワークの学習中に使用する変数を設定
    batch_size = 32
    IMG_HEIGHT = 224
    IMG_WIDTH = 224


    # ジェネレーターの生成
    # 訓練データ
    train_image_generator = ImageDataGenerator(
        rescale=1./255,
        rotation_range=15,
        shear_range=0.2,
        zoom_range=0.2,
        horizontal_flip=True,
        fill_mode='nearest',
        width_shift_range=0.1,
        height_shift_range=0.1
        )
    # 検証データ
    validation_image_generator = ImageDataGenerator(rescale=1./255)


    # flow_from_directory() メソッドでディスクから画像を読み込み、
    # リスケーリングを適用して画像を必要な大きさにリサイズ
    # 訓練データ
    train_data_gen = train_image_generator.flow_from_directory(
        batch_size=batch_size,                      # ミニバッチのサイズ
        directory=train_dir,                        # 抽出先のディレクトリ
        shuffle=True,                               # 抽出する際にシャッフルする
        target_size=(IMG_HEIGHT, IMG_WIDTH),        # 画像をリサイズ
        class_mode='binary')                        # 正解ラベルを0と1に変換


    # 検証データ
    val_data_gen = validation_image_generator.flow_from_directory(
        batch_size=batch_size,                      # ミニバッチのサイズ
```

```
        directory=validation_dir,           # 抽出先のディレクトリ
        target_size=(IMG_HEIGHT, IMG_WIDTH), # 画像をリサイズ
        class_mode='binary')                 # 正解ラベルを0と1に変換


    # 生成した訓練データと検証データを返す
    return train_data_gen, val_data_gen
```

■モデルの生成から学習までを実行する関数の定義

モデルを生成して学習を実行するまでの処理をtrain_CNN()として定義します。8層構造の
モデルを使用します。

▼モデルの生成から学習までを実行する関数

```
セル3
'''
3. モデルの生成から学習までを実行する関数
'''
from tensorflow.keras.models import Sequential
from tensorflow.keras.layers import Conv2D, Dense, Dropout, MaxPooling2D, Flatten
from tensorflow.keras import optimizers


def train_CNN(train_data_gen, val_data_gen):
    """CNNで学習する

    Returns:
      history(Historyオブジェクト)
    """
    # 画像のサイズを取得
    image_size = len(train_data_gen[0][0][0])
    # 入力データの形状をタプルにする
    input_shape = (image_size, image_size, 3)
    # ミニバッチのサイズを取得
    batch_size = len(train_data_gen[0][0])
    # 訓練データの数を取得 (バッチの数×ミニバッチサイズ)
    total_train = len(train_data_gen) * batch_size
    # 検証データの数を取得 (バッチの数×ミニバッチサイズ)
    total_validate = len(val_data_gen) * batch_size

    # モデルを構築
    model = Sequential()
```

```python
# （第1層）畳み込み層
model.add(
    Conv2D(
        filters=32,                      # フィルターの数は32
        kernel_size=(3, 3),              # 3×3のフィルターを使用
        input_shape=input_shape,  # 入力データの形状
        padding='same',                  # ゼロパディングを行う
        activation='relu'                # 活性化関数はReLU
        ))
# （第2層）プーリング層
model.add(
    MaxPooling2D(pool_size=(2, 2))
)
# ドロップアウト25%
model.add(Dropout(0.25))


# （第3層）畳み込み層
model.add(
    Conv2D(
        filters=32,            # フィルターの数は32
        kernel_size=(3, 3),    # 3×3のフィルターを使用
        activation='relu'      # 活性化関数はReLU
        ))
# （第4層）プーリング層
model.add(
    MaxPooling2D(pool_size=(2, 2))
)
# ドロップアウト25%
model.add(Dropout(0.25))


# （第5層）畳み込み層
model.add(
    Conv2D(filters=64,         # フィルターの数は64
        kernel_size=(3, 3),    # 3×3のフィルターを使用
        activation='relu'      # 活性化関数はReLU
        ))
# （第6層）プーリング層
model.add(
    MaxPooling2D(pool_size=(2, 2)))
```

```python
# ドロップアウト25%
model.add(Dropout(0.25))


# Flatten層
# 出力層への入力を4階テンソルから2階テンソルに変換する
model.add(Flatten())


# (第7層)全結合層
model.add(
    Dense(64,                   # ニューロン数は64
        activation='relu'))   # 活性化関数はReLU
# ドロップアウト50%
model.add(Dropout(0.5))


# (第8層)出力層
model.add(
    Dense(
        1,                      # ニューロン数は1個
        activation='sigmoid'))  # 活性化関数はsigmoid


# モデルのコンパイル
model.compile(
    loss='binary_crossentropy',  # バイナリ用のクロスエントロピー誤差
    metrics=['accuracy'],        # 学習評価として正解率を指定
    # Adamアルゴリズムで最適化
    optimizer=optimizers.Adam(),
)


# モデルのサマリを表示
model.summary()


# ファインチューニングモデルで学習する
epochs = 60   # エポック数
history = model.fit(
    # 訓練データ
    train_data_gen,
    # エポック数
    epochs=epochs,
    # 検証データ
    validation_data=val_data_gen,
```

```
        # 検証時のステップ数
        validation_steps=total_validate//batch_size,
        # 訓練時のステップ数
        steps_per_epoch=total_train//batch_size,
        # 学習の進捗状況を出力する
        verbose=1
    )


    # historyを返す
    return history
```

■学習を行う

データジェネレーターを取得し、学習を行います。

▼学習を行う

```
セル4
%%time
'''
4. 学習を行う
'''
# データジェネレーターを取得
train_data_gen, val_data_gen = ImageDataGenerate(train_dir, validation_dir)
history = train_CNN(train_data_gen, val_data_gen)
```

▼出力

```
Found 2000 images belonging to 2 classes.
Found 1000 images belonging to 2 classes.
Model: "sequential"
```

Layer (type)	Output Shape	Param #
conv2d (Conv2D)	(None, 224, 224, 32)	896
max_pooling2d (MaxPooling2D)	(None, 112, 112, 32)	0
dropout (Dropout)	(None, 112, 112, 32)	0
conv2d_1 (Conv2D)	(None, 110, 110, 32)	9248
max_pooling2d_1 (MaxPooling2	(None, 55, 55, 32)	0

dropout_1 (Dropout)	(None, 55, 55, 32)	0
conv2d_2 (Conv2D)	(None, 53, 53, 64)	18496
max_pooling2d_2 (MaxPooling2	(None, 26, 26, 64)	0
dropout_2 (Dropout)	(None, 26, 26, 64)	0
flatten (Flatten)	(None, 43264)	0
dense (Dense)	(None, 64)	2768960
dropout_3 (Dropout)	(None, 64)	0
dense_1 (Dense)	(None, 1)	65

```
Total params: 2,797,665
Trainable params: 2,797,665
Non-trainable params: 0

Epoch 1/60
63/63 [==============================] - 30s 424ms/step
  - loss: 0.7683 - accuracy: 0.5032 - val_loss: 0.6931 - val_accuracy: 0.5010
.........途中省略.........
Epoch 59/60
63/63 [==============================] - 26s 420ms/step
  - loss: 0.4334 - accuracy: 0.7809 - val_loss: 0.4559 - val_accuracy: 0.7800
Epoch 60/60
63/63 [==============================] - 27s 424ms/step
  - loss: 0.4329 - accuracy: 0.7985 - val_loss: 0.4469 - val_accuracy: 0.7820
CPU times: user 28min 6s, sys: 1min 3s, total: 29min 9s
Wall time: 26min 37s
```

▼**学習の推移をグラフにする**

セル5

```
%matplotlib inline
import matplotlib.pyplot as plt


def plot_acc_loss(history):
    # 精度の推移をプロット
    plt.plot(history.history['accuracy'],"-",label="accuracy")
    plt.plot(history.history['val_accuracy'],"-",label="val_acc")
    plt.title('accuracy')
    plt.xlabel('epoch')
    plt.ylabel('accuracy')
```

```
    plt.legend(loc="lower right")

    plt.show()


    #  損失の推移をプロット

    plt.plot(history.history['loss'],"-",label="loss",)

    plt.plot(history.history['val_loss'],"-",label="val_loss")

    plt.title('loss')

    plt.xlabel('epoch')

    plt.ylabel('loss')

    plt.legend(loc='upper right')

    plt.show()


#  損失と精度をグラフに出力

plot_acc_loss(history)
```

▼出力

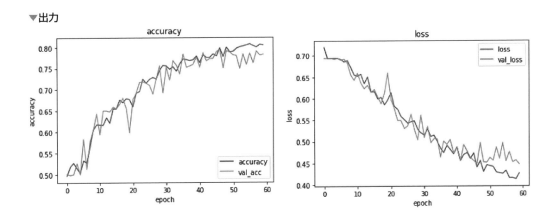

テストデータによるネコとイヌの識別は、正解率が78.2％となりました。データ拡張も行い
ましたが、識別するのはなかなか難しいようです。そこで、次節では「転移学習」を用いて認
識精度を引き上げてみたいと思います。

8.2 「転移学習」でイヌとネコを高精度で分類する

Kerasには、大規模なデータセットで学習した結果を利用できるように、Pythonのクラスとして移植した「学習済みモデル」が用意されています。今回は、これを利用してイヌとネコの識別を行ってみます。

8.2.1 自前のFC層に大規模なデータ学習済みのVGG16モデルを結合する

すでに学習済みのモデルを使って任意のデータを学習することを**転移学習**と呼びます。学習済みのモデルを利用するのですから、高精度の結果が期待できます。Kerasには、いくつかの転移学習用のモデルが用意されていて、今回は、その中から「VGG16」というモデルを使ってみることにします。VGG16は、米Oxford大学のVisual Geometry Groupという研究室に所属する2人の研究者がVGGというグループ名で開発した学習済みモデルです。VGG16は16層（プーリング層とFlatten層はカウントしない）の畳み込みニューラルネットワークで、ImageNetという大規模な画像データセットの学習を進めることで、1,000カテゴリのマルチクラス分類を行いました。このモデルをKerasでは、keras.applications.vgg16.VGG16クラスとして移植しています。

右ページの図は、VGG16モデルの構造です。入力層は、デフォルトで(224, 224, 3)の3階テンソルを画像の枚数だけ入力するようになっていますが、画像の縦、横のサイズは48以上であれば任意のサイズにできるので、入力画像を(150, 150, 3)としたときのVGG16の各ブロックのアウトプットを示しています。アウトプットは画像の枚数を含むので4階テンソルです。

ただし、最終出力は1,000カテゴリの分類なので、ニューロンの数が1,000です。このままだとイヌとネコの二値分類には使用できないので、出力側のFC層（全結合層：Full connected layer）は使用せずに、直前の畳み込みブロックまでを使うことにします。最後のFC層を独自のものに置き換えて、最終出力を1個のニューロンのみにして二値分類を行います。このように、出力側のFC層を独自のものに置き換えて学習し直すと、画像認識においてはうまくいくことが経験的に知られています。ただ、うまくいく理由について理論的なことはわかっていませんが、CNNの下位の層で画像を認識するために必要な各画像の特徴が抽出されているのは間違いありません。

▼VGG16モデル

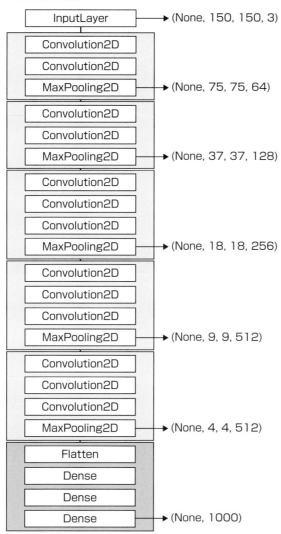

●keras.applications.vgg16.VGG16()

ImageNetで事前学習した重みを利用できるVGG16モデルのModelオブジェクトを生成します。

書式	VGG16(　　　include_top=True, 　　　weights='imagenet', 　　　input_tensor=None, 　　　input_shape=None, 　　　classes=1000)	
引数	include_top	ネットワークの出力側にある3つの全結合層を含むかどうかを指定します。デフォルトはTrue（含む）。
	weights	'imagenet' を指定するとImageNetで学習した重みが使用されます。Noneを指定すると、重みがランダムな値で初期化されます。
	input_tensor	オプション。モデルの入力画像として利用するためのKerasテンソル（layers.Input()で生成した入力層のオブジェクト）を指定します。
	input_shape	入力画像の形状を(height, width, channel)のタプルで指定します。 include_topがFalseの場合に指定できます。デフォルトは (224, 224, 3) です。width と height は48以上にする必要があります。
	classes	画像のクラス分類のためのクラス数。include_topがTrue、なおかつweightsが指定されていない場合のみ指定可能。

8.2.2 ファインチューニングを行って、さらに認識精度を引き上げる

転移学習では、VGG16モデルに独自のFC層を結合したモデルによる学習を行います。

一方、畳み込みニューラルネットワークでは、浅い層ほどエッジなどの汎用的な特徴が抽出されるのに対し、深い層ほど訓練データに特化した特徴が抽出される傾向があります。そこで、VGG16の最後の層以外の層については重みを当初の状態で固定（凍結）し、最後の畳み込み層が含まれる第5ブロックの重みだけについて、今回のDog vs. Catの訓練データにマッチするように再度、学習を行わせるようにします。このような手法を**ファインチューニング**（fine-tuning）と呼びます。

■データのダウンロードとデータジェネレーターの生成

データのダウンロードとデータジェネレーターの生成を行う関数を定義しておきます。

▼データのダウンロード

セル1
・「8.1.2 ネコとイヌを認識させてみる」のセル1「データをダウンロードする」のコードを入力

▼データジェネレーターを生成する関数

セル2
・「8.1.2 ネコとイヌを認識させてみる」のセル2「ジェネレーターを生成し、画像を加工処理する」のコードを入力

■ファインチューニングで認識精度を95%まで上げる

次ページの図は、今回作成する、VGG16とFC層を結合したモデルの構造です。図のように、VGG16モデルの第4ブロックまでは重みを固定（凍結）し、第5ブロックの重みを今回のデータに合わせて学習することにします。なお、精度を向上させるために、データ拡張の処理を加えると共に、最適化処理を行うオプティマイザーとして、学習率を小さ目に設定したRMSpropを使用することにします。

▼VGG16モデル

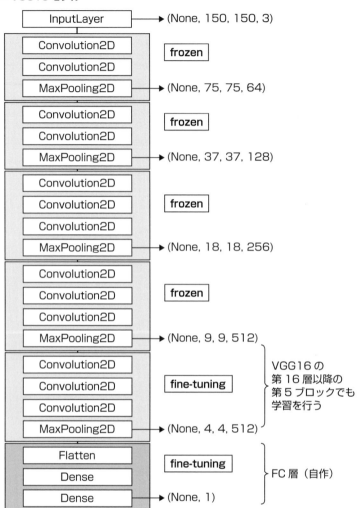

■VGG16をファインチューニングして学習を実行する関数の定義

VGG16の第5ブロック（第16層～）を学習可能な状態にして、独自のFC層を連結したモデルを生成し、学習までを行う関数を定義します。

▼モデルを生成し学習を行う関数の定義

セル3

```
'''
3. モデルを生成して学習を行う
'''
from tensorflow.keras.models import Sequential
from tensorflow.keras.layers import Dense, Dropout, GlobalMaxPooling2D
from tensorflow.keras import optimizers
from tensorflow.keras.applications import VGG16
from tensorflow.keras.callbacks import LearningRateScheduler
import math


def train_FClayer(train_data_gen, val_data_gen):
    """ファインチューニングしたVGG16で学習する

    Returns:
      history(Historyオブジェクト)
    """
    # 画像のサイズを取得
    image_size = len(train_data_gen[0][0][0])
    # 入力データの形状をタプルにする
    input_shape = (image_size, image_size, 3)
    # ミニバッチのサイズを取得
    batch_size = len(train_data_gen[0][0])
    # 訓練データの数を取得 (バッチの数×ミニバッチサイズ)
    total_train = len(train_data_gen) * batch_size
    # 検証データの数を取得 (バッチの数×ミニバッチサイズ)
    total_validate = len(val_data_gen) * batch_size

    # VGG16モデルを学習済みの重みと共に読み込む
    pre_trained_model = VGG16(
        include_top=False,        # 全結合層 (FC) は読み込まない
        weights='imagenet',       # ImageNetで学習した重みを利用
        input_shape=input_shape   # 入力データの形状
```

```
)

for layer in pre_trained_model.layers[:15]:
    # 第1～15層の重みを凍結
    layer.trainable = False

for layer in pre_trained_model.layers[15:]:
    # 第16層以降の重みを更新可能にする
    layer.trainable = True

# Sequentualオブジェクトを生成
model = Sequential()

# VGG16モデルを追加
model.add(pre_trained_model)

# (batch_size, rows, cols, channels) の4階テンソルに
# プーリング演算適用後、(batch_size, channels) の2階テンソルにフラット化
model.add(
    GlobalMaxPooling2D())

# 全結合層
model.add(
    Dense(512,                    # ユニット数512
          activation='relu')      # 活性化関数はReLU
)
# 50%のドロップアウト
model.add(Dropout(0.5))

# 出力層
model.add(
    Dense(1,                      # ユニット数1
          activation='sigmoid')   # 活性化関数はSigmoid
)

# モデルのコンパイル
model.compile(loss='binary_crossentropy',
              optimizer=optimizers.RMSprop(lr=1e-5),
              metrics=['accuracy'])

# コンパイル後のサマリを表示
```

```
model.summary()


# 学習率をスケジューリングする
def step_decay(epoch):
    initial_lrate = 0.00001  # 学習率の初期値
    drop = 0.5               # 減衰率は50%
    epochs_drop = 10.0       # 10エポックごとに減衰する
    lrate = initial_lrate * math.pow(
        drop,
        math.floor((epoch)/epochs_drop)
    )
    return lrate


# 学習率のコールバック
lrate = LearningRateScheduler(step_decay)


# ファインチューニングモデルで学習する
epochs = 40    # エポック数
history = model.fit(
    # 訓練データ
    train_data_gen,
    # エポック数
    epochs=epochs,
    # 検証データ
    validation_data=val_data_gen,
    # 検証時のステップ数
    validation_steps=total_validate//batch_size,
    # 訓練時のステップ数
    steps_per_epoch=total_train//batch_size,
    # 学習の進捗状況を出力する
    verbose=1,
    # 学習率のスケジューラーをコール
    callbacks=[lrate]
)


# historyを返す
return history
```

■学習の実行

ファインチューニングしたVGG16による転移学習を実行します。

▼ファインチューニングしたVGG16で学習する

セル4

```
%%time
'''
4．学習を行う
'''
# ジェネレーターで加工する
train_data_gen, val_data_gen = ImageDataGenerate(train_dir, validation_dir)
# VGG16の出力をFCネットワークで学習
history = train_FClayer(train_data_gen, val_data_gen)
```

▼出力

```
=================================================================
vgg16 (Functional)           (None, 7, 7, 512)     14714688
global_max_pooling2d (Global (None, 512)           0
dense (Dense)                (None, 512)           262656
dropout (Dropout)            (None, 512)           0
dense_1 (Dense)              (None, 1)             513
=================================================================
Total params: 14,977,857
Trainable params: 7,342,593
Non-trainable params: 7,635,264
Epoch 1/40
63/63 [==============================] - 36s 516ms/step
  - loss: 0.7204 - accuracy: 0.5571 - val_loss: 0.4061 - val_accuracy: 0.8680
.........途中省略.........
Epoch 38/40
63/63 [==============================] - 30s 486ms/step
  - loss: 0.0428 - accuracy: 0.9868 - val_loss: 0.0896 - val_accuracy: 0.9650
Epoch 39/40
63/63 [==============================] - 31s 486ms/step
  - loss: 0.0588 - accuracy: 0.9767 - val_loss: 0.0888 - val_accuracy: 0.9630
Epoch 40/40
63/63 [==============================] - 30s 483ms/step
  - loss: 0.0559 - accuracy: 0.9818 - val_loss: 0.0888 - val_accuracy: 0.9630
```

　テストデータの精度は、0.963になりました。自作のCNNモデルのでは0.782でしたので、その差は歴然としています。ちなみにVGG16の全層を凍結した（ファインチューニングなし）転移学習では0.9025という精度でしたので、ファインチューニングの効果は絶大です。最後に学習の推移をグラフにして終わりにしましょう。

▼出力されたグラフ

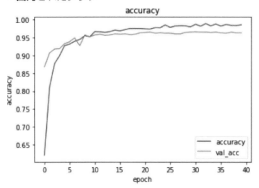
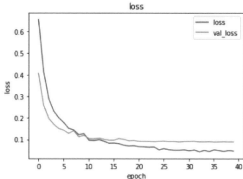

COLUMN　Googleドライブにアップロードしたデータを使う

　GoogleドライブにアップロードしたデータをColabで使用する場合は、マウント（ドライブの紐付け）の処理が必要になります。

①Colabノートブックのセルに

```
from google.colab import drive
drive.mount('/content/drive')
```

と記述して実行すると、マウントを行うためのリンクが表示されるので、これをクリックします。
②次にGoogleドライブを利用しているアカウントを選択すると、許可条項の一覧が表示されるので[許可]ボタンをクリックします。
③認証コードが表示されるのでこれをコピーし、ノートブックの[Enter your authorization code:]の入力欄に貼り付けて[Enter]キーを押すと認証が行われ、Googleドライブのマウントが完了します。

　以降は、ノートブックから相対パスを用いてアクセスできるようになります。ノートブックと同じディレクトリに「rest1046」というフォルダーが存在する場合は、相対パス 'rest1046/' でアクセスできます。

8.3 アリとハチの画像をVGG16で学習する

PyTorchの公式チュートリアルに、アリとハチの画像についてResNet-18による転移学習を行うものがあります。データセットはPyTorchのサイトからダウンロードできるので、同じデータセットを用いてVGG16による転移学習を行ってみることにします。

■データセットをダウンロードして解凍する

アリとハチの画像をPyTorchのサイトからダウンロードします。データセットはZIP形式で圧縮されているので解凍します。

▼データセットの用意

```
セル1
'''
1. アリとハチの画像データをダウンロードして解凍する
'''
# PyTorchのチュートリアル
# https://pytorch.org/tutorials/beginner/transfer_learning_tutorial.html
# で用意されているデータセットを利用
import os
import urllib.request
import zipfile


# データセットを格納する「data」フォルダー
data_dir = './data/'
# 指定したフォルダーが存在しない場合は作成する
if not os.path.exists(data_dir):
    os.mkdir(data_dir)
# アリとハチの画像のダウンロード先
url = 'https://download.pytorch.org/tutorial/hymenoptera_data.zip'
# フォルダーのディレクトリにファイル名を連結してパスを作成
save_path = os.path.join(data_dir, 'hymenoptera_data.zip')
# ZIPファイルを解凍して保存
if not os.path.exists(save_path):
    urllib.request.urlretrieve(url, save_path)  # ZIPファイルを取得
    zip = zipfile.ZipFile(save_path)            # ZIPファイルを読み込む
    zip.extractall(data_dir)                    # ZIPファイルを解凍
    zip.close()                                 # ZIPファイルをクローズ
    os.remove(save_path)                        # ZIPファイルを消去
```

■ データの前処理を行うクラス

データの前処理を行う ImageTransform クラスを定義します。

▼ ImageTransform クラスの定義

```
セル2
'''

2. 前処理クラスの定義

'''
class ImageTransform():
    '''画像の前処理クラス。訓練時、検証時で異なる動作をする


    Attributes:
      data_transform(dic):
        train: 訓練用のトランスフォーマーオブジェクト
        val  : 検証用のトランスフォーマーオブジェクト
    '''


    def __init__(self, resize, mean, std):
        '''トランスフォーマーオブジェクトを生成する


        Parameters:
        resize(int): リサイズ先の画像の大きさ
        mean(tuple): (R, G, B) 各色チャネルの平均値
        std        : (R, G, B) 各色チャネルの標準偏差
        '''
        # dicに訓練用、検証用のトランスフォーマーを生成して格納
        self.data_transform = {
            'train': transforms.Compose([
                # ランダムにトリミングする
                transforms.RandomResizedCrop(
                    resize, # トリミング後の出力サイズ
                    scale=(0.5, 1.0)),   # スケールの変動幅
                transforms.RandomHorizontalFlip(p=0.5),    # 0.5の確率で左右反転
                transforms.RandomRotation(15),             # 15度の範囲でランダムに回転
                transforms.ToTensor(),                     # Tensorオブジェクトに変換
                transforms.Normalize(mean, std)            # 標準化
            ]),
            'val': transforms.Compose([
```

```
                transforms.Resize(resize),        # リサイズ
                transforms.CenterCrop(resize),    # 画像中央をresize×resizeでトリミング
                transforms.ToTensor(),            # テンソルに変換
                transforms.Normalize(mean, std)   # 標準化
            ])
        }

    def __call__(self, img, phase='train'):
        '''オブジェクト名でコールバックされる
        Parameters:
          img: 画像
          phase(str): 'train'または'val' 前処理のモード
        '''
        return self.data_transform[phase](img) # phaseはdictのキー
```

■オリジナルの画像と前処理後の画像を確認する

トランスフォーマーオブジェクトによる前処理を行った画像をオリジナルの画像と共に出力して確認してみます。

▼前処理の状態を確認する

セル3

```
'''
3．前処理前後の画像を確認する
'''
import numpy as np
from PIL import Image
from torchvision import transforms
import matplotlib.pyplot as plt
%matplotlib inline

# サンプル画像を1枚読み込む
image_file_path = './data/hymenoptera_data/train/bees/2405441001_b06c36fa72.jpg'
img = Image.open(image_file_path)    # (高さ, 幅, RGB)

# 元の画像の表示
plt.imshow(img)
plt.show()

# 画像の前処理と処理済み画像の表示
```

```
# モデルの入力サイズ (タテ・ヨコ)
SIZE = 224
# 標準化する際の各RGBの平均値
MEAN = (0.485, 0.456, 0.406)  # ImageNetデータセットの平均値を使用
# 標準化する際の各RGBの標準偏差
STD = (0.229, 0.224, 0.225)   # ImageNetデータセットの標準偏差を使用


# トランスフォーマーオブジェクトを生成
transform = ImageTransform(SIZE, MEAN, STD)
# 訓練モードの前処理を適用、torch.Size([3, 224, 224])
img_transformed = transform(img, phase="train")


# (色、高さ、幅) を (高さ、幅、色) に変換
img_transformed = img_transformed.numpy().transpose((1, 2, 0))
# ピクセル値を0〜1の範囲に制限して表示
img_transformed = np.clip(img_transformed, 0, 1)
plt.imshow(img_transformed)
plt.show()
```

▼出力

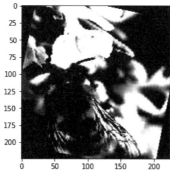

■画像のファイルパスをリストにする

すべての画像のファイルパスを取得し、これをリストにまとめます。

▼すべてのファイルパスをリストに格納する

```
セル4
'''
4.    アリとハチの画像のファイルパスをリストにする
'''
import os.path as osp
import glob
import pprint


def make_datapath_list(phase="train"):
    '''
    データのファイルパスを格納したリストを作成する

    Parameters:
      phase(str): 'train'または'val'

    Returns:
      path_list(list): 画像データのパスを格納したリスト
    '''
    # 画像ファイルのルートディレクトリ
    rootpath = "./data/hymenoptera_data/"
    # 画像ファイルパスのフォーマットを作成
    # rootpath +
    #    train/ants/*.jpg
    #    train/bees/*.jpg
    #    val/ants/*.jpg
    #    val/bees/*.jpg
    target_path = osp.join(rootpath + phase + '/**/*.jpg')
    # ファイルパスを格納するリスト
    path_list = []   # ここに格納する

    # glob()でファイルパスを取得してリストに追加
    for path in glob.glob(target_path):
        path_list.append(path)

    return path_list
```

```
# ファイルパスのリストを生成
train_list = make_datapath_list(phase="train")
val_list = make_datapath_list(phase="val")


# 訓練データのファイルパスの前後5要素ずつ出力
print('train')
pprint.pprint(train_list[:5])
pprint.pprint(train_list[-6:-1])
# 検証データのファイルパスの前後5要素ずつ出力
print('val')
pprint.pprint(val_list[:5])
pprint.pprint(val_list[-6:-1])
```

▼出力

```
train
['./data/hymenoptera_data/train/ants/45472593_bfd624f8dc.jpg',
 './data/hymenoptera_data/train/ants/1473187633_63ccaacea6.jpg',
 './data/hymenoptera_data/train/ants/6240338_93729615ec.jpg',
 './data/hymenoptera_data/train/ants/2265825502_fff99cfd2d.jpg',
 './data/hymenoptera_data/train/ants/522415432_2218f34bf8.jpg']
['./data/hymenoptera_data/train/bees/2625499656_e3415e374d.jpg',
 './data/hymenoptera_data/train/bees/2959730355_416a18c63c.jpg',
 './data/hymenoptera_data/train/bees/3090975720_71f12e6de4.jpg',
 './data/hymenoptera_data/train/bees/774440991_63a4aa0cbe.jpg',
 './data/hymenoptera_data/train/bees/2470492904_837e97800d.jpg']
val
['./data/hymenoptera_data/val/ants/17081114_79b9a27724.jpg',
 './data/hymenoptera_data/val/ants/2255445811_dabcdf7258.jpg',
 './data/hymenoptera_data/val/ants/239161491_86ac23b0a3.jpg',
 './data/hymenoptera_data/val/ants/Hormiga.jpg',
 './data/hymenoptera_data/val/ants/11381045_b352a47d8c.jpg']
['./data/hymenoptera_data/val/bees/2506114833_90a41c5267.jpg',
 './data/hymenoptera_data/val/bees/540976476_844950623f.jpg',
 './data/hymenoptera_data/val/bees/2321144482_f3785ba7b2.jpg',
 './data/hymenoptera_data/val/bees/57459255_752774f1b2.jpg',
 './data/hymenoptera_data/val/bees/2086294791_6f3789d8a6.jpg']
```

■アリとハチの画像のデータセットを作成するクラス

画像のデータセットを作成するクラスを定義します。

▼ HymenopteraDatasetクラスの定義

```
セル5
'''
5. アリとハチの画像のデータセットを作成するクラス
'''
import torch.utils.data as data

class MakeDataset(data.Dataset):
    '''
    アリとハチの画像のDatasetクラス
    PyTorchのDatasetクラスを継承

    Attributes:
      file_list(list): 画像のパスを格納したリスト
      transform(object): 前処理クラスのインスタンス
      phase(str): 'train'または'val'
    Returns:
      img_transformed: 前処理後の画像データ
      label(int): 正解ラベル
    '''
    def __init__(self, file_list, transform=None, phase='train'):
        '''インスタンス変数の初期化
        '''
        self.file_list = file_list  # ファイルパスのリスト
        self.transform = transform  # 前処理クラスのインスタンス
        self.phase = phase          # 'train'または'val'

    def __len__(self):
        '''len(obj)で実行されたときにコールされる関数
        画像の枚数を返す'''
        return len(self.file_list)

    def __getitem__(self, index):
        '''Datasetクラスの__getitem__()をオーバーライド
            obj[i]のようにインデックスで指定されたときにコールバックされる
```

```python
    Parameters:
        index(int): データのインデックス
    Returns:
        前処理をした画像のTensor形式のデータとラベルを取得
    '''

    # ファイルパスのリストからindex番目の画像をロード
    img_path = self.file_list[index]
    # ファイルを開く -> (高さ, 幅, RGB)
    img = Image.open(img_path)

    # 画像を前処理 -> torch.Size([3, 224, 224])
    img_transformed = self.transform(
        img, self.phase)

    # 正解ラベルをファイル名から切り出す
    if self.phase == 'train':
        # 訓練データはファイルパスの31文字から34文字が'ants'または'bees'
        label = img_path[30:34]
    elif self.phase == 'val':
        # 検証データはファイルパスの29文字から32文字が'ants'または'bees'
        label = img_path[28:32]

    # 正解ラベルの文字列を数値に変更する
    if label == 'ants':
        label = 0 # アリは0
    elif label == 'bees':
        label = 1 # ハチは1

    return img_transformed, label
```

■データローダーの生成

データローダーを生成します。

▼データローダーを生成する

```
セル6
'''
6. データローダーの生成
'''
import torch


# ミニバッチのサイズを指定
batch_size = 32
# 画像のサイズ、平均値、標準偏差の定数値
size, mean, std = SIZE, MEAN, STD


# MakeDatasetで前処理後の訓練データと正解ラベルを取得
train_dataset = MakeDataset(
    file_list=train_list, # 訓練データのファイルパス
    transform=ImageTransform(size, mean, std), # 前処理後のデータ
    phase='train')
# MakeDatasetで前処理後の検証データと正解ラベルを取得
val_dataset = MakeDataset(
    file_list=val_list, # 検証データのファイルパス
    transform=ImageTransform(size, mean, std), # 前処理後のデータ
    phase='val')


# 訓練用のデータローダー：(バッチサイズ，3，224，224)を生成
train_dataloader = torch.utils.data.DataLoader(
    train_dataset, batch_size=batch_size, shuffle=True)
# 検証用のデータローダー：(バッチサイズ，3，224，224)を生成
val_dataloader = torch.utils.data.DataLoader(
    val_dataset, batch_size=batch_size, shuffle=False)


# データローダーをdictにまとめる
dataloaders = {'train': train_dataloader, 'val': val_dataloader}
```

■VGG16の読み込み

学習済みのVGG16を読み込みます。

▼VGG16モデル

```
セル7
'''
7. 学習済みのVGG16モデルをロード
'''
from torchvision import models
import torch.nn as nn

# ImageNetで事前トレーニングされたVGG16モデルを取得
model = models.vgg16(pretrained=True)

# VGG16の出力層のユニット数を2にする
model.classifier[6] = nn.Linear(
    in_features=4096,  # 入力サイズはデフォルトの4096
    out_features=2)    # 出力はデフォルトの1000から2に変更

# 使用可能なデバイス(CPUまたはGPU)を取得する
device = torch.device('cuda' if torch.cuda.is_available() else 'cpu')
model = model.to(device)
print(model)
```

▼出力

```
VGG(
  (features): Sequential(
    (0): Conv2d(3, 64, kernel_size=(3, 3), stride=(1, 1), padding=(1, 1))
    (1): ReLU(inplace=True)
    (2): Conv2d(64, 64, kernel_size=(3, 3), stride=(1, 1), padding=(1, 1))
    (3): ReLU(inplace=True)
    (4): MaxPool2d(kernel_size=2, stride=2, padding=0, dilation=1, ceil_mode=False)
    (5): Conv2d(64, 128, kernel_size=(3, 3), stride=(1, 1), padding=(1, 1))
    (6): ReLU(inplace=True)
    (7): Conv2d(128, 128, kernel_size=(3, 3), stride=(1, 1), padding=(1, 1))
    (8): ReLU(inplace=True)
    (9): MaxPool2d(kernel_size=2, stride=2, padding=0, dilation=1, ceil_mode=False)
    (10): Conv2d(128, 256, kernel_size=(3, 3), stride=(1, 1), padding=(1, 1))
```

```
    (11): ReLU(inplace=True)
    (12): Conv2d(256, 256, kernel_size=(3, 3), stride=(1, 1), padding=(1, 1))
    (13): ReLU(inplace=True)
    (14): Conv2d(256, 256, kernel_size=(3, 3), stride=(1, 1), padding=(1, 1))
    (15): ReLU(inplace=True)
    (16): MaxPool2d(kernel_size=2, stride=2, padding=0, dilation=1, ceil_mode=False)
    (17): Conv2d(256, 512, kernel_size=(3, 3), stride=(1, 1), padding=(1, 1))
    (18): ReLU(inplace=True)
    (19): Conv2d(512, 512, kernel_size=(3, 3), stride=(1, 1), padding=(1, 1))
    (20): ReLU(inplace=True)
    (21): Conv2d(512, 512, kernel_size=(3, 3), stride=(1, 1), padding=(1, 1))
    (22): ReLU(inplace=True)
    (23): MaxPool2d(kernel_size=2, stride=2, padding=0, dilation=1, ceil_mode=False)
    (24): Conv2d(512, 512, kernel_size=(3, 3), stride=(1, 1), padding=(1, 1))
    (25): ReLU(inplace=True)
    (26): Conv2d(512, 512, kernel_size=(3, 3), stride=(1, 1), padding=(1, 1))
    (27): ReLU(inplace=True)
    (28): Conv2d(512, 512, kernel_size=(3, 3), stride=(1, 1), padding=(1, 1))
    (29): ReLU(inplace=True)
    (30): MaxPool2d(kernel_size=2, stride=2, padding=0, dilation=1, ceil_mode=False)
  )
  (avgpool): AdaptiveAvgPool2d(output_size=(7, 7))
  (classifier): Sequential(
    (0): Linear(in_features=25088, out_features=4096, bias=True)
    (1): ReLU(inplace=True)
    (2): Dropout(p=0.5, inplace=False)
    (3): Linear(in_features=4096, out_features=4096, bias=True)
    (4): ReLU(inplace=True)
    (5): Dropout(p=0.5, inplace=False)
    (6): Linear(in_features=4096, out_features=2, bias=True)
  )
)
```

■学習を可能にする層の設定

VGG16モデルの畳み込みレイヤーは重みの更新を凍結し（学習しない）、FC層の出力層（classifier(6)）の重みのみを更新可能にします。

model.named_parameters()は、モデルの重み、バイアスに名前が付けられている場合、層ごとに名前とパラメーターを返すので、

```
for name, param in model.named_parameters():
```

のようにforループで名前、パラメーターを順次取り出し、

```
if name in update_param_names:
```

で名前がupdate_param_namesに一致したら、

```
param.requires_grad = True        # 勾配計算を行う
params_to_update.append(param) # パラメーター値を更新
```

として勾配降下アルゴリズムを適用し、パラメーターの値を更新します。重み、バイアスの名前が一致しない場合は、次のように勾配計算を無効化してforループの冒頭に戻ります。

```
else: param.requires_grad = False
```

●重み、バイアスの識別名のチェック

先ほどVGG16のモデル構造を出力した際に、VGG16のFC層はclassifierという名前であり、最終の出力層のインデックスは6であることが確認できました。出力層の重み、バイアスの名前は'classifier.6.weight'、'classifier.6.bias'なので、次のようにリストupdate_param_namesに格納しておき、model.named_parameters()が返すname（重みとバイアス名のリスト）と一致するかをチェックするようにしています。

```
update_param_names = ['classifier.6.weight', 'classifier.6.bias']
```

▼学習可能にする層の設定

セル8

```
'''
8. VGG16で学習可能にする層を設定
'''
# 転移学習で学習させるパラメーターを、変数params_to_updateに格納する
params_to_update = []

# 出力層の重みとバイアスを更新可として登録
update_param_names = ['classifier.6.weight', 'classifier.6.bias']

# 出力層以外は勾配計算をなくし、変化しないように設定
for name, param in model.named_parameters():
    if name in update_param_names:
        param.requires_grad = True        # 勾配計算を行う
        params_to_update.append(param) # パラメーター値を更新
```

```
        print(name)                      # 更新するパラメーター名を出力
    else:
        param.requires_grad = False      # 出力層以外は勾配計算なし
```

■損失関数とオプティマイザーの生成

損失関数とオプティマイザーを生成します。

▼損失関数とオプティマイザー

```
セル9
'''
9. 損失関数とオプティマイザーを生成
'''
# 損失関数
criterion = nn.CrossEntropyLoss()
# オプティマイザー
optimizer = optim.SGD(params=params_to_update, lr=0.001, momentum=0.9)
```

■学習を行う関数を定義する

VGG16による転移学習を実行する関数です。

▼学習を実行する関数

```
セル10
'''
10.   学習を行う関数の定義
'''
from tqdm import tqdm


def train_model(model, dataloaders, criterion, optimizer, num_epochs):
    '''モデルを使用して学習を行う

    Parameters:
      model: モデルのオブジェクト
      dataloaders(dict): 訓練、検証のデータローダー
      criterion: 損失関数
      optimizer: オプティマイザー
      num_epochs: エポック数
    '''
    # epochの数だけ
    for epoch in range(num_epochs):
        print('Epoch {}/{}'.format(epoch+1, num_epochs))
```

```
    print('-------------')


# 学習と検証のループ
for phase in ['train', 'val']:
    if phase == 'train':
        model.train()    # モデルを訓練モードにする
    else:
        model.eval()     # モデルを検証モードにする


    epoch_loss = 0.0     # 1エポックあたりの損失の和
    epoch_corrects = 0 # 1エポックあたりの精度の和


    # 未学習時の検証性能を確かめるため、epoch=0の学習は行わない
    if (epoch == 0) and (phase == 'train'):
        continue


    # 1ステップにおける訓練用ミニバッチを使用した学習
    # tqdmでプログレスバーを表示する
    for inputs, labels in tqdm(dataloaders[phase]):
        # torch.Tensorオブジェクトにデバイスを割り当てる
        inputs, labels = inputs.to(device), labels.to(device)


        # オプティマイザーを初期化
        optimizer.zero_grad()
        # 順伝播（forward）計算
        with torch.set_grad_enabled(phase == 'train'):
            outputs = model(inputs) # モデルの出力を取得
            # 出力と正解ラベルの誤差から損失を取得
            loss = criterion(outputs, labels)
            # 出力された要素数2のテンソルの最大値を取得
            _, preds = torch.max(outputs, dim=1)


            # 訓練モードではバックプロパゲーション
            if phase == 'train':
                loss.backward()  # 逆伝播の処理（自動微分による勾配計算）
                optimizer.step() # 勾配降下法でバイアス、重みを更新


            # ステップごとの損失を加算、inputs.size(0)->32
            epoch_loss += loss.item() * inputs.size(0)
            # ステップごとの精度を加算
            epoch_corrects += torch.sum(preds == labels.data)
```

```
# エポックごとの損失と精度を表示
epoch_loss = epoch_loss / len(dataloaders[phase].dataset)
epoch_acc = epoch_corrects.double(
    ) / len(dataloaders[phase].dataset)

# 出力
print('{} - loss: {:.4f} - acc: {:.4f}'.format(
    phase, epoch_loss, epoch_acc))
```

■学習と検証を行う

VGG16を用いた転移学習を実行します。

▼学習する

セル11

```
'''
11.　学習・検証を実行する
'''
num_epochs=2
train_model(net, dataloaders_dict, criterion, optimizer, num_epochs=num_epochs)
```

▼出力

```
  0%|           | 0/5 [00:00<?, ?it/s]Epoch 1/3
-------------
100%|█████████████| 5/5 [00:02<00:00,  2.44it/s]
  0%|           | 0/8 [00:00<?, ?it/s]val - loss: 0.8348 - acc: 0.2222
Epoch 2/3
-------------
100%|█████████████| 8/8 [00:02<00:00,  2.75it/s]
  0%|           | 0/5 [00:00<?, ?it/s]train - loss: 0.6424 - acc: 0.6008
100%|█████████████| 5/5 [00:01<00:00,  2.55it/s]
  0%|           | 0/8 [00:00<?, ?it/s]val - loss: 0.2150 - acc: 0.9412
Epoch 3/3
-------------
100%|█████████████| 8/8 [00:02<00:00,  2.80it/s]
  0%|           | 0/5 [00:00<?, ?it/s]train - loss: 0.1743 - acc: 0.9506
100%|█████████████| 5/5 [00:01<00:00,  2.60it/s]val - loss: 0.1241 - acc: 0.9542
CPU times: user 9.53 s, sys: 2.2 s, total: 11.7 s
Wall time: 11.7 s
```

章

ジェネレーティブ
ディープラーニング

9.1 現在の学習に過去の情報を取り込む
（リカレントニューラルネットワーク）

　　ニューラルネットワークやCNNが扱う画像データは、2次元の矩形（長方形）データです。このため、音声データのように可変長の時系列データを扱うことはできません。そこで、可変長のデータをニューラルネットワークで扱うために考案されたのが**リカレントニューラルネットワーク**（Recurrent Neural Network：**再帰型ニューラルネットワーク**）です。

9.1.1　RNN（リカレントニューラルネットワーク）を理解する

　　時間的な順序に従って一定の間隔で集められたデータのことを**時系列データ**と呼びます。統計的なデータの多くが時系列に沿って集められたデータですが、冒頭でお話しした音声データも時系列データであり、リカレントニューラルネットワークは音声認識の分野で画期的な性能を発揮しています。

　　リカレントニューラルネットワーク（以下RNNと表記）は、「中間層の出力を再び中間層に入力する」という自己ループを持つネットワークです。

▼自己ループ

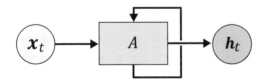

　　RNNは、各層が上の図のような自己ループを持つことで、時系列データの分類問題に対処します。次の図は、中間層からの出力をもう一度中間層に戻す処理を表したものです。

▼RNN

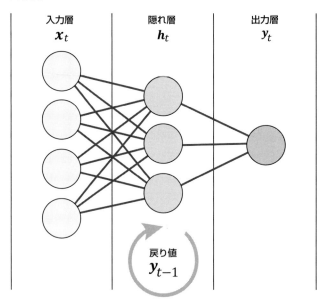

次の図で、時刻 $t=0$ の中間層の出力 h_0 は、時刻 $t=1$ におけるデータ x_1 と共に中間層に入力し、h_1 を出力します。さらに h_1 は、時刻 $t=2$ におけるデータ x_2 と共に中間層に入力し、h_2 を出力します。このように、中間層には、時系列的に過去のデータが入力されていることがわかると思います。

▼RNNを時間軸方向に展開した図

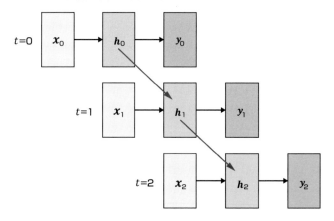

このように、過去の状態が「再帰的に（Recurrent）入力される」のがRNNの特徴です。過去の中間層が加わったことで、モデルの出力を表す式は次のようになります。

▼RNNの中間層の出力

$$\boldsymbol{h}(t) = f(W\boldsymbol{x}(t) + U\boldsymbol{h}(t-1) + \boldsymbol{b})$$

▼RNNの出力層の出力

$$\boldsymbol{y}(t) = g(V\boldsymbol{h}(t) + \boldsymbol{c})$$

中間層の出力$\boldsymbol{h}(t)$の$f(\cdots)$は活性化関数、Wは入力層からのデータ$\boldsymbol{x}(t)$に対する中間層の重み、Uは過去の中間層の出力$\boldsymbol{h}(t-1)$に対する重み、そして最後の$\boldsymbol{b}$がバイアスです。一方、出力層の$g(\cdots)$も活性化関数で、Vは中間層からの出力$\boldsymbol{h}(t)$に対する重み、$\boldsymbol{c}$はバイアスです。

これを見ると、中間層の式に過去の中間層からの$U\boldsymbol{h}(t-1)$が付いていること以外は、一般的なニューラルネットワークと同じです。ですので、誤差逆伝播法を用いて学習（最適化）できそうです。まず、誤差関数を

$$E:= E(U, V, W, \boldsymbol{b}, \boldsymbol{c})$$

と置き、中間層、出力層の活性化前の値を$\boldsymbol{p}(t)$、$\boldsymbol{q}(t)$と置いて、それぞれのパラメーターに対する勾配を考えてみます。

$$\boldsymbol{p}(t):= W\boldsymbol{x}(t) + U\boldsymbol{h}(t-1) + \boldsymbol{b}$$
$$\boldsymbol{q}(t):= V\boldsymbol{h}(t) + \boldsymbol{c}$$

中間層、出力層の誤差項は、

$$\boldsymbol{e}_h(t):= \frac{\partial E}{\partial \boldsymbol{p}(t)} \quad \cdots\cdots①$$

$$\boldsymbol{e}_0(t):= \frac{\partial E}{\partial \boldsymbol{q}(t)} \quad \cdots\cdots②$$

となるので、これに対して次のように計算することができます。

$$\frac{\partial E}{\partial U} = \frac{\partial E}{\partial \boldsymbol{p}(t)}\left(\frac{\partial \boldsymbol{p}}{\partial U}\right)^T = \boldsymbol{e}_h(t)\boldsymbol{h}(t-1)^T$$

$$\frac{\partial E}{\partial V} = \frac{\partial E}{\partial \boldsymbol{q}(t)}\left(\frac{\partial \boldsymbol{q}(t)}{\partial V}\right)^T = \boldsymbol{e}_0(t)\boldsymbol{h}(t)^T$$

$$\frac{\partial E}{\partial W} = \frac{\partial E}{\partial \boldsymbol{p}(t)}\left(\frac{\partial \boldsymbol{p}(t)}{\partial W}\right)^T = \boldsymbol{e}_h(t)\boldsymbol{x}(t)^T$$

$$\frac{\partial E}{\partial \boldsymbol{b}} = \frac{\partial E}{\partial \boldsymbol{p}(t)} \odot \frac{\partial \boldsymbol{p}(t)}{\partial \boldsymbol{b}} = \boldsymbol{e}_h(t)$$

$$\frac{\partial E}{\partial \boldsymbol{c}} = \frac{\partial E}{\partial \boldsymbol{q}(t)} \odot \frac{\partial \boldsymbol{q}(t)}{\partial \boldsymbol{c}} = \boldsymbol{e}_0(t)$$

以上のことから誤差を逆伝播するときは、①と②の誤差項だけを考えればよいことになります。

■BPTT（Backpropagation Through Time）

RNNの誤差の計算方法は、通常のニューラルネットワークとは少し異なります。例えば、誤差関数を2乗和誤差関数

●2乗和誤差関数

$$E := \frac{1}{2}\sum_{t=1}^{T} \left(\boldsymbol{y}(t) - \boldsymbol{t}(t) \right)^2$$

とした場合、誤差$\boldsymbol{e}_h(t)$、$\boldsymbol{e}_0(t)$は、

$$\boldsymbol{e}_h(t) = f'\big(\boldsymbol{p}(t)\big) \odot V^T \boldsymbol{e}_0(t)$$
$$\boldsymbol{e}_0(t) = g'\big(\boldsymbol{q}(t)\big) \odot \big(\boldsymbol{y}(t) - \boldsymbol{t}(t)\big)$$

で求められます（$f'(*)$、$g'(*)$は$f(*)$、$g(*)$の導関数）。ただし、ネットワークの順伝播で時刻$t-1$での中間層の出力$\boldsymbol{h}(t-1)$が使われているので、逆伝播のときも$t-1$のときの誤差を考える必要があります。誤差$\boldsymbol{e}_h(t)$は$\boldsymbol{e}_h(t-1)$に逆伝播し、$\boldsymbol{e}_h(t-1)$はさらに$\boldsymbol{e}_h(t-2)$に逆伝播するという具合です。このように、順伝播での中間層の出力$\boldsymbol{h}(t)$に対する過去の中間層の出力を$\boldsymbol{h}(t-1)$と表したのと同じように、逆伝播の際の中間層の誤差$\boldsymbol{e}_h(t)$に対する過去の中間層の誤差を$\boldsymbol{e}_h(t-1)$のように表します。この逆伝播は、すなわち時間をさかのぼって伝播することになることから、「Backpropagation Through Time（BPTT）」と呼ばれます。

時刻tのときの誤差は、

$$\boldsymbol{e}_h(t) := \frac{\partial E}{\partial \boldsymbol{p}(t)}$$

でした。一方、時刻$t-1$のときの誤差は、

$$\boldsymbol{e}_h(t-1) = \frac{\partial E}{\partial \boldsymbol{p}(t-1)}$$

です。$\boldsymbol{e}_h(t-1)$は、$\boldsymbol{e}_h(t)$との関係において、次のように展開できます。

$$
\begin{aligned}
\boldsymbol{e}_h(t-1) &= \frac{\partial E}{\partial \boldsymbol{p}(t)} \odot \frac{\partial E}{\partial \boldsymbol{p}(t-1)} \\
&= \boldsymbol{e}_h(t) \odot \left(\frac{\partial \boldsymbol{p}(t)}{\partial \boldsymbol{h}(t-1)} \frac{\partial \boldsymbol{h}(t-1)}{\partial \boldsymbol{p}(t-1)} \right) \\
&= \boldsymbol{e}_h(t) \odot \left\{ U f'\big(\boldsymbol{p}(t-1)\big) \right\} \cdots\cdots①
\end{aligned}
$$

このことから、$\boldsymbol{e}_h(t-z-1)$ と $\boldsymbol{e}_h(t-z)$ の関係は、

$$
\boldsymbol{e}_h(t-z-1) = \boldsymbol{e}_h(t-z) \odot \left\{ U f'\big(\boldsymbol{p}(t-z-1)\big) \right\} \cdots\cdots②
$$

のように表せます。このことで、各パラメーターの更新式を次のように定義できます。

$$
\begin{aligned}
W(t+1) &= W(t) - \eta \sum_{z=0}^{\tau} \boldsymbol{e}_h(t-1)\boldsymbol{x}(t-1)^T \\
V(t+1) &= V(t) - \eta \boldsymbol{e}_0(t)\boldsymbol{h}(t)^T \\
U(t+1) &= U(t) - \eta \sum_{z=0}^{\tau} \boldsymbol{e}_h(t-z)\boldsymbol{h}(t-z-1)^T \\
\boldsymbol{b}(t+1) &= \boldsymbol{b}(t) - \eta \sum_{z=0}^{\tau} \boldsymbol{e}_h(t-z) \\
\boldsymbol{c}(t+1) &= \boldsymbol{c}(t) - \eta \boldsymbol{e}_0(t)
\end{aligned}
$$

このときの τ（タウ）が、どれくらいの過去までさかのぼるかを表すパラメーターです。さかのぼれる限り繰り返すのが理想ですが、勾配が消失（または爆発）してしまう問題があるので、現実的に考えて τ=10～100 くらいに設定するのが一般的です。そうすると、RNNでは長期にわたる時系列データは扱えないことになりますが、そのことを解決するべく考案されたのが、次項で紹介するLSTMです。

9.1.2 LSTM（Long Short Term Memory：長・短期記憶）

RNNは、勾配消失（あるいは爆発）の問題から、残念ながら制限なく過去にさかのぼることはできません。また、これとは別に、入力層→中間層、中間層→中間層、中間層→出力層で常に共通の重みを使うことから、重要な入力を通すために重みを大きくするように学習が進むと、同じ時系列上の他の不要な情報まで大きく通すようになるという問題があります。また、逆に不要な情報を小さく通すように学習が進むと、同じ時系列上の重要な情報まで小さく通すようになることも考えられます。そうすると、学習を進めるたびにRNNの重みは矛盾を含みつつ更新されていくことになり、その結果、なかなか期待どおりに学習が進まないことになってしまいます。

そこで、中間層の構造を改良することで、これらの問題に対処できるようにしたのがLSTM（Long Short Term Memory：長・短期記憶）です。

▼LSTMネットワークの構造

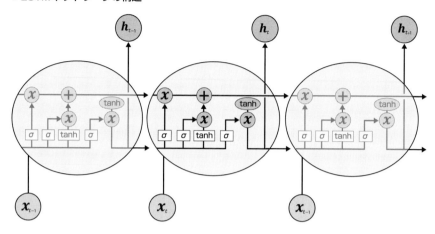

■LSTMのファーストステップ

　RNNの中間層のニューロンを次のようにLSTMに置き換えます。これをLSTMの「セル」と呼ぶことにします。セルには状態を維持する1本の水平線があります。ベルトコンベアのように全体をまっすぐに走り、状態を保護して制御するための3つのゲートとのやり取りを行います。

▼LSTM

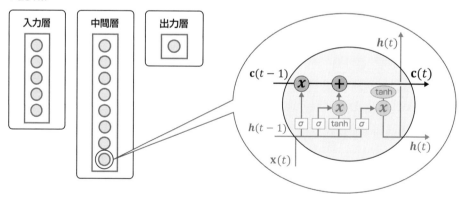

　最初のステップは、セルの状態からどんな情報を捨てるかを決めることです。この決定は、「忘却ゲート」と呼ばれるニューロンによって行われます。入力層からの値$x(t)$に対する重みをW_f、過去の中間層の出力$h(t-1)$に対する重みをU_f、バイアスをb_fと置くと、忘却ゲートの値$f(t)$は、次のようになります。

$$f(t) = \sigma\big(W_f x(t) + U_f h(t-1) + b_f\big)$$

中間層への入力と過去の出力の重み付き和にシグモイド関数を適用することで、0.0〜1.0
の間の値になるようにしています。値が1.0に近い場合は値を通過させ、0.0に近い場合は
シャットアウトします。

▼LSTMの忘却ゲート

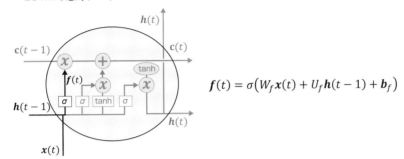

$$f(t) = \sigma\big(W_f x(t) + U_f h(t-1) + b_f\big)$$

■LSTMのセカンドステップ

次のステップでやることは、セルの状態に新しい情報を追加することですが、これには2つ
の部分が必要になります。1つ目は「入力ゲート」と呼ばれるゲートで、ここで更新する値を
決定します。2つ目のCECは、新しい候補値を現在のセルの状態に追加するようになってい
ます。これらの2つを組み合わせて、状態を更新します。

●入力ゲート

時系列データを学習するときは、時間的な依存性のある信号を受け取った場合は重みを大
きくして活性化し、依存性のない信号を受け取った場合は重みを小さくして非活性化するべ
きです。しかし、各ゲートのニューロンが同じ重みでつながっている限り、それぞれの重みで
打ち消し合うように更新されてしまうので、長期にわたる時系列データをうまく学習できな
くなります。この問題は**入力重み衝突**（input weight conflict）と呼ばれ、RNNの学習を妨げ
る大きな要因になっていました。ニューロンの出力についても同じで、これは**出力重み衝突**
（output weight conflict）と呼ばれます。

この問題を解決するには、時間的な依存性のある信号を受け取ったときだけ活性化し、そ
れ以外は非活性化する仕組みが必要です。そこでLSTMでは、「入力ゲート（input gate）」を
セルに配置することで、過去の情報が必要なときだけゲートをオープンして信号を伝播し、
それ以外はゲートをクローズするようにします。時刻tのときの入力値$x(t)$に対する重みを
W_i、過去の中間層からの出力$h(t-1)$に対する重みをU_iと置くと、入力ゲートの値$i(t)$は、次
のようになります。

$$i(t) = \sigma(W_i x(t) + U_i h(t-1) + b_i)$$

　重みとバイアスが異なるだけで、式の構造は忘却ゲートと同じです。このようにして、中間層への入力と過去の出力の重み付き和にシグモイド関数を適用することで、0.0〜1.0の間の値になるようにします。値が1.0に近い場合は値を通過させ、0.0に近い場合はシャットアウトします。

● CEC（constant error carousel）

　中間層が通常のニューロンであるRNNでは、時間を深くさかのぼりすぎると勾配が消失してしまうという問題がありました。そこで、LSTMでは、中間層の過去の誤差$e_h(t-1)$を表す次の式（「BPTT（Backpropagation Through Time）」の式①）

$$e_h(t) \odot \{Uf'(p(t-1))\}$$

を、次の関係

$$e_h(t-1) = e_h(t) \odot \{Wf'(p(t-1))\} = 1$$

を満たすようにすることで、勾配が消失する問題に対処しました。これによって誤差は、どれだけ時間をさかのぼっても消えない（1であり続ける）ことになります。この対処のために追加されたニューロンを **CEC**（constant error carousel）と呼びます。carousel は「メリーゴーラウンド」の意味で、その名のとおりCEC内部では誤差がその場でぐるぐる回り（留まり）続けるイメージです。

　これを実現するためのCECの値$\tilde{c}(t)$は、次の式で表されます。

$$\tilde{c}(t) = \tanh(W_c x(t) + U_c h(t-1) + b_c)$$

　tanhは「双曲線正弦関数」のことで、入力された値を-1〜1の範囲に押し込めて出力します。CECの活性化を行う関数としてよく用いられます。

▼ LSTMの2ステップ目における入力ゲートとCEC

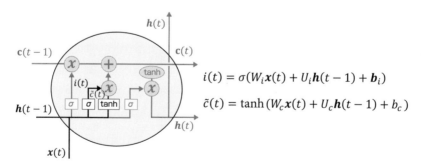

$$i(t) = \sigma(W_i x(t) + U_i h(t-1) + b_i)$$

$$\tilde{c}(t) = \tanh(W_c x(t) + U_c h(t-1) + b_c)$$

2ステップ目の最後の処理として、

$$c(t) = f(t) \odot c(t-1) + i(t) \odot \tilde{c}(t)$$

のようにして、入力ゲートとCECの値でセルの状態を更新します。

▼LSTMの2ステップ目の最後の処理

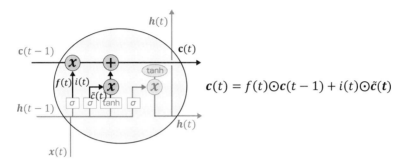

$$c(t) = f(t) \odot c(t-1) + i(t) \odot \tilde{c}(t)$$

■LSTMのサードステップ

最後の3番目のステップは、「出力ゲート」によるLSTMセルからの出力です。まず、「出力ゲート」と呼ばれるシグモイド層を実行します。次に、シグモイドゲートの出力とtanh層との乗算をして出力します。

▼LSTMの3番目のステップ

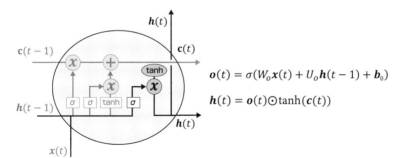

$$o(t) = \sigma(W_o x(t) + U_o h(t-1) + b_0)$$

$$h(t) = o(t) \odot \tanh(c(t))$$

9.2 LSTMを配置したRNNで対話が正しいかどうかを識別する

LSTMを配置したRNNを構築して、一対一の対話をまとめたテキストデータが正しい対話になっているか、そうでないかを識別します。

9.2.1 「雑談対話コーパス」、Janomeライブラリのダウンロード

自然言語処理における「分かち書き」を行うライブラリ、Janomeをインストールします。続いて、分類問題のデータとして使用する**「雑談対話コーパス」**をWebサイトからダウンロードします。

■Janomeのインストール

Janomeは、日本語の文章を形態素解析するためのライブラリです。日本語の文章を単語の単位で分解し（これを「わかち書き」と呼びます）、品詞情報の提示までを行います。幸いなことに、フリーで公開されている形態素解析プログラムがいくつかあります。Tomoko Uchida氏が開発した「Janome」は、有名な「MeCab（和布蕪）」の形態素解析辞書を搭載したライブラリで、Janomeのみをインストールすれば形態素解析が行えるので便利です。

ただし、Janomeはcondaコマンド、およびAnaconda Navigatorのライブラリ一覧からはインストールできないので、pipコマンドでインストールすることにします。

Anaconda Navigatorにおいて、仮想環境上で実行するターミナルを起動し、

```
pip install janome[Enter]
```

と入力してインストールします。

> **▼注意　pipコマンドでのインストール**
> pipコマンドでインストールしたライブラリは、Anacondaの管理外になるので、バージョンの確認やアップデート（pip install パッケージ名 -U）などの処理は、すべてpipから行うことになります。

■**「雑談対話コーパス」のダウンロード**

「雑談対話コーパス」は、NTTドコモの雑談対話API＊を用いて収集した、人とシステムの雑談対話コーパス（テキストや発話を集めてデータベース化したもの）です。対話破綻検出技術＊をはじめとする対話技術全般への発展に寄与することを目的として公開されています。

▼**雑談対話コーパスのダウンロードページ**

https://sites.google.com/site/dialoguebreakdowndetection/chat-dialogue-corpus

にアクセスし、ページ中段付近にあるダウンロードのリンクをクリックするとZIP形式で圧縮されたフォルダー（projectnextnlp-chat-dialogue-corpus.zip）がダウンロードされます。解凍後、解凍先のフォルダーごと、今回のプログラムを作成するノートブックが保存されているフォルダー内に移動するか、コピーしてください。

9.2.2　対話データの抽出と加工

コーパスの「Json」フォルダーの「init100」に100個の対話データ、「rest1046」の中に1046個の対話データがJSON形式で保存されています。次は「rest1046」フォルダー内のファイルをテキストエディターで開き、その一部を示したものです。

▼**コーパスの一部**

```
{
    "annotations": [],
    "speaker": "U",
    "time": "2014-07-03 14:36:00",          人間の発話
    "turn-index": 11,
    "utterance": "それで夕食は何を食べるのですか"
},
```

＊雑談対話API　https://www.nttdocomo.co.jp/service/developer/smart_phone/analysis/
＊対話破綻検出技術
　研究報告：Project Next NLP対話タスクにおける雑談対話データの収集と対話破綻アノテーション
　Chat dialogue collection and dialogue breakdown annotation in the dialogue task of Project Next NLP
　東中 竜一郎,船越 孝太郎　人工知能学会「言語・音声理解と対話処理研究会 第72回」pp.45-50, 2014-12-15

```
{
    "annotations": [
        {
            "annotator-id": "04_C",
            "breakdown": "X",
            "comment": "問いの内容に答えていない",
            "ungrammatical-sentence": "O"
        },
        {
            "annotator-id": "15_A",
            "breakdown": "X",
            "comment": "回答になっていない",
            "ungrammatical-sentence": "O"
        }
    ],
    "speaker": "S",
    "time": "2014-07-03 14:36:00",
    "turn-index": 12,
    "utterance": "夕食がいってないかもです"
},
```

アノテーション

システムの発話

　人間とシステムの1回のやり取りが1つのJSONファイルに収められています。ファイルの中身を見ると、人間の発話、アノテーション、システムの発話の3つのブロックを1つの対話データとし、これが対話の数だけ並んでいます。アノテーションは何人かのアノテーターが会話の内容を見て、システムの発話が適切であればO、破綻していればX、破綻してはいないものの違和感があればTのフラグが付けられています。

■JSONファイルを読み込んで正解ラベルと発話をリストにする

　「rest1046」フォルダーに格納されているすべてのJSONファイルを読み込みます。

▼データの読み込み

セル1

```
'''
1.データの読み込み
'''
import os
import json
```

```python
# コーパスのディレクトリを設定
file_path = './projectnextnlp-chat-dialogue-corpus/json/rest1046/'
# ファイルの一覧を取得
file_dir = os.listdir(file_path)
# 人間の発話を保持するリスト
utterance_txt = []
# システムの応答を保持するリスト
system_txt = []
# 正解ラベルを保持するリスト
label = []


# ファイルごとに対話データを整形する
for file in file_dir:
    # JSONファイルの読み込み
    r = open(file_path + file, 'r', encoding='utf-8')
    json_data = json.load(r)


    # 発話データ配列から発話テキストと破綻かどうかの正解データを抽出
    for turn in json_data['turns']:
        turn_index = turn['turn-index']     # turn-indexキー (対話のインデックス)
        speaker = turn['speaker']           # speakerキー ("U"人間、"S"システム)
        utterance = turn['utterance']       # utteranceキー (発話テキスト)


        # 先頭行 (システムの冒頭の発話) 以外を処理
        if turn_index != 0:
            # 人間の発話 (質問) のテキストを抽出
            if speaker == 'U':
                #u_text = ''
                u_text = utterance


            # システムの応答内容が破綻かどうかを抽出
            else:
                a = ''
                sys = turn['utterance']         # システムの発話 (応答) を抽出
                t = turn['annotations'][0]      # 1つ目のアノテーションを抽出
                a = t['breakdown']              # アノテーションのフラグを抽出
                if a == 'O':                    # O(破綻していない)を0で置換
                    val = 0
                elif a == 'T':                  # T(破綻していないが違和感がある)を1で置換
                    val = 1
```

```
        else:                          # 上記以外のx（破綻している）は2で置換
            val = 2
        # 人間の発話をリストに追加
        utterance_txt.append(u_text)
        # システムの応答をリストに追加
        system_txt.append(sys)
        # 正解ラベルをリストに追加
        label.append(str(val))
```

▼**読み込んだデータのサイズを出力**

`セル2`

```
'''
2. 読み込んだデータのサイズを出力
'''
print(len(utterance_txt))  # 人間の発話データのサイズ
print(len(system_txt))     # システムの応答データのサイズ
print(len(label))          # 正解ラベルのサイズ
```

▼**出力**

```
10460
10460
10460
```

　作成したリスト utterance_txt、system_txt には人間の発話とシステムの応答がそれぞれ格納され、label_txt には合計10,460の正解ラベルが格納されています。

▼**utterance_text に格納されたテキストを出力する**

`セル3`

```
utterance_text
```

▼**出力**

```
['こんにちは',
 '分からない',
 '昼ごはんは何を食べましたか',
 .........
 '味噌汁とかにも使えば？',
 '納豆は入れないですね',
 'そうですね',
 ...]
```

▼システムの応答を出力

```
セル4
'''
4．システムの応答を出力
'''
system_txt
```

▼出力

```
['こんー',
 'そっか',
 'ごはんはあったかいです',
 .........
 '納豆を入れますよねー',
 'ネギを入れますよねー',
 'そうですね',
 ...]
```

▼正解ラベルを出力

```
セル5
'''
5．正解ラベルを出力
'''
label
```

▼出力

```
['0',
 '0',
 '0',
 .........
 '1',
 '0',
 '0',
 ...]
```

■発話テキストを形態素に分解する

人間とシステムの発話を形態素に分解します。形態素解析は次の2つの手順で行います。

●janome.tokenizer.Tokenizer() コンストラクター

janome.tokenizer.Tokenizer クラスのオブジェクトを生成します。

●janome.tokenizer.Tokenizer.tokenize()メソッド

引数に解析対象の文字列を指定して実行すると、形態素解析の結果をTokenオブジェクトに格納し、これをまとめたリストを返します。

▼形態素解析の例

```
from janome.tokenizer import Tokenizer          # janome.tokenizerをインポート
t = Tokenizer()                                  # Tokenizerオブジェクトを生成
tokens = t.tokenize('わたしはPythonのプログラムです')   # 形態素解析
for token in tokens:                             # 解析結果のリストから抽出
    print(token)
```

▼出力

わたし	名詞,代名詞,一般,*,*,*,わたし,ワタシ,ワタシ
は	助詞,係助詞,*,*,*,*,は,ハ,ワ
Python	名詞,固有名詞,組織,*,*,*,*,*,*
の	助詞,連体化,*,*,*,*,の,ノ,ノ
プログラム	名詞,サ変接続,*,*,*,*,プログラム,プログラム,プログラム
です	助動詞,*,*,*,特殊・デス,基本形,です,デス,デス

tokenize()メソッドの引数に解析対象の文字列を渡し、形態素解析の結果を取得します。tokenize()メソッドは、文章を形態素に分解して解析を行い、それぞれの形態素と解析結果をjanome.tokenizer.Tokenクラスのオブジェクトに格納し、これをリストとして返してきます。分析結果は、「品詞」「品詞細分類1」「品詞細分類2」「品詞細分類3」「活用形」「活用型」「原形」「読み」「発音」の順で出力されます。

▼形態素「わたし」の分析結果

わたし ———	(形態素の見出し)	
名詞, ———	品詞	
代名詞, ———	品詞細分類1	
一般, ———	品詞細分類2	
*, ———	品詞細分類3	
*, ———	活用形	
*, ———	活用型	
わたし, ———	原形	
ワタシ, ———	読み	
ワタシ ———	発音	

Tokenクラスのプロパティを参照することで、個々の結果を取り出すことができます。

● Token#surface

形態素の見出しの部分を取得します。

※Token#surfaceの#は、surfaceがTokenのインスタンス変数であることを示しています。

▼リストの1つ目のTokenオブジェクトから形態素の見出しを取り出す例

```
print(tokens[0].surface)
```

▼出力

```
わたし
```

　　　　内包表記で、文章の中のすべての形態素の見出しをリストとして取り出すこともできます。いわゆる「分かち書き」した状態です。

▼内包表記を使って、文章の中のすべての形態素の見出しを取り出す例

```
[token.surface for token in tokens]
```

▼出力

```
['わたし', 'は', 'Python', 'の', 'プログラム', 'です']
```

● Token#part_of_speech

「品詞」「品詞細分類1」「品詞細分類2」「品詞細分類3」の部分を取得します。

▼リストの1つ目のTokenオブジェクトから品詞を取り出す例

```
print(tokens[0].part_of_speech)
```

▼出力

```
名詞,代名詞,一般,*
```

　　　　[正解ラベル，人間発話＃システム発話]を格納した2次元のリストから第2要素の発話テキストを取り出して形態素に分解し、新しく作成した2次元形式のリストに格納します。一方、正解ラベルは別に作成した1次元のリストに格納します。あと、形態素の中に記号や助詞が含まれている場合は、これらを除外することにします。これらは**ストップワード**と呼ばれ、文脈形成にあまり意味をなさないためです。

　　　　今回は、人間の発話とシステムの応答をそれぞれ専用のLSTMのユニットに入力しますので、データを扱いやすいように1つのデータフレームにまとめます。

▼データフレームにまとめる

```
セル6
'''
6.  人間の発話、システムの応答、正解ラベルをデータフレームにまとめる
'''
import pandas as pd
df = pd.DataFrame({'utterance_txt' : utterance_txt,
                   'system_txt' : system_txt,
                   'label' : label}
                  )
df    # 出力
```

▼出力

	utterance_txt	system_txt	label
0	こんにちは	こんー	0
1	分からない	そっか	0
2	昼ごはんは何を食べましたか	ごはんはあったかいです	0
3	へー	えー	0
4	へー	えー	0
...	...	...	...
10455	秋も近いですね	気分は穏やかですね	0
10456	行楽シーズンになります	行楽シーズンに入りますか？	0
10457	ええ	どうした	1
10458	いえ、どうもしませんよ	行楽シーズンに行きます	1
10459	紅葉なんかどうですか	紅葉は京都がいいですね	0

10460 rows × 3 columns

▼カウントする

```
セル7
'''
7.  破綻していない (0)、破綻していないが違和感 (1)、破綻 (2) をカウント
'''
df['label'].value_counts()
```

▼出力

0	5329
1	2937
2	2194

▼形態素への分解

`セル 8`

```python
'''
8. 形態素への分解
'''
from janome.tokenizer import Tokenizer  # janomeのパッケージをインポート
import re                               # 正規表現ライブラリ


def parse(utterance_txt):
    '''
    分かち書きを行って形態素に分解する
    '''
    t = Tokenizer()                      # Tokenizerクラスのオブジェクトを生成
    separation_tmp = []                  # 形態素を一時保存するリスト
    # 形態素に分解
    for row in utterance_txt:
        # リストから発話テキストの部分を抽出して形態素解析を実行
        tokens = t.tokenize(row)
        # 形態素の見出しの部分を取得してseparation_tmpに追加
        separation_tmp.append(
            [token.surface for token in tokens if (
                not re.match('記号', token.part_of_speech)              # 記号を除外
                and (not re.match('助詞', token.part_of_speech))        # 助詞を除外
                and (not re.match('助動詞', token.part_of_speech))      # 助動詞を除外
                )
            ])
        # 空の要素があれば取り除く
        while separation_tmp.count('') > 0:
            separation_tmp.remove('')
    return separation_tmp


# 人間の発話を形態素に分解する
df['utterance_token'] = parse(df['utterance_txt'])
# システムの応答を形態素に分解する
df['system_token'] = parse(df['system_txt'])


# 形態素への分解後のデータフレームを出力
df
```

▼出力

	utterance_txt	system_txt	label	utterance_token	system_token
0	こんにちは	こんー	0	[こんにちは]	[こん, ー]
1	分からない	そっか	0	[分から]	[そっ]
2	昼ごはんは何を食べましたか	ごはんはあったかいです	0	[昼, ごはん, 何, 食べ]	[ごはん, あったかい]
3	へー	えー	0	[へー]	[えー]
4	へー	えー	0	[へー]	[えー]
...	...	...	...	...	...
10455	秋も近いですね	気分は穏やかですね	0	[秋, 近い]	[気分, 穏やか]
10456	行楽シーズンになります	行楽シーズンに入りますか？	0	[行楽, シーズン, なり]	[行楽, シーズン, 入り]
10457	ええ	どうした	1	[ええ]	[どう, し]
10458	いえ、どうもしませんよ	行楽シーズンに行きます	1	[いえ, どうも, し]	[行楽, シーズン, 行き]
10459	紅葉なんかどうですか	紅葉は京都がいいですね	0	[紅葉, なんか, どう]	[紅葉, 京都, いい]

10460 rows × 5 columns

▼形態素の数をデータフレームに登録

```
セル9

'''

9．発話と応答それぞれの形態素の数をデータフレームに登録する

'''

df['u_token_len'] = df['utterance_token'].apply(len)

df['s_token_len'] = df['system_token'].apply(len)

df
```

▼出力

	utterance_txt	system_txt	label	utterance_token	system_token	u_token_len	s_token_len
0	こんにちは	こんー	0	[こんにちは]	[こん, ー]	1	2
1	分からない	そっか	0	[分から]	[そっ]	1	1
2	昼ごはんは何を食べましたか	ごはんはあったかいです	0	[昼, ごはん, 何, 食べ]	[ごはん, あったかい]	4	2
3	へー	えー	0	[へー]	[えー]	1	1
4	へー	えー	0	[へー]	[えー]	1	1
...	...	...	...	...	...	...	...
10455	秋も近いですね	気分は穏やかですね	0	[秋, 近い]	[気分, 穏やか]	2	2
10456	行楽シーズンになります	行楽シーズンに入りますか？	0	[行楽, シーズン, なり]	[行楽, シーズン, 入り]	3	3
10457	ええ	どうした	1	[ええ]	[どう, し]	1	2
10458	いえ、どうもしませんよ	行楽シーズンに行きます	1	[いえ, どうも, し]	[行楽, シーズン, 行き]	3	3
10459	紅葉なんかどうですか	紅葉は京都がいいですね	0	[紅葉, なんか, どう]	[紅葉, 京都, いい]	3	3

10460 rows × 7 columns

■単語を出現回数順の数値に置き換える

分かち書きした単語の出現回数をカウントし、単語をキーに、出現回数を値にした辞書（dict）を作成します。

▼単語の出現回数を記録して辞書を作成

セル10

```
'''
10. 単語の出現回数を記録して辞書を作成
'''
from collections import Counter # カウント処理のためのライブラリ
import itertools                # イテレーションのためのライブラリ

# ｛単語：出現回数｝の辞書を作成
def makedictionary(data):
    return Counter(itertools.chain(* data))
```

単語を出現回数の順序（降順）で並べ替え、｛単語：順位を示す数値, ...｝の辞書を作成します。

▼単語を出現回数順（降順）に並べ替えて連番をふる関数

セル11

```
'''
11. 単語を出現回数順（降順）に並べ替えて連番をふる関数
'''
def update_word_dictionary(worddic):
    word_list = []
    word_dic = {}
    # most_common()で出現回数順に要素を取得しword_listに追加
    for w in worddic.most_common():
        word_list.append(w[0])

    # 出現回数順に並べた単語をキーに、1から始まる連番を値に設定
    for i, word in enumerate(word_list, start=1):
        word_dic.update({word: i})

    return word_dic
```

▼単語を出現回数の数値に置き替える関数の定義

```
'''
12. 単語を出現回数の数値に置き替える関数
'''
def bagOfWords(word_dic, token):
    return [[ word_dic[word] for word in sp] for sp in token]
```

▼発話を{単語：出現回数}の辞書にする

```
'''
13. 発話を{単語：出現回数}の辞書にする
'''
utter_word_frequency = makedictionary(df['utterance_token'])
utter_word_frequency
```

▼出力

```
Counter({'こんにちは': 187,
         '分から': 15,
         '昼': 16,
         'ごはん': 11,
         '何': 488,
         '食べ': 273,
         'へー': 13,
         'それで': 11,
         ...})
```

▼応答を{単語：出現回数}の辞書にする

```
'''
14. 応答を{単語：出現回数}の辞書にする
'''
system_word_frequency = makedictionary(df['system_token'])
system_word_frequency
```

▼出力

```
Counter({'こん': 17,
         'ー': 153,
         'そっ': 4,
         'ごはん': 11,
         'あったかい': 2,
```

```
    'えー': 20,
    '夕食': 26,
    'いっ': 8,
    ...})
```

▼発話の単語辞書を単語の出現回数順（降順）で並べ替えて連番を割り当てる

> セル15

```
'''
15.発話の単語辞書を単語の出現回数順（降順）で並べ替えて連番を割り当てる
'''
utter_word_dic = update_word_dictionary(utter_word_frequency)
utter_word_dic
```

▼出力

```
{'ん': 1,
 'し': 2,
 'そう': 3,
 '好き': 4,
 'の': 5,
 'いい': 6,
 '何': 7,
 'こと': 8,
        ...})
```

▼応答の単語辞書を単語の出現回数順（降順）で並べ替えて連番を割り当てる

> セル16

```
'''
16.応答の単語辞書を単語の出現回数順（降順）で並べ替えて連番を割り当てる
'''
system_word_dic = update_word_dictionary(system_word_frequency)
system_word_dic
```

▼出力

```
{'いい': 1,
 'の': 2,
 '好き': 3,
 'ん': 4,
 '海': 5,
 'そう': 6,
 'スイカ': 7,
```

```
'退屈': 8,
'症': 9,
      ...})
```

▼辞書のサイズを変数に登録する

セル17

```
'''
17. 辞書のサイズを変数に登録
'''
utter_dic_size = len(utter_word_dic)
system_dic_size = len(system_word_dic)
print(utter_dic_size)
print(system_dic_size)
```

▼出力

```
5330
4428
```

▼単語を出現回数順の数値に置き換える

セル18

```
'''
18. 単語を出現回数順の数値に置き換える
'''
train_utter = bagOfWords(utter_word_dic, df['utterance_token'])
train_system = bagOfWords(system_word_dic, df['system_token'])
```

▼数値に置き換えた発話を出力する

セル19

```
'''
19. 数値に置き換えた発話を出力
'''
train_utter
```

▼出力

```
[[21],
 [354],
 [335, 471, 7, 14],
 [405],
 [405],
 [472, 515, 7, 102, 5],
 .........
```

```
   [12],
   ...]
```

▼**数値に置き換えた応答を出力する**

セル20

```
'''
20. 数値に置き換えた応答を出力
'''
train_system
```

▼**発話と応答それぞれの形態素の最大数を取得する**

セル21

```
'''
21. 発話と応答それぞれの形態素の最大数を取得
'''
UTTER_MAX_SIZE = len(sorted(train_utter, key=len, reverse=True)[0])
SYSTEM_MAX_SIZE = len(sorted(train_system, key=len, reverse=True)[0])
print(UTTER_MAX_SIZE)
print(SYSTEM_MAX_SIZE)
```

▼**出力**

```
18
41
```

●**単語データのサイズをそろえる**

各データのサイズがバラバラなので、サイズを統一します。

▼**単語データの配列を同一のサイズにそろえる関数を定義する**

セル22

```
'''
22. 単語データの配列を同一のサイズにそろえる関数
'''
from tensorflow.keras.preprocessing import sequence

def padding_sequences(data, max_len):
    '''最長のサイズになるまでゼロを埋め込む
    Parameters:
      data(array): 操作対象の配列
      max_len(int): 配列のサイズ
    '''
```

```
    return sequence.pad_sequences(
        data, maxlen=max_len, padding='post',value=0.0)
```

▼発話の単語配列のサイズを最長サイズに合わせる

セル23

```
'''
23. 発話の単語配列のサイズを最長サイズに合わせる
'''
train_U = padding_sequences(train_utter, UTTER_MAX_SIZE)
print(train_U.shape)
print(train_U)
```

▼出力

```
(10460, 18)
[[  21    0    0 ...    0    0    0]
 [ 354    0    0 ...    0    0    0]
 [ 335  471    7 ...    0    0    0]
 ...
 [ 218    0    0 ...    0    0    0]
 [  75  368    2 ...    0    0    0]
 [1734  417   30 ...    0    0    0]]
```

▼応答の単語配列のサイズを最長サイズに合わせる

セル24

```
'''
24. 応答の単語配列のサイズを最長サイズに合わせる
'''
train_S = padding_sequences(train_system, SYSTEM_MAX_SIZE)
print(train_S.shape)
print(train_S)
```

▼出力

```
(10460, 41)
[[ 240   19    0 ...    0    0    0]
 [1008    0    0 ...    0    0    0]
 [ 388 1738    0 ...    0    0    0]
 ...
 [  90   13    0 ...    0    0    0]
 [1736 1737   14 ...    0    0    0]
 [ 455  392    1 ...    0    0    0]]
```

■RNN（LSTM）を構築して発話が破綻しているかを学習する

　今回は、LSTMを用いてRNNのモデルを構築します。入力データを「埋め込み層」に入力し、その出力をGRU（後述）に入力し、全結合層を経て2ユニットの出力層から出力する構造です。ここで、新たに**埋め込み（Embedding）層**というものが出てきました。

　CIFAR-10などの画像データは最初から数値（0～1の範囲に正規化済み）で表現されているので、そのままの状態でモデルに入力することができました。しかし、自然言語をはじめ、音声データや動画データは何らかの方法により適切な数値で表現し直さなければなりません。そういうわけで、これまで単語を数値に置き換えるという前処理を長々とやってきたわけですが、こういった表現のことを**分散表現**と呼びます。実は、いろいろあるデータの中で自然言語の表現が最も困難だといわれています。

　そこで、自然言語の分散表現の中でも最も簡単な**Bag of Words（BOW）**という手法を用いて、単語を出現回数で置き換えることを試みました。ただ、これだけでは荒すぎるので、その出現順位の数値で単語を置き換えました。

　さて、これを学習するため、RNNはEmbedding Neuron（埋め込みニューロン）を使って単語の意味を学習し、LSTMブロックの内部状態を用いて、テキストの断片を単語の意味で説明できるように学習する必要があります。このために、入力層から伝わる単語を埋め込み層で**分散表現**（または**埋め込み表現**）に変換するわけですが、単語の分散表現は、**RNN言語モデル（ニューラル言語モデル）**に基づくものとなります。RNN言語モデルは、テキストの中のある単語の次に出現する単語を予測するモデルであり、会話ボットなどの文章生成や音声認識、画像キャプション生成では、RNN言語モデルの訓練による単語の推測が広く使われています。この場合、LSTMブロックからの出力が全結合層（出力層）に達したあと、その単語の後ろに続く単語を推測できるように学習するのですが、例えばテキストの中に「雨」という単語があればそれに続く単語が推測できるようになればベストです。さらに改善するとすれば、次の単語を推測するだけでなく、'雨'、'降る'、'かも'という単語のシーケンス（連なり）を入力したとき、あるステップtで単語w_tの意味と、次に続くと推測される単語w_{t+1}（'明日'など）を含むシーケンスを推測するようにします。

　次ページの図は、RNN言語モデルが、ある単語の次に出現する単語を予測する仕組みを表したものです。5つの単語のシーケンスw_1～w_5を入力し、あるステップtで入力した単語w_tをEmbedding層でx_tに変換します。中間層のLSTMはx_tとその前の内部状態h_{t-1}から新しい内部状態h_tを作り出し、y_tを出力します。出力層でソフトマックス関数が適用され、次に出現する単語w_{t+1}を予測します。

　ただし、図では単語w_tは単体のように見えますが、ベクトルの用語でいうと、全単語数の次元を持つOne-Hotベクトルです。つまり、すべての単語の数だけベクトル成分があり、その単語が3番目を意味するものであれば、3番目の成分が1で残りはすべて0になります。

　Embedding層の重みは、単語の分散表現を行うための、言い換えれば単語の特徴を数値で表すための変換行列として存在します。単語の特徴といっても漫然としていますが、例えば、

'雨'という単語であれば、その周辺に存在する'降る'を正解にする作用をもたらします。ちなみに重みですので、その数はOne-Hotベクトルの次元数と中間層のユニットの数で決まります。

　込み入った話で頭が痛くなりそうですが、今回のシステム応答の分類問題は、これまでに見てきたRNN言語モデルの予測を利用して、対話が破綻しているかそうでないかを分類しようという試みです。

▼ RNN言語モデル

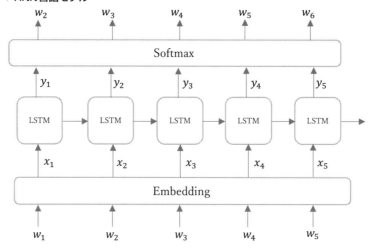

■RNNモデルを構築する

　作成するモデルは、多入力の複合型モデルです。入力層は、

- ・人間の発話
- ・システムの応答
- ・人間の発話の単語数
- ・システムの応答の単語数

の4系統の層を配置し、それぞれEmbedding層に入力して埋め込み処理を行います。一方、人間の発話とシステムの応答について、3層構造の128ユニットのGRUに入力します。GRUはLSTMを改良して高速化したもので、今回はLSTMに代えて使用することにしました。

　以上で4系統のEmbedding層からの出力になりますが、これを全結合層で結合して1系統にまとめます。以降、512ユニット、256ユニット、128ユニットの全結合型の層を経て、2ユニットの出力層から出力するようにします。会話が「破綻している／していない」の二値分類ですが、ユニットを2個配置してマルチクラス分類の形にしました。

▼RNNモデルの構築

```python
from tensorflow.keras.models import Model
from tensorflow.keras.layers import Input, Dense, concatenate, GRU, Embedding, Flatten, Dropout
from tensorflow.keras.optimizers import Adam


## ------入力層------
# 人間の発話：ユニット数は単語配列の最長サイズと同じ
utterance = Input(shape=(UTTER_MAX_SIZE,), name='utterance')
# システムの応答：ユニット数は単語配列の最長サイズと同じ
system = Input(shape=(SYSTEM_MAX_SIZE,), name='system')
# 人間の発話の単語数：ユニット数は1
u_token_len = Input(shape=[1], name="u_token_len")
# システムの応答の単語数：ユニット数は1
s_token_len = Input(shape=[1], name="s_token_len")


# ------Embedding層------
# 人間の発話： 入力は単語の総数+100、出力の次元数は128
emb_utterance = Embedding(
    input_dim=utter_dic_size+100,   # 発話の単語数+100
    output_dim=128                  # 出力の次元数はRecurrent層のユニット数
    )(utterance)
# システムの応答： 入力は単語の総数+100、出力の次元数は128
emb_system = Embedding(
    input_dim=system_dic_size+100,  # 応答の単語数+100
    output_dim=128                  # 出力の次元数はRecurrent層のユニット数
    )(system)
# 人間の発話の単語数のEmbedding
emb_u_len = Embedding(
    input_dim=UTTER_MAX_SIZE+1,     # 入力の次元は発話の形態素数の最大値+1
    output_dim=5                    # 出力は5
    )(u_token_len)
# システムの応答の単語数のEmbedding
emb_s_len = Embedding(
    input_dim=SYSTEM_MAX_SIZE+1,    # 入力の次元は応答の形態素数の最大値+1
    output_dim=5                    # 出力は5
    )(s_token_len)


# ------Recurrent層------
# 人間の発話： GRUユニット×128×3段
```

```python
rnn_layer1_1 = GRU(128, return_sequences=True
                     )(emb_utterance)
rnn_layer1_2 = GRU(128, return_sequences=True
                     )(rnn_layer1_1)
rnn_layer1_3 = GRU(128, return_sequences=False
                     )(rnn_layer1_2)


# システムの応答：GRUユニット×128×3段
rnn_layer2_1 = GRU(128, return_sequences=True
                     )(emb_system)
rnn_layer2_2 = GRU(128, return_sequences=True
                     )(rnn_layer2_1)
rnn_layer2_3 = GRU(128, return_sequences=False
                     )(rnn_layer2_2)


# ------全結合層------
main_1 = concatenate([
    Flatten()(emb_u_len),   # 人間の発話の単語数のEmbedding
    Flatten()(emb_s_len),   # システムの応答の単語数のEmbedding
    rnn_layer1_3,           # 人間の発話のGRUユニット
    rnn_layer2_3            # システムの応答のGRUユニット
])


# ------512、256、128ユニットの層を追加------
main_1 = Dropout(0.2)(
    Dense(512,kernel_initializer='normal',activation='relu')(main_1))
main_1 = Dropout(0.2)(
    Dense(256,kernel_initializer='normal',activation='relu')(main_1))
main_1 = Dropout(0.2)(
    Dense(128,kernel_initializer='normal',activation='relu')(main_1))


# ------出力層 (3ユニット)------
output = Dense(units=3,                 # 出力層のニューロン数＝3
                  activation='softmax'  # 活性化はソフトマックス関数
              )(main_1)


# Modelオブジェクトの生成
model = Model(
    # 入力層はマルチ入力モデルなのでリストにする
    inputs=[utterance, system,
```

```
            u_token_len, s_token_len
        ],
    # 出力層
    outputs=output
)


# Sequentialオブジェクトをコンパイル
model.compile(
    loss='categorical_crossentropy',    # 誤差関数はクロスエントロピー
    optimizer=Adam(),                    # Adamオプティマイザー
    metrics=['accuracy']                 # 学習評価として正解率を指定
    )


model.summary()                          # RNNのサマリ（概要）を出力
```

▼出力

```
Model: "model"
```

Layer (type)	Output Shape	Param #	Connected to
utterance (InputLayer)	[(None, 18)]	0	
system (InputLayer)	[(None, 41)]	0	
embedding (Embedding)	(None, 18, 128)	695040	utterance[0][0]
embedding_1 (Embedding)	(None, 41, 128)	579584	system[0][0]
u_token_len (InputLayer)	[(None, 1)]	0	
s_token_len (InputLayer)	[(None, 1)]	0	
gru (GRU)	(None, 18, 128)	99072	embedding[0][0]
gru_3 (GRU)	(None, 41, 128)	99072	embedding_1[0][0]
embedding_2 (Embedding)	(None, 1, 5)	95	u_token_len[0][0]
embedding_3 (Embedding)	(None, 1, 5)	210	s_token_len[0][0]
gru_1 (GRU)	(None, 18, 128)	99072	gru[0][0]
gru_4 (GRU)	(None, 41, 128)	99072	gru_3[0][0]
flatten (Flatten)	(None, 5)	0	embedding_2[0][0]
flatten_1 (Flatten)	(None, 5)	0	embedding_3[0][0]
gru_2 (GRU)	(None, 128)	99072	gru_1[0][0]
gru_5 (GRU)	(None, 128)	99072	gru_4[0][0]
concatenate (Concatenate)	(None, 266)	0	flatten[0][0]
			flatten_1[0][0]
			gru_2[0][0]
			gru_5[0][0]
dense (Dense)	(None, 512)	136704	concatenate[0][0]
dropout (Dropout)	(None, 512)	0	dense[0][0]
dense_1 (Dense)	(None, 256)	131328	dropout[0][0]
dropout_1 (Dropout)	(None, 256)	0	dense_1[0][0]

dense_2 (Dense)	(None, 128)	32896	dropout_1[0][0]
dropout_2 (Dropout)	(None, 128)	0	dense_2[0][0]
dense_3 (Dense)	(None, 3)	387	dropout_2[0][0]

Total params: 2,170,676

Trainable params: 2,170,676

Non-trainable params: 0

■学習する

　今回は4系統の入力になりますので、それぞれのデータを1つのdictオブジェクトにまとめます。こうしておくことで、モデルの側で各データを識別してそれぞれの入力層に入力できるようになります。

▼訓練データと正解ラベルの用意

`セル26`

```
'''
26. 訓練データと正解ラベルの用意
'''
import numpy as np
from tensorflow.keras.utils import to_categorical

trainX = {
    # 人間の発話
    'utterance': train_U,
    # システムの応答
    'system': train_S,

    # 人間の発話の形態素の数 (int)
    'u_token_len': np.array(df[['u_token_len']]),
    # システムの応答の形態素の数 (int)
    's_token_len': np.array(df[['s_token_len']])
}

# 正解ラベルをOne-Hot表現にする
trainY = to_categorical(df['label'], 3)
```

　学習を行います。ミニバッチのサイズは32、エポック数は100です。LearningRate Schedulerを利用してコールバックを行い、10エポックごとに学習率を25％減衰するようにします。

▼**学習を実行する**

```python
%%time
'''
27. 学習の実行
'''
import math
from tensorflow.keras.callbacks import LearningRateScheduler


batch_size = 32          # ミニバッチのサイズ
lr_min = 0.0001          # 最小学習率
lr_max = 0.001           # 最大学習率


# 学習率をスケジューリングする
def step_decay(epoch):
    initial_lrate = 0.001 # 学習率の初期値
    drop = 0.5            # 減衰率は25%
    epochs_drop = 10.0    # 10エポックごとに減衰する
    lrate = initial_lrate * math.pow(
        drop,
        math.floor((epoch)/epochs_drop)
    )
    return lrate


# 学習率のコールバック
lrate = LearningRateScheduler(step_decay)


# エポック数
epoch = 100


# 学習を開始
history = model.fit(trainX, trainY,        # 訓練データ、正解ラベル
                    batch_size=batch_size, # ミニバッチのサイズ
                    epochs=epoch,          # 学習回数
                    verbose=1,             # 学習の進捗状況を出力する
                    validation_split=0.2,  # 訓練データの20%を検証データにする
                    shuffle=True,          # 検証データ抽出後にシャッフル
                    callbacks=[lrate]
                    )
```

▼出力

```
Train on 8368 samples, validate on 2092 samples

Epoch 1/40

8368/8368 [==============================] - 64s 8ms/sample

 - loss: 1.0304 - accuracy: 0.5116 - val_loss: 1.0308 - val_accuracy: 0.4976

Epoch 2/40

8368/8368 [==============================] - 48s 6ms/sample

 - loss: 1.0210 - accuracy: 0.5117 - val_loss: 1.0230 - val_accuracy: 0.4976

Epoch 3/40

8368/8368 [==============================] - 49s 6ms/sample

 - loss: 0.9716 - accuracy: 0.5306 - val_loss: 1.0360 - val_accuracy: 0.4837

.........途中省略.........

Epoch 38/40

8368/8368 [==============================] - 49s 6ms/sample

 - loss: 0.2885 - accuracy: 0.8691 - val_loss: 8.6098 - val_accuracy: 0.4034

Epoch 39/40

8368/8368 [==============================] - 49s 6ms/sample

 - loss: 0.2874 - accuracy: 0.8714 - val_loss: 8.8037 - val_accuracy: 0.4049

Epoch 40/40

8368/8368 [==============================] - 50s 6ms/sample

 - loss: 0.2874 - accuracy: 0.8708 - val_loss: 8.7954 - val_accuracy: 0.4058

Wall time: 31min 40s
```

　訓練データの精度は0.8708に達しましたが、検証データの精度は、当初の0.4976から徐々に下がり始め、最終的に0.4058となりました。訓練データのみにフィットした典型的なオーバーフィッティングが発生しています。

　実は、オーバーフィッティングを回避するために、GRUに正則化の処理を加えたり、さらにはドロップアウトなども試してみましたが、オーバーフィッティングを回避することはできませんでした。

　このため、GRUの正則化やドロップアウトの処理は行わず、訓練データの精度を上げることに注力した結果です。

9.3 「雑談会話コーパス」の予測精度を上げる

「雑談会話コーパス」を用いた3クラスへの分類は、オーバーフィッティングが発生し、よい結果を得ることができませんでした。そこで本節では、次の手法を取り入れ、テストデータの精度を改善したいと思います。

- ・複数モデルによるアンサンブルの実施
- ・モデルにはRNNモデルとCNNモデルを用いる

■アンサンブルって何？

現在、様々な媒体でデータ分析や機械学習のコンペが行われています。このようなコンペでは、予測の精度や損失の低さを競うことが多いのですが、最高の精度を出すための手段としてよく使われるのが「**アンサンブル**」です。アンサンブルとは、複数のモデルを組み合わせて予測を行う手法のことで、複数のモデルから「いいとこどり」をして精度を向上させるというものです。

□アンサンブルの手法

アンサンブルの代表的な手法として、「平均化方式」と「多数決方式」があります。

●平均化方式

予測値の平均をとり、最も高い確率平均を出したクラスをアンサンブルの予測とする方法です。この方法は、分類問題、特にクロスエントロピー誤差を測定基準とする分類問題に適しているとされます。多くの場合、予測を平均化することで、オーバーフィッティングが減少する効果があります。

平均の考え方を一歩進めて、精度が高いモデルに大きめの重みをかけた加重平均を用いる方法もあります。精度が高いモデルの予測を積極的に反映しようというものです。

●多数決方式

分類問題では、予測値のクラスの多数決をとるのが最もシンプルで、なおかつ成果が期待できます。ただ、平均と多数決のどちらが優れているかはケースバイケースで、双方を試してみてほとんど差がないこともよくあります。

■ アンサンブルに使用するモデル

今回のアンサンブルには、LSTMユニットを配置したRNNモデルに加え、畳み込み層とプーリング層を配置したCNNモデルを使うことにします。時系列データの処理にCNNとは意外かもしれませんが、CNNの畳み込み演算による学習がRNNより優れた結果を出すことがよくあります。実際、分析コンペにおける時系列データの予測にCNNが使われる場面が多くあります。

このことから、今回のアンサンブルでは、

・RNNモデル×8
・CNNモデル×7

の計20モデルで学習を行い、学習済みのモデルの予測結果をアンサンブルして、最終の予測とする手順で進めたいと思います。

CNNモデルの数がRNNの3倍になっていますが、それぞれ単独で学習を行ったところ、CNNの方が学習スピードが速く、かつ高い精度を出したため、このような配分にしました。モデルの数を同数（10モデルずつ）にして試してみましたが、8:7の方が結果がよかったので、このような配分にしています。

□ モデルに学習させる回数を極端に少なくする

人間の発話に対するシステムの応答が「破綻している／いない」の分類は、先の結果を見てもわかるように、かなり強いオーバーフィッティングが発生しています。正則化やドロップアウトを駆使しても、ほとんど効果がないばかりか、学習が進むにつれて検証データの精度が低下する現象が起こっています。

そこで、「学習回数を極端に少なくしてオーバーフィッティングを起こさない」という手段をとることにしました。

先の分析結果を見ると、訓練データの精度が上がると、検証データの精度は横ばいになるか低下しています。そうであれば、検証データの精度が下がる前に学習をやめ、検証データに対して高い精度を出すことに注力しよう、という考えです。

今回は、アンサンブルもありますし、そのことを考えて学習回数は2回としました。5回、10回……など試してみましたが、3回以上になると、訓練データの精度はもちろん高くなりますが、逆にテストデータの精度は徐々に低下し、だいたい20回を超えた付近で精度が最低になって、あとはいくら学習回数を増やしても精度が改善されることはありませんでした。

■アンサンブルをプログラミングする

では、複数のモデルで学習を行い、アンサンブルによる予測を行う処理をプログラミングしていきます。「9.2　LSTMを配置したRNNで対話が正しいかどうかを識別する」で作成したノートブックのセル1からセル24までのソースコードはそのまま使いますので、新しいノートブックを作成して、セル24までは同じコードを入力してください。あと、ノートブックが保存されているフォルダーに「雑談対話コーパス」のデータフォルダー「projectnextnlp-chat-dialogue-corpus」を格納しておきます。

□訓練データとテストデータに分割する

複数モデルでの学習／予測が行いやすいように、あらかじめ訓練用とテスト用に8：2の割合で分割します。

▼訓練用とテスト用に8:2の割合で分割する

```
セル25

'''
25．訓練データとテストデータに分割する
'''
import numpy as np
from tensorflow.keras.utils import to_categorical
from sklearn.model_selection import train_test_split


# データの先頭から80パーセントを訓練データ
# 残り20パーセントをテストデータに分割する
train_df, val_df = train_test_split(
    df, train_size=0.8, shuffle=False)


# 訓練データとテストデータのデータ数を取得
train_df_num = train_df.shape[0]
val_df_num = val_df.shape[0]


# 訓練データのdictオブジェクトを作成
trainX = {
    # 人間の発話
    'utterance': train_U[:train_df_num],
    # システムの応答
    'system': train_S[:train_df_num],
    # 人間の発話の形態素の数(int)
    'u_token_len': np.array(train_df[['u_token_len']]),
```

```
        # システムの応答の形態素の数 (int)
        's_token_len': np.array(train_df[['s_token_len']])
}


# 正解ラベルをOne-Hot表現のndarrayにする
trainY = to_categorical(train_df['label'], 3)


print((trainX['utterance'].shape))
print((trainX['system'].shape))
print(trainY.shape)


# テストデータのdictオブジェクトを作成
testX = {
        # 人間の発話
        'utterance': train_U[train_df_num:],
        # システムの応答
        'system': train_S[train_df_num:],


        # 人間の発話の形態素の数 (int)
        'u_token_len': np.array(val_df[['u_token_len']]),
        # システムの応答の形態素の数 (int)
        's_token_len': np.array(val_df[['s_token_len']])
}


# 正解ラベルをOne-Hot表現にする
testY = to_categorical(val_df['label'], 3)


print((testX['utterance'].shape))
print((testX['system'].shape))
print(testY.shape)


y_test_label = np.array(val_df['label'], dtype= np.float_ )
```

▼出力

```
(8368, 18)
(8368, 41)
(8368, 3)
(2092, 18)
(2092, 41)
(2092, 3)
```

□アンサンブルに使用するモデルを生成する関数

　このあとで定義するtrain()関数で学習とアンサンブルを行いますが、そのときにモデル生成のために繰り返し呼ばれるのが、ここで定義するcreate_RNN()関数です。

　if...else文において、モデルの作成順が1～8ではRNNモデルを作成し、9以降はCNNモデルを作成して、戻り値として返します。

　CNNモデルは、時系列データを扱えるように、画像分類で使用したConv2D()に代えてConv1D()を使用しています。これに伴い、プーリング層もMaxPooling1D()を用いて生成するようにしています。

▼アンサンブルに使用するモデルを生成する関数の定義

`セル26`

```
'''
26. モデルを構築する関数
'''
from tensorflow.keras.models import Model
from tensorflow.keras.layers import Input, Embedding, LSTM, Conv1D, MaxPooling1D
from tensorflow.keras.layers import concatenate, Flatten, Dense, Dropout
from tensorflow.keras import models, layers, optimizers, regularizers


def create_RNN(model_num):
    """モデルを生成する

    Parameters: model_num(int):
        モデルの番号
    Returns:
        Modelオブジェクト
    """

    rnn_weight_decay = 0.001
    cnn_weight_decay = 0.01


    ## ------入力層------
    # 人間の発話：ユニット数は単語配列の最長サイズと同じ
    utterance = Input(shape=(UTTER_MAX_SIZE,), name='utterance')
    # システムの応答：ユニット数は単語配列の最長サイズと同じ
    system = Input(shape=(SYSTEM_MAX_SIZE,), name='system')
    # 人間の発話の単語数：ユニット数は1
    u_token_len = Input(shape=[1], name="u_token_len")
    # システムの応答の単語数：ユニット数は1
```

```
s_token_len = Input(shape=[1], name="s_token_len")


# ------Embedding層------
# 人間の発話：入力は単語の総数+100、出力の次元数は64
emb_utterance = Embedding(
    input_dim=utter_dic_size+100,  # 発話の単語数+100
    output_dim=64,                 # 出力の次元数はReccuurent層のユニット数
    )(utterance)
# システムの応答：入力は単語の総数+100、出力の次元数は128
emb_system = Embedding(
    input_dim=system_dic_size+100, # 応答の単語数+100
    output_dim=64                  # 出力の次元数はReccuurent層のユニット数
    )(system)
# 人間の発話の単語数のEmbedding
emb_u_len = Embedding(
    input_dim=UTTER_MAX_SIZE+1,    # 入力の次元は発話の形態素数の最大値+1
    output_dim=5                   # 出力は5
    )(u_token_len)
# システムの応答の単語数のEmbedding
emb_s_len = Embedding(
    input_dim=SYSTEM_MAX_SIZE+1,   # 入力の次元は応答の形態素数の最大値+1
    output_dim=5                   # 出力は5
    )(s_token_len)


# ------RNN------
if model_num < 8:
    # 人間の発話を入力
    # LSTMユニット×64 正則化あり
    layer1_1 = LSTM(64, return_sequences=True, dropout=0.5,
                kernel_regularizer=regularizers.l2(rnn_weight_decay))(emb_utterance)
    # LSTMユニット×128 正則化あり
    layer1_final = LSTM(128, return_sequences=False, dropout=0.5,
                kernel_regularizer=regularizers.l2(rnn_weight_decay))(layer1_1)


    # システムの応答を入力
    # LSTMユニット×64 正則化あり
    layer2_1 = LSTM(64, return_sequences=True, dropout=0.1,
                kernel_regularizer=regularizers.l2(rnn_weight_decay))(emb_system)
    # LSTMユニット×128 正則化あり
    layer2_final = LSTM(128, return_sequences=False, dropout=0.1,
```

```
                            kernel_regularizer=regularizers.l2(rnn_weight_decay))(layer2_1)
# ------CNN------
else:
    # 人間の発話を入力
    # 畳み込み層1 フィルター数64 正則化あり
    layer1_1 = Conv1D(filters=64,kernel_size=(5), padding='same', activation='relu',
                      kernel_regularizer=regularizers.l2(cnn_weight_decay))(emb_system)
    # 畳み込み層2 フィルター数128 正則化あり
    layer1_2 = Conv1D(filters=128,kernel_size=(5), padding='same', activation='relu',
                      kernel_regularizer=regularizers.l2(cnn_weight_decay))(layer1_1)
    # プーリング層、ドロップアウト
    layer1_3 = MaxPooling1D(pool_size=2, strides=2, padding='same')(layer1_2)
    layer1_final = Dropout(0.5)(layer1_3)


    # システムの応答を入力
    # 畳み込み層1 フィルター数64 正則化あり
    layer2_1 = Conv1D(filters=64,kernel_size=(5), padding='same', activation='relu',
                      kernel_regularizer=regularizers.l2(cnn_weight_decay))(emb_utterance)
    # 畳み込み層2 フィルター数128 正則化あり
    layer2_2 = Conv1D(filters=128,kernel_size=(5), padding='same', activation='relu',
                      kernel_regularizer=regularizers.l2(cnn_weight_decay))(layer2_1)
    # プーリング層、ドロップアウト
    layer2_3 = MaxPooling1D(pool_size=2, strides=2, padding='same')(layer2_2)
    layer2_final = Dropout(0.5)(layer2_3)


# ------ 全結合層------
main_l = concatenate([
    Flatten()(emb_u_len),      # 人間の発話の単語数のEmbedding
    Flatten()(emb_s_len),      # システム応答の単語数のEmbedding
    Flatten()(layer1_final),  # 人間の発話のRNNまたはCNNからの出力
    Flatten()(layer2_final)   # システム応答のRNNまたはCNNからの出力
])


# ------512、256、128ユニットの層を追加------
main_l = Dropout(0.5)(
    Dense(512,kernel_initializer='normal',activation='relu')(main_l))
main_l = Dropout(0.5)(
    Dense(256,kernel_initializer='normal',activation='relu')(main_l))
main_l = Dropout(0.5)(
    Dense(128,kernel_initializer='normal',activation='relu')(main_l))
```

```
    # ------出力層 (3ユニット)------
    output = Dense(units=3,              # 出力層のニューロン数＝3
                   activation='softmax'  # 活性化はソフトマックス関数
                   )(main_1)


    # Modelオブジェクトの生成
    model = models.Model(
        # 入力層はマルチ入力モデルなのでリストにする
        inputs=[utterance, system, u_token_len, s_token_len],
        # 出力層
        outputs=output
    )

    return model
```

□アンサンブルを行う関数

　多数決のアンサンブルを行う ensemble_majority() 関数を定義します。

　ここでは、SciPy を使用するので、Jupyter Notebook を使用している場合は、Anaconda Navigator で「scipy」を検索し、インストールを行ってください。

▼アンサンブルを行う関数の定義

セル27

```
'''
27. アンサンブルを実行する関数
'''
from scipy.stats import mode

def ensemble_majority(models, X, data_num):
    """多数決をとるアンサンブル

    Parameters:
        models(list)  : Modelオブジェクトのリスト
        X(array)      : 検証用のデータ
        data_num(int) : データ数
    Returns:
        各画像の正解ラベルを格納した (10000) のnp.ndarray
```

```
"""
# (データ数, モデル数) のゼロ行列を作成
pred_labels = np.zeros((data_num,         # 行数はデータの数
                        len(models)))     # 列数はモデルの数
# modelsからインデックス値と更新をフリーズされたモデルを取り出す
for i, model in enumerate(models):
    # モデルごとの予測確率 (データ数, クラス数) の各行 (axis=1) から
    # 最大値のインデックスをとって、(データ数, モデル数) の
    # モデル列の各行にデータの数だけ格納する
    pred_labels[:, i] = np.argmax(model.predict(X), axis=1)
# mode() でpred_labelsの各行の最頻値のみを [0] 指定で取得する
# (データ数, 1) の形状をravel() で (,データ数) の形状にフラット化する
return np.ravel(mode(pred_labels, axis=1)[0])
```

　関数のパラメーターmodelsには、学習済みのModelオブジェクトのリストが渡され、パラメーターXに渡された検証データを入力して予測します。

　modelsには、学習が終了したModelオブジェクトが順次、格納されて渡されるので、その都度、格納されているModelオブジェクトの数だけ予測を行い、出力の平均をとって最も高い確率のクラスのインデックスを返す、という処理を行います。

　つまり、1番目のモデルの学習が終了したら、そのモデルの予測結果のみを返しますが、2番目以降のモデルからは、その前に学習が済んだモデルも含めてパラメーターmodelsに渡されるので、すべてのモデルで予測して多数決によるアンサンブルを実行することになります。すべてのモデルの学習が終了した時点でまとめてアンサンブルすればよいのですが、モデルが増えるたびに精度がどう変化するのかを知るために、その都度実行するようにしています。

　多数決をとるアンサンブルを行うにあたって、(データ数, モデル数) の形状の2階テンソルを用意し、各データごとに各モデルの予測確率を並べるようにしました。SciPyライブラリのstats.mode()は、引数に指定した配列の要素から最も多く出現する要素を返します。統計学でいうところの最頻値を返すわけですが、最頻値を多数決の結果としています。

　ensemble_majority()関数の呼び出し側では、戻り値として受け取った予測値を正解ラベルと照合し、精度を算出します。

□複数のモデルで学習し、アンサンブルによる評価を行う関数の定義

　モデルを生成し、学習を行ったあと順次、アンサンブルを行ってテストデータの評価を行う処理をtrain()関数としてまとめます。

　この関数では以下の処理を行います。

・ローカル変数の初期化

> ・アンサンブルするモデルの数を保持する n_estimators
> ・ミニバッチの数を保持する batch_size
> ・エポック数を保持する epoch
> ・Model オブジェクトを格納するリスト models
> ・各モデルの学習履歴を保存する history_all（dict オブジェクト）
> ・各モデルの予測値を登録する 2 階テンソル model_predict

・以下の処理をモデルの数だけ繰り返す

> ・Model オブジェクトの生成とコンパイルを行い、Model オブジェクトを格納するリストに追加する。
> ・コールバックに登録する History オブジェクトの生成。
> ・fit() メソッドでの学習の実行。
> ・学習履歴を dict オブジェクトに保存する。
> ・Model オブジェクトが格納されたリスト models と、テストデータを引数にして ensemble_majority() を実行し、多数決方式のアンサンブルを行う。models には学習が終了した Model オブジェクトを順次、追加することで、学習が終了したモデル同士によるアンサンブルがその都度、行われるようにする。
> ・アンサンブルの予測値を正解ラベルと照合し、正解率（精度）を取得する。
> ・アンサンブルの精度を出力する。

いろいろやることが多いですが、処理の順番に従ってコードを入力していきます。

Scikit-Learn を使用するので、Jupyter Notebook を使用している場合は、Anaconda Navigator で「scikit-Learn」を検索し、インストールしてください。インポートの際の表記は「sklearn」です。

▼複数のモデルで学習し、アンサンブルによる評価を行う関数

セル28

```
'''
28. 複数のモデルで学習し、アンサンブルによる評価を行う関数
'''
import math
import numpy as np
from sklearn.metrics import accuracy_score
from keras.callbacks import LearningRateScheduler
from keras.callbacks import History
```

```python
from tensorflow.keras import models, layers, optimizers, regularizers


def train(trainX, trainY, testX, testY, y_test_label):
    """学習を行う

    Parameters:
        trainX(ndarray): 訓練データ
        trainY(ndarray): 訓練データの正解ラベル(One-Hot表現)
        testX(ndarray): 検証データ
        testY(ndarray): 検証データの正解ラベル(One-Hot表現)
        y_test_label(ndarray): テストデータの正解ラベル(整数値)
    """
    n_estimators = 15  # アンサンブルするモデルの数
    batch_size = 64    # ミニバッチの数
    epoch = 3          # エポック数
    models = []        # モデルを格納するリスト
    # 各モデルの学習履歴を保持するdict
    history_all = {"hists":[], "ensemble_test":[]}
    # 各モデルの推測結果を登録する2階テンソルを0で初期化
    # (データ数, モデル数)
    model_predict = np.zeros((val_df_num,      # 行数は検証データの数
                              n_estimators))   # 列数はネットワークの数


    # モデルの数だけ繰り返す
    for i in range(n_estimators):
        # 何番目のモデルかを表示
        print('Model',i+1)
        # RNN/CNNのモデルを生成、引数はモデルの番号
        train_model = create_RNN(i)
        #train_model.summary()
        # モデルをコンパイルする
        train_model.compile(optimizer=optimizers.Adam(lr=0.001),
                        loss='categorical_crossentropy',
                        metrics=["acc"])
        # コンパイル後のモデルをリストに追加
        models.append(train_model)


        # コールバックに登録するHistoryオブジェクトを生成
        hist = History()
```

```
# 学習を行う
train_model.fit(
    trainX, trainY,            # 訓練データ、正解ラベル
    batch_size=batch_size,     # ミニバッチのサイズ
    epochs=epoch,              # 学習回数
    verbose=1,                 # 学習の進捗状況を出力する
    callbacks=[hist]
    )


# テストデータで推測し、対話データごとにラベルの最大値を求め、
# 対象のインデックスを正解ラベルとしてsingle_predsのi列に格納
model_predict[:, i] = np.argmax(train_model.predict(testX),
                        axis=-1)  # 行ごとの最大値を求める


# 学習に用いたモデルの学習履歴をhistory_allのhistsキーに登録
history_all['hists'].append(hist.history)


# 平均をとるアンサンブルを実行
ensemble_test_pred = ensemble_majority(models, testX, val_df_num)


# scikit-learn.accuracy_score()でアンサンブルによる精度を取得
ensemble_test_acc = accuracy_score(y_test_label, ensemble_test_pred)


# アンサンブルの精度をhistory_allのensemble_testキーに追加
history_all['ensemble_test'].append(ensemble_test_acc)
# 現在のアンサンブルの精度を出力
print('Current Ensemble Test Accuracy : ', ensemble_test_acc)
```

　学習が終了したModelオブジェクトを順次、リストmodelsに追加してensemble_majority()
を呼び出してアンサンブルを行います。すべてのモデルの学習が終了した時点で、すべての
モデルによるアンサンブルも完了する仕組みです。

■多数決のアンサンブルを実行する

　以上、ソースコードの入力が済みましたら、さっそく実行してみましょう。

▼多数決をとるアンサンブルを実行

セル29

```
train(trainX, trainY, testX, testY, y_test_label)
```

▼出力（進捗状況はアンサンブルの結果のみを抜粋）

```
Model 1
Current Ensemble Test Accuracy :  0.4588910133843212
Model 2
Current Ensemble Test Accuracy :  0.4765774378585086
Model 3
Current Ensemble Test Accuracy :  0.4737093690248566
Model 4
Current Ensemble Test Accuracy :  0.47609942638623326
Model 5
Current Ensemble Test Accuracy :  0.4808795411089866
Model 6
Current Ensemble Test Accuracy :  0.484703632887189
Model 7
Current Ensemble Test Accuracy :  0.4713193116634799
Model 8
Current Ensemble Test Accuracy :  0.4861376673040153
Model 9
Current Ensemble Test Accuracy :  0.48852772466539196
Model 10
Current Ensemble Test Accuracy :  0.49091778202676867
Model 11
Current Ensemble Test Accuracy :  0.5133843212237094
Model 12
Current Ensemble Test Accuracy :  0.5152963671128107
Model 13
Current Ensemble Test Accuracy :  0.515774378585086
Model 14
Current Ensemble Test Accuracy :  0.5152963671128107
Model 15
Current Ensemble Test Accuracy :  0.5152963671128107
CPU times: user 4min 5s, sys: 25.7 s, total: 4min 31s
Wall time: 3min 30s
```

9 ジェネレーティブディープラーニング

　　RNNの8モデル、CNNの7モデルによるアンサンブルの結果、テストデータの正解率は51
パーセントとなりました。

NOTE

10章

OpenCVによる「物体検出」

10.1 OpenCV

OpenCV（Open Source Computer Vision Library）は、画像処理を行うためのオープンソースのライブラリです。コンピューターで画像や動画を処理するための様々な機能が実装されています。一般的な2D画像の処理からポリゴン処理やテンプレートマッチング、顔認識まで、多様なアプリケーションを開発できる関数群が用意されているので、数行のコードを記述するだけで画像処理プログラムが開発できたりします。

10.1.1 OpenCVで何ができる？

実際にOpenCVで何ができるのかを以下に示します。これを見ると、画像処理にかかわることなら何でもできるようです。本書では、これらのうち物体認識に属する「物体検出」の例として、人の顔の検出を行ってみることにします。

フィルター処理／行列演算／オブジェクト追跡（Object Tracking）／領域分割（Segmentation）／カメラキャリブレーション（Calibration）／特徴点抽出／物体認識（Object recognition）／機械学習（Machine learning）／パノラマ合成（Stitching）／コンピューテーショナルフォトグラフィ（Computational Photography）／GUI（ウィンドウ表示、画像・動画ファイルの入出力、カメラキャプチャ）

■OpenCVのインストール

Anacondaを使用している場合は、Anaconda Navigatorを使用して以下の手順でインストールを行ってください。2021年1月現在のバージョンは3.4.xです。

❶Anaconda Navigatorを起動し、［Environments］タブで仮想環境を選択します。
❷上部のメニューで［Not installed］を選択し、検索欄に「opencv」と入力します。
❸検索結果の［opencv］にチェックを入れて［Apply］ボタンをクリックします。
❹［Install Packages］ダイアログの［Apply］ボタンをクリックしてインストールを開始します。

10.2 OpenCVによる物体検出

機械学習によって物体の「特徴量」を学習し、学習データをまとめたものを**カスケード分類器**と呼び、画像の明暗差により特徴を捉えたものを特に**Haar-Like特徴**と呼びます。OpenCVには、Haar-Like特徴を学習したカスケード分類器がXML形式のファイルとして収録されています。Windowsの場合、Cドライブ以下の

Users/＜ユーザー名＞/Anaconda3/envs/＜仮想環境名＞/Library/etc/haarcascades

に17種類のカスケード型分類器が収録されています。

https://github.com/opencv/opencv/tree/master/data/haarcascades

からダウンロードすることもできます。

「haarcascades」が見つかったら、これから使用するノートブックと同じディレクトリにフォルダーごとコピーしておきます。

10.2.1 人の顔の検出

カスケード型分類器が保存されている「haarcascades」フォルダーの中に、

haarcascade_frontalface_default.xml

というファイルがあります。これは、人の顔を検出するためのカスケード型分類器です。

題材として、画像圧縮アルゴリズムのサンプルに広く使用されている画像データ「Lenna」を使用します。「http://www.lenna.org/」でTIFF形式の「lena_std.tif」のダウンロード用のリンクがあるので、これをクリックしてノートブックと同じディレクトリに保存しておきます。

▼lena_std.tif

■画像の中から顔の部分を検出する

では、OpenCVをインポートして、「Lenna」の画像から顔の部分を検出してみましょう。なお、OpenCVのインポート文は

    import cv2

となるので注意してください。

注目の物体検出については、

❶カスケード分類器クラス（CascadeClassifier）のオブジェクトに対して、

    cv2.CascadeClassifier.detectMultiScale()

を実行して検出を行います。

❷cv2.rectangle()関数で、detectMultiScale()から返される四角の領域に対して枠線を表示します。

顔の検出については①の処理で完了ですが、どのように検出されたのかを知るために②の処理で、画像に枠線を描画するようにしました。

●cv2.CascadeClassifier.detectMultiScale()

入力画像中からCascadeClassifierによるオブジェクト検出を行います。検出されたオブジェクトは、[x値, y値, 幅, 高さ]のリストとして返されます。複数のオブジェクトが検出された場合は、それぞれのリストをまとめた2階テンソル型のリストとして返されます。

●cv2.rectangle()

四角の枠、または塗りつぶされた四角形を描画します。

書式	rectangle(img, pt1, pt2, color, thickness=1, lineType=8, shift=0)	
引数	img	画像。
	pt1	矩形の1つの頂点。
	pt2	pt1の反対側にある矩形の頂点。
	color	矩形の色、あるいは輝度値（グレースケールの場合）。
	thickness	矩形の枠線の太さ。
	lineType	枠線の種類。8、または4のブレゼンハムアルゴリズムを指定します（上下左右の4ピクセルを候補とする場合は4連結）。デフォルトは8（8連結ブレゼンハムアルゴリズム）。
	shift	点の座標において、小数点以下の桁を表すビット数。

▼**画像から顔の部分を検出する**

```python
import cv2

# Haar-likeカスケード分類器の読み込み
face_cascade = cv2.CascadeClassifier(
    'haarcascades/haarcascade_frontalface_default.xml')

# イメージファイルの読み込み
img = cv2.imread('lena_std.tif')
# 顔を検知
face = face_cascade.detectMultiScale(img)
print(face)

# 検出した顔を矩形で囲む
for (x,y,w,h) in face:
    cv2.rectangle(
        img,
        pt1=(x,y),         # 矩形の1つの頂点
        pt2=(x+w,y+h),     # 反対側にある矩形の頂点
        color=(0,255,0),   # 矩形の色
        thickness=2)       # 枠線の太さ

# 処理後の画像をtempフォルダーに保存
cv2.imwrite('temp/Face_detection.jpg',img)

# 処理後の画像を表示
cv2.imshow('face01',img)

# 何かキーを押したら終了
cv2.waitKey(0)
cv2.destroyAllWindows()
```

▼**出力**

```
[[217 201 173 173]]
```

◀別ウィンドウに表示された処理済みの画像

　顔の部分がバッチリ検出されています。この画像は、ノートブックと同じディレクトリにある「temp」フォルダー内に「face_detection.jpg」というファイル名で保存するようにしました。

10.2.2　瞳の検出

　カスケード型分類器が保存されている「haarcascades」フォルダーの中に、

　　haarcascade_eye.xml

というファイルがあります。これは、人の顔から瞳の部分を検出するためのカスケード型分類器です。

■画像の中から瞳の部分を検出する

　では、同じ画像を使って瞳の部分を検出してみます。うまくいけば、2か所の部分が検出されるはずです。

▼画像から瞳の部分を検出する

```python
import cv2

# Haar-like特徴分類器の読み込み
eye_cascade = cv2.CascadeClassifier('haarcascades/haarcascade_eye.xml')

# イメージファイルの読み込み
img = cv2.imread('lena_std.tif')
# 顔の中から瞳を検出
```

```
eyes = eye_cascade.detectMultiScale(img)
print(eyes)


# 検出した瞳を矩形で囲む
for (x,y,w,h) in eyes:
    cv2.rectangle(img,
                    pt1=(x,y),          # 矩形の1つの頂点
                    pt2=(x+w,y+h),      # 反対側にある矩形の頂点
                    color=(0,255,0),    # 矩形の色
                    thickness=2)        # 枠線の太さ


# 処理後の画像をtempフォルダーに保存
cv2.imwrite('temp/eyes_detection.jpg',img)
# 処理後の画像を表示
cv2.imshow('eyes01',img)


# 何かキーを押したら終了
cv2.waitKey(0)
cv2.destroyAllWindows()
```

▼出力
```
[[242 241  51  51]
 [308 245  43  43]]
```

◀別ウィンドウに表示された処理済みの画像

　　瞳の部分2か所がサイズの異なる四角い枠として検出されています。この画像は、ノート
ブックと同じディレクトリにある「temp」フォルダー内に「eyes_detection.jpg」というファイ
ル名で保存するようにしています。

10.3 検出した部分を切り取って保存する

ここでは、検出した部分を切り取って保存してみることにします。

10.3.1 画像から検出した顔の部分を切り出してファイルに保存する

detectMultiScale()は、画像から検出した四角い部分の座標をリストにして返します。これ
を利用して、オリジナルの画像から検出した部分を切り取ってファイルに保存してみます。

▼検出した部分をファイルに保存する

```python
import cv2


# Haar-likeカスケード分類器の読み込み
cascade = cv2.CascadeClassifier(
    'haarcascades/haarcascade_frontalface_default.xml')


# イメージファイルの読み込み
img = cv2.imread('lena_std.tif')
# 顔を検知
face = cascade.detectMultiScale(img)
print(face)


# 検出した部分を切り出す
for (x,y,w,h) in face:
    trim = img[y:y + h, # y軸の範囲
               x:x + w] # x軸の範囲


# 処理後の画像をtempフォルダーに保存
cv2.imwrite('temp/face_01.jpg', trim)


# 処理後の画像を表示
cv2.imshow('face01',trim)


# 何かキーを押したら終了
cv2.waitKey(0)
cv2.destroyAllWindows()
```

▼出力

```
[[217 201 173 173]]
```

▼別ウィンドウに表示された、切り取られた画像

▼保存されたface_01.jpgをビューワーで開いたところ

索引

数字

記号

参考文献

本書を執筆するにあたり、参考にさせていただいた文献です。

●多層パーセプトロン／ディープラーニング
・Tariq Rashid (2016)『Make Your Own Neural Network』CreateSpace Independent Pub.
・Aurélien Géron(2019)『Hands-On Machine Learning with Scikit-Learn, Keras, and TensorFlow』O'Reilly Media
・岡谷貴之 (2015)『機械学習プロフェッショナルシリーズ　深層学習』講談社サイエンティフィク
・斎藤康毅 (2016)『ゼロから作るDeep Learning—Pythonで学ぶディープラーニングの理論と実装』オライリージャパン
・足立 悠 (2017)『初めてのTensorFlow 数式なしのディープラーニング』リックテレコム
・巣籠 悠輔 (2019)『詳解 ディープラーニング [第2版] TensorFlow/Keras・PyTorchによる時系列データ処理』マイナビ出版
・Christopher Olah「Understanding LSTM Networks」(http://colah.github.io/posts/2015-08-Understanding-LSTMs/)
・Christopher Olah「Attention and Augmented Recurrent Neural Networks」(https://distill.pub/2016/augmented-rnns/)
・Jason Brownlee「Use Early Stopping to Halt the Training of Neural Networks At the Right Time」(https://machinelearningmastery.com/how-to-stop-training-deep-neural-networks-at-the-right-time-using-early-stopping/)
・一色政彦, デジタルアドバンテージ「TensorFlow 2 ＋ Keras (tf.keras) 入門」(https://www.atmarkit.co.jp/ait/series/15783/)

●機械学習のための数学
・齋藤正彦 (1966)『基礎数学1　線型代数入門』東京大学出版会
・杉浦光夫 (1980)『基礎数学2　解析入門Ⅰ』東京大学出版会
・金谷健一 (2005)『これなら分かる最適化数学　基礎原理から計算手法まで』共立出版
・立石賢吾 (2017)『機械学習を理解するための数学のきほん』マイナビ出版
・Ian Goodfellow and Yoshua Bengio and Aaron Courville「Deep Learning」(http://www.deeplearningbook.org/)
・Peter Sadowski「Notes on Backpropagation」(https://www.ics.uci.edu/~pjsadows/notes.pdf)
・Christopher Olah「Calculus on Computational Graphs: Backpropagation」(http://colah.github.io/posts/2015-08-Backprop/)

●**本書で使用するライブラリ**

• TensorFlow

・「TensorFlow Core v2.4.1 API Documentation」(https://www.tensorflow.org/api_docs)

• PyTorch

・「PYTORCH DOCUMENTATION」(https://pytorch.org/docs/stable/index.html)

• Python

・「Python 3.8.7 ドキュメント」(https://docs.python.org/ja/3.8/index.html)

• Matplotlib

・「Matplotlib: Python plotting — Matplotlib 3.3.3 documentation」(https://matplotlib.org/index.html)

• NumPy

・「NumPy Reference (Release 1.20)」(https://numpy.org/doc/stable/reference/)

• Scikit-Learn

・「scikit-learn Machine Learning in Python」(https://scikit-learn.org/stable/index.html)

表紙、扉画像ライセンス：antishock,Andy Chipus/Shutterstock.com

著者プロフィール

チーム・カルポ

フリーで研究活動を行うかたわら、時折、プログラミングに関するドキュメント制作にも携わる執筆集団。Android/iPhoneアプリ開発、フロントエンドやサーバー系アプリケーション開発、コンピューターネットワークなど、近年はディープラーニングを中心に先端AI技術のプログラミング、および実装をテーマに、精力的な執筆活動を展開している。

主な著作

『TensorFlow2 TensorFlow&Keras対応
　プログラミング実装ハンドブック』(2020年10月刊)
『Matplotlib&Seaborn実装ハンドブック』(2018年10刊)
『ニューラルネットワークの理論と実装』(2019年1月刊)
『ディープラーニングの理論と実装』(2019年1月刊)
　　　　　　　　　　　　　　以上、秀和システム
ほか多数

協力　石垣博嗣

物体・画像認識と
時系列データ処理入門
【TensorFlow2/PyTorch対応第2版】
NumPy/TensorFlow2(Keras)/
PyTorchによる実装ディープラーニング

発行日	2021年 3月 1日	第1版第1刷
	2023年 6月30日	第1版第5刷

著　者　チーム・カルポ

発行者　斉藤　和邦
発行所　株式会社　秀和システム
　　　　〒135-0016
　　　　東京都江東区東陽2−4−2　新宮ビル2F
　　　　Tel 03-6264-3105（販売）Fax 03-6264-3094
印刷所　三松堂印刷株式会社　　　　Printed in Japan

ISBN978-4-7980-6354-6 C3055